U0391724

"十三五"职业教育国家规划教材

住房和城乡建设部"十四五"规划教材

全国住房和城乡建设职业教育教学指导委员会规划推荐教材

市政管道工程施工

（第五版）

（市政工程技术专业适用）

白建国　主　编

边喜龙　董青海　主　审

中国建筑工业出版社

图书在版编目（CIP）数据

市政管道工程施工／白建国主编. —5 版. —北京：
中国建筑工业出版社，2022.7（2024.6重印）
"十三五"职业教育国家规划教材 住房和城乡建设
部"十四五"规划教材 全国住房和城乡建设职业教育教
学指导委员会规划推荐教材：市政工程技术专业适用
ISBN 978-7-112-27329-4

Ⅰ.①市… Ⅱ.①白… Ⅲ.①市政工程—管道工程—
工程施工—职业教育—教材 Ⅳ.①TU990.3

中国版本图书馆 CIP 数据核字（2022）第 063711 号

本书是在全国住房和城乡建设职业教育教学指导委员会市政工程专业指导委员
会的指导下，根据《高等职业教育市政工程技术专业教学基本要求》及国家现行标
准、规范编写的。本书较系统地介绍了市政给水管道、排水管道、热力管道、燃气
管道、电力管线和电信管线的构造；市政管道开槽施工的工艺与方法、不开槽施工
的工艺与方法；管廊施工的工艺与方法；倒虹管及架空管的施工方法；市政给水排
水渠道及附属构筑物的施工方法；阀件安装方法；市政管道工程施工组织设计的方
法；市政管道工程施工管理的方法；市政管道工程施工资料管理的内容与方法等内
容，并在教学单元后附有一定数量的复习思考题，以便学生理解和掌握主要内容。
　　本教材提供数字化资源供使用者拓展学习，以图文、视频方式呈现，用微信扫
描书中二维码即可免费观看数字资源。
　　本书不仅可作为高职市政工程技术专业、给排水工程技术专业、城乡规划专
业、城镇建设等专业的教材，还可作为相关工程技术人员的参考资料。
　　为了更好地支持相应课程的教学，我们向采用本书作为教材的教师提供课件，有
需要者可与出版社联系。建工书院：//edu.cabplink.com，邮箱：jckj@cabp.com.cn，
电话：(010) 58337285。

* * *

责任编辑：聂　伟　王美玲
责任校对：党　蕾

"十三五"职业教育国家规划教材
住房和城乡建设部"十四五"规划教材
全国住房和城乡建设职业教育教学指导委员会规划推荐教材

市政管道工程施工
（第五版）
（市政工程技术专业适用）

白建国　主　编
边喜龙　董青海　主　审

*

中国建筑工业出版社出版、发行（北京海淀三里河路9号）
各地新华书店、建筑书店经销
北京红光制版公司制版
北京君升印刷有限公司印刷

*

开本：787 毫米×1092 毫米　1/16　印张：23¾　插页：1　字数：528 千字
2022 年 8 月第五版　2024 年 6 月第五次印刷
定价：**66.00**元（附数字资源及赠教师课件）
ISBN 978-7-112-27329-4
（39494）

出 版 说 明

党和国家高度重视教材建设。2016年，中办国办印发了《关于加强和改进新形势下大中小学教材建设的意见》，提出要健全国家教材制度。2019年12月，教育部牵头制定了《普通高等学校教材管理办法》和《职业院校教材管理办法》，旨在全面加强党的领导，切实提高教材建设的科学化水平，打造精品教材。住房和城乡建设部历来重视土建类学科专业教材建设，从"九五"开始组织部级规划教材立项工作，经过近30年的不断建设，规划教材提升了住房和城乡建设行业教材质量和认可度，出版了一系列精品教材，有效促进了行业部门引导专业教育，推动了行业高质量发展。

为进一步加强高等教育、职业教育住房和城乡建设领域学科专业教材建设工作，提高住房和城乡建设行业人才培养质量，2020年12月，住房和城乡建设部办公厅印发《关于申报高等教育职业教育住房和城乡建设领域学科专业"十四五"规划教材的通知》（建办人函〔2020〕656号），开展了住房和城乡建设部"十四五"规划教材选题的申报工作。经过专家评审和部人事司审核，512项选题列入住房和城乡建设领域学科专业"十四五"规划教材（简称规划教材）。2021年9月，住房和城乡建设部印发了《高等教育职业教育住房和城乡建设领域学科专业"十四五"规划教材选题的通知》（建人函〔2021〕36号）。为做好"十四五"规划教材的编写、审核、出版等工作，《通知》要求：（1）规划教材的编著者应依据《住房和城乡建设领域学科专业"十四五"规划教材申请书》（简称《申请书》）中的立项目标、申报依据、工作安排及进度，按时编写出高质量的教材；（2）规划教材编著者所在单位应履行《申请书》中的学校保证计划实施的主要条件，支持编著者按计划完成书稿编写工作；（3）高等学校土建类专业课程教材与教学资源专家委员会、全国住房和城乡建设职业教育教学指导委员会、住房和城乡建设部中等职业教育专业指导委员会应做好规划教材的指导、协调和审稿等工作，保证编写质量；（4）规划教材出版单位应积极配合，做好编辑、出版、发行等工作；（5）规划教材封面和书脊应标注"住房和城乡建设部'十四五'规划教材"字样和统一标识；（6）规划教材应在"十四五"期间完成出版，逾期不能完成的，不再作为《住房和城乡建设领域学科专业"十四五"规划教材》。

住房和城乡建设领域学科专业"十四五"规划教材的特点，一是重点以修订教育部、住房和城乡建设部"十二五""十三五"规划教材为主；二是严格按照专业标准规范要求编写，体现新发展理念；三是系列教材具有明显特点，满足不同层次和类型的学校专业教学要求；四是配备了数字资源，适应现代化教学的要求。规划教材的出版凝聚了作者、主审及编辑的心血，得到了有关院校、出版单位的大力支持，教材建设管理过程有严格保障。希望广大院校及各专业师生在选用、使用过程中，对规划教材的编写、出版质量进行反馈，以促进规划教材建设质量不断提高。

住房和城乡建设部"十四五"规划教材办公室
2021 年 11 月

第五版序言

全国住房和城乡建设职业教育教学指导委员会市政工程专业指导委员会（以下简称"专业指导委员会"）是受教育部委托，由住房和城乡建设部牵头组建和管理，对市政工程专业职业教育和培训工作进行研究、咨询、指导和服务的专家组织，每届任期五年。专业指导委员会的主要职能包括：开展市政工程专业人才需求预测分析，提出市政工程专业技术技能人才培养的职业素质、知识和技能要求，指导职业院校教师、教材、教法改革，参与职业教育教学标准体系建设，开展产教对话活动，指导推进校企合作、职教集团建设，指导实训基地建设，指导职业院校技能竞赛，组织课题研究，实施教育教学质量评价，培育和推荐优秀教学成果，组织市政工程专业教学经验交流活动等。

专业指导委员会成立以来，在住房和城乡建设部人事司和全国住房和城乡建设职业教育教学指导委员会的领导下，组织了"市政工程技术专业""给水排水工程技术专业"理论教材、实训教材以及市政工程类职教本科教材的编审工作。

本套教材的编审坚持贯彻以能力为本位，以实用为主导的指导思路，毕业的学生具备本专业必需的文化基础、专业理论知识、专业技能和职业素养，成为能胜任市政工程类专业设计、施工、监理、运维及物业设施管理的高素质技术技能人才；坚持以就业为导向，走产学研结合发展道路的办学方针，以提高质量为核心，以增强专业特色为重点，创新教材体系，深化教育教学改革，为我国建设行业发展提供具有爱岗敬业精神的人才支撑和智力支持。专业指导委员会在总结近几年教育教学改革与实践的基础上，通过开发新课程，更新课程内容，增加实训教材，构建了新的教材体系，充分体现了其先进性、创新性、适用性，反映了国内外最新技术和研究成果，突出高等职业教育的特点。

"市政工程技术""给水排水工程技术"专业教材的编写工作得到了教育部、住房和城乡建设部人事司的支持，在全国住房和城乡建设职业教育教学指导委员会的领导下，专业指导委员会聘请全国各高职院校多年从事"市政工程技术""给水排水工程技术"专业教学、研究、设计、施工的副教授以上的专家担任主编和主审，同时吸收工程一线具有丰富实践经验的工程技术人员及优秀中青年教师参加编写。该系列教材的出版凝聚了全国各高职院校"市政工程技术""给排水工程技术"专业同行的心血，也是他们多年来教学、工作的结晶。值此教材出版之际，专业指导委员会谨向全体主编、主审及参编人员致以崇高的敬意。对大力支持这套教材出版的中国建筑工业出版社表示衷心的感谢，向在编写、审稿、出版过程中给予关心和帮助的单位和同仁致以诚挚的谢意。本套教材全部获评住房和城乡建设部"十四五"规划教材，得到了业内人士的肯定。深信本套教材将会受到高职院校师生和专业工程技术人员欢迎，必将推动市政工程类专业的建设和发展。

全国住房和城乡建设职业教育教学指导委员会
市政工程专业指导委员会

序　言

近年来，随着国家经济建设的迅速发展，市政工程建设已进入专业化的时代，而且市政工程建设发展规模不断扩大，建设速度不断加快，复杂性增加，因此，需要大批市政工程建设管理和技术人才。针对这一现状，近年来，不少高职高专院校开办市政工程技术专业，但适用的专业教材的匮乏，制约了市政工程技术专业的发展。

高职高专市政工程技术专业是以培养适应社会主义现代化建设需要，德、智、体、美全面发展，掌握本专业必备的基础理论知识，具备市政工程施工、管理、服务等岗位能力要求的高等技术应用性人才为目标，构建学生的知识、能力、素质结构和专业核心课程体系。全国高职高专教育土建类专业教学指导委员会是建设部受教育部委托聘任和管理的专家机构，该机构下设建筑类、土建施工类、建筑设备类、工程管理类、市政工程类五个专业指导分委员会，旨在为高等职业教育的各门学科的建设发展、专业人才的培养模式提供智力支持，因此，市政工程技术专业人才培养目标的定位、培养方案的确定、课程体系的设置、教学大纲的制订均是在市政工程类专业指导分委员会的各成员单位及相关院校的专家经广州会议、贵阳会议、成都会议反复研究制定的，具有科学性、权威性、针对性。为了满足该专业教学需要，市政工程类专业指导分委员会在全国范围内组织有关专业院校骨干教师编写了该专业与教学大纲配套的 10 门核心课程教材，包括：《市政工程识图与构造》《市政工程材料》《土力学与地基基础》《市政工程力学与结构》《市政工程测量》《市政桥梁工程》《市政道路工程》《市政管道工程施工》《市政工程计量与计价》《市政工程施工项目管理》。这套教材体系相互衔接，整体性强；教材内容突出理论知识的应用和实践能力的培养，具有先进性、针对性、实用性。

本次推出的市政工程技术专业 10 门核心课程教材，必将对市政工程技术专业的教学建设、改革与发展产生深远的影响。但是加强内涵建设、提高教学质量是一个永恒主题，教学改革是一个与时俱进的过程，教材建设也是一个吐故纳新的过程，所以希望各用书学校及时反馈教材使用信息，并对教材建设提出宝贵意见；也希望全体编写人员及时总结各院校教学建设和改革的新经验，不断积累和吸收市政工程建设的新技术、新材料、新工艺、新方法，为本套教材的长远建设、修订完善做好充分准备。

全国高职高专教育土建类专业教学指导委员会

市政工程类专业指导分委员会

第 五 版 前 言

本教材由全国住房和城乡建设职业教育教学指导委员会组织编写,为"十三五"职业教育国家规划教材、住房和城乡建设部"十四五"规划教材。

本教材编写的依据是《职业院校教材管理办法》《高等职业教育市政工程技术专业教学基本要求》、国家现行的有关规范、规程和技术标准,充分体现了新发展理念。

本教材在编写过程中充分考虑高等职业技术教育的教学特点,在满足该专业毕业生的基本要求和业务规格的前提下,侧重于学生工程素质能力的培养。在内容选取、章节编排和文字阐述上力求做到:基本理论简明扼要、深入浅出、以必须够用为度;注意理论联系实际,重点突出市政管道工程施工的实用技术;适当介绍国内外市政管道工程施工的新技术、新工艺、新材料和新设备;并备有适当的例题和复习思考题。本教材修订了第四版在语言表达上的不足之处,增加了教学单元导读、复习思考题参考答案及相关图片等数字资源,适应了现代化教学要求。

本教材按 80 学时编写,共分 7 个教学单元,主要内容为市政管道工程施工基本知识、市政管道的开槽施工与不开槽施工、市政管廊施工、渠道、特殊管道及附属构筑物施工、市政管道工程施工组织与管理、市政管道工程施工资料管理。

本教材由江苏建筑职业技术学院白建国、高将、陶飞羽、刘雪君和徐州市政建设集团有限责任公司郭翠威共同编写,白建国担任主编。编写的具体分工为:绪论、教学单元 1、教学单元 2、教学单元 6 由白建国编写;教学单元 3 由高将编写;教学单元 4 由刘雪君编写;教学单元 5 由陶飞羽编写;教学单元 7 由郭翠威编写。

本教材由黑龙江建筑职业技术学院边喜龙和徐州市政建设集团有限责任公司董青海主审。

在本教材的编写过程中,参考并引用了相关的教材、专著、施工科研单位的技术文献资料,并得到了全国住房和城乡建设职业教育教学指导委员会、高等学校土建类专业课程教材与教学资源委员会、中国建筑工业出版社及编者所在单位的指导和大力支持,在此一并致以诚挚的感谢。

限于时间仓促和编者的水平,教材中定有不妥之处,恳请广大读者不吝赐教和斧正。

第 四 版 前 言

本教材是在全国住房和城乡建设职业教育指导委员会市政工程类专业指导委员会的指导下，由本教材编审委员会组织编写的，是高职市政工程技术专业十门主干课程的专业教材之一。教材的编写依据是《高等职业教育市政工程技术专业教学基本要求》及国家现行的有关规范、规程和技术标准。

本教材在编写过程中充分考虑到高等职业教育的教学特点，在满足该专业毕业生的基本要求和业务规格的前提下，侧重于学生工程素质能力的培养。在内容选取、章节编排和文字阐述上力求做到：基本理论简明扼要、深入浅出、以必须够用为度；注意理论联系实际，重点突出市政管道工程施工的实用技术；适当介绍国内外市政管道工程施工的新技术、新工艺、新材料和新设备；并配有适当的例题和复习思考题，以便于学生掌握本课程的基本理论和基本方法。

本教材按 80 学时编写，共分 7 个教学单元，主要内容为市政管道工程施工基本知识、市政管道的开槽施工与不开槽施工、市政管廊施工、渠道、特殊管道及附属构筑物施工、市政管道工程施工组织与管理、市政管道工程施工资料管理。

本教材由江苏建筑职业技术学院白建国、高将、陈建、刘雪君和徐州市政建设集团有限责任公司郭翠威共同编写，白建国担任主编。编写的具体分工为：绪论、教学单元 1、教学单元 2、教学单元 6 由白建国编写；教学单元 3 由高将编写；教学单元 4 由刘雪君编写；教学单元 5 由陈建编写；教学单元 7 由郭翠威编写。本教材由黑龙江建筑职业技术学院边喜龙和徐州市政建设集团有限责任公司董青海主审。

在教材的编写过程中，参考并引用了有关院校编写的教材、专著和施工科研单位的技术文献资料，并得到了全国住房和城乡建设职业教育指导委员会市政工程类专业指导委员会、中国建筑工业出版社及编者所在单位的指导和大力支持，在此一并致以诚挚的感谢。

限于时间仓促和编者的水平，书中定有不妥之处，恳请广大读者不吝赐教和斧正。

第 三 版 前 言

第一版《市政管道工程施工》教材出版发行以来使用范围遍及全国多所高职高专院校和施工单位，对市政工程技术人员和市政二级注册建造师的培养发挥了重要的作用，但随着社会经济的发展和城市建设的不断加快，一些成熟的施工新技术也在不断涌现，市政管线集中布置于管廊内已成为发展的必然，同时旧管道非开挖修复的方法和技术也在不断涌现。全国高职高专教育土建类专业指导委员会市政工程类专业分指导委员会组织编写的《高等职业教育市政工程技术专业教学基本要求》确定"市政管道工程施工"为专业核心课程，明确了课程的教学标准、岗位要求和教学内容。该教材第二版修改了第一版的不足，但为进一步充实完善教材内容，吸纳市政工程施工领域的前瞻技术和成熟的施工新技术，使教材内容对接职业标准和岗位要求，决定对《市政管道工程施工》（第二版）教材进行再版修订，并对编写内容重新进行了分工。

本版教材修改了第二版教材中语言表达上的不足之处及与《给水排水管道工程施工及验收规范》GB 50268—2008 不一致之处，并进行了如下调整：增加了2.7 柔性排水管道施工内容；将原第三章非开挖铺管新技术简介更改为非开挖铺管其他技术简介，增加了3.4 市政管道非开挖修复技术简介内容；将原盾构施工更改为市政管廊施工，增加了明挖施工法和暗挖施工法中的掘进机法、浅埋暗挖法和盖挖法内容；重新组织了教学单元6市政管道工程施工组织与管理内容。

本次修订以《高等职业教育市政工程技术专业教学基本要求》和《给水排水管道工程施工及验收规范》GB 50268—2008 为依据，并结合市政二级注册建造师考试大纲，充分考虑高职院校学制短、学时少、学生基础知识相对薄弱的特点，简明扼要地安排教材内容，基本理论以"必须够用"为度，理论联系实际并充分体现"工学结合"的教育教学理念，重点突出市政管道工程施工的实用技术，适当介绍新技术、新工艺、新材料和新设备，例题应具有代表性、实用性并对学生有一定的指导性，以达到培养高端技能型人才之目的，同时为学生毕业后考取市政二级注册建造师奠定基础。在修订过程中，吸纳具有实践经验的工程技术人员参与，以丰富、完善教材内容，满足职业教育规律和高端技能型人才成长规律的要求。

本教材按64学时编写，共分6个教学单元，主要内容为市政管道工程、市政管道开槽施工、市政管道不开槽施工、市政管廊施工、附属构筑物施工及管道维护管理、市政管道工程施工组织与管理。

本教材由江苏建筑职业技术学院白建国、四川建筑职业技术学院戴安全、广州城市职业学院吕宏德、徐州市政建设集团有限责任公司朱洵、江苏亚鑫建设工程有限公司潘婷编写，白建国担任主编，戴安全、吕宏德为副主编，朱洵和潘婷为参编。编写的具体分工为：绪论、教学单元 1、教学单元 3、教学单元 4 的 4.1 由白建国编写；教学单元 2 的 2.1～2.6 由吕宏德编写，2.7 由朱洵编写；教学单元 4 的 4.2 由朱洵和戴安全共同编写；教学单元 5 由戴安全编写；教学单元 6 由白建国和潘婷共同编写。本教材由黑龙江建筑职业技术学院边喜龙和徐州市政建设集团有限责任公司董青海共同主审。

在本教材的编写过程中，参考并引用了有关院校编写的教材、专著和生产科研单位的技术文献资料，并得到了全国高职高专教育市政工程类专业分指导委员会、中国建筑工业出版社及编者所在单位的指导和大力支持，在此一并致以诚挚的感谢。

限于时间仓促和编者的水平，虽经修订，书中定有不妥之处，恳请广大读者批评指正。

第 二 版 前 言

第一版《市政管道工程施工》教材出版发行使用至今已 6 年，随着社会经济的发展和城市建设的不断加快，市政管线集中布置于管廊内已成为必然，同时旧管道非开挖修复的方法和技术也在不断涌现，为了进一步丰富教材内容，满足高职高专市政工程技术专业人才培养规格的要求，全国高职高专教育市政工程类专业分指导委员会于 2011 年 8 月在内蒙古呼和浩特市召开了第二次全体（扩大）会议，决定对该教材进行再版修订，并重新分工。

本版教材修改了第一版中语言表达上的不足之处并进行了如下调整：将原第三章第三节非开挖铺管新技术简介更改为非开挖铺管其他技术简介，增加了第四节市政管道非开挖修复技术简介内容；将原第四章盾构施工更改为市政管廊施工，增加了明挖施工法和暗挖施工法中的掘进机法、浅埋暗挖法和盖挖法内容。

本版教材在编写过程中充分考虑到高等职业技术教育的教学特点，力求满足该专业毕业生的基本要求和业务规格的需要，侧重于学生工程素质能力的培养。在内容选取、章节编排和文字阐述上力求做到：基本理论简明扼要、深入浅出、以必须够用为度；注意理论联系实际，重点突出市政管道工程施工的实用技术；适当介绍国内外市政管道工程施工的新技术、新工艺、新材料和新设备；并备有适当的例题和复习思考题以便于学生理解掌握本课程的基本理论和基本方法。

本教材按 64 学时编写，共分六章，主要内容为市政管道工程、市政管道开槽施工、市政管道不开槽施工、市政管廊施工、附属构筑物施工及管道维护管理、市政管道工程施工组织与管理。

本教材由江苏建筑职业技术学院白建国、广州城市职业学院吕宏德和四川建筑职业技术学院戴安全合编，白建国统稿。编写的具体分工为：绪论、第一章、第三章由白建国编写；第二章由吕宏德编写；第四章由戴安全、白建国编写；第五、六章由戴安全编写。本教材由黑龙江建筑职业技术学院边喜龙主审。

在本教材的编写过程中，参考并引用了有关院校编写的教材、专著和生产科研单位的技术文献资料，并得到了全国高职高专教育市政工程类专业分指导委员会、中国建筑工业出版社及编者所在单位的指导和大力支持，在此一并致以诚挚的感谢。

限于时间仓促和编者的水平，虽经修订，书中定有不妥之处，恳请广大读者批评指正。

第 一 版 前 言

本教材是在全国高职高专土建类专业教学指导委员会的指导下，由本教材编审委员会组织编写，是市政工程技术专业启动的十门主干课程的专业教材之一。

本教材在编写过程中充分考虑到高等职业技术教育的教学特点，力求满足该专业毕业生的基本要求和业务范围的需要，侧重于学生工程素质能力的培养。在内容选取、章节编排和文字阐述上力求做到：基本理论简明扼要、深入浅出、以必须够用为度；注意理论联系实际，重点突出市政管道工程施工的实用技术；适当介绍国内外市政管道工程施工的新技术、新工艺、新材料和新设备；并备有适当的例题和复习思考题以便于学生理解掌握本课程的基本理论和基本方法。

本教材按 64 学时编写，共分六章，主要内容为市政管道工程的构造、市政管道的开槽施工、市政管道的不开槽施工、盾构施工、市政管道附属构筑物的施工、市政管道施工组织设计的方法、市政管道工程施工管理和维护管理。

本教材由徐州建筑职业技术学院白建国、广州城市职业学院吕宏德、四川建筑职业技术学院戴安全合编，白建国统稿。编写的具体分工为：绪论、第一章、第三章由白建国编写；第二章由吕宏德编写；第四章、第五章、第六章由戴安全编写。本教材由黑龙江建筑职业技术学院边喜龙主审。

在本教材的编写过程中，参考并引用了有关院校编写的教材、专著和生产科研单位的技术文献资料，并得到了全国高职高专土建类专业教学指导委员会、中国建筑工业出版社及编者所在单位的指导和大力支持，在此一并致以诚挚的感谢。

由于时间仓促和编者的水平有限，书中定有不妥之处，恳请广大读者批评指正。

目　　录

二维码索引

绪　　论

【教学目标】通过本单元的学习，掌握燃气管道的分类方法、市政管道的平面布置次序和竖向排列顺序、市政管道的平面布置要求和交叉处理原则；熟悉市政管道工程的作用、市政管道工程施工对专业技术人员的要求。

市政管道工程是市政工程的重要组成部分，是城市重要的基础工程设施。它犹如人体内的"血管"和"神经"，日夜担负着传送信息和输送能量的任务，是城市赖以生存和发展的物质基础，是城市的生命线。

市政管道工程包括的种类很多，按其功能主要分为：给水管道、排水管道、燃气管道、热力管道、电力电缆和电信电缆六大类。

给水管道主要为城市输送供应生活用水、生产用水、消防用水和市政绿化及喷洒道路用水，包括输水管道和配水管网两部分。给水厂中符合国家现行生活饮用水卫生标准的成品水经输水管道输送到配水管网，然后再经配水干管、连接管、配水支管和分配管分配到各用水点上，供用户使用。

排水管道主要是及时收集城市中的生活污水、工业废水和雨水，并将生活污水和工业废水输送到污水处理厂进行适当处理后再排放，雨水一般既不处理也不利用，而是就近排放，以保证城市的环境卫生和生命财产的安全。一般有合流制和分流制两种排水制度，在一个城市中也可合流制和分流制并存。因此排水管道一般分为污水管道、雨水管道、合流管道。

燃气管道主要是将燃气分配站中的燃气输送分配到各用户，供用户使用。一般包括分配管道和用户引入管。我国城市燃气管道根据输气压力的不同一般分为：低压燃气管道（$P \leqslant 0.005\mathrm{MPa}$）、中压 B 燃气管道（$0.005\mathrm{MPa} < P \leqslant 0.2\mathrm{MPa}$）、中压 A 燃气管道（$0.2\mathrm{MPa} < P \leqslant 0.4\mathrm{MPa}$）、高压 B 燃气管道（$0.4\mathrm{MPa} < P \leqslant 0.8\mathrm{MPa}$）、高压 A 燃气管道（$0.8\mathrm{MPa} < P \leqslant 1.6\mathrm{MPa}$）。高压 A 燃气管道通常用于城市间的长距离输送管线，有时也构成大城市输配管网系统的外环网；高压 B 燃气管道通常构成大城市输配管网系统的外环网，是城市供气的主动脉。高压燃气必须经调压站调压后才能送入中压管道，中压管道经用户专用调压站调压后，才能经中压或低压分配管道向用户供气，供用户使用。

热力管道是将热源中产生的热水或蒸汽输送分配到各用户，供用户取暖使用。一般有热水管道和蒸汽管道两种。

电力电缆主要为城市输送电能，按其功能可分为动力电缆、照明电缆、电车电缆等；按电压的高低又可分为低压电缆、高压电缆和超高压电缆三种。

电信电缆主要为城市传送信息，包括市话电缆、长话电缆、光纤电缆、广播电缆、电视电缆、军队及铁路专用通信电缆等。

市政管道工程随着城市的发展而建设，长期以来我国各城市都建设了大量的市政管道工程，在国民经济建设和城市发展中发挥了相当重要的作用。如北京城早在 19 世纪中叶就建有比较完整的明渠和暗渠相结合的排水系统；1861 年上海市开始铺设第一条煤气管道；1898 年天津市开始铺设第一条给水管道。进入 21 世纪以来，我国城市建设飞速发展，市政管道工程建设也取得了长足的发展。就排水管道总长度而言，据不完全统计，目前我国省会城市一般都在 3000km 以上，中等城市一般都在 1000km 以上，大城市一般都在 6000km 以上。随着我国城市化进程的不断加快和人民生活水平的日益提高，市政管道的种类也越来越多，不但需要建设给水管道和排水管道，而且还需要大量建设燃气管道、热力管道、电力电缆和电信电缆等。此外，老城市原有市政管道设施年久失修，已不能满足现代化城市的需要，其改造工程量也将随着城市的发展大幅度增加。所有这些都将为市政管道工程施工技术的应用提供广阔的发展前景。

市政管道大都铺设在城市道路下，有时有些管线也可架空敷设。各种管道在城市道路下的位置错综复杂，而且其施工的先后次序也不一样，彼此间相互影响，相互制约。为了合理地进行市政管道的施工和便于日后的养护管理，需要正确确定和合理规划每种管道在城市道路上的平面位置和竖向位置。

根据城市规划布置要求，市政管道应尽量布置在人行道、非机动车道和绿化带下，只有在不得已时，才考虑将埋深大、维修次数少的污水管道和雨水管道布置在机动车道下。管线平面布置的次序一般是，从建筑规划红线向道路中心线方向依次为：电力电缆、电信电缆、燃气管道、热力管道、给水管道、雨水管道、污水管道。当各种管线布置发生矛盾时，处理的原则是：未建让已建、临时让永久、小管让大管、压力管让重力管、可弯管让不可弯管。

当市政管线交叉敷设时，自地面向地下竖向的排列顺序一般为：电力电缆、电信电缆、热力管道、燃气管道、给水管道、雨水管道、污水管道。

市政管道工程均为线型工程，其施工大都在市区内部进行，受城市道路交通情况、环境条件、地形条件、地质条件影响较大，有时还不能中断城市交通，这就给市政管道工程的施工带来了一定的难度，客观上要求施工人员要具有一定的专业素质，以便在合理利用现场条件的前提下尽快完成施工任务。另一方面，市政管道工程施工涉及的工种很多，如土石方工程、钢筋混凝土工程、管道铺设安装工程等，每一个工种工程的施工，都可以采用不同的施工方案、施工技术、机械设备、劳动组织和施工组织方法。这就要求施工人员，特别是技术人员和管理人员，要根据施工对象的特点和规模，结合地质条件、水文条件、气象条件、环境条件、机械设备和材料供应等客观条件，研究如何采用先进、合理的施工技术，在保证工程质量的前提下，最快、最经济、最合理地完成每个工种工程的施工工作。不但要研究施工工艺和施工方法，而且还要研究保证工程质量、降低工程成本和保证施工安全的技术措施和组织措施。

因此，作为市政工程技术专业核心课程的"市政管道工程施工"教材，主要阐述以下七部分内容：

（1）市政给水管道、排水管道、热力管道、燃气管道的组成、构造和施工图识读；

（2）市政管道的开槽施工方法；

（3）市政管道的不开槽施工方法；

（4）市政管廊施工；

（5）渠道、特殊管道及附属构筑物施工；

（6）市政管道工程施工组织与管理；

（7）市政管道工程施工资料管理。

市政管道工程施工的最根本任务就是要把设计图纸上的管道变成实际的地下管道，施工技术人员不但要掌握本课程的知识，还要熟练掌握市政工程识图与构造、土力学与地基基础、市政工程测量等课程的知识。只有将这些知识融会贯通，才能正确理解和掌握本课程的基本知识，也才能做好市政管道工程的施工工作。因此，本课程内容广泛，实践性、应用性和综合性强。学习时要善于思考，理论联系实际，切忌死记硬背和生搬硬套。

教学单元 1　市政管道工程施工基本知识

【教学目标】通过本单元的学习，掌握市政管道工程的系统组成、规划布置要求，常用市政管材的性能及选择要求，市政管道工程及其附属构筑物的构造；熟悉市政管道穿越障碍物的措施，市政管道附件及配件的作用，排水制度的概念、形式、特点及选择要求，市政管道施工图的识读方法；了解市政管道工程开工前应进行的准备工作。

1.1　给水管道工程

1.1.1　给水管道系统的组成

给水系统是指由取水、输水、水质处理、配水等设施以一定的方式组合而成的总体。给水系统通常由取水构筑物、水处理构筑物、泵站、输水管道、配水管网和调节构筑物六部分组成，如图1-1所示，其中输水管道和配水管网构成给水管道工程。根据水源的不同，一般有地表水源给水系统和地下水源给水系统两种形式。在一个城市中，可以单独采用地表水源给水系统或地下水源给水系统，也可以两种系统并存。

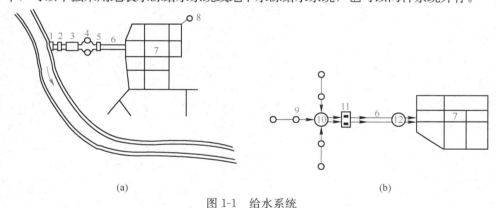

(a)　　　　　　　　　　　　　　(b)

图 1-1　给水系统

（a）地表水源给水系统；（b）地下水源给水系统

1—取水构筑物；2—一级泵站；3—水处理构筑物；4—清水池；5—二级泵站；6—输水管；

7—配水管网；8—调节构筑物；9—井群；10—集水池；11—泵站；12—水塔

给水管道工程的主要任务是将符合用户要求的水（成品水）输送和分配到各用户，一般通过泵站、输水管道、配水管网和调节构筑物等设施共同工作来完成。

输水管道是从水源向给水厂，或从给水厂向配水管网输水的管道，其主要特征是不向沿线两侧配水。输水管道发生事故将对城市供水产生巨大影响，因此输水管道一般都采用两条平行的管线，并在中间适当的地点设置连通管，安装切换阀门，以便其中一条输水管道发生故障时由另一条平行管段替代工作，保证安全输水，其供水保证率一般为 70%。阀门间距视管道长度而定，一般在 1～4km 范围内。当有贮水池或其他安全供水措施时，也可修建一条。

配水管网是用来向用户配水的管道系统。它分布在整个供水区域范围内，接受输水管道输送来的水量，并将其分配到各用户的接管点上。一般配水管网由配水干管、连接管、配水支管、分配管、附属构筑物和调节构筑物组成。

1.1.2　给水管网的布置

1. 布置原则

给水管网的主要作用是保证供给用户所需的水量、保证配水管网有适宜的水压、保证供水水质并不间断供水。因此给水管网布置时应遵守以下原则：

（1）根据城市总体规划和给水工程专项规划，结合当地实际情况进行布置，并进行多方案的技术经济比较，择优定案；

（2）管线应均匀地分布在整个给水区域内，保证用户有足够的水量和适宜的水压，水质在输送过程中不遭受污染；

（3）力求管线短捷，尽量不穿或少穿障碍物，以节约投资；

（4）保证供水安全可靠，事故时应尽量不间断供水或尽可能缩小断水范围；

（5）尽量减少拆迁，输水管道定线时应尽可能少占农田或不占良田；

（6）应尽量沿现有或规划道路定线，以便于管道的施工、运行和维护管理；

（7）要远近期结合，考虑分期建设的可能性，既要满足近期建设需要，又要考虑远期的发展，留有充分的发展余地。

2. 布置形式

城市给水管网的布置主要受水源地地形、城市地形、城市道路、用户位置及分布情况、水源及调节构筑物的位置、城市障碍物情况、用户对给水的要求等因素的影响。一般给水管道尽量布置在地形高处，沿道路平行敷设，尽量不穿障碍物，以节省投资和减少供水成本。

根据水源地和给水区的地形情况，输水管道有以下三种布置形式：

（1）重力输水系统

其适用于水源地地形高于给水区，并且高差可以保证以经济的造价输送所需水量的情况。此时，清水池中的水可以靠自身的重力，经重力输水管送入给水厂，经处理后将成品水再送入配水管网，供用户使用；如水源水质满足用户要求，也可经重力输水管直接进入配水管网，供用户使用。该输水系统无动力消耗、管理方便、运行经济。当地形高差很大时，

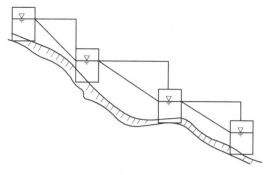

图 1-2　重力输水系统

为降低供水压力，可在中途设置减压水池，形成多级重力输水系统，如图 1-2 所示。

（2）压力输水系统

其适用于水源地与给水区的地形高差不能保证以经济的造价输送所需的水

量，或水源地地形低于给水区地形的情况。此时，水源（或清水池）中的水必须由泵站加压后经输水管送至给水厂进行处理，或直接送至配水管网供用户使用。该输水系统需要消耗大量的动力，供水成本较高，如图1-3所示。

（3）重力、压力相结合的输水系统

在地形复杂且输水距离较长时，往往采用重力和压力相结合的输水方式，以充分利用地形条件，节约供水成本。该方式在大型的长距离输水管道中应用较为广泛，如图1-4所示。

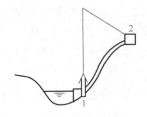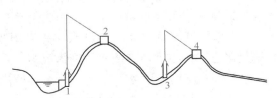

图1-3　压力输水系统　　　　　　图1-4　重力和压力相结合的输水系统

1—泵站；2—高地水池　　　　　　　　1、3—泵站；2、4—高地水池

配水管网一般敷设在城市道路下，就近为两侧的用户配水。因此，配水管网的形状应随城市路网的形状而定。随着城市路网规划的不同，配水管网可以有多种布置形式，但一般可归结为枝状管网和环状管网两种布置形式。

（1）枝状管网

枝状管网是因从二级泵站或水塔到用户的管线布置类似树枝状而得名，其干管和支管分明，管径由泵站或水塔到用户逐渐减小，如图1-5所示。由此可见，树状管网管线短、管网布置简单、投资少；但供水可靠性差，当管网中任一管段损坏时，其后的所有管线均会断水。在管网末端，因用水量小，水流速度缓慢，甚至停滞不动，容易使水质变坏。

（2）环状管网

管网中的管道纵横相互接通，形成环状。当管网中某一管段损坏时，可以关闭附近的阀门使其与其他的管段隔开，然后进行检修，水可以从另外的管线绕过该管段继续向下游用户供水，使断水的范围减至最小，从而提高了管网供水的可靠性和保证率；同时还可大大减轻因水锤作用而产生的危害。但环状管网管线长、布置复杂、投资多，如图1-6所示。

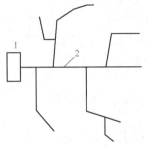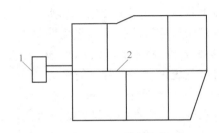

图1-5　枝状管网　　　　　　　　　图1-6　环状管网

1—二级泵站；2—管网　　　　　　　　1—二级泵站；2—管网

3. 布置要求

输水管道应采用两条相同管径和管材的平行管线，间距宜为 2~5m，中间用管道连通。连通管的间距视输水管道的长度而定，当输水管道长度小于 3km 时，间距为 1~1.5km；输水管长度在 3~10km 时，间距为 2~2.5km；输水管长度在 10~20km 时，间距为 3~4km。一般而言，当输水管道被连通管分成 2~3 段时，即足以满足事故保证率 70% 的要求，分段数越多则事故保证率就越高。但段数多必然导致连通管个数多，这就势必增加工程成本和输水管道漏水的可能性，故应视具体情况确定连通管间距。

输水管道应有一定的敷设坡度，以利于排空和排气，其最小坡度为 $1:5DN$（DN 为输水管管径，以"mm"计），在地形平坦地区可人为造坡。

为方便检修，在输水管道上应设阀门，其最大间距结合连通管间距确定。通常情况下，输水管道上的阀门设在连通管处，采用 5 阀布置较为合理。

配水管网由各种大小不同的管段组成，不管枝状管网还是环状管网，按管段的功能均可划分为配水干管、连接管、配水支管和分配管。

配水干管接受输水管道中的水，并将其输送到各供水区。干管管径较大，一般应布置在地形高处，靠近大用户并沿城市的主要干道敷设，在同一供水区内可布置若干条平行的干管，其间距一般为 500~800m。

连接管用于配水干管间的连接，以形成环状管网，保证在干管发生故障关闭事故管段时，能及时通过连接管重新分配流量，从而缩小断水范围，提高供水可靠性和保证率。连接管一般沿城市次要干道敷设，其间距为 800~1000m。

配水支管是把干管输送来的水分配到接户管道和消火栓管道，敷设在供水区的道路下。在供水区内配水支管应尽量均匀布置；尽可能采用环状管线，同时应与不同方向的干管连接。当采用枝状管网时，配水支管不宜过长，以免管线末端用户水压不足或水质变坏。

分配管（也称为接户管）是连接配水支管与用户的管道，将配水支管中的水输送、分配给用户，供用户使用。一般每一用户有一条分配管即可，但重要用户的分配管可有两条或数条，并应从不同的方向接入，以增加供水的可靠性。

为了保证管网正常供水和便于维修管理，在管网的适当位置上应设置阀门、消火栓、排气阀、泄水阀等附属设备。其布置原则是数量尽可能少，但又要运用灵活。

阀门是控制水流、调节流量和水压的设备，其位置和数量要满足故障管段的切断需要，应根据管线长短、供水重要性和维修管理情况而定。一般干管上每隔 500~1000m 设一个阀门，并设于连接管的下游；干管与支管相接处，一般在支管上设阀门，以便支管检修时不影响干管供水；干管和支管上消火栓的连接管上均应设阀门；配水管网上两个阀门之间独立管段内消火栓的数量不宜超过 5 个。

消火栓应布置在使用方便，明显易见的地方，距建筑物外墙应不小于 5.0m，距车行道边不大于 2.0m，以便于消防车取水而又不影响交通。一般常设在人行道边，两个消火栓的间距不应超过 120m。

排气阀用于排除管道内积存的空气，以减小水流阻力，一般常设在管道的高处。

泄水阀用于排空管道内的积水，以便于检修时排空管道，一般常设在管道的低处。

为保证给水管道在施工和维修时不对其他管线和建（构）筑物产生影响，给水管道在平面布置时，应与其他管线和建（构）筑物有一定的水平距离，其最小水平净距见表 1-1。

给水管道与其他管线及建（构）筑物的最小水平净距（m）　　表 1-1

名　称			与给水管道的最小水平净距	
			$DN \leq 200mm$	$DN > 200mm$
建筑物			1.0	3.0
污水、雨水排水管			1.0	1.5
燃气管	中低压	$P \leq 0.4MPa$	0.5	
	高压	$0.4MPa < P \leq 0.8MPa$	1.0	
		$0.8MPa < P \leq 1.6MPa$	1.5	
热力管道			1.5	
电力电缆			0.5	
电信电缆			1.0	
乔木（中心）			1.5	
灌木				
地上柱杆		通信照明<10kV	0.5	
		高压铁塔基础边	3.0	
道路侧石边缘			1.5	
铁路钢轨（或坡脚）			5.0	

给水管道相互交叉时，其最小垂直净距为 0.15m；给水管道与污水管道、雨水管道或输送有毒液体的管道交叉时，给水管道应敷设在上面，最小垂直净距为 0.4m，且接口不能重叠；当给水管必须敷设在下面时，应采用钢管或钢套管，钢套管伸出交叉管的长度，每端不得小于 3.0m，且套管两端应用防水材料封闭，并应保证 0.4m 的最小垂直净距。

1.1.3　给水管材

1. 对给水管材的要求

给水管道为压力流，给水管材应满足下列要求：

（1）要有足够的强度和刚度，以承受在运输、施工和正常输水过程中所产生的各种荷载；

（2）要有足够的密闭性，以保证经济有效的供水；

（3）管道内壁应整齐光滑，以减小水头损失；

（4）管道接口应施工简便，且牢固可靠；

（5）寿命长、价格低廉且有较强的抗腐蚀能力。

2. 常用给水管材

在市政给水管道工程中，常用的给水管材主要有以下几种：

（1）铸铁管

铸铁管主要用作埋地给水管道，与钢管相比具有制造较易，价格较低，耐腐蚀性较强等优点，其工作压力一般不超过 0.6MPa；但铸铁管质脆、不耐振动和弯折、质量大。

我国生产的铸铁管有承插式和法兰盘式两种。承插式铸铁管分砂型离心铸铁管、连续铸铁管和球墨铸铁管三种。

砂型离心铸铁管的插口端设置有小台，用作挤密油麻、胶圈等填料，如图1-7所示。砂型离心铸铁管的材质为灰口铸铁，按其壁厚分为 P 级和 G 级，适用于给水和燃气等压力流体的输送，其试验压力和力学性能见表1-2。砂型离心铸铁管的公称直径为 $DN200\sim DN1000$，$DN\leqslant 450mm$ 时，级差为 50mm；$DN\geqslant 500mm$ 时，级差为 100mm，有效长度为 5m 或 6m，其他规格尺寸详见《市政工程设计施工系列图集 给水 排水工程》或其他相关资料。

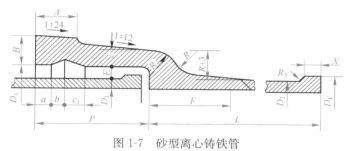

图 1-7　砂型离心铸铁管

砂型离心铸铁管试验水压和力学性能　　　　　　　　　　　表 1-2

	试验水压		管环抗弯强度	
直管级别	公称直径（mm）	试验压力（MPa）	公称直径（mm）	管环抗弯强度（MPa）
P	≤450	2.0	≤300	≥340
	≥500	1.5	350～700	≥280
G	≤450	2.5	≥800	≥240
	≥500	2.0		

连续铸铁管即连续铸造的灰口铸铁管。按其壁厚分为 LA、A 和 B 三级，其插口端未设小台，但在承口内壁有突缘，仍可挤密填料，如图1-8所示。其适用于给水、燃气等压力流体的输送，其试验水压见表1-3，公称直径为 $DN75\sim DN1200$，有效长度为 4m、5m、6m 三种，其他规格尺寸详见《市政工程设计施工系列图集 给水 排水工程》或其他相关资料。

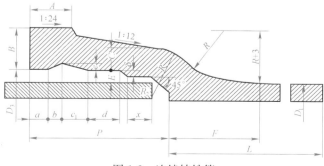

图 1-8　连续铸铁管

连续铸铁管的试验水压   表 1-3

公称直径（mm）	试验水压（MPa）		
	LA 级	A 级	B 级
≤450	2.0	2.5	3.0
≥500	1.5	2.0	2.5

为了提高管材的韧性及抗腐蚀性，可采用球墨铸铁管，其主要成分石墨为球状结构，比石墨为片状结构的灰口铸铁管的强度高，故其管壁较薄，质量较轻，抗腐蚀性能远高于钢管和普通的铸铁管，是理想的市政给水管材。目前我国球墨铸铁管的产量低、产品规格少，故其价格较高。

球墨铸铁管的工作压力一般在 3MPa 以上，公称直径在 $DN500 \sim DN1200$，有效长度为 6m，其试验水压为 3.0MPa，抗拉强度为 3.0～5.0MPa。

法兰盘式铸铁管不适用于做市政埋地给水管道，一般常用做建筑物、构筑物内部的明装管道或地沟内的管道。

（2）钢管

钢管具有自重轻、强度高、抗应变性能比铸铁管及钢筋混凝土压力管好、接口操作方便、承受管内水压力较高、管内水流水力条件好等优点；但钢管的耐腐蚀性能差，使用前应进行防腐处理。

钢管有普通无缝钢管和纵向焊缝或螺旋形焊缝的焊接钢管。大直径钢管通常是在加工厂用钢板卷圆焊接，称为卷焊钢管。

市政给水管道中常用的普通钢管工作压力不超过 1.0MPa，管径为 $DN100 \sim DN2200$，有效长度为 4～10m。一般用于泵站的出水管或短距离的输水管道上，但其造价较高。

（3）钢筋混凝土压力管

钢筋混凝土压力管按照生产工艺分为预应力钢筋混凝土管和自应力钢筋混凝土管两种，适宜做长距离输水管道，其缺点是质脆、运输与安装不便；管道转向、分支与变径目前还须采用金属配件。

预应力钢筋混凝土管是在管身预先施加纵向与环向应力制成的双向预应力钢筋混凝土管，管口一般为承插式，具有良好的抗裂性能，其耐土壤电化腐蚀的性能远比金属管好。

预应力钢筋混凝土管按照生产工艺的不同，可分为一阶段工艺预应力管和三阶段工艺预应力管，如图 1-9 所示。每种生产工艺的预应力管按照工作压力的不同，又分为五种不同的规格，每种规格的压力指标见表 1-4。

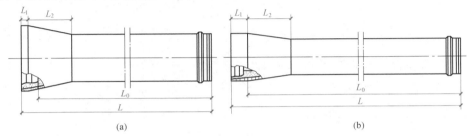

（a）   （b）

图 1-9　预应力钢筋混凝土管外形

（a）一阶段工艺；（b）三阶段工艺

预应力钢筋混凝土管规格及压力指标　　　　表 1-4

型号	工作压力（MPa）	抗渗压力（MPa）	抗裂压力（MPa）							
			一阶段工艺				三阶段工艺			
			管径（mm）				管径（mm）			
			400～500	600～700	800～1000	1200～1400	400～500	600～700	800～1000	1200～1400
工压-4	0.4	0.8	1.2	1.3	1.4	1.5	1.1	1.2	1.3	1.4
工压-6	0.6	1.0	1.4	1.5	1.6	1.7	1.3	1.4	1.5	1.6
工压-8	0.8	1.2	1.6	1.7	1.8	1.9	1.5	1.6	1.7	1.8
工压-10	1.0	1.4	1.8	1.9	2.0	2.1	1.7	1.8	1.9	2.0
工压-12	1.2	1.6	2.0	2.1	2.2	2.3	1.9	2.0	2.1	2.2

　　预应力钢筋混凝土管的公称内径为 $DN400 \sim DN1400$，其管外径、壁厚、长度和接头橡胶圈规格详见《市政工程设计施工系列图集 给水 排水工程》或其他相关资料。

　　自应力钢筋混凝土管是借膨胀水泥在养护过程中发生膨胀，张拉钢筋，而混凝土则因钢筋所给予的张拉反作用力而产生压应力，其外形如图 1-10 所示，其规格及压力指标见表 1-5。

　　自应力钢筋混凝土管的公称内径为 $DN100 \sim DN800$，其管外径、壁厚、长度和接头橡胶圈规格详见《市政工程设计施工系列图集 给水 排水工程》或其他相关资料。

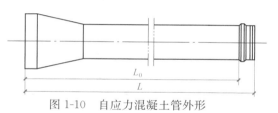

图 1-10　自应力混凝土管外形

自应力钢筋混凝土管规格及压力指标　　　　表 1-5

类型	公称内径（mm）	压力指标（MPa）	
		工作压力	出厂检验压力
工压-4		0.4	0.8
工压-5		0.5	1.0
工压-6	100～800	0.6	1.2
工压-8		0.8	1.4
工压-10		1.0	1.7
工压-12		1.2	2.0

　　（4）预应力钢筒混凝土管（PCCP 管）

　　预应力钢筒混凝土管是由钢板、钢丝和混凝土构成的复合管材，分为两种形式：一种是内衬式预应力钢筒混凝土管（PCCP-L 管），是在钢筒内衬以混凝土，钢筒外缠绕预应力钢丝，再敷设砂浆保护层而成。另一种是埋置式预应力钢筒混凝土管（PCCP-E 管），是将钢筒埋置在混凝土里面，然后在混凝土管芯上缠绕预应力钢丝，再敷设砂浆保护层。

预应力钢筒混凝土管兼有钢管和混凝土管的性能,具有较好的抗爆、抗渗和抗腐蚀性能,钢材用量约为钢管的 $\frac{1}{3}$,使用寿命可达 50 年以上,价格与普通铸铁管相近,是一种极有发展前途的市政给水管材。

目前我国生产的预应力钢筒混凝土管的管径为 $DN600\sim DN3400$,单根管长 5m,工作压力为 $0.4\sim 2.0$MPa。

(5)塑料管

我国从 20 世纪 60 年代初,就开始用塑料管代替金属管做给水管道。塑料管具有良好的耐腐蚀性及一定的机械强度,加工成型与安装方便,输水能力强,材质轻,运输方便,价格便宜;但其强度较低,刚性差,热胀冷缩性大,在日光下老化速度加快,老化后易于断裂。

目前国内用作给水管道的塑料管有热塑性塑料管和热固性塑料管两种。

热塑性塑料管有硬聚氯乙烯管(UPVC 管)、聚乙烯管(PE 管)、聚丙烯管(PP 管)、苯乙烯管(ABS 工程塑料管)、高密度聚乙烯管(HDPE 管)等。通常采用的管径在 $15\sim 400$mm 之间,近年来大口径的塑料管已开始用于输水管道上。塑料管作为给水管道的工作压力通常为 $0.4\sim 0.6$MPa,有时可达到 1.0MPa。如某厂生产的聚丙烯塑料管的规格见表 1-6。由于受塑料管管径的限制,目前在市政给水管道工程中使用不多。

聚丙烯塑料管规格 表 1-6

管型	尺寸(mm)		壁厚(mm)	推荐使用压力(MPa)				
	公称直径	外径		20℃	40℃	60℃	80℃	100℃
轻型管	15	20	2	≤1.00	≤0.60	≤0.40	≤0.25	≤0.15
	20	25	2					
	25	32	3					
	32	40	3.5					
	40	51	4					
	50	65	4.5					
	65	76	5					
	80	90	6					
	100	114	7	≤0.60	≤0.40	≤0.25	≤0.15	≤0.10
	125	140	8					
	150	166	8					
	200	218	10					
重型管	8	12.5	2.25	≤1.60	≤1.00	≤0.60	≤0.40	≤0.25
	10	15	2.5					
	15	20	2.5					
	25	25	3					
	32	40	5					
	40	51	6					
	50	65	7					
	65	76	8					

热固性塑料管主要是玻璃纤维增强树脂管(GRP 管),它是一种新型的优质管材,质量轻,在同等条件下质量约为钢管的 $\frac{1}{4}$,施工运输方便,耐腐蚀性强,寿命长,维护费用低,一般用于强腐蚀性土壤处。

3. 给水管材的选择

给水管材的选择，应根据管径、内压、外部荷载和管道敷设地区的地形、地质、管材的供应等条件，按照安全、耐久、减少漏损、施工和维护方便、经济合理以及防止二次污染的原则，通过技术、经济、安全等综合分析后确定。

通常情况下，市政配水管道选用球墨铸铁管、钢管，小管径时非车行道下可采用塑料管；输水管道选用球墨铸铁管、钢管、预应力钢筒混凝土管、钢筋混凝土管。在工作压力高、管径大的情况下，宜优先选用球墨铸铁管、钢管和预应力钢筒混凝土管。

采用金属管道时应考虑防腐措施，内防腐一般宜采用水泥砂浆衬里，外防腐宜采用环氧煤沥青、胶粘带、PE涂层、PP涂层等。金属管道敷设在腐蚀性土中以及电气化铁路附近或其他有杂散电流存在的地区时，为防止发生电化学腐蚀，应采取阴极保护措施。给水管道的管材及金属管道内防腐材料和承插管接口处的填充料均应符合现行国家标准《生活饮用水输配水设备及防护材料的安全性评价标准》GB/T 17219—1998 的有关规定。

1.1.4 给水管件

1. 给水管配件

给水管配件又称元件或零件。市政给水铸铁管通常采用承插连接，在管道的转弯、分支、变径及连接其他附属设备处，必须采用各种配件，才能使管道及设备正确衔接，也才能正确地设计管道节点的结构，保证正确施工。管道配件的种类非常多，如在管道分支处用的三通（又称丁字管）或四通；转弯处用的各种角度的弯管（又称弯头）；变径处用的变径管（又称异径管、大小头）；改变接口形式采用的各种短管等。给水铸铁管常用配件见表1-7。

铸铁管配件 　　　　　　　　　　　　　　表 1-7

编号	名称	符号	编号	名称	符号
1	承插直管		13	90°承插弯管	
2	法兰直管		14	双承弯管	
3	三法兰三通		15	承插弯管	
4	三承三通		16	法兰缩管	
5	双承法兰三通		17	承口法兰缩管	
6	法兰四通		18	双承缩管	
7	四承四通		19	承口法兰短管	
8	双承双法兰四通		20	法兰插口短管	
9	法兰泄水管		21	双承口短管	
10	承口泄水管		22	双承套管	
11	90°法兰弯管		23	马鞍法兰	
12	90°双承弯管		24	活络接头	

续表

编号	名称	符号	编号	名称	符号
25	法兰式墙管（甲）	⊢┼┤	29	塞头	
26	承式墙管（甲）	⊣┼┤	30	法兰式消火栓用弯管	
27	喇叭口		31	法兰式消火栓用丁字管	
28	闷头		32	法兰式消火栓用十字管	

　　各种配件的口径和尺寸均采用公称尺寸，与各级公称管径的铸铁管道相匹配，其具体尺寸和规格可查阅《市政工程设计施工系列图集 给水 排水工程》或其他相关资料。

　　2. 给水管附件

　　给水管网除了给水管道及配件外，还需设置各种附件（又称管网控制设备），如阀门、消火栓、排气阀、泄水阀等，以配合管网完成输配水任务，保证管网正常工作。常见的给水管附件有以下几种：

　　（1）阀门

　　阀门是调节管道内的流量和水压，事故时用以隔断事故管段的设备。常用的阀门有闸阀和蝶阀两种。

　　闸阀靠阀门腔内闸板的升降来控制水流通断和调节流量大小，阀门内的闸板有楔式和平行式两种，如图 1-11 所示。根据使用时阀杆是否上下移动又可分为明

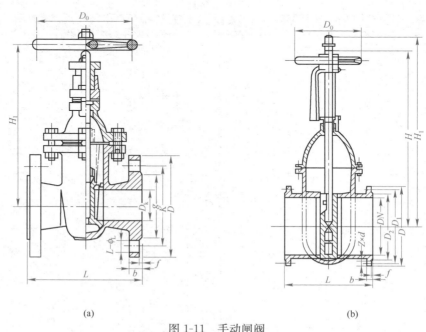

(a)　　　　　　　　　　　　　(b)

图 1-11　手动闸阀

（a）法兰式暗杆楔式闸阀；（b）Z44T-10 平行式双闸板闸阀

杆和暗杆两种。明杆闸阀启闭时，阀杆随之升降，可直观地掌握闸阀的启闭程度，但阀杆要占据一定的空间；暗杆闸阀启闭时，阀杆不升降，适于安装在操作受限制或不需要经常启闭处。闸阀开启后的水头损失小，应用广泛，尤其适用于大管径大流量的管道上。

蝶阀是将闸板安装在中轴上，靠中轴的转动带动闸板转动来控制水流，如图 1-12 所示。当闸板平面与水流方向垂直时蝶阀关闭；中轴转动的角度越大，蝶

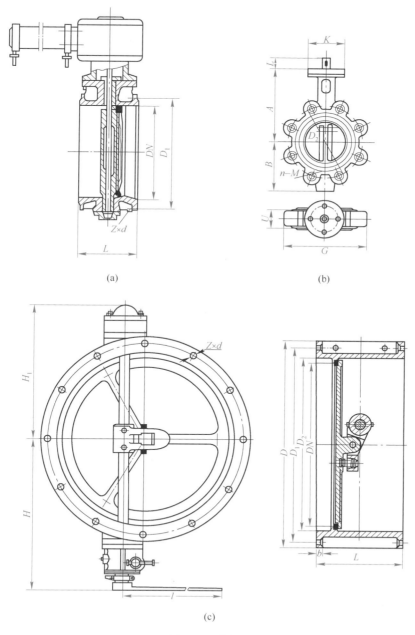

(a)　　　　　　　　　　(b)

(c)

图 1-12　蝶阀

（a）D641X-10 气动、D671X-10 液动蝶阀；（b）对夹式蝶阀；（c）D40X-0.5 手动蝶阀

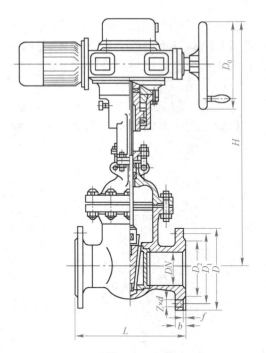

图 1-13   Z941H-25 电动楔式闸阀

阀开启的程度就越大，管道通过的流量也就越大；当中轴转动 90°时，闸板平面与水流方向平行，蝶阀达到最大开启程度。蝶阀结构简单，开启方便，体积小，重量轻，应用广泛。但由于密封结构和材料的限制，蝶阀只在中、低压管道上使用，如水处理构筑物的连接管或泵站的吸水管上。

阀门选用时其口径一般要和管道的直径相同，但当管径很大时，为了降低阀门的造价，可安装口径为 0.8 倍管道直径的阀门。大口径的阀门，手工启闭劳动强度大，费时长，一般采用电动阀门，如图 1-13、图 1-14 所示。

（2）止回阀

止回阀又称单向阀或逆止阀。主要是用来控制水流只朝一个方向流动，限制水流向相反方向流动，防止突然停电

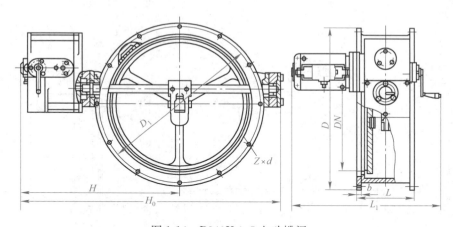

图 1-14   D940X-0.5 电动蝶阀

或其他事故时水倒流。止回阀的闸板上方根部安装在一个铰轴上，闸板可绕铰轴转动，水流正向流动时顶推开闸板过水，反向流动时闸板靠重力和水流作用而自动关闭断水，一般有旋启式止回阀和缓闭式止回阀等，如图 1-15 所示。

（3）排气阀

管道在长距离输水时经常会积存空气，这既减小了管道的过水断面积，又增大了水流阻力，同时还会产生气蚀作用，因此应及时将管道中的气体排除掉。排气阀就是用来排除管道中气体的设备，一般安装在管线的隆起部位，平时用以排除管内积存的空气，而在管道检修、放空时进入空气，保持排水通畅；同时在产

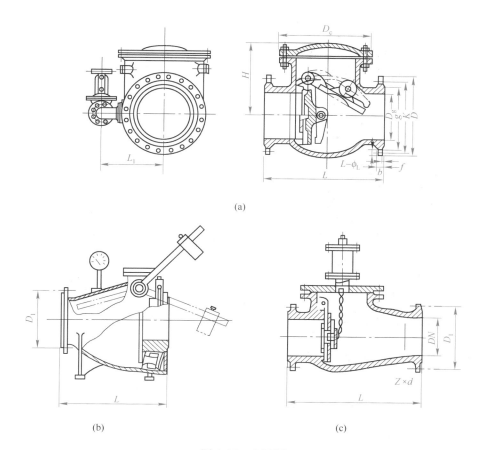

(a)

图 1-15　止回阀

（a）旋启式止回阀；（b）HH44Z-10 微阻缓闭止回阀；（c）HH44T-10 缓闭止回阀

生水锤时可使空气自动进入，避免产生负压。

　　排气阀应垂直安装在管线上，可单独放置在阀门井内，也可与其他管件合用一个阀门井，如图 1-16 所示。

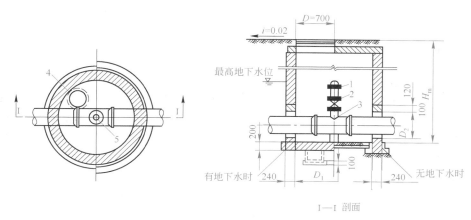

I—I 剖面

图 1-16　排气阀井（单位：mm）

1—排气阀；2—阀门；3—排气丁字管；4—集水坑（DN200 混凝土管）；5—支墩

排气阀有单口和双口两种，如图1-17所示，常用单口排气阀。单口排气阀阀壳内设有铜网，铜网里装一空心玻璃球。当管内无气体时，浮球上浮封住排气口；随着管道内空气量的增加，空气升入排气阀上部聚积，使阀内水位下降，浮球靠自身重力随之下降而离开排气口，空气即由排气口排出。

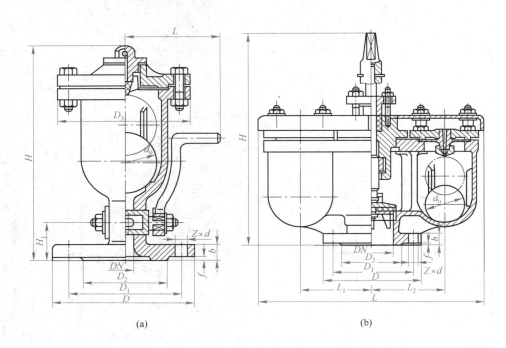

(a) (b)

图 1-17 排气阀
（a）单口排气阀；（b）双口排气阀

单口排气阀一般用于直径小于400mm的管道上，口径为$DN16 \sim DN25$。双口排气阀用于直径大于或等于400mm的管道上，口径为$DN50 \sim DN200$。排气阀口径与管道直径之比一般为$1：12 \sim 1：8$。

（4）泄水阀

泄水阀是在管道检修时用来排空管道的设备。一般在管线下凹部位安装排水管，在排水管靠近给水管的部位安装泄水阀。泄水阀平时关闭，需排水放空时才开启，用以排除给水管中的沉淀物及放空给水管中的存水。泄水阀的口径应与排水管的管径一致，而排水管的管径需根据放空时间经计算确定。泄水阀通常置于泄水阀井中，其安装示意如图1-18所示。泄水阀一般采用闸阀，也可采用快速排污阀，快速排污阀如图1-19所示，其规格见表1-8。

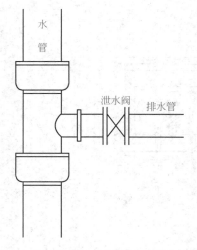

图 1-18 泄水阀示意图

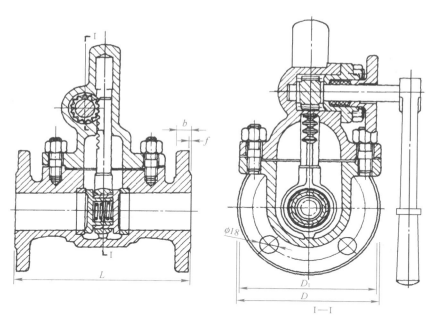

图 1-19　Z44H-16 快速排污阀

Z44H-16 快速排污阀规格　　　　　　　　　　表 1-8

公称直径（mm）	外形尺寸（mm）					质量（kg）	适用介质
	L	D	D_1	f	b		
40	200	145	110	3	20	19	≤250℃的水蒸气
50	230	160	125	3	22	22	

（5）消火栓

消火栓是消防车取水的设备，一般有地上式和地下式两种，如图 1-20 所示。经公安部审定的消火栓有"SS100"型地上式消火栓和"SX100"型地下式消火栓两种规格，如采用其他规格时，应取得当地消防部门的同意。

地上式消火栓适用于冬季气温较高的地区，设置在城市道路附近消防车便于靠近处，并涂以红色标志。"SS100"型地上式消火栓设有一个 100mm 的栓口和两个 65mm 的栓口。地上式消火栓目标明显，使用方便；但易损坏，有时妨碍交通。

地下式消火栓适用于冬季气温较低的地区，一般安装在阀门井内。"SX100"型地下式消火栓设有 100mm 和 65mm 的栓口各一个。地下式消火栓不影响交通，不易损坏；但使用时不如地上式消火栓方便易找。

消火栓均设在给水管网的配水管线上，与配水管线的连接有直通式和旁通式两种方式。直通式是直接从配水干管上接出消火栓，旁通式是从配水干管上接出支管后再接消火栓。旁通式应在支管上安装阀门，以利于安装、检修。直通式安装、检修不方便，但可防冻。

一般每个消火栓的流量为 10～15L/s。

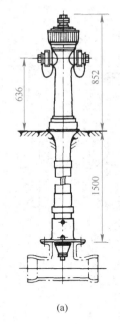

码1-2 消火栓
安装示意

(a)

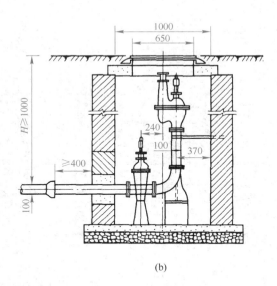

(b)

图 1-20 消火栓（单位：mm）

（a）地上式消火栓；（b）地下式消火栓

1.1.5　给水管道构造

给水管道为压力流管道，在施工过程中要保证管材及其接口强度满足要求，并根据实际情况采取防腐、防冻措施；在使用过程中要保证管材不致因地面荷载作用而引起损坏，管道接口不致因管内水压而引起损坏。因此，给水管道的构造一般包括基础、管道、覆土三部分。

1. 基础

给水管道的基础用来防止管道不均匀沉陷造成管道破裂或接口损坏而漏水。一般情况下有三种基础。

（1）天然基础

当管底地基土层承载力较高，地下水位较低时，可采用天然地基作为管道基础。施工时，将天然地基整平，管道铺设在未经扰动的原状土上即可，如图 1-21 （a）所示。为安全起见，可将天然地基夯实后再铺设管道；为保证管道铺设的位置正确，可将槽底做成 90°～135°的弧形槽。

（2）砂基础

当管底为岩石、碎石或多石地基时，对金属管道应铺垫不小于 100mm 厚的中砂或粗砂，对非金属管道应铺垫不小于 150mm 厚的中砂或粗砂，构成砂基础，再在上面铺设管道，如图 1-21 （b）所示。

（3）混凝土基础

当管底地基土质松软，承载力低或铺设大管径的钢筋混凝土管道时，应采用混凝土基础。根据地基承载力的实际情况，可采用强度等级不低于 C20 的混凝土带形基础，也可采用混凝土枕基，如图1-21（c）所示。

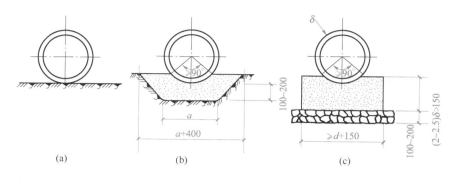

图 1-21　给水管道基础（单位：mm）
（a）天然基础；（b）砂基础；（c）混凝土基础

混凝土带形基础是沿管道全长做成的基础，而混凝土枕基是只在管道接口处用混凝土块垫起，其他地方用中砂或粗砂填实。

对混凝土基础，如管道采用柔性接口，应每隔一定距离在柔性接口下，留出600～800mm 的范围不浇筑混凝土，而用中砂或粗砂填实，以使柔性接口有自由伸缩沉降的空间。

在流沙及淤泥地区，地下水位高，此时应先采取降水措施降低地下水位，然后再做混凝土基础。当流砂不严重时，可将块石挤入槽底土层中，在块石间用砂砾找平，然后再做基础。当流砂严重或淤泥层较厚时，须先打砂桩，然后在砂桩上再做混凝土基础。当淤泥层不厚时，可清除淤泥层换以砂砾或干土做人工垫层基础。

为保证荷载正确传递和管道铺设位置正确，可将混凝土基础表面做成90°、135°、180°的管座。

2. 管道

管道是指采用设计要求的管材，常用的给水管材前已述及。

3. 覆土

给水管道埋设在地面以下，其管顶以上应有一定厚度的覆土，以保证管道内的水在冬季不会因冰冻而结冰；在正常使用时管道不会因各种地面荷载作用而损坏。管道的覆土厚度是指管顶到地面的垂直距离，如图1-22所示。

在非冰冻地区，管道覆土厚度的大小主要取决于外部荷载、管材强度、管道交叉情况以及抗浮要求等因素。一般金属管道的最小覆土厚度在车行道下为 0.7m，在人行道下为0.6m；非金属管道的覆土厚度不小于 1.0～1.2m。当地面荷载较小，管材强度足够，或采取相应措施能确保管道不因地面荷载作用而损坏时，覆土厚度的大小也可降低。

在冰冻地区，管道覆土厚度的大小，除考虑上述因素外还要考虑土壤的冰冻深度，一般应通过热力计算确定，

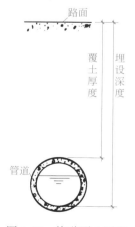

图 1-22　管道覆土厚度

21

通常覆土厚度应大于土层的最大冰冻深度。当无实际资料，不能通过热力计算确定时，管底在冰冻线以下的距离可按下列经验数据确定：

当 $DN \leqslant 300\text{mm}$ 时，为 $DN + 200\text{mm}$；

当 $300\text{mm} < DN \leqslant 600\text{mm}$ 时，为 $0.75DN$；

当 $DN > 600\text{mm}$ 时，为 $0.5DN$。

1.1.6 给水管网附属构筑物的构造

为保证给水管网正常工作，满足维护管理的需要，在给水管网上还需设置一些附属构筑物。常用的附属构筑物主要有以下几种：

（1）阀门井

码1-3 阀门井示意

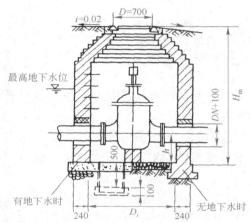

图 1-23 阀门井（单位：mm）

给水管网中的各种附件一般都安装在阀门井中，使其有良好的操作和养护环境。阀门井的形状有圆形和矩形两种，如图 1-23 所示。阀门井的大小取决于管道的管径、覆土厚度及附件的种类、规格和数量。为便于操作、安装、拆卸与检修，井底到管道承口或法兰盘底的距离应不小于0.1m，法兰盘与井壁的距离应大于0.15m，从承口外缘到井壁的距离应大于0.3m，以便接口施工。

阀门井一般用砖、石砌筑，也可用钢筋混凝土现场浇筑。其形式、规格和构造参见《市政工程设计施工系列图集 给水 排水工程》或其他相关资料，其常见尺寸见表 1-9。

阀门井尺寸   表 1-9

阀门直径（mm）	阀井内径（mm）	管中到井底高（mm）	地面操作立式阀门井		井下操作立式阀门井
			最小井深（mm）		最小井深（mm）
			方头阀门	手轮阀门	
75（80）	1000	440	1310	1380	1440
100	1000	450	1380	1440	1500
150	1200	475	1560	1630	1630
200	1400	500	1690	1880	1750
250	1400	525	1800	1940	1880
300	1600	550	1940	2130	2050
350	1800	675	2160	2350	2300
400	1800	700	2350	2540	2430
450	2000	725	2480	2850	2680
500	2000	750	2660	2980	2740
600	2200	800	3100	3480	3180
700	2400	850	—	3660	3430
800	2400	900	—	4230	3990
900	2800	950	—	4230	4120
1000	2800	1000	—	4850	4620

当阀门井位于地下水位以下时，井壁和井底应不透水，在管道穿井壁处必须保证有足够的水密性。在地下水位较高的地区，阀门井还应有良好的抗浮稳定性。

（2）泄水阀井

泄水阀一般放置在阀门井中构成泄水阀井，当由于地形因素排水管不能直接将水排走时，还应建造一个与阀门井相连的湿井。当需要泄水时，由排水管将水排入湿井，再用水泵将湿井中的水排走，如图 1-24 所示。

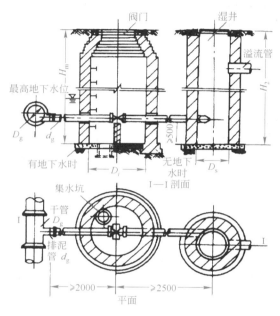

图 1-24　泄水阀井（单位：mm）

泄水阀井的构造与阀门井相同，其常见尺寸见表 1-10。

泄水阀门井尺寸　　　　　　　　　　　　　　　　　　表 1-10

干管直径 DN（mm）	泄水管直径（mm）	井内径（mm）	湿井内径（mm）	管件规格（mm）	
				三通	闸阀
200	75	1200	700	200×75	75
250	75	1200	700	200×75	75
300	75	1200	700	200×75	75
350	75～100	1200	700	350×75（100）	75～100
400	100～150	1200	1000	400×75（150）	100～150
450	150～200	1200～1400	1000	450×150（200）	150～200
500	150～200	1200～1400	1000	500×150（200）	150～200
600	200	1400	1000	600×200	200
700	200～250	1400	1000～1200	700×200（250）	200～250
800	250	1400	1200	800×250	250
900	250～300	1600	1200	900×250（300）	250～300
1000	300～400	1800	1200	1000×300（400）	300～400

（3）排气阀门井

排气阀门井与阀门井相似，其构造如图 1-16 所示，常见尺寸见表 1-11。

排气阀门井尺寸   表 1-11

干管直径 （mm）	井内径 （mm）	最小井深 （mm）	1 排气阀规格 （mm）	2 闸阀规格 （mm）	3 排气三通规格 （mm）
100	1200	1690	16 单口	75	100×75
150	1200	1740	16 单口	75	150×75
200	1200	1820	20 单口	75	200×75
250	1200	1870	20 单口	75	250×75
300	1200	1950	25 单口	75	300×75
350	1200	2000	25 单口	75	350×75
400	1200	2170	50 双口	75	400×75
450	1200	2210	50 双口	75	450×75
500	1200	2260	50 双口	75	500×75
600	1200	2360	75 双口	75	600×75
700	1400	2480	75 双口	75	700×75
800	1400	2570	75 双口	75	800×75
900	1400	2780	100 双口	100	900×75
1000	1400	2880	100 双口	100	1000×100
1200	1600	3140	100 双口	100	1200×100
1400	1600	3590	150 双口	150	1400×150
1500	1800	3690	150 双口	150	1500×150
1600	1800	3790	150 双口	150	1600×150
1800	2400	4010	200 双口	200	1800×200
2000	2400	4210	200 双口	200	2000×200

（4）支墩

承插式接口的给水管道，在弯管、三通、变径管及水管末端盖板等处，由于水流的作用，都会产生向外的推力。当推力大于接口所能承受的阻力时，就可能导致接头松动脱节而漏水，因此必须设置支墩以承受此推力，防止漏水事故发生。

但当管径小于 DN350，且试验压力不超过 980kPa 时；或管道转弯角度小于 10° 时，接头本身均足以承受水流产生的推力，此时可不设支墩。

支墩一般用混凝土建造，也可用砖、石砌筑，一般有水平弯管支墩、垂直向下弯管支墩、垂直向上弯管支墩等，如图 1-25 所示。给水管道支墩的形状和尺寸参见《市政工程设计施工系列图集 给水 排水工程》或其他相关资料。

（5）管道穿越障碍物

市政给水管道在通过铁路、公路、河谷时，必须采取一定的措施保证管道安全可靠地通过。

管道穿越铁路或公路时，其穿越地点、穿越方式和施工方法，应符合相应的技术规范的要求，并经过铁路或交通部门同意后才可实施。根据穿越的铁路或公路的重要性，一般可采取如下措施：

1）穿越临时铁路、一般公路或非主要路线且管道埋设较深时，可不设套管，但应优先选用铸铁管（青铅接口），并将铸铁管接头放在障碍物以外；也可选用

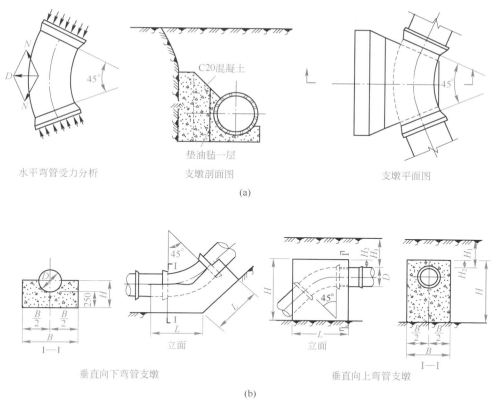

图 1-25　给水管道支墩

（a）水平弯管支墩；（b）垂直弯管支墩

钢管（焊接接口），但应采取防腐措施。

2）穿越较重要的铁路或交通繁忙的公路时，管道应放在钢管或钢筋混凝土套管内，套管直径根据施工方法而定。大开挖施工时，应比给水管直径大 300mm，顶管施工时应比给水管直径大 600mm。套管应有一定的坡度以便排水，路的两侧应设阀门井，内设阀门和支墩，并根据具体情况在低的一侧设泄水阀。

给水管穿越铁路或公路时，其管顶或套管顶在铁路轨底或公路路面以下的深度不应小于 1.2m，以减轻路面荷载对管道的冲击。

管道穿越河谷时，其穿越地点、穿越方式和施工方法，应符合相应的技术规范的要求，并经过河道管理部门的同意后才可实施。根据穿越河谷的具体情况，一般可采取如下措施：

1）当河谷较深，冲刷较严重，河道变迁较快时，应尽量架设在现有桥梁的人行道下面，此种方法施工、维护、检修方便，也最为经济。如不能架设在现有桥梁下，则应以架空管的形式通过。

架空管一般采用钢管，焊接连接，两端设置阀门井和伸缩接头，在最高点设置排气阀，如图 1-26 所示。架空管的高度和跨度以不影响航运为宜，一般矢高和跨度比为 1:8～1:6，常用 1:8。

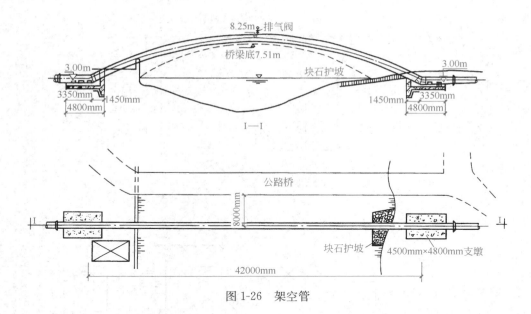

图 1-26 架空管

架空管维护管理方便，防腐性好，但易遭破坏，防冻性差，在寒冷地区必须采取有效的防冻措施。

2) 当河谷较浅，冲刷较轻，河道航运繁忙，不适宜设置架空管；穿越铁路和重要公路时，须采用倒虹管，如图 1-27 所示。

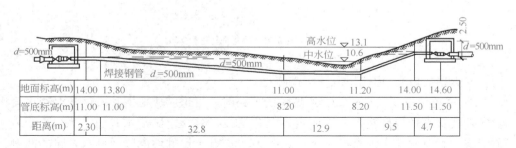

纵剖面

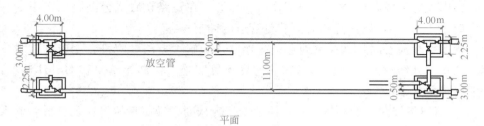

平面

图 1-27 倒虹管

倒虹管的穿越地点、穿越方式和施工方法，应符合相应的技术规范的要求，并经相关管理部门的同意后才可实施。倒虹管在河床下的深度一般不小于 0.5m，但在航道线范围内不应小于 1.0m；在铁路轨底或公路路面下一般不小于 1.2m。

一般同时敷设两条，一条工作另一条备用，两端设置阀门井，最低处设置泄水阀以备检修用。一般采用钢管，焊接连接，并加强防腐措施，管径一般比其两端连接的管道的管径小一级，以增大水流速度，防止在低凹处淤积泥砂。

在穿越重要的河道、铁路和交通繁忙的公路时，可将倒虹管置于套管内，套管的管材和管径应根据施工方法确定。

倒虹管具有适应性强、不影响航运、保温性好、隐蔽安全等优点，但施工复杂、检修麻烦，须做加强防腐。

1.1.7　给水管道工程施工图识读

给水管道工程施工图的识读是保证工程施工质量的前提，一般给水管道施工图包括图纸目录、图纸首页、平面图、纵剖面图、大样图和节点详图等内容。

图纸目录主要表明本施工图所包括的图样的种类及其图纸的张数，以及所选用的标准图集的编号。

图纸首页主要描述本工程的设计依据、设计原则、设计范围、施工验收标准及主要工程量和材料数量。

1. 平面图识读

管道平面图主要体现的是管道在平面上的相对位置以及管道敷设地带一定范围内的地形、地物和地貌情况，如图1-28所示。识读时应主要了解以下内容：

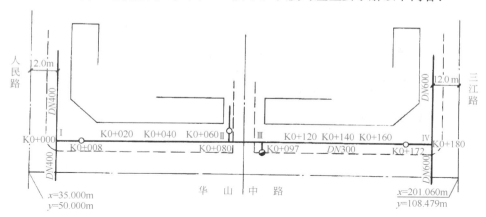

图1-28　管道平面图

（1）图纸比例、说明和图例；

（2）管道施工地带道路的宽度、长度、中心线坐标、折点坐标及路面上的障碍物情况；

（3）管道的管径、长度、节点号、桩号、转弯处坐标、中心线的方位角、管道与道路中心线或永久性地物间的相对距离以及管道穿越障碍物的坐标等；

（4）与本管道相交、相近或平行的其他管道的位置及相互关系；

（5）附属构筑物的平面位置；

（6）主要材料明细表。

2. 纵剖面图识读

纵剖面图主要体现管道的埋设情况，如图1-29所示。识读时应主要了解以下

内容:

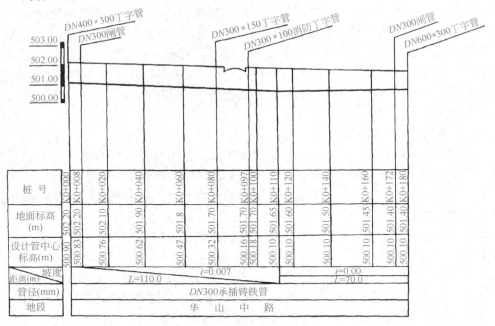

图 1-29　纵剖面图

（1）图纸横向比例、纵向比例、说明和图例；
（2）管道沿线的原地面标高和设计地面标高；
（3）管道的管中心标高和埋设深度；
（4）管道的敷设坡度、水平距离和桩号；
（5）管径、管材和基础；
（6）附属构筑物的位置、其他管线的位置及交叉处的管底标高；
（7）施工地段名称。

3. 大样图识读

大样图主要是指阀门井、消火栓井、排气阀井、泄水井、支墩等的施工详图，一般由平面图和剖面图组成，如图 1-24 所示的泄水阀井。识读时应主要了解以下内容：
（1）图纸比例、说明和图例；
（2）井的平面尺寸、竖向尺寸、井壁厚度；
（3）井的组砌材料、强度等级、基础做法、井盖材料及大小；
（4）管件的名称、规格、数量及其连接方式；
（5）管道穿越井壁的位置及穿越处的构造；
（6）支墩的大小、形状及组砌材料。

4. 节点详图

节点详图主要是体现管网节点处各管件间的组合、连接情况，以保证管件组合经济合理，水流通畅，如图 1-30 所示。识读时应主要了解以下内容：

（1）管网节点处所需的各种管件的名称、规格、数量；

（2）管件间的连接方式。

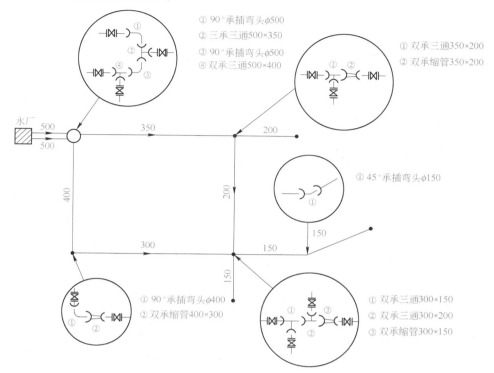

① 90°承插弯头φ500
② 三承三通500×350
③ 90°承插弯头φ500
④ 双承三通500×400

① 双承三通350×200
② 双承缩管350×200

① 45°承插弯头φ150

① 90°承插弯头φ400
② 双承缩管400×300

① 双承三通300×150
② 双承三通300×200
③ 双承缩管300×150

图 1-30　节点详图（单位：mm）

1.2　排水管道工程

1.2.1　排水管道系统的制度

城市污水是对城市中排放的各种污水和废水的统称，通常包括综合生活污水、工业废水和入渗地下水；在合流制排水系统中，还包括径流的雨水。城市污水和雨水一般都由市政排水管道进行收集和输送，在一个地区内收集和输送城市污水和雨水的方式称为排水制度。它有合流制和分流制两种基本形式。

1. 合流制

合流制是指用同一管渠系统收集和输送城市污水和雨水的排水方式。根据污水汇集后处置方式的不同，可把合流制分为以下三种情况：

（1）直排式合流制

如图 1-31 所示，管道系统的布置就近坡向水体，管道中混合的污水未经处理就直接排入水体，我国许多老城市的旧城区大多采用这种排水体制。这是因为以前工业上不发达，城市人口不多，生活

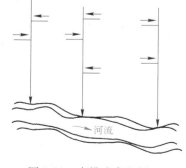

图 1-31　直排式合流制

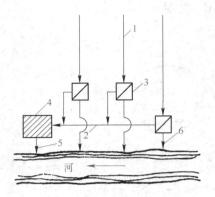

图 1-32　截流式合流制

1—合流干管；2—截流干管；3—溢
流井；4—污水厂；5—出水口；
6—溢流出水口

污水和工业废水量不大，直接排入水体后对环境造成的污染还不明显。随着城市和工业的发展，人们的生活水平不断提高，污水量不断增加且污染物质日趋复杂，造成的污染将日益严重。因此这种方式目前不宜采用。

（2）截流式合流制

如图 1-32 所示，在沿河岸边铺设一条截流干管，同时在截流干管和合流干管交汇处的适当位置上设置溢流井，并在下游设置污水处理厂，它是直排式发展的结果。

晴天时，管道中只输送旱流污水，并将其在污水处理厂中进行处理后再排放。雨天时降雨初期，旱流污水和初降雨水被输送到污水处理厂经处理后排放，随着降雨量的不断增大，生活污水、工业废水和雨水的混合液也在不断增加，当该混合液的流量超过截流干管的截流能力后，多余的混合液就经溢流井溢流排放。该溢流排放的混合污水同样会对受纳水体造成污染（有时污染更甚），因此只有在下述情况下才能考虑采用截流式合流制：

1）排水区域内有一处或多处水源充沛的水体，其流量和流速都足够大，一定量的混合污水排入后对水体造成的污染危害程度在允许的范围内；

2）街坊和街道建设比较完善，必须采用暗管（渠）排除雨水，而街道横断面又比较窄，管渠的设置受到限制；

3）地面有一定的坡度倾向水体，当水体高水位时岸边不受淹没，污水在中途不需要泵汲。

（3）完全合流制

将污水和雨水合流于一条管渠内，全部送往污水处理厂进行处理后再排放。此时，污水处理厂的设计负荷大，要容纳降雨的全部径流量，这就给污水处理厂的运行管理带来很大的困难，其水量和水质的经常变化也不利于污水的生物处理；同时，处理构筑物过大，平时也很难全部发挥作用，造成一定程度的浪费。

2. 分流制

分流制指用不同管渠分别收集和输送各种城市污水和雨水的排水方式。排除综合生活污水和工业废水的管渠系统称为污水排水系统；排除雨水的管渠系统称为雨水排水系统。根据排除雨水方式的不同，分流制分为以下两种情况：

（1）完全分流制

完全分流制是将城市的生活污水和工业废水用一条管道排除，而雨水用另一条管道来排除的排水方式，如图 1-33 所示。完全分流制中有一条完整的污水管道系统和一条完整的雨水管道系统。

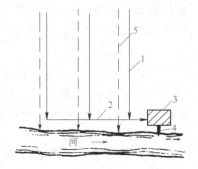

图 1-33　完全分流制

1—污水干管；2—污水主干管；3—污水厂；4—出水口；5—雨水干管

这样可将城市的综合生活污水和工业废水送至污水处理厂进行处理，克服了完全合流制的缺点，同时减小了污水管道的管径。但完全分流制的管道总长度大，且雨水管道只在雨期才发挥作用，因此完全分流制造价高，初期投资大。

（2）不完全分流制

受经济条件的限制，在城市中只建设完整的污水排水系统，不建雨水排水系统，雨水沿道路边沟排除，或为了补充原有渠道系统输水能力的不足只建一部分雨水管道，待城市发展后再将其逐步改造成完全分流制，如图 1-34 所示。

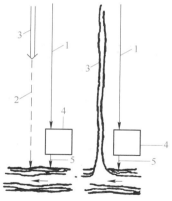

图 1-34　不完全分流制
1—污水管道；2—雨水管渠；
3—原有渠道；4—污水处理厂；
5—出水口

在进行城市排水系统的规划时，要妥善处理好工业废水能否直接排入城市排水系统与城市综合生活污水一并排除和处理的问题。

1）当工业企业位于市内或近郊时，如果工业废水的水质符合《污水排入城镇下水道水质标准》GB/T 31962—2015 和《污水综合排放标准》GB 8978—1996 的规定，具体而言就是工业废水不阻塞、不损坏排水管渠；不产生易燃、易爆和有害气体；不传播致病病菌和病原体；不危害养护工作人员；不妨碍污水的生物处理和污泥的厌氧消化；不影响处理后的出水和污泥的排放利用，就可直接排入城市下水道与城市综合生活污水一并排除和处理。如果工业废水的水质不符合上述两标准的规定，就应在工业企业内部进行预处理，处理到其水质符合上述两标准的规定时，才可排入城市下水道与城市综合生活污水一并排除和处理。

2）当工业企业位于城市远郊时，符合上述两标准的工业废水，是直接排入城市下水道与城市综合生活污水一并排除和处理还是单独设置排水系统，应通过技术经济比较确定。不符合上述两标准规定的工业废水，应在工业企业内部进行预处理，处理到其水质符合上述两标准的规定时，再通过技术经济比较确定其排除方式。

排水体制的选择，应根据城市和工业企业规划、当地降雨情况、排放标准、原有排水设施、污水处理和利用情况、地形和水体等条件，在满足环境保护要求的前提下，通过技术经济比较，综合考虑而定。一般情况下，新建的城市和城市的新建区宜采用完全分流制或不完全分流制；老城区的合流制宜改造成截流式合流制；在干旱和少雨地区也可采用完全合流制。

1.2.2　排水管道系统的组成

排水系统是指收集、输送、处理、再生和处置污水和雨水的工程设施以一定的方式组合而成的总体。通常由排水管道系统和污水处理系统组成。

排水管道系统的作用是收集、输送污（废）水，由管渠、检查井、泵站等设施组成。在分流制排水系统中包括污水管道系统和雨水管道系统；在合流制排水系统中只有合流制管道系统。

污水管道系统是收集、输送综合生活污水和工业废水的管道及其附属构筑物；雨水管道系统是收集、输送、排放雨水的管道及其附属构筑物；合流制管道系统是

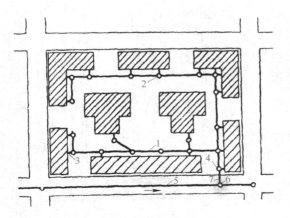

图 1-35　小区污水管道系统

1—小区污水管道；2—检查井；3—出户管；4—控制井；
5—市政污水管道；6—市政污水检查井；7—小区主干管

收集、输送综合生活污水、工业废水和雨水的管道及其附属构筑物；污水处理系统的作用是对污水进行处理和利用，包括各种处理构筑物。

1．污水管道系统的组成

城市污水管道系统包括小区污水管道系统和市政污水管道系统两部分。

小区污水管道系统主要是收集小区内各建筑物排除的污水，并将其输送到市政污水管道系统中。一般由接户管、小区支管、小区干管、小区主干管和检查井、泵站等附属构筑物组成，如图 1-35 所示。

接户管承接某一建筑物出户管排出的污水，并将其输送到小区支管；小区支管承接若干接户管的污水，并将其输送到小区干管；小区干管承接若干个小区支管的污水，并将其输送到小区主干管；小区主干管承接若干个小区干管的污水，并将其输送到市政污水管道系统中。

市政污水管道系统主要承接城市内各小区的污水，并将其输送到污水处理系统，经处理后再排放利用。一般由支管、干管、主干管和检查井、泵站、出水口及事故排出口等附属构筑物组成，如图 1-36 所示。

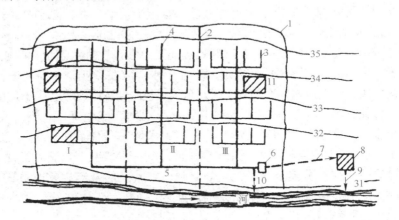

图 1-36　市政污水管道系统

Ⅰ、Ⅱ、Ⅲ—排水流域

1—城市边界；2—排水流域分界线；3—支管；4—干管；5—主干管；6—总泵站；
7—压力管道；8—城市污水处理厂；9—出水口；10—事故排出口；11—工厂

支管承接若干小区主干管的污水，并将其输送到干管中；干管承接若干支管中的污水，并将其输送到主干管中；主干管承接若干干管中的污水，并将其输送到城市污水处理厂进行处理。

2. 雨水管道系统的组成

降落在屋面上的雨水由天沟和雨水斗收集，通过落水管输送到地面，与降落在地面上的雨水一起形成地表径流，然后通过雨水口收集流入小区的雨水管道系统，经过小区的雨水管道系统流入市政雨水管道系统，然后通过出水口排放。因此雨水管道系统包括小区雨水管道系统和市政雨水管道系统两部分，如图 1-37 所示。

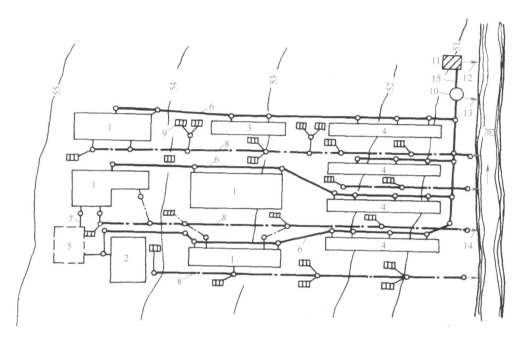

图 1-37　雨水管道系统

1、2、3、4、5—建筑物；6—生活污水管道；7—生产污水管道；8—生产废水与雨水管道；
9—雨水口；10—污水泵站；11—废水处理站；12—出水口；13—事故排出口；
14—雨水出水口；15—压力管道

小区雨水管道系统是收集、输送小区地表径流的管道及其附属构筑物，包括雨水口、小区雨水支管、小区雨水干管、雨水检查井等。

市政雨水管道系统是收集小区和城市道路路面上地表径流的管道及其附属构筑物，包括雨水支管、雨水干管和雨水口、检查井、雨水泵站、出水口等附属构筑物。

雨水支管承接若干小区雨水干管中的雨水和所在道路地表径流，并将其输送到雨水干管；雨水干管承接若干雨水支管中的雨水和所在道路的地表径流，并将其就近排放。

3. 合流制管道系统

合流管道系统是收集输送城市综合生活污水、工业废水和雨水的管道及其附属构筑物，包括小区合流管道系统和市政合流管道系统两部分，由污水管道系统和雨水口构成。雨水经雨水口进入合流管道，与污水混合后一同经市政合流支管、合流干管、截流主干管进入污水处理厂，或通过溢流井溢流排放。

1.2.3　排水管道系统的布置

1. 布置形式

在城市中，市政排水管道系统的平面布置，由城市地形、城市规划、污水厂位置、河流位置及水流情况、污水种类和污染程度等因素而定。在这些影响因素中，地形是最关键的因素，按城市地形考虑可有六种布置形式，如图 1-38 所示。

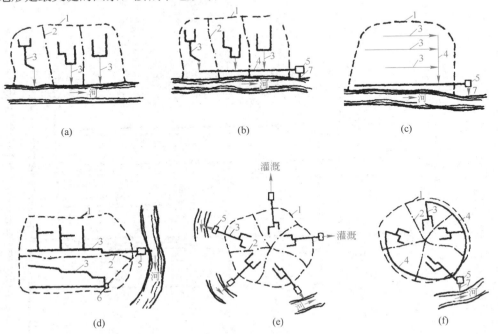

图 1-38　排水管道系统的布置形式

（a）正交式；（b）截流式；（c）平行式；（d）分区式；（e）分散式；（f）环绕式

1—城市边界；2—排水流域分界线；3—干管；4—主干管；5—污水厂；6—污水泵站；7—出水口

在地势向水体适当倾斜的地区，可采用正交式布置，使各排水流域的干管与水体垂直相交，这样可使干管的长度短、管径小、排水迅速、造价低。但污水未经处理就直接排放，容易造成受纳水体污染。因此正交式布置仅适用于雨水管道系统。

在正交式布置的基础上，若沿水体岸边敷设主干管，将各流域干管的污水截流送至污水厂，就形成了截流式布置。截流式布置减轻了水体的污染，保护和改善了环境，适用于分流制中的污水管道系统。

在地势向水体有较大倾斜的地区，可采用平行式布置，使排水流域的干管与水体或等高线基本平行，主干管与水体或等高线成一定斜角敷设。这样可避免干管坡度和管内水流速度过大，使干管受到严重冲刷。

在地势高差相差很大的地区，可采用分区式布置。即在高地区和低地区分别敷设独立的管道系统，高地区的污水靠重力直接流入污水厂，而低地区的污水则靠泵站提升至高地区的污水厂。也可将污水厂建在低处，低地区的污水靠重力直接流入污水厂，而高地区的污水则跌水至低地区的污水厂。其优点是充分利用地形，节省电力。

当城市中央地势高，地势向周围倾斜，或城市周围有河流时，可采用分散式布置。即各排水流域具有独立的排水系统，其干管呈辐射状分布。其优点是干管长度短、管径小、埋深浅，但需建造多个污水处理厂。因此，该布置形式适宜排除雨水。

在分散式布置的基础上，敷设截流主干管，将各排水流域的污水截流至污水厂进行处理，便形成了环绕式布置，它是分散式发展的结果，适用于建造大型污水厂的城市。

2. 布置原则和要求

排水管道系统应根据城市总体规划和排水工程专项规划，结合当地实际情况进行布置，布置时应遵循的原则是：尽可能在管线较短和埋深较小的情况下，让最大区域的污水能自流排出。

管道布置时一般按主干管、干管、支管的顺序进行。其方法是首先确定污水厂或出水口的位置，然后再依次确定主干管、干管和支管的位置。

污水处理厂一般布置在城市夏季主导风向的下风向、城市水体的下游，并与城市或农村居民点至少有 500m 以上的卫生防护距离。污水主干管一般布置在排水流域内较低的地带，沿集水线敷设，以便干管的污水能自流接入。污水干管一般沿城市的主要道路布置，通常敷设在污水量较大、地下管线较少一侧的道路下。污水支管一般布置在城市的次要道路下，当小区污水通过小区主干管集中排出时，应敷设在小区较低处的道路下；当小区面积较大且地形平坦时，应敷设在小区四周的道路下。

雨水管道应尽量利用自然地形坡度，以最短的距离靠重力流将雨水排入附近的水体中。当地形坡度大时，雨水干管宜布置在地形低处的主要道路下；当地形平坦时，雨水干管宜布置在排水流域中间的主要道路下。雨水支管一般沿城市的次要道路敷设。

排水管道应尽量布置在人行道、绿化带或慢车道下。当道路红线宽度大于 40m 时，应双侧布置，这样可减少过街管道，便于施工和养护管理。

为了保证排水管道在敷设和检修时互不影响、管道损坏时不影响附近建（构）筑物、不污染生活饮用水，排水管道与其他管线和建（构）筑物间应有一定的水平距离和垂直距离，其最小净距见表 1-12。

排水管道与其他地下管线（构筑物）的最小净距（m）　　　　表 1-12

名称			水平净距	垂直净距
建筑物			见注 3	—
给水管	$DN \leqslant 200mm$		1.0	0.4
给水管	$DN > 200mm$		1.5	0.4
排水管			—	0.15
再生水管			0.5	0.4
燃气管	低压	$P \leqslant 0.05MPa$	1.0	0.15
燃气管	中压	$0.05MPa < P \leqslant 0.4MPa$	1.2	0.15
燃气管	高压	$0.4MPa < P \leqslant 0.8MPa$	1.5	0.15
燃气管	高压	$0.8MPa < P \leqslant 1.6MPa$	2.0	0.15

续表

名称		水平净距	垂直净距
热力管线		1.5	0.15
电力管线		0.5	0.5
电信管线		1.0	直埋 0.5
			管块 0.15
乔木		1.5	—
地上柱杆	通信照明及小于 10kV	0.5	—
	高压铁塔基础边	1.5	—
道路侧石边缘		1.5	—
铁路钢轨（或坡脚）		5.0	轨底 1.2
电车（轨底）		2.0	1.0
架空管架基础		2.0	
油管		1.5	0.25
压缩空气管		1.5	0.15
氧气管		1.5	0.25
乙炔管		1.5	0.25
电车电缆		—	0.5
明渠渠底		—	0.5
涵洞基础底		—	0.15

注：1. 表列数字除注明者外，水平净距均指外壁净距，垂直净距指下面管道的外顶与上面管道基础底间的净距；

2. 采取充分措施（如结构措施）后，表列数字可以减小；

3. 与建筑物水平净距：管道埋深浅于建筑物基础时，一般不小于 2.5m；管道埋深深于建筑物基础时，按计算确定，但不小于 3.0m。

1.2.4 排水管材

1. 对排水管材的要求

（1）必须具有足够的强度，以承受外部的荷载和内部的水压，并保证在运输和施工过程中不致破裂；

（2）应具有抵抗污水中杂质的冲刷磨损和抗腐蚀的能力；

（3）必须密闭不透水，以防止污水渗出和地下水渗入；

（4）内壁应平整光滑，以尽量减小水流阻力；

（5）应就地取材，以降低施工费用。

2. 常用排水管材

（1）混凝土管和钢筋混凝土管

其适用于排除雨水和污水，分混凝土管、轻型钢筋混凝土管和重型钢筋混凝土管三种，管口有承插式、平口式和企口式三种形式，如图 1-39 所示。

混凝土管的管径一般小于 450mm，长度多为 1m，一般在工厂预制，也可现场浇制，其技术条件及标准规格见表 1-13。

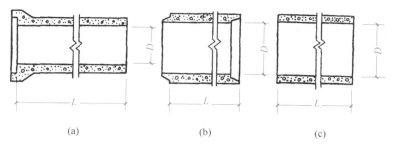

(a)　　　　　　　　(b)　　　　　　　(c)

图 1-39　混凝土管和钢筋混凝土管
（a）承插式；（b）企口式；（c）平口式

混凝土排水管技术条件及标准规格　　　　　　　表 1-13

公称内径 (mm)	管体尺寸（mm）		外压试验（N/m²）	
	最小管长	最小壁厚	安全荷载	破坏荷载
200	1000	27	10000	12000
250	1000	33	12000	15000
300	1000	40	15000	18000
350	1000	50	19000	22000
400	1000	60	23000	27000
450	1000	67	27000	32000

当管道埋深较大或敷设在土质不良地段，以及穿越铁路、城市道路、河流、谷地时，通常采用钢筋混凝土管。钢筋混凝土管按照承受的荷载要求分轻型钢筋混凝土管和重型钢筋混凝土管两种，其规格见表 1-14、表 1-15。

混凝土管和钢筋混凝土管便于就地取材，制造方便，在排水管道工程中得到了广泛应用。其主要缺点是抵抗酸、碱侵蚀及抗渗性能差；管节短、接头多、施工麻烦；自重大、搬运不便。

轻型钢筋混凝土排水管技术条件及标准规格　　　　　　表 1-14

公称内径 (mm)	管体尺寸（mm）		套环（mm）			外压试验（N/m²）		
	最小管长	最小壁厚	填缝宽度	最小壁厚	最小管长	安全荷载	裂缝荷载	破坏荷载
200	2000	27	15	27	150	12000	15000	20000
300	2000	30	15	30	150	11000	14000	18000
350	2000	33	15	33	150	11000	15000	21000
400	2000	35	15	35	150	11000	18000	24000
450	2000	40	15	40	200	12000	19000	25000
500	2000	42	15	42	200	12000	20000	29000
600	2000	50	15	50	200	15000	21000	32000
700	2000	55	15	55	200	15000	23000	38000
800	2000	65	15	65	200	18000	27000	44000
900	2000	70	15	70	200	19000	29000	48000
1000	2000	75	18	75	250	20000	33000	59000
1100	2000	85	18	85	250	23000	35000	63000
1200	2000	90	18	90	250	24000	38000	69000
1350	2000	100	18	100	250	26000	44000	80000
1500	2000	115	22	115	250	31000	49000	90000
1650	2000	125	22	125	250	33000	54000	99000
1800	2000	140	22	140	250	38000	61000	11100

重型钢筋混凝土排水管技术条件及标准规格　　　　表 1-15

公称内径	管体尺寸（mm）		套环（mm）			外压试验（N/m²）		
（mm）	最小管长	最小壁厚	填缝宽度	最小壁厚	最小管长	安全荷载	裂缝荷载	破坏荷载
300	2000	58	15	58	150	34000	36000	40000
350	2000	60	15	60	150	34000	36000	44000
400	2000	65	15	65	150	34000	38000	49000
450	2000	67	15	67	200	34000	40000	52000
550	2000	75	15	75	200	34000	42000	61000
650	2000	80	15	80	200	34000	43000	63000
750	2000	90	15	90	200	36000	50000	82000
850	2000	95	15	95	200	36000	55000	91000
950	2000	100	18	100	250	36000	61000	112000
1050	2000	110	18	110	250	40000	66000	121000
1300	2000	125	18	125	250	41000	84000	132000
1550	2000	175	18	175	250	67000	104000	187000

（2）陶土管

陶土管由塑性黏土制成，为了防止在焙烧过程中产生裂缝，通常加入一定比例的耐火黏土和石英砂，经过研细、调和、制坯、烘干、焙烧等过程制成。根据需要可制成无釉、单面釉和双面釉的陶土管。若加入耐酸黏土和耐酸填充物，还可制成特种耐酸陶土管。

陶土管一般为圆形断面，有承插口和平口两种形式，如图 1-40 所示。

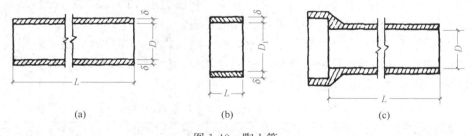

图 1-40　陶土管
（a）直管；（b）管箍；（c）承插管

普通陶土管的最大公称直径为 300mm，有效长度为 800mm，适用于小区室外排水管道。耐酸陶土管的最大公称直径为 800mm，一般在 400mm 以内，管节长度有 300mm、500mm、700mm、1000mm 等，适用于排除酸性工业废水。陶土管的技术条件和标准规格见表 1-16。

陶土管的技术条件和标准规格　　　　表 1-16

公称内径（mm）	管长（mm）	壁厚（mm）	质量（kg/根）	安全内压（kPa）
150	900	19	25	29.4
200	900	20	28.4	29.4
250	900	22	45	29.4
300	900	26	67	29.4

续表

公称内径（mm）	管长（mm）	壁厚（mm）	质量（kg/根）	安全内压（kPa）
350	900	28	76.5	29.4
400	900	30	84	19.6
450	700	34	110	19.6
500	700	36	130	19.6
600	700	40	180	19.6

带釉的陶土管管壁光滑，水流阻力小，密闭性好，耐磨损，抗腐蚀。

陶土管质脆易碎，不宜远运；抗弯、抗压、抗拉强度低；不宜敷设在松软土中或埋深较大的地段。此外，陶土管管节短、接头多、施工麻烦。

（3）金属管

金属管质地坚固，强度高，抗渗性能好，管壁光滑，水流阻力小，管节长，接口少，施工运输方便。但价格昂贵，抗腐蚀性差，因此，在市政排水管道工程中很少用。只有在地震烈度大于8度或地下水位高，流沙严重的地区；或承受高内压、高外压及对渗漏要求特别高的地段才采用金属管。

常用的金属管有铸铁管和钢管。排水铸铁管耐腐蚀性好，经久耐用；但质地较脆，不耐振动和弯折，自重较大。钢管耐高压、耐振动、质量比铸铁管轻，但抗腐蚀性差。

（4）排水渠道

在很多城市，除采用上述排水管道外，还采用排水渠道。排水渠道一般有砖砌、石砌、钢筋混凝土渠道，断面形式有圆形、矩形、半椭圆形等，如图1-41所示。

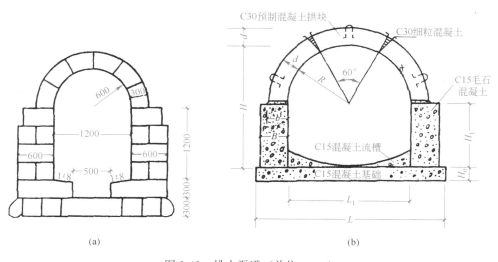

图 1-41 排水渠道（单位：mm）

(a) 石砌渠道；(b) 预制混凝土块拱形渠道

砖砌渠道应用普遍，在石料丰富的地区，可采用毛石或料石砌筑，也可用预制混凝土砌块砌筑，对大型排水渠道，可采用钢筋混凝土现场浇筑。

（5）新型管材

随着新型建筑材料的不断研发，用于制作排水管道的材料也日益增多，新型排水管材不断涌现，如英国生产的玻璃纤维筋混凝土管和热固性树脂管；日本生产的离心混凝土管，其性能均优于普通的混凝土管和钢筋混凝土管。在国内，口径在500mm以下的排水管道正日益被UPVC加筋管代替，口径在1000mm以下的排水管道正日益被PVC管代替，口径在900～2600mm的排水管道正在推广使用高密度聚乙烯管（HDPE管），口径在300～1400mm的排水管道正在推广使用玻璃纤维缠绕增强热固性树脂夹砂压力管（玻璃钢夹砂管）。但新型排水管材价格昂贵，其使用受到了一定程度的限制。

3. 管渠材料的选择

选择排水管渠材料时，应在满足技术要求的前提下，尽可能就地取材，采用当地易于自制、便于供应和运输方便的材料，以使运输和施工费用降至最低。

根据排除的污水性质，一般情况下，当排除生活污水及中性或弱碱性（pH＝8～11）的工业废水时，上述各种管材都能使用。排除碱性（pH＞11）的工业废水时可用砖渠，或在钢筋混凝土渠内做塑料衬砌。排除弱酸性（pH＝5～6）的工业废水时可用陶土管或砖渠。排除强酸性（pH＜5）的工业废水时可用耐酸陶土管、耐酸水泥砌筑的砖渠或用塑料衬砌的钢筋混凝土渠。

根据管道受压、埋设地点及土质条件，压力管段一般采用金属管、玻璃钢夹砂管、钢筋混凝土管或预应力钢筋混凝土管。在地震区、施工条件较差的地区，以及穿越铁路、城市道路等，可采用金属管。

一般情况下，市政排水管道经常采用混凝土管、钢筋混凝土管、HDPE管等。

1.2.5 排水管道构造

排水管道为重力流，由上游至下游管道坡度逐渐增大，一般情况下管道埋深也会逐渐增加，在施工时除保证管材及其接口强度满足要求外，还应保证在使用中不致因地面荷载引起损坏。由于排水管道的管径大、质量大、埋深大，这就要求排水管道的基础要牢固可靠，以免出现地基的不均匀沉陷，使管道的接口或管道本身损坏，造成漏水现象。因此，排水管道的构造一般包括基础、管道、覆土三部分。

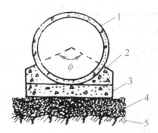

图 1-42　排水管道基础
1—管道；2—管座；3—基础；
4—垫层；5—地基

1. 基础

排水管道的基础包括地基、基础和管座三部分，如图1-42所示。地基是沟槽底的土层，它承受管道和基础的重量、管内水重、管上土压力和地面上的荷载。基础是地基与管道之间的设施，当地基的承载力不足以承受上面的压力时，要靠基础增加地基的受力面积，把压力均匀地传给地基。管座是管道底侧与基础顶面之间的部分，使管道与基础连成一个整体，以增加管道的刚度和稳定性。

一般情况下，排水管道有三种基础：

（1）砂土基础

砂土基础又叫素土基础，包括弧形素土基础和砂垫层基础两种，如图 1-43 所示。

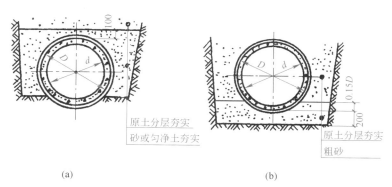

图 1-43　砂土基础（单位：mm）

（a）弧形素土基础；（b）砂垫层基础

弧形素土基础是在沟槽原土上挖一弧形管槽，管道敷设在弧形管槽里。这种基础适用于无地下水，原土能挖成弧形（通常采用90°弧）的干燥土；管道直径小于 600mm 的混凝土管和钢筋混凝土管；管道覆土厚度在 0.7～2.0m 之间的小区污水管道、非车行道下的市政次要管道和临时性管道。

砂垫层基础是在挖好的弧形管槽里，填 100～150mm 厚的砂土作为垫层。这种基础适用于无地下水的岩石或多石土层；管道直径小于 600mm 的混凝土管和钢筋混凝土管；管道覆土厚度在 0.7～2.0m 之间的小区污水管道、非车行道下的市政次要管道和临时性管道。

（2）混凝土枕基

混凝土枕基是只在管道接口处才设置的管道局部基础，如图 1-44 所示。通常在管道接口下用 C15 混凝土做成枕状垫块，垫块常采用 90°或 135°管座。这种基础适用于干燥土层中的雨水管道及不太重要的污水支管，常与砂土基础联合使用。

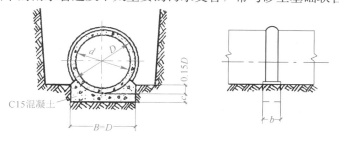

图 1-44　混凝土枕基

（3）混凝土带形基础

混凝土带形基础是沿管道全长铺设的基础，分为 90°、135°、180°三种管座形式，如图 1-45 所示。

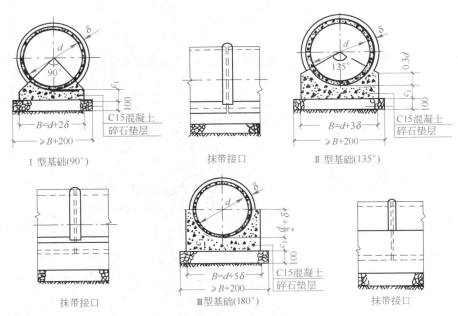

图 1-45　混凝土带形基础（单位：mm）

　　混凝土带形基础适用于各种潮湿土层及地基软硬不均匀的排水管道，管径为 200～2000mm。无地下水时常在槽底原土上直接浇筑混凝土；有地下水时在槽底铺 100～150mm 厚的卵石或碎石垫层，然后在上面再浇筑混凝土，根据地基承载力的实际情况，可采用强度等级不低于 C15 的混凝土。当管道覆土厚度在 0.7～2.5m 时采用 90°管座，覆土厚度在 2.6～4.0m 时采用 135°管座，覆土厚度在 4.1～6.0m 时采用 180°管座。

　　在地震区或土质特别松软和不均匀沉陷严重的地段，最好采用钢筋混凝土带形基础。

　　2. 管道

　　管道是指采用设计要求的管材，常用的排水管材前已述及。

　　3. 覆土

　　排水管道埋设在地面以下，其管顶以上应有一定厚度的覆土，以保证管道内的水在冬季不会因冰冻而结冰；在正常使用时管道不会因各种地面荷载作用而损坏；同时要满足管道衔接的要求，保证上游管道中的污水能够顺利排除。排水管道的覆土厚度与给水管道覆土厚度的意义相同，如图 1-22 所示。

　　在非冰冻地区，管道覆土厚度的大小主要取决于地面荷载、管材强度、管道衔接情况以及敷设位置等因素，以保证管道不受破坏为主要目的。一般情况下排水管道的最小覆土厚度在车行道下为 0.7m，在人行道下为 0.6m。

　　在冰冻地区，除考虑上述因素外，还要考虑土层的冰冻深度。一般污水管道内污水的温度不低于 4℃，污水以一定的流量和流速不断流动。因此，污水在管道内是不会冰冻的，管道周围的土层也不会冰冻，管道不必全部埋设在土层冰冻线以下。但如果将管道全部埋设在冰冻线以上，则可能会因土层冰冻膨胀损坏管道基础，进而损坏管道。一般在土层冰冻深度不太大的地区，可将管道全部埋设在冰冻线以下；在土层冰冻深度很大的地区，无保温措施的生活污水管道或水温与生活污水接近的工业废水管道，管底可埋设在冰冻线以上0.15m；有保温措施或水温较高的管道，管底在冰冻线以上的距离可以加大，其数值应根据该地区或条件相似地区的经验确定，但要保证管道的覆土厚度不小于0.7m。

1.2.6 排水渠道构造

排水渠道的构造一般包括渠顶、渠底和渠身，如图1-41所示。渠道的上部叫渠顶，下部叫渠底，两壁叫渠身。通常将渠底和基础做在一起，渠顶做成拱形，渠底和渠身扁光、勾缝，以使水力性能良好。

1.2.7 排水管网附属构筑物的构造

1. 检查井

在排水管渠系统上，为便于管渠的衔接以及对管渠进行定期检查和清通，必须设置检查井。检查井通常设在管渠交汇、转弯、管渠尺寸或坡度改变、跌水等处以及相隔一定距离的直线管渠段上。检查井在直线管渠段上的最大间距，一般按表1-17采用。

检查井在直线段的最大间距   表 1-17

管径（mm）	300～600	700～1000	1100～1500	1600～2000
最大间距（m）	75	100	150	200

根据检查井的平面形状，可将其分为圆形、方形、矩形或其他不同的形状。方形和矩形检查井用在大直径管道上，一般情况下均采用圆形检查井。检查井由井底（包括基础）、井身和井盖（包括盖座）三部分组成，如图1-46所示。

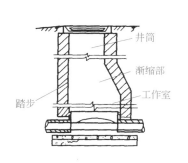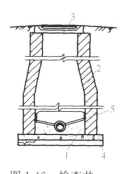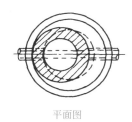

图 1-46 检查井

1—井底；2—井身；3—井盖及盖座；4—井基；5—沟肩

码1-4 砖砌检查井示意

井底一般采用低强度等级的混凝土，基础采用碎石、卵石、碎砖夯实或低强度等级混凝土。为使水流通过检查井时阻力较小，井底宜设半圆形或弧形流槽，流槽直壁向上升展。污水管道的检查井流槽顶与上、下游管道的管顶相平，或与0.85倍大管管径处相平；雨水管渠和合流管渠的检查井流槽顶可与0.5倍大管管径处相平。流槽两侧至检查井井壁间的底板(称为沟肩)应有一定宽度,一般不小于 200mm,以便养护人员下井时立足,并应有 2‰~5‰的坡度坡向流槽,以防检查井积水时淤泥沉积。在管渠转弯或几条管渠交汇处,为使水流畅通,流槽中心线的弯曲半径应按转角大小和管径大小确定,但不得小于大管的管径。检查井井底各种流槽的平面形式如图 1-47 所示。

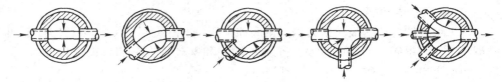

图 1-47 检查井井底流槽形式

井身用砖、石砌筑,也可用混凝土或钢筋混凝土现场浇筑,其构造与是否需要工人下井有密切关系。不需要工人下井的浅检查井,井身为直壁圆筒形;需要工人下井的检查井,井身在构造上分为工作室、渐缩部和井筒三部分,如图 1-46 所示。工作室是养护人员下井进行临时操作的地方,不能过分狭小,其直径不能小于 1m,其高度在埋深允许时一般采用 1.8m。为降低检查井的造价,缩小井盖尺寸,井筒直径一般比工作室小,但为了工人检修时出入方便,其直径不应小于 0.7m。井筒与工作室之间用锥形渐缩部连接,渐缩部的高度一般为 0.6~0.8m,也可在工作室顶偏向出水管渠一侧加钢筋混凝土盖板梁,井筒则砌筑在盖板梁上。为便于养护人员上下,井身在偏向进水管渠的一边应保持一壁直立。

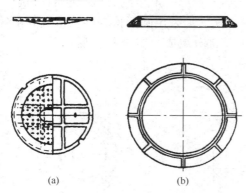

图 1-48 轻型铸铁井盖和盖座

(a) 井盖;(b) 盖座

井盖可采用铸铁、钢筋混凝土、新型复合材料或其他材料,为防止雨水流入,盖顶应略高出地面。盖座采用与井盖相同的材料。井盖和盖座均为厂家预制,施工前购买即可,其形式如图 1-48 所示。

检查井的构造和各部位的尺寸详见《市政工程设计施工系列图集 给水 排水工程》或其他相关资料。

2. 雨水口

雨水口是在雨水管渠或合流管渠上设置的收集地表径流的构筑物。地表径流通过雨水口连接管进入雨水管渠或合流管渠,使道路上的积水不至漫过路缘石,从而保证城市道路在雨天时正常使用。

雨水口一般设在道路交叉口、路侧边沟的一定距离处以及设有道路缘石的低洼地方,在直线道路上的间距一般为 25~50m,在低洼和易积水的地段,要适当缩小雨水口的间距。当道路纵坡大于 0.02 时,雨水口的间距可大于 50m,其形式、数量和布置应根据具体情况和计算确定。

雨水口的构造包括进水箅、井筒和连接管三部分，如图 1-49 所示。

进水箅可用铸铁、钢筋混凝土或其他材料做成，其箅条应为纵横交错的形式，以便收集从路面上不同方向上流来的雨水，如图 1-50 所示。

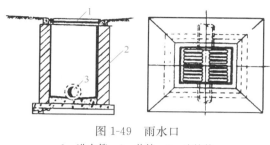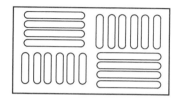

图 1-49　雨水口

1—进水箅；2—井筒；3—连接管

图 1-50　进水箅

井筒一般用砖砌，深度不大于 1m，在有冻胀影响的地区，可根据经验适当加大。

雨水口的构造和各部位的尺寸详见《市政工程设计施工系列图集　给水　排水工程》或其他相关资料。

雨水口通过连接管与雨水管渠或合流管渠的检查井相连接。连接管的最小管径为 200mm，坡度一般为 0.01，长度不宜超过 25m。

根据需要在路面等级较低、积秽很多的街道或菜市场附近的雨水管道上，可将雨水口做成有沉泥槽的雨水口，以避免雨水中挟带的泥砂淤塞管渠，但需经常清掏，增加了养护工作量。

3. 倒虹管

排水管道遇到河流、洼地或地下构筑物等障碍物时，不能按原有的坡度埋设，而是按下凹的折线方式从障碍物下通过，这种管道称为倒虹管。它由进水井、下行管、平行管、上行管和出水井组成，如图 1-51 所示。

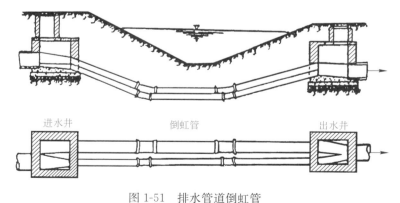

图 1-51　排水管道倒虹管

进水井和出水井均为特殊的检查井，在井内设闸板或堰板以根据来水流量控制倒虹管启闭的条数，进水井和出水井的水面高差要足以克服倒虹管内产生的水头损失。

平行管管顶与规划河床的垂直距离不应小于 1.0m，与构筑物的垂直距离应符合与该构筑物相交的有关规定。上行管和下行管与平行管的交角一般不大于 30°。

1.2.8　排水管道工程施工图识读

排水管道工程施工图的识读是保证工程施工质量的前提，一般排水管道施工图包括图纸目录、图纸首页、平面图、纵剖面图、大样图等内容。图纸目录和图纸首页的内容同给水管道施工图，不再重述。

1. 平面图的识读

管道平面图主要体现的是管道在平面上的相对位置以及管道敷设地带一定范围内的地形、地物和地貌情况，如图 1-52 所示。识读时应主要了解以下内容：

（1）图纸比例、说明和图例；

（2）管道施工地带道路的宽度、长度、中心线坐标、折点坐标及路面上的障碍物情况；

（3）管道的管径、长度、坡度、桩号、转弯处坐标、管道中心线的方位角、管道与道路中心线或永久性地物间的相对距离以及管道穿越障碍物的坐标等；

（4）与本管道相交、相近或平行的其他管道的位置及相互关系；

（5）附属构筑物的平面位置；

（6）主要材料明细表。

2. 纵剖面图的识读

纵剖面图主要体现管道的埋设情况，如图 1-53 所示。识读时应主要了解以下内容：

（1）图纸横向比例、纵向比例、说明和图例；

（2）管道沿线的原地面标高和设计地面标高；

（3）管道的管内底标高和埋设深度；

（4）管道的敷设坡度、水平距离和桩号；

（5）管径、管材和基础；

（6）附属构筑物的位置、其他管线的位置及交叉处的管内底标高；

（7）施工地段名称。

3. 大样图

大样图主要是指检查井、雨水口、倒虹管等的施工详图，一般由平面图和剖面图组成，如图 1-54 所示为某砖砌矩形检查井的剖面图（平面图略）。识读时应主要了解以下内容：

（1）图纸比例、说明和图例；

（2）井的平面尺寸、竖向尺寸、井壁厚度；

（3）井的组砌材料、强度等级、基础做法、井盖材料及大小；

（4）管道穿越井壁的位置及穿越处的构造；

（5）流槽的形状、尺寸及组砌材料；

（6）基础的尺寸和材料等。

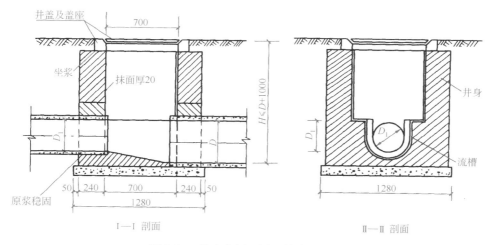

图 1-54　检查井剖面图（单位：mm）

1.3　其他市政管线工程

1.3.1　燃气管道系统

1. 燃气管道系统的组成

燃气包括天然气、人工燃气和液化石油气。燃气经长距离输气系统输送到燃气分配站（也称作燃气门站），在燃气分配站将燃气压力降至城市燃气供应系统所需的压力后，由城市燃气管网系统输送分配到各用户使用。因此，城市燃气管网系统是指自气源厂或城市门站到用户引入管的室外燃气管道。现代化的城市燃气输配系统一般由燃气管网、燃气分配站、调压站、储配站、监控与调度中心、维护管理中心组成，如图 1-55 所示。

城市燃气管网系统根据所采用的压力级制的不同，可分为一级系统、两级系统、三级系统和多级系统四种。

一级系统仅用低压管网来输送和分配燃气，一般适用于小城镇的燃气供应系统。

两级系统由低压和中压 B 或低压和中压 A 两级管网组成，如图 1-56、图 1-57 所示。

三级系统由低压、中压和高压三级管网组成，如图 1-58 所示。

多级系统由低压、中压 B、中压 A 和高压 B，甚至高压 A 的管网组成，如图 1-59所示。

选择城市燃气管网系统时，应综合考虑城市规划、气源情况、原有城市燃气供应设施、不同类型的用户用气要求、城市地形和障碍物情况、地下管线情况等因素，通过技术经济比较，选用经济合理的最佳方案。

2. 城市燃气管道的布置

城市燃气管道和给水排水管道一样，也要敷设在城市道路下，它在平面上的

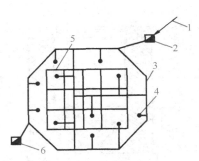

图 1-55 一级管网系统

1—长输管线；2—城市燃气门站及高压罐站；3—中压管网；4—中低压调压站；5—低压管网；6—低压储气罐站

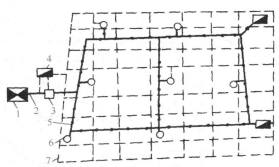

图 1-56 低压—中压 B 两级管网系统

1—气源厂；2—低压管道；3—压气站；4—低压储气站；5—中压 B 管网；6—区域调压站；7—低压管网

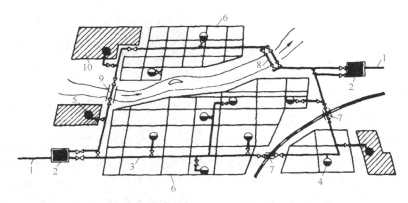

图 1-57 低压—中压 A 两级管网系统

1—长输管线；2—城市燃气分配站；3—中压 A 管网；4—区域调压站；5—专用调压站；6—低压管网；7—穿越铁路的套管敷设；8—过河倒虹管道；9—沿桥敷设的架空管道；10—工厂

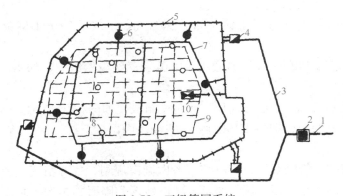

图 1-58 三级管网系统

1—长输管线；2—城市燃气分配站；3—郊区高压管道；4—储气站；5—高压管网；6—高、中压调压站；7—中压管网；8—中、低压调压站；9—低压管网；10—煤制气厂

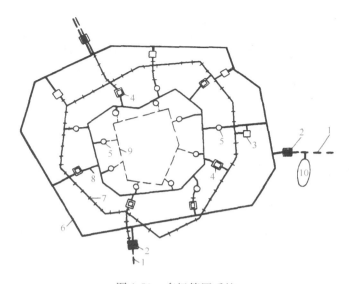

图 1-59　多级管网系统

1—长输管线；2—城市燃气分配站；3—调压计量站；4—储气站；

5—调压站；6—高压 A 管网；7—高压 B 管网；8—中压 A 管网；

9—中压 B 管网；10—地下储气库

布置要根据城市总体规划和燃气工程专项规划，结合管道内的压力、道路情况、地下管线情况、地形情况、管道的重要程度等因素确定。

高、中压输气管网的主要作用是输气，并通过调压站向低压管网配气。因此，高压输气管网宜布置在城市边缘或市内有足够埋管安全距离的地带，并应成环，以提高输气的可靠性。中压输气管网应布置在城市用气区便于与低压环网连接的规划道路下，并形成环网，以提高输气和配气的安全可靠性。但中压管网应尽量避免沿车辆来往频繁或闹市区的道路敷设，以免造成施工和维护管理困难。在管网建设初期，根据实际情况高、中压管网可布置成半环形或枝状网，并与规划环网有机联系，随着城市建设的发展再将半环形或枝状网逐步改造成环状网。

低压管网的主要作用是直接向各类用户配气，根据用户的实际情况，低压管网除以环状网为主体布置外，还允许枝状网并存。低压管道应按规划道路定线，与道路轴线或建筑物的前沿平行，沿道路的一侧敷设，在有轨电车通行的道路下，当道路宽度大于 20m 时应双侧敷设。低压管网中，输气的压力低，沿程压力降的允许值也较低，因此低压环网的每环边长不宜太长，一般控制在 300～600m 之间。

为保证在施工和检修时市政管道间互不影响，同时也为了防止由于燃气的泄漏而影响相邻管道的正常运行，甚至逸入建筑物内，对人身造成伤害，地下燃气管道与建筑物、构筑物基础以及其他管道之间应保持一定的最小水平净距，见表 1-18。

地下燃气管道与建（构）筑物或相邻管道之间的最小水平净距（m）　　表 1-18

名称		地下燃气管道			
		低压	中压	高压 B	高压 A
建筑物基础		2.0	3.0	4.0	6.0
热力管的管沟外壁、给水管、排水管		1.0	1.0	1.5	2.0
电力电缆		1.0	1.0	1.0	1.0
通信电缆	直埋	1.0	1.0	1.0	1.0
	在导管内	1.0	1.0	1.0	2.0
其他燃气管道	管径≤300mm	0.4	0.4	0.4	0.4
	管径>300mm	0.5	0.5	0.5	0.5
铁路钢轨		5.0	5.0	5.0	5.0
有轨电车道的钢轨		2.0	2.0	2.0	2.0
电杆（塔）的基础	≤35kV	1.0	1.0	1.0	1.0
	>35kV	5.0	5.0	5.0	5.0
通信照明电杆中心		1.0	1.0	1.0	1.0
街树中心		1.2	1.2	1.2	1.2

　　燃气管道穿越铁路、城市道路等构筑物时，宜敷设在钢套管内。套管直径应比燃气管道直径大 100mm，套管伸出构筑物长度一般不小于 1m。穿越河流时，宜采用倒虹管，双管铺设。

　　3. 燃气管材及附属设备

　　（1）管材

　　用于输送燃气的管材种类很多，应根据燃气的性质、系统压力和施工要求来选用，并要满足机械强度、抗腐蚀、抗振及气密性等要求。一般而言，常用的燃气管材主要有以下几种：

　　1）钢管

　　常用的钢管主要有普通无缝钢管和焊接钢管。焊接钢管中用于输送燃气的常用管道是直焊缝钢管，常用管径为 $DN6 \sim DN150$。对于大口径管道，可采用直缝卷焊管（$DN200 \sim DN1800$）和螺旋焊接管（$DN200 \sim DN700$），其管长为 3.8～18m。

　　钢管壁厚应根据埋设地点、土壤和路面荷载情况而定，一般不小于 3.5mm，在道路红线内不小于 4.5mm，当管道穿越重要障碍物以及土壤腐蚀性较强的地段时，应不小于 8mm。

　　钢管具有承载力大、可塑性好、管壁薄、便于连接等优点，但抗腐蚀性差，须采取可靠的防腐措施。

　　2）铸铁管

　　用于燃气输配管道的铸铁管，一般为铸模浇铸或离心浇铸铸铁管，铸铁管的抗拉强度、抗弯曲和抗冲击能力不如钢管，但其抗腐蚀性比钢管好，在中、低压燃气管道中被广泛采用。

　　国内燃气管道常用普压连续铸铁直管、离心承插直管及管件，直径为 $DN75 \sim DN1500$，壁厚为 9～30mm，长度为 3～6m。

　　为了提高铸铁管的抗震性能，降低接口操作难度与劳动强度，国内研制的柔性接口铸铁管已推广使用，直径为 $DN100 \sim DN500$，气密性试验压力可达 0.3MPa。

　　3）塑料管

　　塑料管具有耐腐蚀、质轻、流动阻力小、使用寿命长、施工简便、抗拉强度高等优点，近年来在燃气输配系统中得到了广泛应用，目前应用最多的是中密度聚乙烯和尼龙-11塑料管。但塑料管的刚性差，施工时必须夯实槽底土，才能保证管道的敷设坡度。

　　此外，铜管和铝管也用于燃气输配管道上，但由于价格昂贵，其使用受到了一定程度的限制。

　　（2）附属设备

　　为保证燃气管网安全运行，并考虑到检修的方便，在管网的适当地点要设置必要的附属设备，常用的附属设备主要有以下几种：

　　1）阀门

　　阀门的种类很多，在燃气管道上常用的有闸阀、截止阀、球阀、蝶阀、旋塞。

　　闸阀和蝶阀在 1.1 节给水管道工程构造中已述及，在此不再介绍。

　　截止阀依靠阀瓣的升降来达到开闭和节流的目的，如图 1-60 所示。截止阀使用方便、安全可靠；但阻力较大。

　　球阀的体积小，流通断面与管径相等，动作灵活，阻力损失小，能满足通过清管球的需要，如图 1-61 所示。

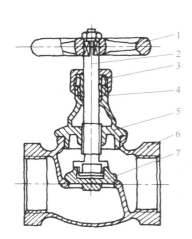

图 1-60　截止阀

1—手轮；2—阀杆；3—填料压盖；4—填料；
5—上盖；6—阀体；7—阀瓣

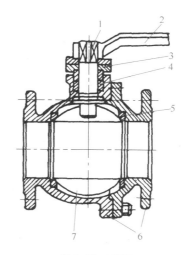

图 1-61　球阀

1—阀杆；2—手柄；3—填料压盖；4—填料；
5—密封圈；6—阀体；7—球

　　截止阀和球阀主要用于液化石油气和天然气管道上，闸阀和有驱动装置的截止阀、球阀只允许装在水平管道上。

　　旋塞是一种动作灵活的阀门，阀杆转 90° 即可达到启闭的目的，广泛用于燃气管道上。

　　常用的旋塞有两种，如图 1-62、图 1-63 所示。一种是利用阀芯尾部螺母的作用，使阀芯与阀体紧密接触，不致漏气，这种旋塞只允许用于低压管道上，称为无填料旋塞。另一种称为填料旋塞，利用填料来堵塞阀体与阀芯之间的间隙以避免漏气，这种旋塞体积较大，但较安全可靠。

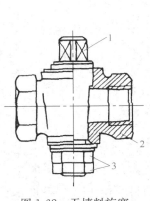
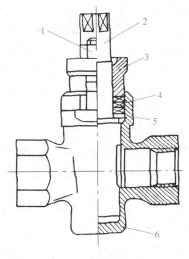

图1-62　无填料旋塞
1—阀芯；2—阀体；3—拉紧螺母

图1-63　填料旋塞
1—螺栓螺母；2—阀芯；3—填料压盖；
4—填料；5—垫圈；6—阀体

2）补偿器

补偿器是消除管道因胀缩所产生应力的设备，常用于架空管道和需要进行蒸汽吹扫的管道上。此外，补偿器安装在阀门的下游，利用其伸缩性能，方便阀门的拆卸与检修。在埋地燃气管道上，多用钢制波形补偿器，如图1-64所示，其补偿量约为10mm。为防止补偿器中存水锈蚀，由套管的注入孔灌入石油沥青，安装时注入孔应在下方。补偿器的安装长度应是螺杆不受力时补偿器的实际长度，否则不但不能发挥其补偿作用，反而使管道或管件受到不应有的应力。

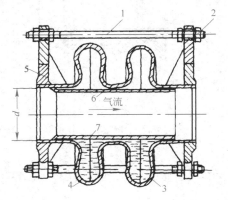
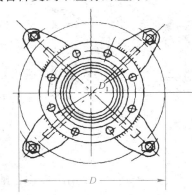

图1-64　波形补偿器
1—螺杆；2—螺母；3—波节；4—石油沥青；5—法兰盘；6—套管；7—注入孔

在通过山区、坑道和地震多发区的中、低压燃气管道上，可使用橡胶—卡普隆补偿器，如图1-65所示。它是带法兰的螺旋皱纹软管，软管是用卡普隆布作夹层的胶管，外层用粗卡普隆绳加强。其补偿能力在拉伸时为 150mm，压缩时为 100mm，优点是纵横方向均可变形。

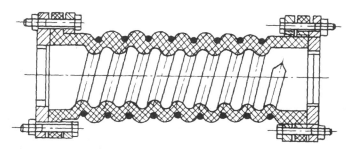

图 1-65　橡胶—卡普隆补偿器

3）排水器

为排除燃气管道中的冷凝水和石油伴生气管道中的轻质油，在管道敷设时应有一定的坡度，在低处设排水器，将汇集的油或水排出，其间距根据油量或水量而定，通常取 500m。

根据燃气管道中压力的不同，排水器有不能自喷和自喷两种。在低压燃气管道上，安装不能自喷的低压排水器，如图 1-66 所示，水或油要依靠抽水设备来排除。

在高、中压燃气管道上，安装能自喷的高、中压排水器，如图 1-67 所示，由于管道内压力较高，水或油在排水管旋塞打开后自行排除。为防止排水管内的剩

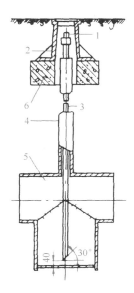

图 1-66　低压排水器

1—丝堵；2—防护罩；3—抽水管；
4—套管；5—集水器；6—底座

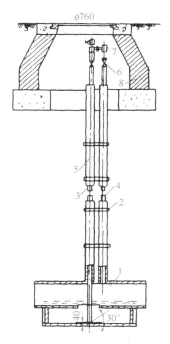

图 1-67　高、中压排水器

1—集水器；2—管卡；3—排水管；4—循环管；
5—套管；6—旋塞；7—丝堵；8—井圈

余水在冬季结冰，应另设循环管，使排水管内水柱上、下压力平衡，水依靠重力回到下部的集水器中。为避免被燃气中的焦油和萘等杂质堵塞，排水管和循环管的管径应适当加大。

排水器还可观测燃气管道的运行状况，并作为消除管道堵塞的设备。

4）放散管

放散管是一种专门用来排放管道内部的空气或燃气的装置。在管道投入运行时，利用放散管排除管道内的空气；在检修管道或设备时，利用放散管排除管道内的燃气，防止在管道内形成爆炸性的混合气体。放散管应安装在阀门井中，在环状网中阀门的前后都应安装，在单向供气的管道上则安装在阀门前。

5）阀门井

为保证管网的运行安全与操作方便，市政燃气管道上的阀门一般都设置在阀门井中。阀门井一般用砖、石砌筑，要坚固耐久并有良好的防水性能，其大小要方便工人检修，井筒不宜过深，其构造如图1-68所示。

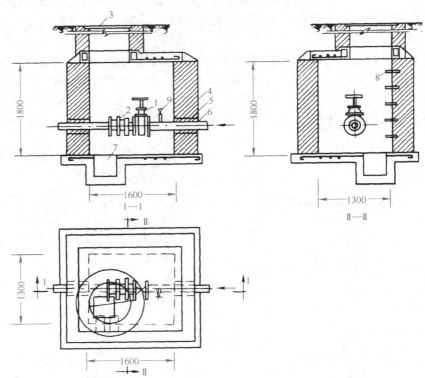

图1-68　燃气阀门井(单位：mm)

1—阀门；2—补偿器；3—井盖；4—防水层；5—浸沥青麻；6—沥青砂浆；
7—集水坑；8—爬梯；9—放散管

4. 燃气管道的构造

燃气管道为压力流，在施工时只要保证管材及其接口强度满足要求，做好防腐、防冻，并保证在使用中不因地面荷载引起损坏。燃气管道的构造一般包括基础、管道、覆土三部分。

（1）基础

燃气管道的基础是防止管道不均匀沉陷造成管道破裂或接口损坏而漏气。同给水管道一样，燃气管道一般情况下也有天然基础、砂基础、混凝土基础三种基础，使用情况同给水管道。

（2）管道

管道是指采用设计要求的管材，常用的燃气管材前已述及。

（3）覆土

燃气管道埋设在地面以下，其管顶以上应有一定厚度的覆土，以保证在正常使用时管道不会因各种地面荷载作用而损坏。燃气管道宜埋设在土层冰冻线以下，在车行道下覆土厚度不得小于 0.8m；在非车行道下覆土厚度不得小于 0.6m。

1.3.2　热力管网系统

1. 热力管网系统的组成

市政热力管网系统是将热媒从热源输送分配到各热用户的管道所组成的系统，它包括输送热媒的管道、沿线管道附件和附属建筑物，在大型热力管网中，有时还包括中继泵站或控制分配站。

根据输送的热媒的不同，市政热力管网一般有蒸汽管网和热水管网两种形式。在蒸汽管网中，凝结水一般不回收，所以为单根管道。在热水管网中，一般为两根管道，一根为供水管，另一根为回水管。不管是蒸汽管网还是热水管网，根据管道在管网中的作用，均可分为供热主干管、支干管和用户支管三种，如图 1-69 所示。

2. 热力管网的布置与敷设

热力管网应在城市总体规划和热力工程专项规划的指导下进行布置，主干管要尽量布置在热负荷集中区，力求短直，尽可能减少阀门和附件的数量。通常情况下应沿道路一侧平行于道路中心线敷设，地上敷设时不应影响城市美观和交通。埋地热力管道与建（构）筑物间的最小水平净距见表 1-19，埋地供热管道与其他管线间的最小水平净距见表 1-20。

埋地热力管道或管沟外壁与建筑物、构筑物的最小水平净距（m）　　表 1-19

名称	最小水平净距	名称	最小水平净距
建筑物基础边	1.5	高压（35～60kV）电杆支座	2.0
铁路钢轨外侧边缘	3.0	高压（110～220kV）电杆支座	3.0
电车钢轨外侧边缘	2.0	架空管道支架基础边缘	1.5
铁路、道路的边沟边缘	1.0	乔木或灌木丛中心	1.5
照明、通信电杆中心	1.0	桥梁、旱桥、隧道、高架桥	2.0

埋地供热管道与其他地下管线之间的最小净距（m）　　表 1-20

管道名称	热网地沟		直埋敷设	
	水平净距	垂直净距	水平净距	垂直净距
给水干管	2.00	0.10	2.50	0.10
给水支管	1.50	0.10	1.50	0.10

管道名称	热网地沟		直埋敷设	
	水平净距	垂直净距	水平净距	垂直净距
污水管	2.00	0.15	1.50	0.15
雨水管	1.50	0.10	1.50	0.10
低压燃气管	1.50	0.15	—	—
中压燃气管	1.50	0.15	—	—
高压燃气管	2.00	0.15	—	—
电力或电信电缆	2.00	0.50	2.00	0.50
排水沟渠	1.50	0.50	1.50	0.50

热力管道地上敷设时，与其他管线和建(构)筑物的最小净距见表1-21。

架空热力管道与其他建(构)筑物交叉时的最小净距(m)　　表1-21

名称	建筑物(预端)	道路(地面)	铁路(轨顶)	电信线		热力管道
				有防雷装置	无防雷装置	
热力管道	0.6	4.5	6.0	1.0	1.0	0.25

同给水管网一样，热力管网为压力流，其平面布置也有环状网和枝状网两种布置形式，如图1-69所示。

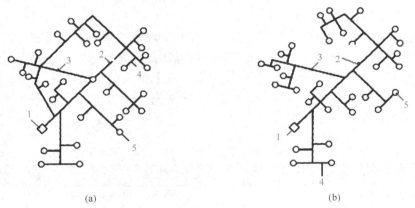

图1-69　热力管网平面布置
(a)环状网；(b)枝状网
1—热源；2—主干管；3—支干管；4—支管；5—用户

枝状管网布置简单，管径随距热源距离的增大而逐渐减小；管道用量少，投资少，运行管理方便。但当管网某处发生故障时，故障点以后的用户将停止供热。由于建筑物具有一定的蓄热能力，迅速消除故障后可使建筑物室温不大幅度降低，因此一般情况下枝状网可满足用户要求。在枝状管网中，为了缩小事故时的影响范围和迅速消除故障，在主干管与支干管的连接处以及支干管与用户支管的连接处均应设阀门。

环状管网仅指主干管布置成环，而支干管和用户支管仍为枝状网。其主要优点是供热可靠性大，但其投资大，运行管理复杂，要求有较高的自动控制措施。因此，枝状管网是热力管网普遍采用的方式。

热力管道的敷设分地上敷设和地下敷设两种类型，地上敷设是指管道敷设在地面以上的独立支架或建筑物的墙壁上。根据支架高度的不同，一般有低支架敷设、中支架敷设、高支架敷设三种形式。低支架敷设时，管道保温结构底距地面净高为 0.5～1.0m，它是最经济的敷设方式；中支架敷设时，管道保温结构底距地面净高为 2.0～4.0m，它适用于人行道和非机动车辆通行地段；高支架敷设时，管道保温结构底距地面净高为 4.0m 以上，它适用于供热管道跨越道路、铁路或其他障碍物的情况，该方式投资大，应尽量少用。地上敷设的优点是构造简单、维修方便、不受地下水和其他管线的影响。但占地面积多、热损失大、美观性差。因此多用于厂区和市郊。

地下敷设是热力管网广泛采用的方式，分地沟敷设和直埋敷设两种形式。地沟敷设时，地沟是敷设管道的围护构筑物，用以承受土压力和地面荷载并防止地下水的侵入；直埋敷设适用于热媒温度小于 150℃ 的供热管道，常用于热水供热系统，直埋敷设管道采用"预制保温管"，它将钢管、保温层和保护层紧密地粘成一体，使其具有足够的机械强度和良好的防腐防水性能，具有很好的发展前景。地下敷设的优点是不影响市容和交通，因此市政热力管网经常采用地下敷设。

3. 热力管道及其附件

（1）热力管道

市政热力管道通常采用无缝钢管和钢板卷焊管，其钢材和钢号的规定见表1-22。

热力管道钢材、钢管及其适用范围　　　　　表 1-22

钢号	适用范围	钢板厚度
A_3F，AY_3F	$P_g \leq 1.0MPa$；$t \leq 150℃$	$\leq 8mm$
A_3，AY_3	$P_g \leq 1.6MPa$；$t \leq 300℃$	$\leq 16mm$
A_{3g}，A_3R_{20}，20g 钢及低合金钢	蒸汽网 $P_g \leq 1.6MPa$；$t \leq 350℃$ 热水网 $P_g \leq 2.5MPa$；$t \leq 200℃$	不　限

（2）阀门

热力管道上的阀门通常有三种类型，一是起开启或关闭作用的阀门，如截止阀、闸阀；二是起流量调节作用的阀门，如蝶阀；三是起特殊作用的阀门，如单向阀、安全阀、减压阀等。截止阀的严密性较好，但阀体长，介质流动阻力大，通常用于全开、全闭的热力管道，一般不做流量和压力调节用；闸阀只用于全开、全闭的热力管道，不允许做节流用；蝶阀阀体长度小，流动阻力小，调节性能优于截止阀和闸阀，在热力管网上广泛应用，但造价高。

阀门的设置应在满足使用和维修的条件下，尽量减少。一般情况下在管道分支处、预留扩建处安装阀门。市政热力管网，应根据分支环路的大小，适当考虑设置分段阀门，对于没有分支的主干管，宜每隔 800～1000m 设置一个。蒸汽热力管网可不安装分段阀门。

供热管道不管是地上敷设还是地下敷设，一般应按地形走势有不小于 0.002

的管道坡度，为便于热力管网顺利运行，应在系统的最高点设排气阀以排除热水管和凝水管内的空气；为便于检修应在系统的最低点设泄水阀以排除管内存水；在蒸汽管网系统中，为排除沿途凝结水应设疏水装置。

（3）补偿器

为了防止市政热力管道升温时，由于热伸长或温度应力而引起管道变形或破坏，需要在管道上设置补偿器，以补偿管道的热伸长，从而减小管壁的应力和在阀件或支架结构上的作用力。

热力管道补偿器有两种，一种是利用材料的变形来吸收热伸长的补偿器，如自然补偿器、方形补偿器和波纹管补偿器；另一种是利用管道的位移来吸收热伸长的补偿器，如套管补偿器和球形补偿器。

1）自然补偿器

自然补偿器是利用管道的自然转弯与扭转的金属弹性，使管道具有伸缩的余地，一般有"L"形和"Z"形两种。设计时应尽量采用自然补偿器，这样可以不另制补偿器。

2）方形补偿器

在管道中间安装特制的弯曲管道作为补偿器，常用的弯曲管道是方形补偿器。这种补偿器构造简单，安装方便，一般有四种形式，如图1-70所示。

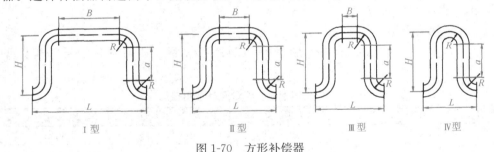

图 1-70　方形补偿器

Ⅰ型，$B=2a$；Ⅱ型，$B=a$；Ⅲ型，$B=0.5a$；Ⅳ型，$B=0$；L—开口距离

3）波纹管补偿器

波纹管补偿器是用金属片制成的像波浪形的装置，利用波纹变形进行管道补偿，如图1-71所示。

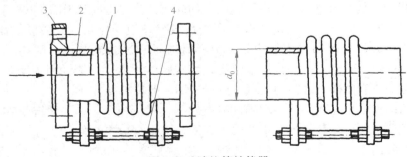

图 1-71　波纹管补偿器

1—波纹管；2—断管；3—法兰；4—拉杆

波纹管补偿器因工作压力不同有 0.6MPa、1.0MPa、1.6MPa、2.5MPa 型，工作温度小于 450℃，规格为 DN50～DN2400。

在布置波纹管补偿器时，要注意支架的设置，它是补偿器正确运行的决定因素，支架的设置如图 1-72 所示。

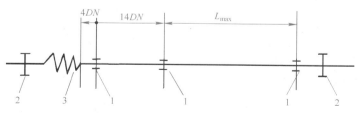

图 1-72　波纹管补偿器管系支架布置图
1—导向支架；2—固定支架；3—波纹管

4）套管式补偿器

套管式补偿器具有补偿能力大、结构简单、占地面积小、流动阻力小、安装方便等优点；但易漏水、漏气，需要经常检修、经常更换填料。为了克服这些缺点，可采用弹性套管式补偿器。因工作压力的不同，弹性套管式补偿器分为 0.6MPa、1.0MPa、1.6MPa、2.5MPa 型，温度不超过 300℃，适用于热媒为蒸汽、热水的热力管道，填料采用膨胀石墨、石棉绳或耐热聚四氟乙烯等，如图 1-73 所示。

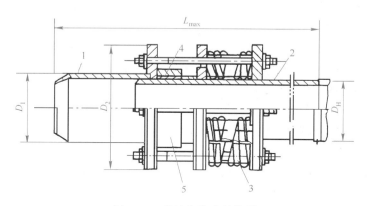

图 1-73　弹性套管式补偿器
1—外壳；2—芯管；3—弹簧；4—填料；5—套管

弹性套管式补偿器有以下优点：

① 在弹簧的作用力下，密封材料始终处于被压紧的状态，从而使管中的介质无法泄漏；

② 由于填料长度比原套筒式补偿器短，又采用不锈钢套管，加之填料经过特殊处理，使套管光滑经久不变，所以轴向力小。

5）球形补偿器

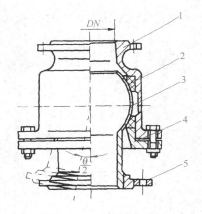

图 1-74 球形补偿器
1—外壳；2—密封环；3—球体；
4—压盖；5—法兰

球形补偿器具有补偿能力大、占地面积小、流动阻力小、安装方便、投资少等优点，特别适用于三维位移的蒸汽管道和热水管道，所以也称为万向补偿器，如图 1-74 所示。

球形补偿器使用时必须两个一组，在管道直线段水平、垂直安装，为了减少摩擦力宜采用滚动支座，由于球形补偿器的补偿管段长（直线管段可达 400～500m），所以应考虑设导向支架。

（4）管件

市政热力管网常用的管件有弯管、三通、变径管等。弯管的材质不应低于管道的材质，壁厚不得小于管道壁厚；钢管的焊制三通，支管开孔处应进行补强，对于承受管子轴向荷载较大的直埋管道，应考虑三通干管的轴向补强；变径管应采用压制或钢板卷制，其材质不应低于管道钢材质量，壁厚不得小于管壁厚度。热力管道管件的技术规格参见有关资料。

4. 热力管道结构

热力管道为压力流，在施工时只要保证管材及其接口强度满足要求，并根据实际情况采取防腐、防冻措施；在使用过程中保证不致因地面荷载引起损坏，不会产生过多的热量损失。因此，热力管道的构造一般包括基础、管道、保温结构、覆土四部分。

（1）基础

热力管道的基础是防止管道不均匀沉陷造成管道破裂或接口损坏而使热媒损失。同给水管道一样，热力管道一般情况下也有天然基础、砂基础、混凝土基础三种基础，使用情况同给水管道。

（2）管道

管道是指采用设计要求的管材，常用的热力管材前已述及。

（3）保温结构

管道保温的目的是减少热媒的热损失，防止管道外表面的腐蚀，避免运行和维修时烫伤人员。常用的保温材料有：

1）岩棉制品

岩棉是以精选的玄武岩、安山岩或辉绿岩为主要原料，在配以少量白云石、平炉钢渣等助熔剂，经高温熔融、离心抽丝而制成的人造无机纤维。

岩棉制品是在岩棉中加入特制的胶粘剂，经加压成形，并在制品表面喷上防尘油膜，而后经过烘干、贴面、缝合和固化等工序而制成的各种形式的成品。其具有密度小、导热系数低、化学稳定性好、使用温度高和不能燃烧等特点。岩棉制品有岩棉板、岩棉保温管壳、岩棉保温带等。

2）石棉制品

石棉是一种含水硅酸镁的天然保温材料，主要制品有泡沫石棉、石棉绳和石棉绒等。

泡沫石棉是网状结构的毡形保温材料，其特点是体积密度小、导热系数低、施工方便、不老化、无粉尘、比较经济。

石棉绳是用石棉纤维捻制成的绳状保温材料，主要用于小直径热力管道保温，以及热力管道和设备伸缩缝的密封等。

石棉绒主要用于热力管道和设备的隔热衬垫与填充料。

3）硬质泡沫塑料制品

泡沫塑料是高分子有机化合物，目前应用较广的有聚氨基甲酸酯硬质泡沫塑料（简称聚氨酯）和改性聚异氰酸酯硬质泡沫塑料（简称脲酸酯）。

聚氨酯泡沫塑料是以聚醚树脂与多亚甲基多异氰酸酯为主要原料，在加入胶联剂、催化剂、表面活性剂和发泡剂等，经发泡制成。改性的脲酸酯硬泡沫塑料是在聚氨酯硬泡沫塑料的分子结构中引入了耐温、耐燃的异氰酸酯环，因而其耐热性有所提高。聚氨酯硬泡沫塑料的使用温度一般不超过 120℃，改性脲酸酯的使用温度不超过 150℃。

热力管道的保温结构一般包括防锈层、保温层、保护层。

将防锈涂料直接涂刷于管道和设备的表面即构成防锈层。

保温层常用的保温材料有岩棉、玻璃棉、矿渣棉、珍珠岩、硅藻土、石棉、聚苯乙烯泡沫塑料、聚氨酯泡沫塑料等。

保温层的施工方法要根据保温材料的性质确定。对石棉粉、硅藻土等散状材料宜用涂抹法施工；对预制保温瓦、板、块材料宜用绑扎法、粘贴法施工；对预制装配材料宜用装配式施工。此外还有缠包法、套筒法施工。

保护层设在保温层外面，主要目的是保护保温层或防潮层不受机械损伤。用作保护层的材料很多，材料不同，其施工方法也不同。

对沥青胶泥、石棉水泥砂浆等涂抹式保护层，宜采用涂抹式施工。一般分两次涂抹，第一次粗抹，厚度约为设计厚度的 $\frac{1}{3}$；第二次精抹，保证表面平整光滑，不得有明显裂纹。

对非镀锌薄钢板、镀锌薄钢板、铅皮、聚氯乙烯复合钢板、不锈钢板等金属薄板保护层，要事先根据被保护对象的形状和连接方式用机械或手工加工好，对非镀锌薄钢板保护层应在其内外表面涂刷一层防锈漆后才可进行安装。安装时应将金属保护层紧贴保温层或防潮层，接口搭接一般为 30～40mm，所有接缝必须有利于雨水的排除，接缝用自攻螺钉固定，螺钉间距约为 200mm。安装有防潮层的金属保护层时，不能用自攻螺钉固定，以防刺破防潮层，可用镀锌钢丝包扎固定。

对沥青油毡、玻璃丝布保护层，要事先根据保温层、防潮层和搭接长度确定其所需尺寸，然后裁成块状由下向上包裹在保温层、防潮层外表面，用镀锌钢丝扎紧，间距为 250～300mm，搭接长度为 50mm。如使用玻璃丝布，还应在玻璃丝布的外表面涂刷一层耐气候变化的涂料。

热力管道常用保温结构的保温层厚度见表 1-23、表 1-24。

直埋敷设保温管估算表　　　　　　　　　　　表 1-23

管道直径(mm)	保温层厚度(mm)	保温管外径(mm)
70(76)	46	168
80(89)	40	168
100(108)	48	204
125(133)	43	219
150(159)	36	231
200(219)	48	315
250(273)	60	393
300(325)	50	425
350(377)	55	487
400(426)	60	546
450(478)	55	588
500(530)	55	640

注：1. 适用于供水温度小于 150℃ 的热水供热管道；

　　2. 括号内数字表示钢管外径；

　　3. 适用于管径小于或等于 $DN500$ 的钢管。

供热管道保温层厚度(mm)　　　　　　　　　　表 1-24

管内热媒温度(℃)	100				150				200			
管道直径(mm)	δ_1	d_1	δ_2	d_2	δ_1	d_1	δ_2	d_2	δ_1	d_1	δ_2	d_2
50(57)	40	137	50	157	50	157	60	177	60	177	70	197
70(76)	40	156	50	176	50	176	70	216	60	196	80	236
80(89)	40	169	60	209	60	189	70	229	70	209	80	249
100(108)	50	208	60	228	60	228	70	248	70	248	90	288
125(133)	50	233	60	253	60	253	80	293	70	273	90	313
150(159)	50	259	60	279	60	279	80	319	80	319	90	339
200(219)	50	319	70	359	70	359	90	399	80	379	100	419
250(273)	50	373	70	413	70	413	90	453	90	453	100	473
300(325)	60	445	70	465	70	465	90	505	90	505	110	545
350(377)	60	497	80	537	70	517	90	577	90	577	110	617
400(426)	70	566	80	586	80	586	100	626	90	606	110	646
450(478)	70	618	80	638	80	638	100	678	100	678	120	718
500(529)	70	669	80	689	80	689	100	729	100	724	120	769
600(630)	80	790	90	810	90	810	110	850	100	830	120	870
700(720)	80	880	90	900	90	900	110	940	100	920	120	960
800(820)	90	1000	100	1020	100	1020	120	1060	120	1060	130	1080
900(920)	90	1100	110	1140	100	1120	120	1160	120	1160	130	1180

注：1. 括号内的数字表示钢管外径；

　　2. δ_1、d_1 表示岩棉、玻璃棉类保温结构层厚度及保温后的管道外径；

　　3. δ_2、d_2 表示微孔硅酸钙制品保温结构层厚度及保温后的管道外径。

为了保护保护层不受腐蚀，可在保护层外设防腐层，一般涂刷油漆作防腐层。所用油漆的颜色不同，还可起到识别标志的作用。对一般介质的管道，其涂色分类见表 1-25。

管道涂色分类表 表 1-25

管道名称	颜色		备注	管道名称	颜色		备注
	底色	色环			底色	色环	
过热蒸汽管	红	黄		净化压缩空气管	浅蓝	黄	
饱和蒸汽管	红	绿		乙炔管	白	—	
废气管	红	—	自流及加压	氧气管	洋蓝	—	自流及加压
凝结水管	绿	红		氢气管	白	红	
余压凝结水管	绿	白		氮气管	白棕	—	
热力网送出水管	绿	黄		油管	橙黄	—	
热力网返回水管	绿	褐		排水管	绿	蓝	
疏水管	绿	黑		排气管	红	黑	

热力管道常用的保温结构热损失见表 1-26～表 1-30。

泡沫混凝土保温结构热损失 表 1-26

管径 DN (mm)	室外架空管道				室内架空、通行、半通行地沟				不通行地沟			
	运行温度（℃）				运行温度（℃）				运行温度（℃）			
	<100		100～200		<100		100～200		<100		100～200	
	保温层厚度（mm）	热损失[W/(m·K)]	保温层厚度（mm）	热损失[W/(m·K)]	保温层厚度（mm）	热损失[W/(m·K)]	保温层厚度（mm）	热损失[W/(m·K)]	保温层厚度（mm）	热损失[W/(m·K)]	保温层厚度（mm）	热损失[W/(m·K)]
15	35	0.56	50	0.51	35	0.55	40	0.55	35	0.52	35	0.59
20	35	0.60	55	0.56	35	0.59	45	0.58	35	0.59	40	0.60
25	35	0.69	60	0.60	35	0.66	50	0.63	35	0.66	45	0.65
32	40	0.74	65	0.64	35	0.76	55	0.67	35	0.76	45	0.74
40	40	0.80	70	0.70	35	0.81	55	0.72	35	0.81	50	0.76
50	40	0.90	70	0.76	35	0.88	60	0.77	35	0.90	50	0.87
65	45	0.98	70	0.85	35	1.07	65	0.86	35	1.06	55	0.92
80	45	1.15	75	0.92	35	1.22	70	0.93	35	1.21	60	1.00
100	50	1.14	85	0.99	40	1.28	75	1.00	35	1.38	65	1.09
125	55	1.31	90	0.60	45	1.41	80	1.00	40	1.50	70	1.20
150	60	1.42	95	1.16	45	1.59	85	1.21	45	1.59	75	1.30
200	65	1.71	100	1.41	50	1.93	90	1.47	45	2.06	80	1.59
250	70	1.92	105	1.58	65	2.13	100	1.60	50	2.27	85	1.78
300	70	2.29	110	1.76	60	1.31	105	1.78	50	2.61	85	2.05
350	75	2.67	115	1.90	65	2.51	110	1.92	55	2.99	90	2.20
400	80	2.50	120	2.02	70	2.63	115	1.98	55	3.08	95	2.35

硅藻土制品保温结构热损失　　　　表 1-27

| 管径 DN (mm) | 室外架空管道 运行温度(℃) | | | | 室内架空、通行、半通行地沟 运行温度(℃) | | | | 不通行地沟 运行温度(℃) | | | |
| | <100 | | 100~200 | | <100 | | 100~200 | | <100 | | 100~200 | |
	保温层厚度(mm)	热损失[W/(m·K)]	保温层厚度(mm)	热损失[W/(m·K)]	保温层厚度(mm)	热损失[W/(m·K)]	保温层厚度(mm)	热损失[W/(m·K)]	保温层厚度(mm)	热损失[W/(m·K)]	保温层厚度(mm)	热损失[W/(m·K)]
15	35	0.47	40	0.47	35	0.45	35	0.28	35	0.44	35	0.49
20	35	0.51	40	0.51	35	0.50	35	0.53	35	0.49	35	0.52
25	35	0.58	45	0.55	35	0.57	40	0.56	35	0.56	35	1.16
32	35	0.66	50	0.59	35	0.65	45	0.60	35	0.64	40	0.63
40	35	0.71	50	0.64	35	0.70	45	0.65	35	0.69	40	0.69
50	35	0.80	55	0.67	35	0.78	45	0.72	35	0.77	45	0.72
65	40	0.87	55	0.78	35	0.95	45	0.79	35	0.92	45	0.83
80	40	1.00	55	0.90	35	1.05	50	0.91	35	1.01	50	0.90
100	40	1.15	60	0.95	35	1.28	55	0.98	35	1.22	50	0.98
125	45	1.24	65	1.06	40	1.38	60	1.10	35	1.45	60	1.08
150	45	1.42	70	1.15	40	1.44	60	1.22	35	1.63	60	1.22
200	45	1.84	75	1.38	40	1.86	65	1.47	35	2.09	65	1.47
250	50	2.02	80	1.56	45	2.05	70	1.64	35	2.44	70	1.65
300	50	2.33	80	1.78	40	2.37	70	1.91	35	2.85	70	1.90
350	50	2.65	80	2.05	45	2.67	75	2.07	35	3.26	75	2.01
400	55	2.73	85	2.09	45	2.95	75	2.15	35	3.61	75	2.26

矿渣棉制品保温结构热损失　　　　表 1-28

| 管径 DN (mm) | 室外架空管道 运行温度(℃) | | | | 室内架空、通行、半通行地沟 运行温度(℃) | | | | 不通行地沟 运行温度(℃) | | | |
| | <100 | | 100~200 | | <100 | | 100~200 | | <100 | | 100~200 | |
	保温层厚度(mm)	热损失[W/(m·K)]	保温层厚度(mm)	热损失[W/(m·K)]	保温层厚度(mm)	热损失[W/(m·K)]	保温层厚度(mm)	热损失[W/(m·K)]	保温层厚度(mm)	热损失[W/(m·K)]	保温层厚度(mm)	热损失[W/(m·K)]
15	40	0.21	45	0.22	30	0.23	35	0.28	30	0.22	40	0.22
20	40	0.23	45	0.24	30	0.27	35	0.53	30	0.26	40	0.26
25	40	0.26	50	0.27	35	0.31	40	0.56	30	0.29	45	0.26
32	40	0.30	55	0.27	35	0.31	45	0.60	35	0.30	50	0.29
40	40	0.33	55	0.30	40	0.31	45	0.65	35	0.34	50	0.30
50	45	0.34	60	0.31	45	0.33	45	0.72	40	0.36	50	0.34
65	50	0.37	60	0.36	45	0.35	50	0.79	40	0.42	55	0.37
80	50	0.42	60	0.42	45	0.41	50	0.91	40	0.45	60	0.40
100	50	0.49	70	0.43	45	0.44	55	0.98	40	0.55	60	0.47
125	55	0.56	70	0.50	50	0.48	60	1.10	40	0.65	65	0.51
150	55	0.60	70	0.56	50	0.55	60	1.22	45	0.67	70	0.53
200	60	0.76	80	0.65	55	0.64	65	1.47	50	0.81	70	0.70
250	65	0.83	85	0.73	60	0.76	70	1.64	50	0.98	70	0.88
300	65	0.95	90	0.81	60	0.87	70	1.91	55	1.05	75	0.98
350	65	1.07	90	0.91	60	1.00	75	2.07	55	1.21	75	1.02
400	70	1.13	90	1.04	60	1.05	75	2.15	55	1.33	80	1.10

石棉硅藻土胶泥保温结构热损失　　　表 1-29

| 管径 DN (mm) | 室外架空管道 运行温度(℃) | | | | 室内架空、通行、半通行地沟 运行温度(℃) | | | | 不通行地沟 运行温度(℃) | | | |
| | <100 | | 100~200 | | <100 | | 100~200 | | <100 | | 100~200 | |
	保温层厚度 (mm)	热损失 [W/(m·K)]	保温层厚度 (mm)	热损失 [W/(m·K)]	保温层厚度 (mm)	热损失 [W/(m·K)]	保温层厚度 (mm)	热损失 [W/(m·K)]	保温层厚度 (mm)	热损失 [W/(m·K)]	保温层厚度 (mm)	热损失 [W/(m·K)]
15	25	0.67	45	0.56	15	0.72	35	0.58	15	0.72	35	0.58
20	25	0.77	45	0.63	15	0.81	35	0.65	15	0.81	35	0.65
25	30	0.80	50	0.67	20	0.86	40	0.70	15	0.94	40	0.69
32	35	0.86	55	0.76	25	0.91	45	0.76	20	0.98	45	0.76
40	35	0.70	55	0.77	25	0.99	45	0.81	20	1.07	45	0.80
50	35	1.02	60	0.83	30	1.02	50	0.86	20	1.21	50	0.87
65	40	1.13	60	0.95	30	1.20	50	0.99	25	1.27	50	0.99
80	40	1.19	65	1.04	35	1.28	55	1.07	25	1.48	55	1.07
100	45	1.40	70	1.13	40	1.37	60	1.22	25	1.73	60	1.15
125	50	1.52	75	1.24	45	1.51	65	1.28	30	1.85	65	1.27
150	50	1.74	75	1.41	45	1.77	65	1.45	30	2.15	65	1.44
200	55	2.11	80	1.70	45	2.22	70	1.77	30	2.99	70	1.76
250	60	2.30	85	1.90	50	2.44	75	1.98	35	2.99	75	2.20
300	60	2.65	85	2.19	50	2.80	75	2.29	35	3.44	75	2.26
350	60	3.00	90	2.38	50	3.19	80	2.58	35	3.91	80	2.56
400	65	3.16	95	2.54	50	3.50	85	2.60	35	4.43	80	2.70

玻璃纤维制品保温结构热损失　　　表 1-30

| 管径 DN (mm) | 室外架空管道 运行温度(℃) | | | | 室内架空、通行、半通行地沟 运行温度(℃) | | | | 不通行地沟 运行温度(℃) | | | |
| | <100 | | 100~200 | | <100 | | 100~200 | | <100 | | 100~200 | |
	保温层厚度 (mm)	热损失 [W/(m·K)]	保温层厚度 (mm)	热损失 [W/(m·K)]	保温层厚度 (mm)	热损失 [W/(m·K)]	保温层厚度 (mm)	热损失 [W/(m·K)]	保温层厚度 (mm)	热损失 [W/(m·K)]	保温层厚度 (mm)	热损失 [W/(m·K)]
15	30	0.26	40	0.23	30	0.23	40	0.21	20	0.27	40	0.22
20	30	0.27	40	0.26	30	0.26	40	0.24	25	0.29	40	0.24
25	35	0.28	50	0.25	30	0.29	50	0.26	30	0.28	40	0.28
32	40	0.29	50	0.29	30	0.34	50	0.28	30	0.32	45	0.30
40	40	0.31	50	0.31	35	0.34	50	0.30	30	0.36	45	0.33
50	40	0.36	55	0.33	40	0.35	50	0.34	35	0.37	45	0.37
65	45	0.40	55	0.41	40	0.42	55	0.37	35	0.43	45	0.42
80	45	0.45	60	0.41	40	0.49	60	0.40	35	0.49	50	0.48
100	50	0.48	65	0.44	40	0.55	60	0.48	40	0.53	60	0.47
125	50	0.55	65	0.52	45	0.59	60	0.53	40	0.64	60	0.52
150	50	0.65	65	0.59	50	0.64	65	0.58	40	0.74	60	0.62
200	55	0.80	70	0.71	50	0.81	70	0.70	45	0.97	65	0.73
250	60	0.87	80	0.77	50	0.98	70	0.86	45	1.04	70	0.86
300	60	1.02	80	0.88	50	1.14	80	0.86	50	1.13	70	0.99
350	60	1.16	80	1.00	55	1.21	80	0.98	50	1.28	75	1.01
400	60	1.28	80	1.12	55	1.36	80	1.09	50	1.40	75	1.23

(4) 覆土

热力管道埋设在地面以下,其管顶以上应有一定厚度的覆土,以保证在正常使用时管道不会因各种地面荷载作用而损坏。热力管道宜埋设在土壤冰冻线以下,直埋时在车行道下的最小覆土厚度为 0.7m;在非车行道下的最小覆土厚度为 0.5m;热力地沟敷设时在车行道和非车行道下的最小覆土厚度均为 0.2m。

5. 热力管道附属构筑物

(1) 地沟

地沟分为通行地沟、半通行地沟和不通行地沟。

1) 通行地沟

通行地沟的最小净断面应为 1.2m×1.8m(宽×高),通道的净宽一般宜取 0.7m,沟底应有与沟内主要管道坡向一致的坡度,并坡向集水坑。每隔 200m 应设置出入口(事故人孔),若热力管道为蒸汽管道,则应每隔 100m 设一个出入口,整体浇筑的混凝土地沟,每隔 200m 宜设一个安装孔,安装孔孔径不得小于 0.6m,并应大于沟内最大一根管的外径加 0.4m,其长度至少应保证 6m 长的管子进入沟内,如图 1-75 所示。

通行地沟内应设置永久性照明设备,电压不应大于 36V。沟内空气温度不宜超过 45℃,一般利用自然通风即可,当自然通风不能满足要求时,可采用机械通风。地沟内可单侧布管,也可双侧布管。

通行地沟适用于热力管道的管径较大,管道较多,或与其他管道同沟敷设以及在不允许开挖检修的地段。其主要优点是人员可在地沟内进行管道的日常维修,但缺点是造价较高。

2) 半通行地沟

半通行地沟的最小净断面应为 0.7m×1.4m(宽×高),通道的净宽一般宜取 0.5~0.6m。沟内管道尽量沿沟壁一侧单排上、下布置,如图 1-76 所示。长度超过 200m 时,应设置检查口,孔口直径不得小于 0.6m。

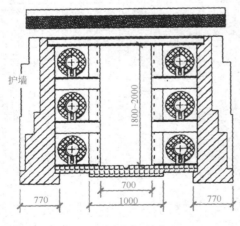

图 1-75 通行地沟(单位:mm)

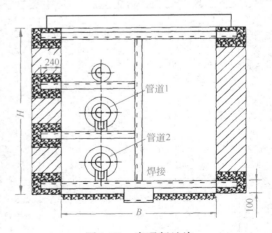

图 1-76 半通行地沟

半通行地沟适于操作人员在沟内进行检查和小型维修工作，当不便采用通行地沟时，可采用半通行地沟，以利管道维修和判断故障地点，缩小大修时的开挖范围。

3）不通行地沟

当管道根数不多，且维修量不大时可采用不通行地沟。地沟的尺寸仅满足管道安装的需要即可，一般宽度不宜超过1.5m，如图1-77所示。

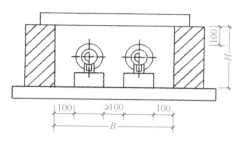

图1-77　不通行地沟（单位：mm）

地沟的构造，沟底多为现浇混凝土或预制钢筋混凝土板，沟壁为水泥砂浆砌砖，沟盖板为预制钢筋混凝土板。沟底应位于当地近30年来的最高地下水位以上，否则应采取防水、排水措施。为防止地面水流入地沟，沟盖板应有0.01～0.02的横向坡度，盖板间、盖板与沟壁间应用水泥砂浆封缝，沟顶覆土厚度应不小于0.3m。地沟敷设的有关尺寸见表1-31。

地沟敷设的有关尺寸（m）　　　　　　　　　　　　表 1-31

地沟类型	有关尺寸名称					
	管沟净高	人行通道宽	管道保温表面与沟壁净距	管道保温表面与沟顶净距	管道保温表面与沟底净距	管道保温表面间净距
通行地沟	≥1.8	≥0.6	≥0.2	≥0.2	≥0.2	≥0.2
半通行地沟	≥1.2	≥0.5	≥0.2	≥0.2	≥0.2	≥0.2
不通行地沟	—	—	≥0.1	≥0.05	≥0.15	≥0.2

注：考虑在沟内更换钢管的方便，人行通道宽度还应不小于管道外径加0.1m。

（2）沟槽

在管道直埋敷设时，其沟槽如图1-78所示，具体尺寸见表1-32。图中保温管底为砂垫层，砂的粒度不大于2.0mm。保温管套顶至地面的深度 h 一般干管取800～1200mm，接向用户的支管覆土厚度不小于400mm。

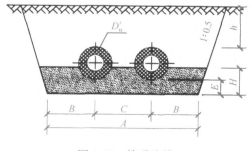

图1-78　管道沟槽

埋地管道沟槽尺寸(mm)　　　　　　　　表 1-32

公称直径 DN		25 32 40 50 65 80	100 125 150	200 250	300	350 400	450 500	600
保温管外径 D_w		96 110 110 140 140 160	200 225 259	315 365	420	500 550	630 655	760
沟槽尺寸	A	800	1000	1240	1320	1500	1870	2000
	B	250	300	360	360	400	520	550
	C	300	400	520	600	700	830	900
	E	100	100	100	150	150	150	150
	H	200	200	200	300	300	300	300

（3）检查井

地下敷设的供热管网，在管道分支处和装有套筒补偿器、阀门、排水装置等处，都应设置检查井，以便进行检查和维修。与市政排水管道一样，热力管道的检查井也有圆形和矩形两种形式，如图 1-79 所示。

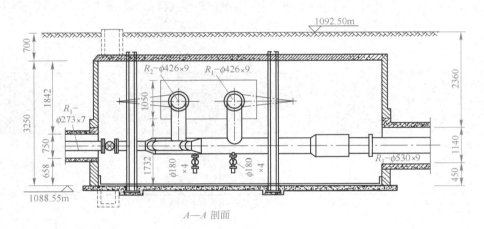

A—A 剖面

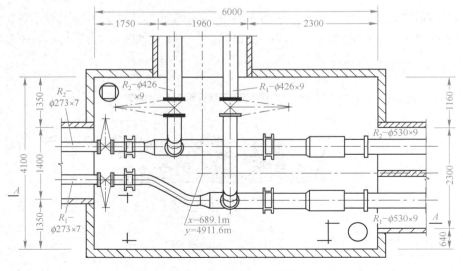

图 1-79　热力管道检查井(单位：mm)

　　热力管道检查井的尺寸应根据管道的数量、管径和阀门尺寸确定，一般净高不小于1.8m，人行通道宽度不小于0.6m，干管保温结构表面与检查井地面之间的净距不小于0.6m。检查井顶部应设人孔，孔径不小于0.7m。为便于通风换气，人孔数量不得少于两个，并应对角布置。当热水管网检查井只有放气门或其净空面积小于0.4m² 时，可只设一个人孔。

　　检查井井底应至少低于沟底0.3m，以便收集和排除渗入到地沟内的地下水和由管道放出的网路水。井底应设集水坑，并布置在人孔下方，以便将积水抽出。

1.3.3　电力管线和电信管线的构造

1. 电力管线的构造

　　市政电力管线包括电源和电网两部分，其用电负荷主要包括住宅照明、公共建筑照明、城市道路照明、电气化交通用电、给水排水设备用电及生活用电器具、标语美术照明、小型电动机用电等。

　　城市供电电源有发电厂和变电所两种类型。

　　发电厂有火力发电厂、水力发电厂、风力发电厂、太阳能发电厂、地热发电厂和原子能发电厂等，目前广泛使用的是火力发电厂和水力发电厂。

　　变电所包括变压变电所和交流变电所两种，变压变电所又分为降压变电所和升压变电所，城市的变电所一般都是降压变电所，从区域电网中引进高压线，将高压转化为低压供城市的电力需要。

　　从电源输送电能给用户的输电线路称为电网。城市电网是城市范围内为城市供电的各级电压电网的总称，一般分为高压、中压、低压三种网络。标准的高压级别有35kV、110kV、154kV、220kV 等；中压电网的标准电压有3kV、6kV、10kV；低压电网的标准电压有380V 和220V 两种，应与用户用电器具的电压相同。

　　城市电网的连线方式一般有树干式、放射式和混合式三种。

　　树干式是各用电设备共用一条供电线路，优点是导线用量少，投资低；缺点是供电可靠性低。

　　放射式是各用电设备均从电源以单独的线路供电，优点是供电可靠性高；缺点是导线用量多，投资高。

　　混合式是放射式和树干式并存的一种布置方式。

　　城市电网沿道路一侧敷设，有导线架空敷设和电缆埋地敷设两种方式。

　　导线架空敷设是用电杆将导线悬空架设，直接向用户供电的电力线路。一般根据电压等级分为1kV 及以下的低压架空配电线路和1kV 以上的高压架空配电线路两种。架空配电线路主要由基础、电杆、横担、导线、拉线、绝缘子及金具等组成。

　　基础的作用主要是防止电杆在垂直荷载、水平荷载及事故荷载的作用下，产生上拔、下压，甚至倾倒现象。

　　电杆多为锥形，用来安装横担、绝缘子和架设导线。城市中一般采用钢筋混凝土杆，在线路的特殊位置也可采用金属杆。根据电杆在线路中的作用和所处的位置，可将电杆分为直线杆、耐张杆、转角杆、终端杆、分支杆和跨越杆六种。

导线是输送电能的导体，应具有一定的机械强度和耐腐蚀性能，以抵抗风、雨、雪和其他荷载的作用以及空气中化学杂质的侵蚀。架空配电线路常用裸铜绞线(TJ)、裸铝绞线(LJ)、钢芯铝绞线(LGJ)和铝合金线(HLJ)，低压架空配电线路也可采用绝缘导线。高压线路在电杆上为三角排列，线间水平距离为 1.4m；低压线路在电杆上为水平排列，线间水平距离为 0.4m。

横担装在电杆的上端，用来安装绝缘子、固定开关设备及避雷器等，一般采用铁横担或陶瓷横担。陶瓷横担可同时起到横担和绝缘子的作用，因此又称为瓷横担绝缘子，它具有较高的绝缘水平，在断线时能自动转动，不致因一处断线而扩大事故范围。

绝缘子俗称瓷瓶，用来固定导线并使导线间、导线与横担间、导线与电杆间保持绝缘，同时承受导线的水平荷载和垂直荷载。常用的绝缘子有针式、蝶式、悬式和拉紧式。

金具是架空线路中各种金属连接件的统称，用来固定横担、绝缘子、拉线和导线。一般有连接金具、接续金具和拉线金具。

当架空的裸导线穿过市区时，应采取必要的安全措施，以防触电事故的发生。

电缆线路和架空线路的作用完全相同，但与架空线路相比具有不用杆塔、占地少、整齐美观、传输性能稳定、安全可靠等优点，在城市电网中使用较多。

电力电缆用来输送和分配大功率电能，按绝缘材料的不同可分为纸绝缘电力电缆、橡皮绝缘电力电缆、聚氯乙烯绝缘电力电缆、聚乙烯绝缘电力电缆、交联聚乙烯绝缘电力电缆等。聚氯乙烯绝缘电力电缆、聚乙烯绝缘电力电缆和交联聚乙烯绝缘电力电缆俗称为塑料电缆，具有施工敷设方便、抗腐蚀性强等优点，广泛用于 10kV 及以下的电力线路中。橡皮绝缘电力电缆多用于 500V 及以下的电力线路中。纸绝缘电力电缆现已很少使用。

电力电缆一般由导电线芯、绝缘层及保护层三部分组成。

导电线芯用来传导电流，一般由具有高导电率的铜或铝制成。为了方便制造和应用，线芯截面分为 2.5mm²、4mm²、6mm²、10mm²、16mm²、25mm²、35mm²、50mm²、70mm²、95mm²、120mm²、150mm²、185mm²、240mm²、300mm²、400mm²、500mm²、630mm²、800mm² 等标称等级。

绝缘层用来隔离导电线芯，使线芯间有可靠的绝缘，保证电能沿线芯传输，一般采用橡皮、聚氯乙烯、聚乙烯、交联聚乙烯等材料。

保护层用来使绝缘层密封不受潮，并免受外界损伤，分内护层和外护层两部分。内护层用来保护电缆的绝缘层不潮湿和防止电缆浸渍剂的外流及轻度机械损伤，一般有铅套、铝套、橡套、聚氯乙烯护套和聚乙烯护套等。外护层用来保护内护层，包括铠装层和外被层，其所用材料和代号见表 1-33，第一个数字表示铠装结构，第二个数字表示外被层结构。

电缆外护层代号的含义　　　　　　表 1-33

第一个数字		第二个数字	
代号	铠装层类型	代号	外被层类型
0	无	0	无
1	—	1	纤维绕包
2	双钢带	2	聚氯乙烯护套
3	细圆钢丝	3	聚乙烯护套
4	粗圆钢丝	4	—

我国的电缆产品，按其芯数有单芯、双芯、三芯、四芯之分，线芯的形状有圆形、半椭圆形、扇形和椭圆形等。当线芯的截面大于 $16mm^2$ 时，通常采用多股导线绞合并压紧而成，以增加电缆的柔软性和结构稳定性。电缆的型号由汉语拼音字母组成，有外护层时则在字母后加上 2 个阿拉伯数字。常用电缆型号中字母的含义及排列顺序见表 1-34。

常用电缆型号中字母的含义及排列顺序　　　　　　表 1-34

类别	绝缘种类	线芯材料	内护层	其他特征	外护层
电力电缆不表示 K—控制电缆 Y—移动式软电缆 P—信号电缆 H—市内电话电缆	Z—纸绝缘 X—橡皮 V—聚氯乙烯 Y—聚乙烯 YJ—交联聚乙烯	T—铜 （省略） L—铝	Q—铅护套 L—铝护套 H—橡套 (H)F—非燃性橡套 V—聚氯乙烯护套 Y—聚乙烯护套	D—不滴流 F—分相铅包 P—屏蔽 C—重型	2 个数字（含义见表1-33）

电缆埋地敷设有直埋敷设和电缆沟敷设两种方式。

直埋敷设施工简单、投资少、散热条件好，应优先采用。电缆埋深不应小于 0.7m，上下各铺 100mm 厚的软土或砂土，上盖保护板。应敷设于冻土层下，不得在其他管道上面或下面平行敷设，电缆在沟内应波状放置，预留 1.5% 的长度以免冷缩受拉。无铠装电缆引出地面时，高度 1.8m 以下部分应穿钢管或加保护罩，以免受机械损伤。电缆应与其他管道设施保持规定的距离，在腐蚀性土壤或有地电流的地段，电缆不易直接埋地，如必须埋地敷设，宜选用塑料护套电缆或防腐电缆。埋地电力电缆应设标志桩，要求与埋地电信电缆相同。

电缆沟敷设是将电缆置于沟内，一般用于不宜直埋的地段。电缆沟的盖板应高出地面 100mm，以减少地面水流入沟内。当妨碍交通和排水时，宜采用有覆盖层的电缆沟，盖板顶低于地面 300mm。电缆沟内应考虑分段排水措施，每 50m 设一集水井，沟底有不小于 0.5% 的坡度坡向集水井。沟盖板一般采用钢筋混凝土板，每块质量不超过 50kg，以两人能抬起为宜。电缆沟检查井（人孔）的最大间距一般为 100m。

电缆沟进户处应设防火隔墙，在引出端、终端、中间接头和走向有变化处均应挂标示牌，注明电缆规格、型号、回路及用途，以便维修。

2. 电信管线的构造

城市通信包括邮政通信和电信通信。邮政通信主要是传送实物信息，如传递信函、包裹、汇兑、报刊等;电信通信主要是利用电来传送信息,如市话、电报、传真、电视传送、数据传送等,它不传送实物,而是传送实物的信息。

城市电信通信网络一般采用多局制,即把市话的局内机械设备、局间中继线以及用户线路网连接在一起构成多局制的市电话网,城市则划分为若干区,每区设立一个电话局,称为分局,各分局间用中继线连通。

市话通信网包括局房、机械设备、线路、用户设备。其中线路是用户与电话局之间联系的纽带,用户只有通过线路才能达到通信的目的。

电信线路包括明线和电缆两种。明线线路就是架设在电杆上的金属线对;电缆可以架空也可以埋设在地下,一般大城市的电缆都埋入地下,以免影响市容。铠装电缆可直接埋入地下,铅包电缆或光缆要穿管埋设。

通信电缆的规格型号一般由分类、导体、绝缘、屏蔽护套、特征(派生)、外护层和规格七部分组成。

分类代号:

   H——市内通信电缆;

  HP——配线电缆;

  HJ——局用电缆。

导体代号:L 为铝,不标注时为铜。

绝缘代号:

   Y——实心聚烯烃绝缘;

  YF——泡沫聚烯烃绝缘;

  YP——泡沫实心皮聚烯烃绝缘。

屏蔽护套代号:

   A——涂塑铝带粘结屏蔽聚乙烯护套;

   S——铝钢双层金属带屏蔽聚乙烯护套;

   V——聚氯乙烯护套。

特征代号:

   T——石油膏填充;

   G——高频隔离;

   C——自承式。

当电缆内同时有几种特征存在时,编写型号时字母顺序依次为 T、G、C。

外护层的代号:

   23——双层防腐钢带绕包铠装聚乙烯外被层;

   33——单层细钢丝铠装聚乙烯外被层;

   43——单层粗钢丝铠装聚乙烯外被层;

   53——单层钢带皱纹纵包铠装聚乙烯外被层;

  553——双层钢带皱纹纵包铠装聚乙烯外被层。

电信线路不管是架空还是埋地敷设,一般应避开易使线路损伤、毁坏的地段,宜布置在人行道或慢车道上(下),尽量减少与其他管线和障碍物的交叉跨越。

对架空明线而言,电信线(弱电)与电力线(强电)应分杆架设,分别布置在道路两侧。架空杆路与其他设施的最小水平净距见表1-35。

杆路与其他设施的最小水平净距(m)   表1-35

设施名称	最小水平净距	备注
消火栓	1.0	消火栓与电杆间的距离
地下管线	0.5~1.0	包括通信管线与电杆间的距离
火车铁轨	地面杆高的 $\frac{4}{3}$	
人行道边石	0.5	
市区树木	1.25	
郊区树木	2.0	
房屋建筑	2.0	裸线线条到房屋建筑的水平距离

架空电缆与其他设施的最小垂直净距见表1-36。

架空电缆与其他设施的最小垂直净距(m)   表1-36

序号	名称		平行时		交叉时	
			垂直净距	备注	垂直净距	备注
1	市内	街道	4.5	最低缆线到地面	5.5	最低缆线到地面
		里弄、胡同	4.0		5.0	
2	铁路		3.0		7.5	最低缆线到轨面
3	公路		3.0		5.5	最低缆线到地面
4	土路		3.0		4.5	
5	房屋建筑物		—		0.6	最低缆线到屋脊
					1.5	最低缆线到房屋平顶
6	河流		—		1.0	最低缆线到最高水位时的船桅顶
7	树木	市区			1.5	最低缆线到树枝的垂直距离
		郊区			1.5	
8	其他通信线		—		0.6	一方最低缆线到另一方最高缆线
9	同杆电缆间		0.3~0.4		—	

架空电缆交越其他电气设施的最小垂直净距见表1-37。

架空电缆交越其他电气设施的最小垂直净距(m)   表1-37

序号	名称	最小垂直净距		备注
		架空电力线有防雷保护设备	架空电力线无防雷保护设备	
1	10kV 以下电力线	2.0	4.0	
2	35~110kV 电力线	3.0	5.0	
3	110~220kV 电力线	4.0	6.0	最高缆线到电力线
4	供电线接户线	0.6		
5	霓虹灯及其铁架	1.6		
6	电车滑接线	1.25		最低缆线到电力线

注：通信线应架设在电力线路的下方位置，电车滑接线的上方位置。

架空光缆线路与其他建筑物的间距见表1-38。

架空光缆线路与其他建筑物的间距（m）　　　　　　　表 1-38

序号	间距		最小净距	交越角度
1	光缆距地面	一般地区	3.0	
		特殊地点	2.5	
		市区（人行道上）	4.5	
		高秆农作物地区	4.5	
2	光缆距路面	跨越公路及市区街道	5.5	
		跨越通车的野外大路及市区巷弄	5.0	
3	光缆距铁路	跨越铁路（距轨面）	7.5	≥45°
		跨越电气化铁路	一般不允许	
		平行间距	30.0	
4	光缆距树枝	市区：平行间距	1.25	
		市区：垂直间距	1.0	
		郊区：平行及垂直间距	2.0	
5	光缆距房屋	跨越平顶房顶	1.5	
		跨越人字屋脊	0.6	
6	光缆距建筑物的平行间距		2.0	
7	光缆与其他架空通信缆线交越时垂直间距		0.6	≥30°
8	光缆与架空电力线交越时垂直间距		1.0	
9	光缆跨越河流	不通航河流：光缆距最高洪水位垂直间距	2.0	
		通航河流：光缆距最高通航水位时的船桅最高点	1.0	
10	光缆距消火栓		1.0	
11	光缆沿街道架设时，电杆距人行道边石		0.5	
12	光缆与其他架空线路平行时		不宜小于$\frac{4}{3}$杆高	

注：1. 上述间距为光缆在正常运行期间应保持的最小间距；

　　2. 沿铁路架设时间距必须大于$\frac{4}{3}$杆高。

架空线路的拉线应符合下列规定：

（1）本地电话网线路

1）线路偏转角小于30°时，拉线与吊线的规格相同；

2）线路偏转角在30°～60°时，拉线采用比吊线规格大一级的钢绞线；

3）线路偏转角大于60°时，应设顶头拉线；

4）线路长杆档应设顶头拉线；

5）顶头拉线采用比吊线规格大一级的钢绞线。

（2）长途光缆线路

1）终端杆拉线应比吊线程式大一级；

2）角杆拉线，角深小于13m时，拉线同吊线程式；角深大于13m时，拉线应比吊线程式大一级；

3）当两侧线路负荷不同时，中间杆应设顶头拉线，拉线程式应与拉力较大一侧的吊线程式相同；

4）抗风杆和防凌杆的侧面与顺向拉线均应与吊线程式相同；

5）假终结、长杆档的拉线程式与吊线程式相同。

一般普通杆距架空电缆吊线规格应符合表 1-39 的规定。

普通杆距架空电缆吊线规格 　　　　　　　　　　　　　　　　表 1-39

负荷区别	杆距 L(m)	电缆质量 W(kg/m)	吊线规格
轻负荷区	$L \leqslant 45$	$W \leqslant 2.11$	2.2/7
	$45 < L \leqslant 60$	$W \leqslant 1.46$	
	$L \leqslant 45$	$2.11 < W \leqslant 3.02$	2.6/7
	$45 < L \leqslant 60$	$1.46 < W \leqslant 2.18$	
	$L \leqslant 45$	$3.02 < W \leqslant 4.15$	3.0/7
	$45 < L \leqslant 60$	$2.18 < W \leqslant 3.02$	
中负荷区	$L \leqslant 40$	$W \leqslant 1.82$	2.2/7
	$40 < L \leqslant 55$	$W \leqslant 1.22$	
	$L \leqslant 40$	$1.82 < W \leqslant 3.02$	2.6/7
	$40 < L \leqslant 55$	$1.2 < W \leqslant 1.82$	
	$L \leqslant 40$	$3.02 < W \leqslant 4.15$	3.0/7
	$40 < L \leqslant 55$	$1.82 < W \leqslant 2.98$	
重负荷区	$L \leqslant 35$	$W \leqslant 1.46$	2.2/7
	$35 < L \leqslant 50$	$W \leqslant 0.57$	
	$L \leqslant 35$	$1.46 < W \leqslant 2.52$	2.6/7
	$35 < L \leqslant 50$	$0.57 < W \leqslant 1.22$	
	$L \leqslant 35$	$2.52 < W \leqslant 3.98$	3.0/7
	$35 < L \leqslant 50$	$1.22 < W \leqslant 2.31$	

对直埋电缆而言，一般在用户较固定、电缆条数不多、架空困难又不宜敷设管道的地段采用。直埋电缆应敷设在冰冻层下，最小埋设深度在市区内为 0.7m，在郊区为 1.2m。直埋电缆沟槽的参考尺寸见表 1-40。直埋电缆与地下设施和树木、建筑物间的最小净距见表 1-41。

直埋电缆沟槽的参考尺寸（m）　　　　　　　　　　　　　　　表 1-40

敷设的电缆条数	无支撑时				有支撑时			
	下底宽度	上口宽度（当槽深为）			下底宽度	上口宽度（当槽深为）		
		0.7	1.0	1.2~1.5		0.7	1.0	1.2~1.5
1~2	0.40	0.50	0.55	0.60	0.50	0.60	0.65	0.70
3	0.45	0.55	0.60	0.65	0.55	0.65	0.70	0.75
4	0.50	0.60	0.65	0.70	0.60	0.70	0.75	0.75

直埋电缆与地下设施和树木、建筑物间的最小净距(m) 表 1-41

序号	设施名称		最小净距	
			平行时	交叉时
1	给水管	$d<300mm$	0.5	0.5
		$300mm\leqslant d\leqslant500mm$	1.0	
		$d>500mm$	1.5	
2	排水管		0.5	
3	热力管		1.0	
4	燃气管	$P\leqslant0.4MPa$	1.0	
		$0.4MPa<P\leqslant1.6MPa$	2.0	
5	通信管道		0.75	0.25
6	大树	市内	2.0	—
		市外	0.75	
7	建筑红线(或基础)		1.0	
8	排水沟		0.8	
9	电力电缆	35kV 以下	0.5	0.5
		35kV 及以上	2.0	

直埋光缆与其他设施的最小净距必须满足表 1-42 的要求。

直埋光缆与其他设施间的最小净距(m) 表 1-42

建筑设施名称		最小净距	
		平行时	交叉时
市话管道(边线)		0.75	0.25
非同沟直埋通信电缆		0.5	0.5
直埋电力电缆	35kV 以下	0.5	0.5
	35kV 以上	2.0	0.5
给水管	DN 小于 300mm	0.5	0.5
	DN 为 300～500mm	1.0	0.5
	DN 大于 500mm	1.5	0.5
高压石油、天然气管		10.0	0.5
热力管、下水管		1.0	0.5
排水管		0.8	0.5
燃气管	压力小于 $3kg/cm^2$	1.0	0.5
	压力小于 3～8kg/cm^2	2.0	0.5
房屋建筑红线(或基础)		1.0	—
树木	市内及村镇的大树、果树等	0.75	—
	市外大树	2.0	—
水井、坟墓		3.0	
粪坑、积肥池、沼气池等		3.0	

为便于日后维修,直埋电缆应在适当地方埋设标志,如电缆线路附近有永久性的建筑物或构筑物,则可利用其墙角或其他特定部位设置电缆标志,测量出与直埋电缆的相关距离,标注在竣工图纸上;否则,应制做混凝土或石材的标志桩,将标志桩埋于电缆线路附近,记录标志桩到电缆路的相关距离。标志桩有长桩和短桩之分,长桩的边长为 15mm,高度为 150mm,用于土质松软地段,埋深100mm,外露 50mm;短桩的边长为 12mm,高度为 100mm,用于一般地段,埋深 60mm,外露 40mm。标志桩一般埋于下列地点:

1)电缆的接续点、转弯点、分支点、盘留处或与其他管线交叉处;

2)电缆附近地形复杂,有可能被挖掘的场所;

3)电缆穿越铁路、城市道路、电车轨道等障碍物处;

4)直线电缆每隔 200～300m 处。

电缆管道是埋设在地面下用于穿放通信电缆的管道,一般在城市道路定型、主干电缆多的情况下采用。电缆管道常用水泥管块,特殊地段(如公路、铁路、水沟、引上线)使用钢管、石棉水泥管或塑料管。

水泥管块的管身应完整,不缺棱短角,管孔的喇叭口必须圆滑,管孔内壁应光滑平整,其规格和适用范围见表 1-43。

水泥管材的规格和适用范围　　　　　　　　　　表 1-43

孔数×孔径(mm)	标称	外形尺寸 (长×宽×高)(mm)	适用范围
3×90	三孔管块	600×360×140	
4×90	四孔管块	600×250×250	市区管道
6×90	六孔管块	600×360×250	

通信用塑料管一般有聚氯乙烯(U-PVC)塑料管和高密度聚乙烯(HDPE)塑料管。

聚氯乙烯塑料管包括单孔双壁波纹管、多孔管、蜂窝管和格栅管。单孔双壁波纹管的外径一般为 100～110mm,单根长度为 6m,广泛用于市话电缆管道。蜂窝管为多孔一体结构,单孔形状为五边形或圆形,单孔内径为 25～32mm,单根管长一般在 6m 以上。多孔管也为多孔一体结构,单孔为圆形或六边形,其他同蜂窝管。常用多孔管的规格见表 1-44。高密度聚乙烯塑料管的规格见表 1-45。

多孔管规格　　　　　　　　　　表 1-44

序号	名称	型号	孔数	壁厚/内孔直径(mm)	等效外径(mm)	长度(m)	适用范围
1	管式三孔管	$\phi28\times3/76$	3	3/28	76.5	150	
2	管式四孔管	$\phi25/32\times2/76$	4	2/25.6　2/32	76.5	150	
3	管式五孔管	$\phi25\times5/76$	5	5/25.6	76.5	150	
4	埋式五孔管	$\phi28\times5/88$	5	5/28	88	6～8	光缆、配线管道
5	埋式六孔管	$\phi32\times5/100$	5	5/32	100	6～8	
6	埋式七孔管	$\phi32\times6/110$	6	6/32	110	6～8	
7	埋式八孔管	$\phi32\times7/119$	7	7/32	119	6～8	

高密度聚乙烯管规格　　　　　　　　　表 1-45

序号	规格(mm)	外径(mm)		壁厚(mm)		标准长度(m)	
		标准值	允许偏差	标准值	允许偏差	单盘	每卷
1	φ38/46	46	0.0+0.4	4.0	0.0+0.1	≥1000	≥500
2	φ33/40	40	0.0+0.3	3.5	0.0+0.1	≥1000	≥500

电缆管道一般敷设在人行道或绿化带下；不得已敷设在慢车道下时，应尽量靠近人行道一侧，不宜敷设在快车道下，与其他管线的最小净距见表 1-46，与建筑物的最小净距见表 1-47。电缆管道的埋深一般为 0.8～1.2m，管顶至路面的最小覆土厚度见表 1-48。

电信电缆与其他管线的最小净距(m)　　　　　　　　表 1-46

管线名称		最小水平净距	最小垂直净距
给水管	DN75～DN150	0.5	0.15
	DN200～DN400	1.0	
	DN400 以上	1.5	
排水管		1.0①	0.15②
热力管		1.0⑤	0.25
燃气管	0.3MPa 以下	1.0	0.30③
	0.3～1.0MPa	2.0	
电力电缆	35kV 以下	0.5	0.50④

① 当排水管后敷设时，其施工沟槽边与电信电缆管道间的水平净距不应小于 1.5m；
② 当电信电缆管道在排水管下部穿越时，净距不应小于 0.4m；
③ 在交叉处 2m 以内，燃气管不应做接合装置及附属设备，如不能避免，电信电缆管道应包封 2m。
当燃气管道有套管时最小垂直净距为 0.15m；
④ 电力电缆加管道保护时，净距可减为 0.15m；
⑤ 电信电缆管道采用硬聚氯乙烯管时，净距不宜小于 1.5m。

电信电缆与其他建筑物(构筑物)的最小净距(m)　　　　　　　　表 1-47

电信电缆管道敷设位置	建筑物、构筑物名称	最小水平净距	备注
人 行 道 下	道路边石	1.0	
	人行道树、杆中心(乔木)	2.0	
	人行道树木(灌木)	1.0	
	房屋建筑(视建筑结构情况而定)	1.5～1.8	
	地上柱杆	0.5～1.0	
	高压电力线的支座	3.0	
车 行 道 下	电车轨道、电气铁路轨道外侧	2.0	
	铁路轨道外侧	2.0	
	道路边石	1.0	

管顶至路面的最小覆土厚度（m）　　　　　　　　　　表 1-48

管道类别	人行道下	车行道下	与电车轨道交越（从轨道底部算起）	与铁道交越（从轨道底部算起）
水 泥 管	0.5	0.7	1.0	1.5
塑 料 管	0.6②	0.8②	1.0	1.5
钢 　 管	0.2	0.5	0.7①	1.2①

① 应加保护措施；

② 由于近年来载重车吨位大幅提高，经济发达地区可比现行规范加深 0.1m。

全塑电缆芯线色谱排列端别应符合标准，电缆芯线基本单位（10 对或 25 对）的扎带颜色按白、红、黑、黄、紫为领示色，以蓝、橘、绿、棕、灰为循环色。100 对及以上的市话电缆要按设计规定的端别布放，当设计不明确时，在征得设计和建设单位同意后，可按以下端别规定布放：

1）配线电缆：A 端在局方向，B 端在用户方向。

2）市话局——交接设备主干电缆：A 端在局方向（总配线架方向），B 端在交接设备方向（用户方向）。

3）交接设备——用户配线电缆：A 端在交接设备方向，B 端在用户方向。

4）汇接局——分局中继电缆：A 端在汇接局方向，B 端在分局方向。

5）分局——支局中继电缆：A 端在分局方向，B 端在支局方向。

为了方便电缆引上、引入、分支和转弯以及施工和维修，应设置电缆管道检查井（也称为人孔），其位置应选择在管线分支点、引上电缆汇接点和市内用户引入点等处以及管线转弯、穿过道路等处，最大间距不超过 120m，有时可小于 100m。井的内部尺寸一般为：宽 0.8~1.8m；长 1.8~2.5m；深 1.1~1.8m。电缆管道的检查井应与其他管线的检查井相互错开，并避开交通繁忙的路口。

1.3.4　燃气管道、热力管道、通信、电力管线施工图识读

燃气管道、热力管道、通信、电力管线工程施工图主要包括以下内容：

1. 图纸目录

内容同给水排水管道施工图，不再重述。

2. 图纸首页

内容同给水排水管道施工图，不再重述。

3. 管线平面图

在管道平面图中主要识读燃气管道、补偿器、排水器、阀门井的定位尺寸，管线的长度和根数等。

4. 管线纵断面图

在管道纵断面图中主要识读地面标高、管线中心标高、管径、坡度坡向、排水器等管件的中心标高。

5. 管线横断面图

在管线横断面图中主要识读各管线的相对位置及安装尺寸。

6. 节点大样图

在节点大样图中主要识读各连接管件、阀门、补偿器、排水器的安装尺寸及规格。

1.4 施工准备工作与开工报告制度

1.4.1 施工准备工作

施工准备工作是施工管理的重要组成部分，是对拟建工程建立必要的技术和物质条件，统筹安排施工力量，合理布置施工现场的施工决策；是施工企业进行目标管理，推行技术经济承包的重要依据；是工程施工得以顺利进行的根本保证。因此认真地做好施工准备工作，对于发挥施工单位优势、合理供应资源、加快施工速度、提高工程质量、降低工程成本、增加施工效益、赢得社会信誉、实现企业管理现代化等具有重要的意义。实践证明，凡是重视施工准备工作，积极为拟建工程创造一切施工条件，其工程的施工就会得以顺利进行；反之，就会给工程的施工带来不必要的麻烦和经济损失。

工程施工准备工作，可分为开工前的施工准备和施工前的施工准备两种。开工前的施工准备工作是在拟建工程正式开工之前所进行的一切施工准备工作的统称，其目的是为拟建工程正式开工创造必要的施工条件。施工前的准备工作是在拟建工程开工之后，每个分部分项工程正式施工之前所进行的一切施工准备工作的统称，其目的是为顺利施工创造必要的施工条件。可见，施工准备工作既要有阶段性，又要有连贯性，因此施工准备工作必须有计划、有步骤、分期和分阶段地进行，要贯穿拟建工程整个施工过程的始终。本教材只阐述拟建工程开工前的准备工作。

拟建工程开工前的准备工作主要有组建项目部、技术准备、施工现场准备、物资准备等内容。

1. 组建项目部

项目部即项目管理组织，是指实施或参与项目管理工作，且有明确的职责、权限和相互关系的人员及设施的集合。项目部是包括发包人、承包人、分包人和其他有关单位为实现项目管理目标而建立的管理组织。在工程建设中，项目部全面履行工程施工的质量、安全、进度、文明施工等责任，对业主和法人负责；施工班组对项目部负责。

组建项目部时，应遵循以下原则：

（1）专业化、高素质的原则

从项目经理、工程师到现场各类专业人员，要求能力强、素质高、有类似工程施工经验，专业对口。

（2）层次分明、分工明确、责任到人的原则

项目部组织机构分为保障层、管理层和施工作业层。保障是后盾，管理是主体，施工作业是基础，各层次之间职责要分明。项目部根据任务要求，分成若干个职能部室，各职能部室之间既要分工明确，又要相互协作。

（3）团队精神的原则

工程项目要依靠项目团队的共同努力，才能得以顺利完成。因此，组织机构的设置和人员配备要有利于充分发挥团队精神。在目标设置上，要努力把项目目

标和员工个人目标有机地结合起来。

项目部的组成一般包括项目经理、项目技术负责人、施工员、技术员、测量员、试验员、安全员、材料员、资料员、质检员等。

（1）项目经理

项目经理是工程项目施工的主要责任人，施工单位应及早任命，一般在投标阶段确定。其岗位职责是：

1）全面负责项目部生产、经营、质量、安全、文明、财务等管理工作；

2）负责施工方案、进度计划的编制和落实；

3）严格质量管理，保证施工质量达到国家规定的标准和合同要求；

4）合理组织、调度生产要素，实施组织、计划、指挥、协调、控制职能，确保工程质量与安全，做到文明施工；

5）及时向建设单位进行工程结算，加快资金周转，做好项目的成本核算，审核各项费用支出，确保施工效益；

6）协调处理好与业主、监理、作业队伍以及行业主管部门的关系，保证工程项目正常进行；

7）负责施工现场管理，合理使用物资材料、机械设备和劳动力，控制各工程项目的施工成本；

8）按工程进度制订材料申报表、成品及半成品供应计划，确保连续施工；

9）组织做好工程结算与竣工验收工作；

10）处理施工中出现的各种技术问题；

11）按照图纸、合同要求组织施工，确保按期竣工交付使用，并赢得业主满意。

（2）项目技术负责人

项目技术负责人是能够全面掌控整个工程施工技术的技术人员，负责施工全过程的技术决策与技术指导，其岗位职责是：

1）组织贯彻执行国家颁布的有关技术规范、标准，实现设计意图；

2）负责组织图纸会审和技术交底，及时解决施工图纸中的疑问，准确把握设计意图；

3）参加施工调查，组织施工复测，编制实施性施工组织设计，按规定报批后组织实施；

4）指导技术人员的日常工作。复核特殊施工过程、关键工序的施工技术；

5）检查、指导现场施工人员对施工技术交底的执行落实情况，及时纠正现场的违规操作；

6）办理设计变更有关事宜；

7）编制专项施工方案，并按规定及时向上级管理部门报审；

8）组织编制质量、环境、职业健康、安全技术保证措施，及时纠正执行过程中产生的偏差；

9）参与项目部内部成本财务分析，参与分包方工程款的结算工作；

10）组织、安排做好相关技术文件的编制、收集整理工作，及时编写施工技术总结和竣工文件。

（3）施工员

施工员是技术组织管理人员，在项目经理的领导下，完成以下施工技术管理工作：

1）组织技术培训，学习和贯彻各项技术要领，技术标准规范、规程和技术管理制度；

2）参加图纸会审、设计交底、技术交底等，做好相关记录；

3）参与编制单位工程施工组织设计，进行技术交底，督促施工班组贯彻执行；

4）做好施工任务下达，并进行施工中的指导、检查与验收；

5）解决施工中出现的技术问题，一般技术问题可自行解决，重大技术问题应及时提出处理意见，汇报项目经理后商定解决；

6）负责原材料的复检，混凝土、砂浆试块的现场测定；

7）组织隐蔽工程检查验收，参加竣工验收，并办理竣工验收手续，绘制竣工图；

8）组织新材料、新结构、新工艺的试验和推广，对工程实行技术革新和发明创造；

9）填写施工日志；

10）完成项目经理交办的其他工作。

（4）技术员

技术员是指能够完成某项特定技术任务的人员，其岗位职责是：

1）参与工程技术管理，配合技术负责人编制项目部施工计划；

2）认真会审施工图纸，严格按图施工。发现设计图纸不能满足实际要求时，要及时向技术负责人报告，协助技术负责人办理设计变更手续；

3）负责对各工长、施工队伍进行技术交底工作，并认真做好相关记录；

4）深入施工现场检查技术交底的落实情况，对施工可能出现的质量问题、技术问题，提出预防措施；

5）对已经出现的施工质量问题，提出解决方案并予以处理；

6）严把工程质量关，严格执行有关规范及文件，严把材料质量、工序质量关；

7）协调各工序交叉衔接关系；

8）整理竣工图并认真复核，保证存档资料准确。

（5）测量员

测量员是指具有测绘技能，能完成现场施工测绘的专业人员，负责施工现场的点位复核、放线、高程测量、竣工图测绘等工作，其岗位职责是：

1）熟悉图纸，了解施工部署，制定测量放线方案；

2）会同建设单位对测量控制点进行实地校测；

3）定期对测量仪器进行核定、校正；

4）根据施工进度，做好充分的准备工作，制定切实可行的与施工同步的测量放线方案；

5）准确测设施工各阶段所需的中线、标高、点位等，避免返工；

6）及时整理完善测量资料。

（6）试验员

试验员必须由质检中心培训考试合格且取得试验员岗位证书的技术人员担任。其岗位职责是：

1）认真贯彻国家有关法规、标准、规范、规程和技术管理制度；

2）对工程所要求的原材料、半成品，按照国家标准、规范、规程规定的批量要求及取样方法进行取样，并送当地质检监督部门检测试验，同时填写好检验委托单，及时取回检验报告送交相关部门，并对其使用情况、使用部位进行跟踪检查，认真填写质量记录；

3）根据工程进度，及时做好混凝土强度、混凝土抗渗等试件，并放置在施工现场标准养护室养护，每天做好标准养护室温度和湿度的控制，对混凝土拆模试件应放置于相同条件下养护，并准确记录所做试件的工程部位；

4）及时、准确填写好实验记录；

5）配合技术员完成其他施工任务。

（7）安全员

安全员负责安全施工的日常监督与管理工作，其岗位职责是：

1）在项目经理领导下，负责施工现场的安全管理工作；

2）做好安全教育工作，组织安全生产、文明施工达标活动。主持或参加各种定期安全检查，做好记录，定期上报；

3）掌握施工进度及生产情况，研究解决施工中的安全隐患，并提出改进意见和措施；

4）督促检查有关人员贯彻执行施工组织设计中的安全技术措施；

5）协助有关部门做好新工人、特种作业人员、变换工种人员的安全技术、安全法规及安全知识的培训、考核工作；

6）对违反劳动纪律、违反安全条例、违章指挥、冒险作业等行为，或遇到严重险情时，有权暂停施工；

7）组织或参与劳保用品、防护设施、机械设备的检验、检测及验收工作；

8）参加安全事故调查分析会议，并做好相关记录，及时向有关领导报告。

（8）材料员

材料员负责施工所需材料的质量与数量，其岗位职责是：

1）负责编制材料采购计划，报项目经理审批；

2）负责验收到场的各种材料品种、规格、材质、数量；收取质量合格证、材料备案证件，做好记录。经验收质量合格、数量准确、证件齐全方可办理入库手续或投入使用；

3）对验收合格的材料要及时办理入库手续，认真做好材料台账，做到账、物、卡、表相符，日清月结，并定期盘点；

4）主要材料在入库、出库前，一律进行全部计量检测，发现误差，要及时向有关方面索赔和纠正；

5）实行定额发放，按定额核算材料数量并以此为依据分期限额领料，降低材料消耗成本；

6）针对不同材料的特性，采取有效的防火、防盗、防爆、防冻、防雨、防潮、防腐等保护措施，做到精心保管，避免损失浪费；

7）入库材料按品种、规格分类存放，做到整齐、牢固、有标识；

8）进入施工现场的原材料，应按施工平面规定的位置存放，剩余材料要及时退库，并按文明施工管理规定，进行现场管理；

9）做好现场机械设备、材料、架设工具、模板等的维修管理工作。

（9）资料员

资料员负责工程项目的资料档案管理、计划、统计及内业管理工作，其岗位职责是：

1）贯彻和执行上级主管部门资料管理的各项规定；

2）负责工程合同、资料、图纸、洽商记录、来往函件的接收、整理、发放、借出、保存以及工程图纸变更等各项工作；

3）随工程的开展进行同步收集和整理有关工程项目资料；

4）对需要变更的文件和设计方案，应进行编号登记，及时、有效地传达到工程技术文件使用者手中；

5）收集和整理工程准备阶段、竣工验收阶段形成的文件，并尽快进行立卷归档；

6）归档文件必须齐全、完整、系统、准确，层次分明并符合形成规律；

7）归档文件必须准确反映施工管理各项活动的真实内容和形成过程；

8）加强资料的日常管理和保护工作，采取有效措施保证资料安全；

9）参与工程竣工图的整理和移交。

（10）质检员

质检员是负责施工质量检查的人员，其岗位职责是：

1）认真贯彻执行国家及省、市的质量政策、规程、标准及有关加强质量管理工作的规定和要求；

2）负责工程的质量监督和检查验收工作；

3）隐蔽工程必须会同建设单位现场代表共同检查、验收并做好记录。对各工种的分部、分项工程应跟班进行质量检查和验收。发现问题及时处理，严格控制工程质量；

4）监督检查各班组做好自检、互检、交接检，随时查验施工班组的各项质量检查记录和质量分析会记录；

5）真实填写质检内业，建立工程质量档案，及时提供施工班组当月的分项工程质量检查资料，作为发放工资和奖金的依据；

6）及时收集各班组的工程质量检查资料，作为竣工验收的依据；

7）及时反映施工质量问题，对违章作业有权停工、返工；

8）定期组织召开现场质量例会，研究分析质量问题产生的原因，制定预控及整改措施。

2. 技术准备

技术准备的主要工作有图纸审查、技术交底、编制实施性施工组织设计和施工预算。

图纸审查的主要目的是检查图纸是否齐全，图纸本身有无错误和矛盾，设计内容与施工条件是否一致，同时还应熟悉有关设计数据、结构特点及工程地质和水文地质条件。施工前做到有的放矢，确保工程顺利施工。如发现图纸有问题，应及时与设计单位沟通解决，必要时应请设计单位出具设计变更。对重大疑难问题，应进行图纸会审，在充分磋商的前提下提出解决方案。图纸会审后，应填写图纸会审记录表，其形式和内容见表1-49。

施工图设计文件会审记录 表 1-49

年　　月　　日

工程名称	
图纸会审部位	

会审中发现的问题：

处理情况：

参加会审单位及人员

单位名称	姓名	职务	单位名称	姓名	职务

技术交底是技术准备的重要环节，是由各级技术人员将有关工程施工的各项技术要求逐级向下贯彻，直到基层。其目的是使参与施工任务的技术人员和工人对所承担工程任务的特点、技术要求、施工工艺等有详细了解，以便于科学地组织施工，避免技术质量事故发生。技术交底的主要内容有施工方法、技术安全措施、规范要求、质量标准、设计变更等。对于重点工程、特殊工程、重要部位、新设备、新工艺和新材料的技术要求，更需做详细的技术交底。

技术交底包括设计交底和施工技术交底。设计交底即设计图纸交底，是在建设单位主持下，由设计单位向各施工单位进行的交底，主要交代工程的功能与特点、设计意图与要求等内容。施工技术交底是施工单位内部交底，由施工单位的技术负责人逐级向下进行交底。主要介绍施工方案、工程质量标准及评定办法、主要的施工验收规范及降低成本措施、施工中采取的安全技术措施、施工中可能遇到的问题及处理方法等内容。设计交底和施工技术交底要有详细的记录，一般以表格的形式体现，见表1-50、表1-51。

设计交底记录 表 1-50

单位工程名称			
组织交底单位			
日期		地点	
参加交底单位及人员	建设单位：		
	设计单位：		
	监理单位：		
	施工单位：		

设计交底内容及议定事项：

设计单位	施工单位	监理单位	项目（分）部
项目负责人： 年 月 日	项目负责人： 年 月 日	总监理工程师： 年 月 日	项目经理： 年 月 日

施工技术交底记录 表 1-51

年 月 日

工程名称			

交底内容：

交底部门			接受部门		
交底人			接受人		

实施性施工组织设计是施工单位开工前编制的施工组织设计，是指导工程施工的技术经济文件，它不同于投标时所做的技术标，它是在已有施工图图纸和合同文件的前提下编制而成的，其内容要针对工程实际情况编制并满足合同要求，其编制方法与内容详见本教材教学单元6。编制完成后，应经有关部门审批同意后才能实施。实施性施工组织设计审批的基本程序是：

单位工程施工组织设计应由施工承包单位技术负责人或技术负责人授权的技术人员审批；重点、难点、分部（分项）工程和专项施工方案应由施工单位技术部门组织相关专家进行评审，施工单位技术负责人批准。承包单位完成施工组织设计的编制及自审工作，再填写施工组织设计审批表，见表1-52，报送项目监理机构。

施工组织设计审批表

表 1-52

年 月 日

工程名称		施工单位	
有关部门会签意见:			
结论:			
审批单位（盖章）		审批人	

项目监理机构在收到施工组织设计后，由总监理工程师在约定时间内，组织专业监理工程师审查，提出审查意见后，由总监理工程师审定批准。需要承包单位修改时，由总监理工程师签发书面的意见，退回承包单位修改后再报审。

已审定的施工组织设计由项目监理机构报送建设单位进行确认后备案。

承包单位应严格按审定的施工组织设计文件组织施工，如需对其内容做较大变更，应在实施前将变更内容书面报送项目监理机构重新审定。

对规模大、结构复杂或属新结构、特种结构的工程，项目监理机构应在初步审查施工组织设计后，报送监理单位技术负责人进行审查，其审查意见由总监理工程师签发。必要时与建设单位协商，组织有关专家对其进行会审。

规模大、工艺复杂的工程、群体工程或分期出图的工程，经建设单位批准可分阶段报审施工组织设计；技术复杂或采用新技术的分部、分项工程，承包单位还应编制该分部、分项工程的专项施工方案，报项目监理机构审查。

编制施工预算的目的是确定工程的计划成本，它是依据实施性施工组织设计、施工图纸、企业定额和相关工程造价文件编制而成的，如计划成本不满足要求，应调整、修改实施性施工组织设计，直到计划成本满足要求为止，此时的施工组织设计应作为指导施工的依据，施工人员应严格执行。

3. 施工现场准备

施工现场准备是对施工中所需的临时设施进行总体规划和布置，包括建立测量控制网点；三通一平；各种加工场、仓库、食堂、宿舍、厕所、办公室以及公用设施的布置；水电管网的布置；交通道路布置等内容。它是依据实施性施工组织设计中确定的施工现场平面布置图进行的。

4. 资源准备

资源准备包括建筑材料、施工机械和劳动力的准备。应根据施工进度计划做好建筑材料的分期需要量计划和货源安排，以防止出现停工待料的窝工现象。对施工机械和机具应提前做好维修试车工作，尚缺的机械机具要提前做好订购、租赁工作。劳动力是工程实施的主体，应根据施工进度计划做好劳动力需要量计划，防止出现人员不够或人浮于事的现象。

1.4.2 开工报告制度

一般土建工程都实行开工报告审批制度。开工报告制度分为两种，一种是国务院规定的开工报告制度，另一种是建设监理中的开工报告制度。

国务院规定的开工报告制度是政府主管部门的一种行政许可制度，是建设单位向政府主管部门申报工程的开工条件，体现了政府部门对建设单位开工准备工作的认可。政府主管部门审查的主要内容有：资金到位情况、投资项目市场预测、设计图纸是否满足施工要求、现场"三通一平"等。建设单位在开工报告中，应主要载明建设工程规划许可证（包括附件）、建设工程开工审查表、建设工程施工许可证、规划部门签发的规划许可证、在指定监督机构办理的具体监督业务手续、经建设行政主管部门审查批准的设计图纸及设计文件、工程施工图审查备案证书、图纸会审纪要、施工承包合同（副本）、原始测量资料、工程地质勘察报告、水文地质资料、建设单位驻工地代表授权书、建设单位与相关部门签订的协议书等内容。开工报告审批表见表1-53。

开工报告 表 1-53

施工单位： 年 月 日

工程号		工程名称		工程地点	
批准文号		工程数量		预算造价	
计划开工日期		计划竣工日期		计划工作天	

工程概况

	项目	完成情况	责任单位	负责人
1	土地征用			
2	障碍物拆迁			
3	临时工地道路			
4	施工场地			
5	临时水电			
6	材料计划			
7	设计文件交底、交桩			
8	施工组织设计			
9	施工预算			
10	主要机具设备			
存在问题		批准单位意见		

　　建设监理中的开工报告，是根据《建设工程监理规范》GB/T 50319—2013 的规定，施工单位在工程开工前应按合同约定向监理工程师提交开工报告，经总监理工程师审定通过后，即可开工。它体现了监理单位对施工单位开工准备工作的认可。施工单位的开工报告，应主要载明施工企业资质证书、营业执照及注册号、施工企业安全资格审查认可证、企业法人代码书、质量体系认证书、施工单位的实验室资质证书、工程投标书、工程中标价明细表、工程项目经理资格证书复印件、工程师及管理人员资格证书复印件、上岗证复印件、特殊工种人员上岗证审查表及上岗证复印件（安全员、电工须持建设行业与劳动部门双证）、建设单位提供的水准点和坐标点复核记录、施工组织设计等内容。

　　准备工作就绪后，施工单位填写建设监理中的开工报告，经有关部门批准后即可开工。开工报审表和开工报告有具体格式，详见各地规定。

复 习 思 考 题

1. 什么是给水系统？它由哪些部分组成？
2. 什么是给水管道工程？其主要任务是什么？
3. 如何区分输水管道和配水管网？
4. 给水管网的布置原则是什么？其布置形式主要有哪些？
5. 配水管网的布置要求有哪些？
6. 常用的给水管材有哪些？各有什么优缺点？
7. 常用的给水管配件和附件各有哪些？其主要作用是什么？
8. 给水管道的构造包括哪几部分？其构造要求有哪些？
9. 支墩的作用是什么？其设置条件如何？
10. 给水管道施工图的识读内容有哪些？
11. 什么是排水系统的体制？常用的排水体制有哪几种形式？各有什么优缺点？
12. 怎样选择排水体制？
13. 什么是排水系统？它的组成内容有哪些？
14. 污水管道系统和雨水管道系统的组成内容各有哪些？
15. 排水管道系统的布置形式有哪些？各有什么优缺点？
16. 排水管道的布置原则是什么？其布置要求有哪些？
17. 常用的排水管材有哪些？各有什么优缺点？
18. 排水管道的构造包括哪几部分？其构造要求有哪些？
19. 检查井的作用是什么？其设置要求有哪些？
20. 雨水口的作用是什么？其设置要求有哪些？
21. 排水管道施工图的识读内容有哪些？
22. 燃气管道系统由哪些内容组成？其布置形式有哪些？
23. 燃气管道的布置要求有哪些？
24. 常用的燃气管材有哪些？各有什么优缺点？
25. 在燃气管道系统中，补偿器、排水器、放散管的作用各是什么？
26. 热力管道的作用是什么？其布置要求和布置形式各有哪些？
27. 热力管道的敷设形式有哪些？各有什么优缺点？
28. 常用的热力管材有哪些？

29. 在热力管道系统中设置保温结构和补偿器的作用各是什么?

30. 热力管道的敷设方式有哪些?各有什么要求?

31. 电信管线和电力管线的构造要求各有哪些?其敷设要求各有哪些?

32. 市政管道工程开工前应进行的准备工作有哪些?

33. 项目经理为什么要提前任命?一般在什么阶段就要任命?

34. 市政管道工程开工前的技术准备工作有哪些?

35. 为什么现行《建设工程监理规范》GB/T 50319—2013 规定要实行开工报告制度?

码1-5 教学单元1
复习思考题
参考答案

教学单元 2　市政管道开槽施工

码2-1　教学单元2
导读

【教学目标】　通过本单元的学习，掌握开槽施工的工序、开槽施工的技术措施、轻型井点降水设计方法与布置要求、沟槽开挖土方量计算方法及开挖要求、管道铺设与接口方法、管道功能性检验方法与要求、沟槽土方回填的要求与方法；熟悉柔性排水管道施工方法、明沟排水方法、单斗挖土机挖土与自卸汽车运土的协调配合计算方法、沟槽支撑的支设与拆除方法。

　　市政管道开槽施工时，经常遇到地下水。土层内的水分主要以水汽、结合水、自由水三种状态存在，结合水没有出水性，自由水对市政管道开槽施工起主要影响作用。当沟槽开挖后自由水在水力坡降的作用下，从沟槽侧壁和沟槽底部渗入沟槽内，使施工条件恶化，严重时，会使沟槽侧壁土体塌落，地基土承载力下降，从而影响沟槽内的施工。因此，在管道开槽施工时必须做好施工排(降)水工作。市政管道开槽施工中的排水主要指排除影响施工的地下水，同时也包括排除流入沟槽内的地表水和雨水。

　　施工排水有明沟排水和人工降低地下水位两种方法。

　　不论采用哪种方法，都应将地下水位降到槽底以下一定深度，以改善槽底的施工条件，稳定边坡，稳定槽底，防止地基土承载力下降，为市政管道的开槽施工创造有利条件。

2.1　明　沟　排　水

2.1.1　明沟排水原理

　　沟槽开挖时，排除渗入沟槽内的地下水和流入沟槽内的地面水、雨水一般采用明沟排水的方法。

　　明沟排水是将从槽壁、槽底渗入沟槽内的地下水以及流入沟槽内的地表水和雨水，经沟槽内的排水沟汇集到集水井，然后用水泵抽走的排水方法，如图 2-1 所示。

　　明沟排水通常是当沟槽开挖到接近地下水位时，修建集水井并安装排水泵，然后继续开挖沟槽至地下水位后，先在沟槽中心线处开挖排水沟，使地下水不断渗入排水沟后，再开挖排水沟两侧土。如此一层一层地反复下挖，地下水便不断地由排水沟流至集水井，当挖深接近槽底设计标高时，将排水沟移置槽底两侧或一侧，如图 2-2 所示。

2.1.2　明沟排水涌水量计算

　　为了合理选择排水设备，确定水泵型号，应计算总涌水量，水泵的流量一般为涌水量的 1.5～2.0 倍。

　　在市政管道开槽施工时，沟槽一般为窄长式，此时可忽略沟槽两端的涌水量，认为地下水主要由沟槽两侧渗入。因此，沟槽的总涌水量可按裴布依公式进

91

行计算，见式(2-1)：

$$Q = \frac{KL(2H-S)S}{R} \qquad (2-1)$$

式中　Q——沟槽总涌水量(m^3/d)；

　　　K——渗透系数(m/d)，见表2-1；

　　　L——沟槽长度(m)；

　　　H——离沟槽边为R处的地下水含水层厚度(m)；

　　　R——影响半径(m)，见表2-1；

　　　S——地下水位降落深度(m)。

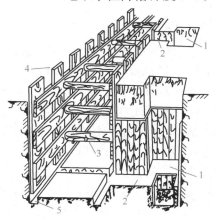

图2-1　明沟排水系统

1—集水井；2—进水口；3—撑杠；

4—竖撑板；5—排水沟

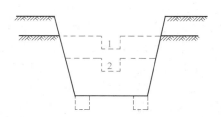

图2-2　排水沟开挖示意图

1，2—排水沟开挖顺序

K、R 参考值　　　　　　　　　　　表2-1

含水层种类	粉砂	细砂	中砂	粗砂	极粗砂	砾石类砂	小砾	中砾	大砾
K(m/d)	1～5	5～10	10～25	25～50	50～100	75～150	75～100	100～200	200～500
R(m)	25～50	50～100	100～200	200～400	400～500	400～500	500～600	600～1500	1500～3000

2.1.3　明沟排水施工

施工时，排水沟的开挖断面应根据地下水量及沟槽的大小来决定，通常排水沟的底宽不小于0.3m，排水沟深应大于0.3m，排水沟的纵向坡度不应小于0.1%～0.5%，且坡向集水井。若在稳定性较差的土壤中施工，可在排水沟内埋设多孔排水管，并在其周围铺卵石或碎石加固；也可在排水沟内埋设管径为150～200mm的排水管，排水管接口处留有一定缝隙，排水管两侧和上部也用卵石或碎石加固；或在排水沟内设板框、荆笆等支撑。

集水井是在排水沟的一定位置上设置的汇水坑，为使沟槽底部土层免遭破坏，通常将集水井设在基础范围以外，距沟槽底一般为1～2m的距离处，并应设在地下水来水方向的沟槽一侧。

集水井的断面一般为圆形和方形两种，其直径或宽度一般为 0.7～0.8m。集水井底与排水沟底应有一定的高差：在开挖过程中，集水井底应始终低于排水沟底 0.7～1.0m；当沟槽挖至设计标高后，集水井底应低于排水沟底 1～2m。

集水井的间距应根据土质、地下水量及井的尺寸和水泵的抽水能力等因素确定，一般每隔 50～150m 设置一个集水井。

集水井通常采用人工开挖，为防止开挖时或开挖后井壁塌方，需进行加固。在土质较好、地下水量不大的情况下，采用木框加固，井底需铺垫约 0.3m 厚的卵石或碎石组成反滤层，以免从井底涌入大量泥砂造成集水井周围地面塌陷；在土质（如粉土、砂土、砂质粉土）较差、地下水量较大的情况下，通常采用板桩加固。即先打入板桩加固，板桩绕井一圈，板桩深至井底以下约 0.5m。也可以采用混凝土管集水井，采用沉井法或水射振动法施工，井底标高在槽底以下 1.5～2.0m，为防止井底出现管涌，可用卵石或碎石封底。

为保证集水井附近的槽底稳定，集水井与槽底应有一定间距，沟槽与集水井间设进水口，进水口的宽度一般为 1～1.2m。为防止水流对集水井的冲刷，进水口的两侧应采用木板、竹板或板桩加固。排水沟、进水口需要经常疏通，集水井需要经常清除井底的积泥，保持必要的存水深度以保证水泵正常工作。

2.1.4　明沟排水设备选择

明沟排水常用的水泵有离心泵、潜水泵和潜污泵。

1. 离心泵

根据流量和扬程选型，离心泵安装时应注意吸水管接头不漏气及吸水头部至少沉入水面以下 0.5m，以免吸入空气，影响水泵的正常使用。

2. 潜水泵

这种泵具有整体性好、体积小、质量轻、移动方便及开泵时不需灌水等优点，在施工排水中广泛应用。使用时，应注意不得脱水空转，也不得抽升含泥砂量过大的泥浆水，以免烧坏电机。

3. 潜污泵

潜污泵的泵与电动机连成一体潜入水中工作，由水泵、三相异步电动机以及橡胶圈密封和电器保护装置四部分组成。该泵的叶轮前部装有一搅拌叶轮，它可将作业面下的泥砂等杂质搅起抽吸排送。

明沟排水是一种常用的简易降水方法，适用于槽内少量的地下水、地表水和雨水的排除。在软土、淤泥层或土层中含有细砂、粉砂的地段以及地下水量较大的地段均不宜采用。

2.2　人工降低地下水位

人工降低地下水位是在含水层中布设井点进行抽水，地下水位下降后形成降落漏斗。如果槽底标高位于降落漏斗以上，就基本消除了地下水对施工的影响。地下水位是在沟槽开挖前人为预先降落的，并维持到沟槽土方回填至原地下水位以上，因此这种方法称为人工降低地下水位，如图 2-3 所示。

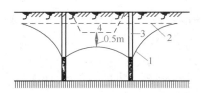

图 2-3 人工降低地下水位示意图
1—抽水时水位；2—原地下水位；
3—井点管；4—沟槽

人工降低地下水位一般有轻型井点、喷射井点、电渗井点、管井井点、深井井点等方法。

2.2.1 轻型井点

轻型井点是目前降水效果显著，应用广泛的降水系统，并有成套设备可选用。根据地下水位降深的不同，轻型井点可分为单层轻型井点和多层轻型井点两种。在市政管道的施工降水时，一般采用单层轻型井点系统，有时可采用双层轻型井点系统，三层及三层以上的轻型井点系统很少采用。

1. 适用条件

轻型井点系统适用于粉砂、细砂、中砂、粗砂等土层，渗透系数为 0.1～50m/d，降深小于 6m 的沟槽。

2. 组成

轻型井点系统由井点管、弯联管、总管和抽水设备四部分组成，井点管包括滤水管和直管，如图 2-4 所示。

码2-2 轻型井点
降水示意

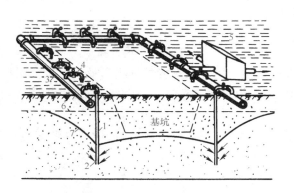

图 2-4 轻型井点系统组成
1—直管；2—滤水管；3—总管；4—弯联管；5—抽水设备；
6—原地下水位线；7—降低后地下水位线

（1）滤水管

滤水管也称过滤管，是轻型井点的重要组成部分，一般由直径 38～55mm，长 1～2m 的镀锌钢管制成，管壁上呈梅花状开设直径为 5.0mm 的孔眼，孔眼间距为 30～40mm，常用定型产品有 1.0m、1.2m、2.0m 三种规格。滤水管埋设在含水层中，地下水经孔眼涌入管内，滤水管的进水面积按式(2-2)计算：

$$A = 2m\pi r L_L \tag{2-2}$$

式中 A——滤水管进水面积(m^2)；

m——孔隙率，一般取 20%～30%；

r——滤水管半径(m)；

L_L——滤水管长度(m)。

滤水管外壁应包扎滤水网，以防止土颗粒进入滤水管内。滤水网的材料和网眼规格应根据含水层中土颗粒粒径和地下水水质而定。滤水网一般可用黄铜丝网、钢丝网、尼龙丝网、玻璃丝网等。滤水网一般包扎两层，内层滤网网眼为 $30\sim50$ 个/cm^2，外层滤网网眼为 $3\sim10$ 个/cm^2。为使水流通畅避免滤孔堵塞，在滤水管与滤网之间用 10 号钢丝绕成螺旋形将其隔开，滤网外面再围一层 10 号钢丝。也可用棕皮代替滤水网包裹滤水管，以降低造价。

滤水管下端应用管堵封闭，也可安装沉砂管，使地下水中夹带的砂粒沉积在沉砂管内。滤水管的构造如图 2-5 所示。

为了防止土颗粒涌入井内，提高滤水管的进水面积和土的竖向渗透性，可在滤水管周围建立直径为 $400\sim500\text{mm}$ 的过滤砂层（也称为过滤砂圈），如图 2-6 所示。

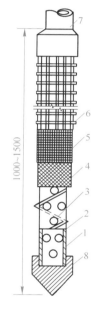

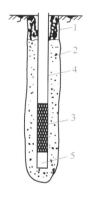

图 2-5　滤水管构造

1—钢管；2—孔眼；3—缠绕的塑料管；
4—细滤网；5—粗滤网；6—粗铁丝
保护网；7—直管；8—铸铁堵头

图 2-6　井点的过滤砂层

1—黏土；2—填料；3—滤水管；
4—直管；5—沉砂管

（2）直管

直管一般也采用镀锌钢管制成，管壁上不设孔眼，直径与滤水管相同，其长度视含水层埋设深度而定，一般为 $5\sim7\text{m}$，直管与滤水管间用管箍连接。

（3）弯联管

弯联管用于连接井点管和总管，一般采用长度为 1.0m，内径 $38\sim55\text{mm}$ 的加固橡胶管，内有钢丝，以防止井点管与总管不均匀沉陷时被拉断。该种弯联管安装和拆卸方便，允许偏差较大，套接长度应大于 100mm，套接后应用夹子箍紧。有时也可用透明的聚乙烯塑料管，以便观察井管的工作情况。金属管件也可作为弯联管，虽然气密性较好，但安装不方便，施工中较少使用。

（4）总管

总管一般采用直径为 100～150mm 的钢管，每节长为 4～6m，总管之间用法兰盘连接。在总管的管壁上开设三通以连接弯联管，三通的间距应与井点布置间距相同，但是由于不同的土质，不同降水要求，所计算的井点间距与三通的间距可能不同，因此应根据实际情况确定三通间距。总管上三通间距通常按井点间距的模数确定，一般为 1.0～1.5m。

（5）抽水设备

轻型井点通常采用射流泵或真空泵抽水设备，也可采用自引式抽水设备。

真空式抽水设备是由真空泵和离心泵组成的联合机组，地下水位降落深度可达 5.5～6.5m。但其抽水设备组成复杂、占地面积大、管道连接较多，不能保证降水的可靠性，目前很少采用。

自引式抽水设备是用离心水泵直接自总管抽水，地下水位降落深度仅为 2～4m，适用于降水深度较小的情况。

射流式抽水设备包括水射器和水泵，其设备组成简单，使用方便，工作安全可靠，便于设备的保养和维修。射流式抽水设备技术性能参见表 2-2。

射流式抽水设备技术性能   表 2-2

项目	型号			
	QJD-45	QJD-69	QJD-90	JS-45
抽水深度（m）	9.6	9.6	9.6	10.26
排水量（m³/h）	45	60	90	45
工作水压（MPa）	≥0.25	≥0.25	≥0.25	≥0.25
电机功率（kW）	7.5	7.5	7.5	7.5
外形尺寸（mm）长×宽×高	1500×1010×850	2227×600×850	1900×1680×1030	1450×960×760

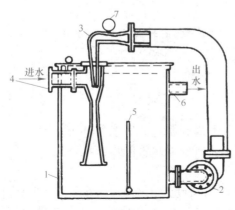

图 2-7　射流泵系统

1—水箱；2—加压泵；3—射流器；4—总管；
5—隔板；6—出水口；7—压力表

射流式抽水设备的工作原理为：运行前将水箱加满水，离心水泵从水箱抽水，水经水泵加压后，高压水在射流器的喷口流出形成射流，产生真空，使地下水经井点管、弯联管和总管进入射流器，经过能量变换，将地下水提升到水箱内，一部分水经过水泵加压，使射流器工作，另一部分水经排水口排除，如图 2-7 所示。

为了提高水位降落深度，保证抽水设备的正常工作，无论采用哪种抽水设备，除保证整个系统连接的严密性外，还要在井点管外地面下 1.0m 深度处填黏土密封,避免井点与大气相通,破坏系统的真空。

3. 涌水量计算

井点涌水量通常采用裘布依公式近似地按单井涌水量计算。实际上井点系统是各单井之间相互干扰的井群,井点系统的涌水量显然比数量相等互不干扰的单井涌水量的总和要小。工程上为应用方便,往往按"单井"涌水量作为整个井群的总涌水量,而这个"单井"的半径应按井群中各个井点所围面积的半径进行计算,该半径称为假想半径。由于轻型井点的各井点间距较小,这种假想是可行的,即用假想环围面积的半径代替"单井"半径计算涌水量。

(1) 涌水量计算公式

潜水完整井如图 2-8 所示,其涌水量按式(2-3)计算:

$$Q = \frac{1.366K(2H-S)S}{\lg R - \lg X_0} \tag{2-3}$$

式中　Q——井点系统总涌水量(m^3/d);

　　　K——渗透系数(m);

　　　S——水位降深(m);

　　　H——含水层厚度(m);

　　　R——影响半径(m);

　　　X_0——井点系统的假想半径(m)。

潜水非完整井如图 2-9 所示,其涌水量按式(2-4)计算:

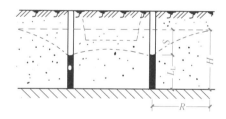

图 2-8　潜水完整井

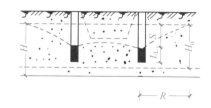

图 2-9　潜水非完整井

$$Q = \frac{1.366K(2H_0-S)S}{\lg R - \lg x_0} \tag{2-4}$$

式中　H_0——含水层有效带的厚度(m);

　　　其他参数意义同式(2-3)。

(2) 涌水量计算公式中有关参数的确定

1) 渗透系数 K

K 值以现场抽水试验确定较为可靠,当无抽水试验资料时按表 2-1 数值选用。

当含水层不是均一土层时,渗透系数可按各层不同渗透系数的土层厚度加权平均计算。

$$K_{cp} = \frac{K_1 n_1 + K_2 n_2 + \cdots + K_n n_n}{n_1 + n_2 + \cdots + n_n} \tag{2-5}$$

式中　　K_1，K_2，$\cdots$，K_n——不同土层的渗透系数(m/d)；

　　　　　n_1，n_2，$\cdots$，n_n——含水层不同土层的厚度(m)。

2) 影响半径 R

确定影响半径通常有直接观察法、经验公式法和经验数据法三种方法。直接观察是精确可靠的方法，但需设置观察井，不宜于指导实际工程；经验数据法不适用于非均一土层；实际工程中经常采用式(2-6a)、式(2-6b)计算影响半径。

对于潜水完整井：

$$R=1.95S\sqrt{KH} \tag{2-6a}$$

对于潜水非完整井：

$$R=1.95S\sqrt{KH_0} \tag{2-6b}$$

3) 假想半径 x_0

当沟槽采用单排线状井点降水时，其假想半径可按式(2-7)计算：

$$x_0=\frac{L+2B_1}{4} \tag{2-7}$$

式中　　B_1——沟槽底距井点最远的一点到井点中心的距离(m)；

　　　　　L——井点组有效计算长度(m)。

井点组的有效计算长度随沟槽长度的增大而增大，一般情况下取 $L=50\sim120$m 为一段。当沟槽长度较大时，宜分段进行计算，通常以 $L=1.5R$ 为一段计算较为合适。

当沟槽采用双排线状井点降水时，其假想半径可按式（2-8）进行计算：

$$x_0=\frac{L+B_2}{4} \tag{2-8}$$

式中　　B_2——两排井点的间距(m)。

其他参数的含义同式(2-7)。

4) 降水深度 S

沟槽降水深度是指原地下水位至滤水管顶部的距离。一般要求槽底距井点最远一点的水位要降至槽底以下 $0.5\sim1.0$m，此外还要考虑槽底最远的一点到滤水管顶部的水力坡降。

对双排线状井点，水力坡度一般取 $\frac{1}{8}\sim\frac{1}{10}$；对单排线状井点，水力坡度一般取 $\frac{1}{4}$。根据水力坡度和井点布置的实际情况就可计算出水力坡降。

5) 含水层厚度 H 和含水层有效带厚度 H_0

含水层厚度应通过水文地质勘测资料确定，当含水层为非均一土层时，应为各层厚度之和。而含水层有效带厚度是指假想的有效面与稳定地下水位之间的渗水厚度，可按式(2-9)进行计算：

$$H_0 = \alpha(S + L_L) \tag{2-9}$$

式中　H_0——含水层有效带厚度（m）；

S——降水深度（m）；

L_L——滤水管长度（m）；

α——有效带计算系数，按表 2-3 确定。

有效带计算系数 α　　　　　　　　　　　　　　　　　表 2-3

$\dfrac{S}{S+L_L}$	0.2	0.3	0.5	0.8	1.0
α	1.3	1.5	1.7	1.85	2.0

（3）井点数量和井点间距的计算

1）井点数量

$$n = 1.1 \frac{Q}{q} \tag{2-10}$$

式中　n——井点根数；

Q——井点系统涌水量（m³/d）；

q——单个井点的涌水量（m³/d）。

q 值按式（2-11）计算：

$$q = 20m\pi dL_L \sqrt{K} \tag{2-11}$$

式中　d——滤水管直径（m）；

L_L——滤水管长度（m）；

K——渗透系数（m/d）；

m——孔隙率，一般取 $20\% \sim 30\%$。

2）井点管的间距

$$D = \frac{L}{n-1} \tag{2-12}$$

式中　D——井点间距（m）；

L——井点组有效计算长度（m）；

n——井点根数。

按上式求出的井点间距应满足式（2-13）：

$$D \geqslant 5\pi d \tag{2-13}$$

式中　d——滤水管直径（m）。

若两个井点的间距过小，将会出现互阻现象，影响出水量。通常情况下，井点间距应与总管上的三通口相匹配，以 1.0m 或 1.5m 为宜。

（4）确定抽水设备

常用抽水设备有真空泵（干式、湿式）和离心泵等，水泵流量应按涌水量的 1.1～1.2 倍进行计算。

4. 轻型井点布置

沟槽降水时，井点系统一般为线状布置，通常应根据沟槽宽度、涌水量、施工方法、设备能力、降水深度等实际情况确定。一般当槽宽小于 2.5m，水量不大且要求降深不大于 4.5m 时，布置单排线状井点，井点宜布置在地下水来水方向的一侧，如图 2-10 所示；当沟槽宽度大于 2.5m，且水量较大时，采用双排井点，如图 2-11 所示；当降水深度在 3～5m 时布置单层井点；降水深度在 6～8m 时布置双层井点，如图 2-12 所示。

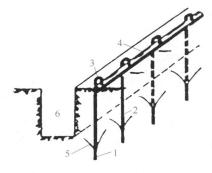

图 2-10 单排井点系统
1—滤水管；2—井管；3—弯联管；
4—总管；5—降水曲线；6—沟槽

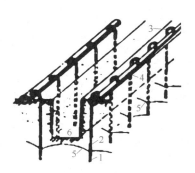

图 2-11 双排井点系统
1—滤水管；2—井管；3—弯联管；
4—总管；5—降水曲线；6—沟槽

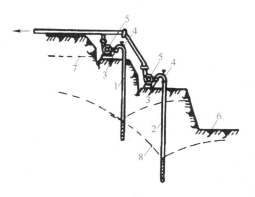

图 2-12 双层轻型井点降水示意
1—第一层井点；2—第二层井点；3—集水总管；
4—弯联管；5—水泵；6—沟槽；7—原地下
水位线；8—降水后地下水位线

（1）平面布置

1）井点的布置。井点应布置在沟槽上口边缘外 1.0～1.5m，布置过近，影响施工，而且可能使空气从槽壁进入井点系统，破坏抽水系统的真空，影响正常运行。井点布置时，应超出沟槽端部 10～15m，以保证降水可靠。

2）总管布置。为了增加井点系统的降水深度，总管的设置高程应尽可能接近原地下水位，并应有 1‰～2‰ 的上倾坡度，最高点设在抽水机组的进水口处，标高与水泵标高相同。当采用多个抽水设备时，应在每个抽水设备所负担总管长度分界处设阀门或断开将总管分段，以便分组抽吸。

3）抽水设备的布置。抽水设备通常布置在总管的一端或中部，水泵进水管的轴线尽量与地下水位接近，常与总管在同一标高上，使水泵轴心与总管齐平。

4）观察井的布置。为了观测水位降落情况，应在降水范围内设置一定数量的观察井，观察井的位置及数量视现场的实际情况而定，一般设在总管末端，局部挖深等控制点处。观察井与井点管完全一致，只是不与总管连接。

5）双层轻型井点的布置。双层轻型井点系统是由两个单层轻型井点系统组合而成的，下层井点系统应埋设在上层井点系统抽水稳定后的稳定水位以上，而且下层井点系统应在上层井点系统已把水位降低，土方挖掘后才能埋设。埋设时的平台宽度一般为 1.0～1.5m。

（2）高程布置

井点管的埋设深度是指滤水管底部到井点埋设地面的距离，应根据降水深度，含水层所在位置，集水总管的标高等因素确定。

如图 2-13 所示，井点管埋深可按式（2-14）计算：

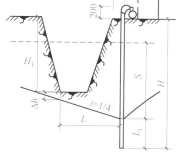

$$H = H_1 + \Delta h + iL + L_{\mathrm{L}} \qquad (2-14)$$

式中　　H——井点管埋设深度（m）；

　　　　H_1——沟槽开挖深度（m）；

　　　　Δh——降水后地下水位在沟槽底面的安全距离（m），一般为 0.5～1.0m；

　　　　i——水力坡度，对双排井点可取 $\frac{1}{10}$～$\frac{1}{8}$；

　　　　　　对单排线状井点可取 $\frac{1}{4}$；

图 2-13　高程布置（单位：mm）

　　　　L——井点管中心至沟槽底最不利点处的水平距离（m）；

　　　　L_{L}——滤水管长度（m）。

5. 轻型井点的施工、运行及拆除

轻型井点系统的施工顺序是测量定位、埋设井点管、敷设集水总管、用弯联管将井点管与集水总管相连、安装抽水设备、试抽后正式运行。

井点管的埋设方法可根据施工现场条件及土层情况确定，一般有冲击钻孔法、回转钻孔法、射水法、套管法等。

（1）回转钻孔或冲击钻孔法

回转钻孔或冲击钻孔法适用在坚硬土层中。施工时用回转钻或冲击钻成孔，孔径为 300～400mm，成孔深度比设计井点滤水管管底标高低 0.5～1.0m，成孔后再将已连接好的井点管下放到孔内，当井点管管顶达到设计标高后，立即用支架将井点管固定好，并临时封堵井点管。然后在井点管与孔壁间及时用合格的滤料均匀填灌，分层填料，并辅以竹竿插捣晃匀；不同填料高度的填料数量随时与计算填料数量核对，误差超过 ±5% 时，须查找原因采取补救措施，直至重新成孔。当填料填至原地下水位以上 0.5m 时，改填普通土，填至距地表 1.0m 时，改填黏土并捣实。黏土封闭段的长度不得小于 0.8m。单根井点管黏土封完，平整稳定之后，可打开管顶临时封堵，从井点管灌水，清水注入后如水位迅速下渗，就证明该井点成功；填料过程中也可检查井点管，填入滤料时如管中泥水上溢，即证明滤网有效。检测试验完毕后，将弯联管接到井点管上，并临时封堵弯联管。

（2）射水法

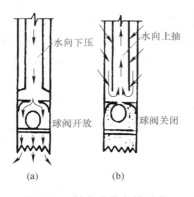

图 2-14　射水式井点管示意

(a)射水时阀门位置；

(b)抽水时阀门位置

射水法适用在松软土层中。施工时在井点管的底端装上冲水装置，用来冲孔并下沉井点管，如图 2-14 所示。

井点管下设射水球阀，上接可旋动管子与高压胶管、水泵等。冲射时，先在地面井点位置挖一小坑，将射水式井点管插入，利用高压水在井管下端冲刷土体，使井点管下沉。下沉时，随时转动管子以增加下沉速度并保持垂直。射水压力一般为 0.4～0.6MPa。冲孔直径不小于 300mm，冲孔深度应比滤管管底深 0.5～1.0m，以利沉泥。井点管的埋设、滤料的填加、改填、封顶、检测试验与回转钻孔或冲击钻孔法相同，不再重述。

（3）套管法

套管法适用在松软土层中。施工设备主要是套管和喷射器，如图 2-15 所示。套管直径 150～200mm（喷射井点为 300mm），长度约为 10m，一侧每隔 1.5～2.0m 设置一个 250mm×200mm 的排泥窗口，套管下沉时，逐个开闭窗口，套管起导向、护壁作用。套管底部成锯齿状，上部有提梁，用起重设备吊住并上下移动。喷射器由上、下层贮水室，水枪和冲头三部分组成。水枪由高压水泵提供工作压力，其大小随土质情况加以选择，一般取 0.8～0.9MPa。

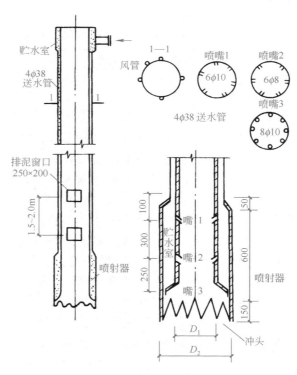

图 2-15　套管水冲设备示意图（单位：mm）

　　冲孔时，在井点管延长线上挖一断面为 500mm×500mm 的泄水沟，用起重机吊起套管和水枪，直立在井点位置，高压水由水枪喷嘴喷射土壤，泥水从泄水沟排出，套管即切入土中。这样，边冲边抽拔、旋转、摇晃，并使套管垂直，当冲孔深度比滤管管底深 0.5～1.0m 后，提出水枪，将井点管垂直居中放入套管内，在套管与井点管之间填入滤料，同时将套管慢慢拔出。井点管的埋设、滤料的填加、改填、封顶、检测试验与回转钻孔或冲击钻孔法相同，不再重述。

　　井点管全部充填埋设完毕后，敷设总管，打开弯联管的临时封堵，接通总管和抽水设备并进行试抽，检查有无漏气、淤塞等异常现象，如发现应及时检修。

　　轻型井点试抽符合要求后，方可投入使用。使用时抽水不得间断，为此需采用双路供电或有备用电源。运行时正常的出水规律是：水量先大后小、水质先浑后清，否则应检查纠正。因此，在井点系统的运行过程中，应加强巡视，并随时做好降水记录，一般按表 2-4 的格式填写。

轻型井点降水运行记录表　　　　　　　　　　表 2-4

施工单位＿＿＿＿＿＿＿＿＿＿＿　　　　　工程名称＿＿＿＿＿＿＿＿＿＿＿

班　　组＿＿＿＿＿＿＿＿＿＿＿　　　　　气　　候＿＿＿＿＿＿＿＿＿＿＿

降水泵房编号＿＿＿＿＿＿＿＿＿　　　　　机组类别及编号＿＿＿＿＿＿＿

实际使用机组数量＿＿＿＿＿＿　　　　　井点数量：开＿＿＿＿根，停＿＿＿＿根

观测日期：自＿＿年＿＿月＿＿日＿＿时至＿＿年＿＿月＿＿日＿＿时

观测时间		降水机组		地下水流量 (m²/h)	观测孔水位读数(m)			记事	记录者
时	分	真空值(Pa)	压力值(Pa)		1	2	……		

　　当槽内的施工过程全部完毕并经验收合格后，应抓紧时间回填夯实。在回填土回填到原稳定水位以上时，即可停止抽水，继续回填同时拆除井点系统。目前常用起重机或吊链将井点管拔出，当井点管拔出阻力较大时，可用高压水进行冲刷后再拔。拆除后的井点管等应及时进行保养检修，存放到指定地点，以备下次使用。井孔应用砂或土填塞，并保证填土的最大干密度满足要求。

2.2.2　喷射井点

　　当槽开挖较深，降水深度大于 6.0m 时，单层轻型井点系统则不能满足要求，此时可采用多层轻型井点系统，但多层轻型井点系统存在着设备多、施工复杂、工期长等缺点，此时宜采用喷射井点降水。喷射井点降水深度可达 8～12m，在渗透系数为 3～20m/d 的砂土中最为有效；在渗透系数为 0.1～3.0m/d 的粉砂淤泥质土中效果也较显著。

　　根据工作介质的不同，喷射井点可分为喷气井点和喷水井点两种，目前多采用喷水井点。

1. 工作原理

喷射井点主要由井管、高压水泵(或空气压缩机)和管路系统组成,如图 2-16 所示。

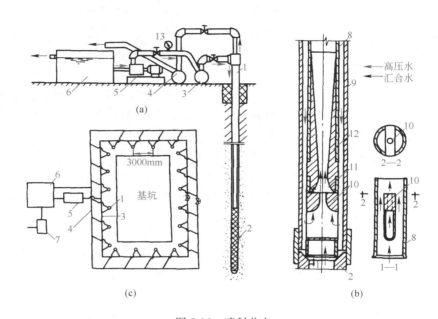

图 2-16　喷射井点

(a)喷射井点设备简图;(b)喷射扬水器详图;(c)喷射井点平面布置

1—喷射井管;2—滤管;3—进水总管;4—排水总管;5—高压水泵;6—集水池;7—水泵;
8—内管;9—外管;10—喷嘴;11—混合室;12—扩散管;13—压力表

喷射井管由内管和外管组成,内管下端装有喷射器,并与滤管相连。喷射器由喷嘴、混合室、扩散室等组成。如图 2-16(b)所示,喷水井点工作时,高压水经过内外管之间的环形空隙进入喷射器,由于喷嘴处截面突然缩小,高压水高速进入混合室,使混合室内压力降低,形成一定的真空,这时地下水被吸入混合室与高压水汇合,经扩散管由内管排出,流入集水池中,用水泵抽走一部分水,另一部分由高压水泵压入井管内循环使用。如此不断地供给高压水,地下水便不断被抽出。

高压水泵宜采用流量为 50~80m³/h 的多级高压水泵,每套约能带动 20~30 根井点。

2. 井点布置

喷射井点的平面布置和高程布置与轻型井点相同。

3. 井点的施工与运行

喷射井点的施工顺序为:安装水泵及进水管路;敷设进水总管和回水总管;沉设井点管并灌填砂滤料,接通进水总管后及时进行单根井点试抽、检验;全部井点管沉设完毕后,接通回水总管,全面试抽,检查整个降水系统的运转状况及降水效果。然后让工作水循环,进行正式工作。

喷射井点埋设时，宜用套管冲孔，加水及压缩空气排泥。当套管内含泥量小于 5%时方可下井管及灌砂，然后再将套管拔起。下管时水泵应先开始运转，以便每下好一根井管，立即与总管接通（不接回水管），然后及时进行单根试抽排泥，并测定真空度，待井管出水变清后为止，地面测定真空度不宜小于 93300Pa。全部井点管埋设完毕后，再接通回水总管，全面试抽，然后让工作水循环，进行正式工作。各套进水总管均应用阀门隔开，各套回水总管应分开。开泵时，压力要小于 0.3MPa，以后再逐渐正常。抽水时如发现井管周围有泛砂冒水现象，应立即关闭井点管进行检修。工作水应保持清洁。试抽两天后应更换清水，以减轻工作水对喷嘴及水泵叶轮等的磨损。

4. 井点的计算

喷射井点的涌水量计算、确定井点管数量与间距、抽水设备选型等均与轻型井点相同，不再重述。水泵工作水需用压力按式(2-15)计算：

$$P=\frac{P_0}{A} \tag{2-15}$$

式中　P——水泵工作水压力(m)；

　　　P_0——扬水高度，即水箱至井管底部的总高度(m)；

　　　A——扬水高度与喷嘴前面工作水头之比。

混合室直径一般为 14mm，喷嘴直径为 5～7mm。

喷射井点出水量见表 2-5。

喷射井点出水量　　　　　　　表 2-5

型号	外管直径(mm)	喷射器		工作水压力(MPa)	工作水流量(m³/h)	单井出水量(m³/h)	适用含水层渗透系数(m/d)
		喷嘴直径(mm)	混合室直径(mm)				
1.5型并列式	38	7	14	0.60～0.80	4.10～6.80	4.22～5.76	0.10～5.00
2.5型圆心式	68	7	14	0.60～0.80	4.60～6.20	4.30～5.76	0.10～5.00
6.0型圆心式	162	19	40	0.60～0.80	30.00	25.00～30.00	10.00～20.00

2.2.3　电渗井点

在饱和黏土或含有大量黏土颗粒的砂性土中，渗透性较差，采用轻型井点或喷射井点降水，效果很差。此时，宜采用电渗井点降水。

电渗井点适用在渗透系数小于 0.1m/d 的黏土、粉质黏土、淤泥等土质中降低地下水位，一般与轻型井点或喷射井点配合使用。降深也因选用的井点类型不同而异。使用轻型井点与之配套时，降深小于 8m；用喷射井点时，降深大于 8m。

1. 工作原理

电渗井点的工作原理来自于胶体化学的双电层理论。在含水的细土颗粒中，插入正负电极并通以直流电后，土颗粒即自负极向正极移动，水自正极向负极移动，这样把井点沿沟槽外围埋入含水层中，并作为负极，导致弱渗水层中的黏滞水移向井点中，然后用抽水设备将水排除，使地下水位下降。

2. 电渗井点的布置

电渗井点布置，如图 2-17 所示。采用直流电源，电压不宜大于 60V。电流密度宜为 $0.5\sim1A/m^2$；阳极采用 $DN50\sim DN75$ 的钢管或 $d<25mm$ 的钢筋；阴极采用井点本身。

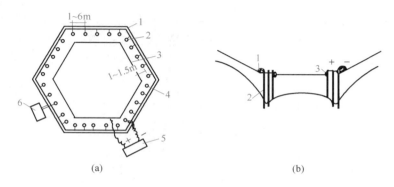

图 2-17　电渗井点布置示意
(a)平面布置；(b)高程布置
1—总管；2—井点管；3—钢筋阳极；4—阴极；5—直流发电机；6—抽水机组

正极和负极自成一列布置，一般正极布置在井点的内侧，与负极并列或交错，正极埋设应垂直，严禁与相邻负极相碰。正极的埋设深度应比井点深 500mm，露出地面 $0.2\sim0.4m$，并高出井点管顶端，正负极的数量宜相等，必要时正极数量可多于负极数量。

正负极的间距，一般采用轻型井点时为 $0.8\sim1.0m$；采用喷射井点时为 $1.2\sim1.5m$。

正负极应用电线或钢筋连成电路，与电源相应电极相接，形成闭合回路，导线上的电压降不应超过规定电压的 5%。因此，要求导线的截面较大，一般选用直径 $6\sim10mm$ 的钢筋。

3. 电渗井点的施工与使用

电渗井点施工与轻型井点相同。

电渗井点安装完毕后，为避免大量电流从表面通过，降低电渗效果，减少电耗，通电前应将地面上的金属或其他导电物清理干净。

电路系统中应安装电流表和电压表，以便操作时观察，电源必须设有接地线。

电渗井点运行时，为减少电耗，应采用间歇通电，即通电 24h 后，停电 $2\sim3h$ 再通电。应按时观测电流、电压、耗电量及井水位变化等，并做好记录。

电渗井点的电源，一般采用直流电焊机，其功率计算式为：

$$P = \frac{UIF}{1000} \tag{2-16}$$

式中　P——电焊机功率(kW)；

$\quad\quad U$——电渗电压，一般为 45～65V；

$\quad\quad F$——电渗面积(m^2)，$F = H \times L$；

$\quad\quad H$——导电深度(m)；

$\quad\quad L$——井点周长(m)；

$\quad\quad I$——电流密度，宜为 0.5～1.0A/m^2。

2.2.4　管井井点

管井井点适用于在中砂、粗砂、砾砂、砾石等渗透系数大于 200m/d，地下水含量丰富的土层或砂层中降低地下水位。

管井井点系统由井管、滤水管和抽水设备组成，如图 2-18 所示。

井管一般采用钢管、混凝土管或塑料管，其内径应比水泵的外径大 50mm。滤水管长度为 1～2m，管壁孔隙率为 35% 左右，用 12号镀锌钢丝缠绕，丝距为 1.5～2.5m，缠丝前应垫筋以利通水。滤管的下部装沉砂管。抽水设备多采用深井泵或深井潜水泵。

管井井点排水量大，降水深，可以沿沟槽的一侧或两侧作直线布置。井中心距沟槽边缘的距离为：采用冲击式钻孔用泥浆护壁时为 0.5～1m；采用套管法时不小于 3m。管井埋设的深度与间距，应根据降水面积、深度及含水层的渗透系数等而定，最大埋深可达 10m，间距 10～50m。

井管的埋设可采用冲击钻进或螺旋钻进，泥浆或套管护壁。钻孔直径应比井管管径大 200mm 以上。井管下沉前应进行清洗，并保持滤网的畅通，井管垂直居中放于孔中心，并用圆木堵塞临时封堵管口。孔壁与井管间用 3～15mm 砾石填充作过滤层，滤料填入高度应高出含水层 0.5～0.7m。地面下 0.5m 以内用黏土填充夯实，高度不小于 2m。洗井完毕后即可进行试抽和运转。

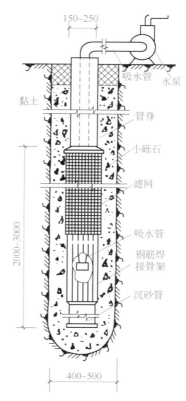

图 2-18　管井井点构造(单位：mm)

码2-3　管井井点降水示意

管井井点抽水过程中应经常对抽水设备的电机、传动轴、电流、电压等作检查，对管井内水位下降和流量进行观测和记录。

管井使用完毕,采用人工拔杆,用钢丝绳倒链将管口套紧慢慢拔出,洗净后供再次使用,所留孔洞用砾砂回填夯实。

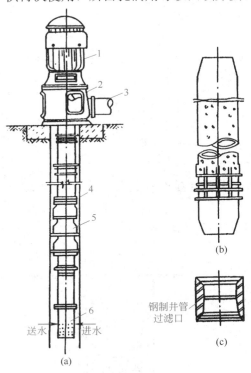

图 2-19　深井井点示意

(a)深井泵抽水设备系统;(b)滤网骨架;

(c)滤管大样

1—电机;2—泵座;3—出水管;

4—井管;5—泵体;6—滤管

2.2.5　深井井点

当土的渗透系数大于20~200m/d,地下水比较丰富的土层或砂层,要求地下水位降深较大时,宜采用深井井点。

深井井点构造如图 2-19 所示。

深井井点系统的主要设备、布置、施工方法均与管井井点相同,只是井深比管井井点深,在此不再介绍。

2.2.6　工程实例

【例 2-1】某市开槽铺设一条钢筋混凝土排水管道,管道长度 960m,管径 $D=800$mm,管道壁厚为 70mm,起点设计埋深为 2.0m,管道敷设坡度为 $i=3‰$;采用钢筋混凝土带形基础,基础宽度为 1200mm,厚度为 400mm,两侧工作宽度为 0.5m。经勘测,施工地带的地面标高均为 15.000m,原地下水位标高为 13.200m,含水层厚度为 20m,土壤渗透系数为 $K=10$m/d,影响半径 $R=60$m,开槽时边坡比按1:0.5考虑。拟采用轻型井点降水,试进行该轻型井点系统的设计。

【解】1. 沟槽尺寸确定

由题意知:沟槽的下底宽为　$W_下 = 1.2+2×0.5=2.2$m

起点槽深为　$2+0.07+0.4=2.47$m

终点槽深为　$2+960×0.003+0.07+0.4=5.35$m

终点处槽底标高为　$15-5.35=9.65$m

上口宽为　$W_上 = 2.2+2×0.5×5.35=7.55$m

2. 井点设计

方案一:拟采用单排线状轻型井点降水

(1)井点平面布置

井点布置在地下水来水方向一侧,距沟槽上口边缘 1.5m 处,两端部井点各超出沟槽端部 20m,以保证降水效果。因此,井点的总长度为 1000m,井点中心距槽底最远一点的距离为:

$$2.2+0.5×5.35+1.5=6.375m$$

（2）井点数量与间距计算

沟槽开挖前拟将地下水位降至槽底以下 1.0m，地下水的水力坡度按 0.25 考虑，因此，所需的水位降深为：

$$S =（13.2-9.65）+1.0+0.25×6.375=6.14m$$

拟采用潜水非完整井井点，滤水管的长度按 $L_L=1.0m$ 考虑，查表 2-3 可得含水层有效带计算系数为 $α=1.895$。

含水层有效带厚度 $H_0=1.895×（6.14+1）=13.53m$

井点长度为 1000m，分为 10 段，每段的有效计算长度为 100m，则井点假想半径为：

$$X_0=\frac{100+2×6.375}{4}=28.19m$$

井点系统的总涌水量为：

$$Q=\frac{1.366K(2H_0-S)S}{\lg R-\lg X_0}=\frac{1.366×10×（2×13.53-6.14）×6.14}{\lg60-\lg28.19}=5349.4m^3/d$$

滤水管的管径按 $d=50mm$，孔隙率按 30% 考虑，则单根井点的涌水量为：

$$q = 20mπdL_L\sqrt{K}=20×0.3×3.14×0.05×1×\sqrt{10}=2.97m^3/d$$

井点管总数为 $n = 1.1×\dfrac{Q}{q} = 1.1×\dfrac{5349.4}{2.97} = 1981.26≈1982$ 根

每段井点数为 $\dfrac{1982}{10} = 198.2≈199$ 根

每段长度 100m，井点数为 199 根，井点间距太小，不合理。

方案二：拟采用双排线状轻型井点降水

（1）井点平面布置

井点距沟槽上口边缘 1.5m，两端部井点各超出沟槽端部 20m，以保证降水效果。因此，两排井点的中心距离为 10.55m，井点的总长度为 1000m，槽底中心为最不利点，井点中心距槽底最不利点的距离为：

$$\frac{7.55+1.5×2}{2}=5.275m$$

（2）井点数量与间距计算

沟槽开挖前将地下水位降至槽底以下 1.0m，地下水的水力坡度按 0.125 考虑，因此，所需的水位降深为：

$$S=（13.2-9.65）+1.0+0.125×5.275=5.21m$$

拟采用潜水非完整井井点，滤水管的长度按 $L_L=1.0m$ 考虑，查表 2-3 可得含水层有效带计算系数为 $α=1.88$，则含水层有效带厚度为：

$$H_0=1.88×（5.21+1.0）=11.67m$$

井点长度为 1000m，分为 10 段，每段的有效计算长度为 100m，则井点假想半径为：

$$X_0=\frac{100+10.55}{4}=27.64m$$

井点系统的总涌水量为：

$$Q=\frac{1.366K(2H_0-S)S}{\lg R-\lg X_0}=\frac{1.366\times10\times(2\times11.67-5.21)\times5.21}{\lg60-\lg27.64}=3794.97\text{m}^3/\text{d}$$

滤水管的管径按 $d=50\text{mm}$，孔隙率按 30% 考虑，则单根井点的涌水量为：

$$q=20\,m\pi dL_\text{L}\sqrt{K}=20\times0.3\times3.14\times0.05\times1\times\sqrt{10}=2.97\text{m}^3/\text{d}$$

井点管总数为 $n=1.1\times\dfrac{3794.97}{2.97}=1405.54\approx1406$ 根

每段井点数为 $\dfrac{1406}{10}=140.6\approx141$ 根

每排井点数为 $\dfrac{141}{2}=70.5\approx71$ 根

井点间距为 $\dfrac{100}{71-1}=1.428\approx1.43\text{m}$

而 $5\times\pi\times D=5\times3.14\times0.05=0.785\text{m}$

满足要求。

为方便施工，取井点间距为 1.5m，每排实际布置井点为 $\dfrac{100}{1.5}+1=68$ 根

（3）井点竖向设计

设井点管管顶距地面高度为 0.2m，井点管接头长度为 0.2m，则井点管总长度为：

$$L_0=L_1+L_\text{L}+l=(0.2+5.35+1.0+0.25\times6.375)+1+0.2=9.344\text{m}$$

井点管埋设深度为：

$$H_\text{m}=L_0-0.2-0.2=8.944\text{m}$$

（4）选择抽水设备

每段每天的涌水量约为 $379.50\text{m}^3/\text{d}=15.81\text{m}^3/\text{h}$，故每段选择一套 QJD-45 型射流式抽水设备即可。

轻型井点的设计结果如图 2-20 所示。

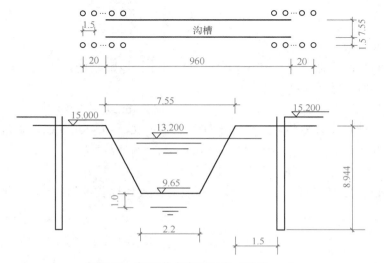

图 2-20　轻型井点布置示意（单位：m）

2.3　沟　槽　开　挖

沟槽降水进行一段时间，水位降落达到一定深度，形成了干槽施工的便利条件后，即可进行沟槽的开挖工作。

2.3.1　沟槽断面形式的选择

常用的沟槽断面形式有直槽、梯形槽、混合槽和联合槽四种，如图 2-21 所示。

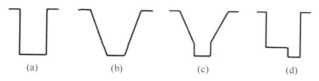

图 2-21　沟槽断面形式
(a)直槽；(b)梯形槽；(c)混合槽；(d)联合槽

合理地选择沟槽断面形式，可以为市政管道施工创造良好的作业条件，在保证工程质量和施工安全的前提下，减少土方开挖量，降低工程造价，加快施工速度。

选择沟槽断面形式，应综合考虑土的种类、地下水情况、管道断面尺寸、管道埋深、施工方法和施工现场环境等因素，结合具体条件确定。

2.3.2　沟槽断面尺寸的确定

如图 2-22 所示，以梯形槽为例，沟槽断面各部位的尺寸按如下方法确定。

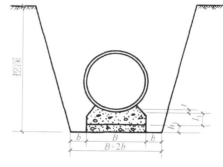

图 2-22　沟槽尺寸确定
B—管道基础宽度；b—工作宽度；t—管壁厚度；
l_1—管座厚度；h_1—基础厚度

1. 沟槽的下底宽度

$$W_{下} = B + 2b \qquad (2\text{-}17)$$

式中　$W_{下}$——沟槽下底宽度(m)；

　　　B——基础结构宽度(m)；

　　　b——工作面宽度(m)。

每侧工作面宽度 b 决定于管道断面尺寸和施工方法，一般不大于 0.8m，可按表 2-6 确定。

沟槽底部每侧工作面宽度(mm)　　　　　表 2-6

管道外径 D_0	混凝土类管道		金属类管道、化学建材管道
$D_0 \leqslant 500$	刚性接口	400	300
	柔性接口	300	
$500 < D_0 \leqslant 1000$	刚性接口	500	400
	柔性接口	400	

续表

管道外径 D_0	混凝土类管道		金属类管道、化学建材管道
$1000 < D_0 \leqslant 1500$	刚性接口	600	500
	柔性接口	500	
$1500 < D_0 \leqslant 3000$	刚性接口	800~1000	700
	柔性接口	600	

注：1. 槽底需设排水沟时，应适当增加工作面宽度；

2. 管道有现场施工的外防水层时，每侧工作面宽度宜取 800mm；

3. 采用机械回填管道侧面时，每侧工作面宽度须满足机械作业的宽度要求。

管道基础结构宽度根据管径大小确定，对市政给水排水管道，可直接采用现行《给水排水标准图集》中规定的各部位尺寸；其他市政管道可参照市政给水排水管道确定。

2. 沟槽开挖深度的确定

沟槽开挖深度按管道设计纵断面确定，通常按式(2-18)计算：

$$H = H_1 + h_1 + l_1 + t \tag{2-18}$$

式中　H——沟槽开挖深度(m)；

　　　H_1——管道设计埋设深度(m)；

　　　h_1——管道基础厚度(m)；

　　　l_1——管座厚度(m)；

　　　t——管道壁厚(m)。

施工时，如沟槽地基承载力较低，需要加设基础垫层时，沟槽的开挖深度尚需考虑垫层的厚度。

3. 沟槽上口宽度的确定

沟槽上口宽度按式(2-19)计算：

$$W_{上} = W_{下} + 2nH \tag{2-19}$$

式中　$W_{上}$——沟槽的上口宽度(m)；

　　　$W_{下}$——沟槽的下底宽度(m)；

　　　H——沟槽的开挖深度(m)；

　　　n——沟槽槽壁边坡率。

为了保持沟槽侧壁的稳定，开挖时必须有一定的边坡。在天然土中开挖沟槽，如果槽底标高高于地下水位，可以考虑开挖直槽。不需加设支撑的直槽边坡坡度一般采用 1 : 0.05。

当采用梯形槽、开挖深度在 5m 以内，不设支撑时，沟槽最陡边坡应符合表 2-7 的规定。

深度在 5m 以内的沟槽边坡的最陡坡度　　　　　　　　　　表 2-7

土的类别	边坡坡度		
	坡顶无荷载	坡顶有静载	坡顶有动载
中密的砂土	1 : 1.00	1 : 1.25	1 : 1.50
中密的碎石类土（填充物为砂土）	1 : 0.75	1 : 1.00	1 : 1.25

土的类别	边坡坡度		
	坡顶无荷载	坡顶有静载	坡顶有动载
硬塑的粉土	1：0.67	1：0.75	1：1.00
中密的碎石类土 （填充物为黏性土）	1：0.50	1：0.67	1：0.75
硬塑的粉质黏土、黏土	1：0.33	1：0.50	1：0.67
老黄土	1：0.10	1：0.25	1：0.33
软土（经井点降水后）	1：1.25	—	—

2.3.3　沟槽土方量计算

沟槽土方量通常根据沟槽的断面形式，采用平均断面法进行计算。由于管径的变化和地势高低的起伏，要精确地计算土方量，须沿长度方向分段计算。一般重力流管道以敷设坡度相同的管段作为一个计算段计算土方量；压力流管道计算断面的间距最大不超过 100m。将各计算段的土方量相加，即得总土方量。每一计算段的土方量按式(2-20)计算：

$$V_i = \frac{1}{2}(F_1 + F_2)L_i \tag{2-20}$$

式中　V_i——各计算段的土方量(m^3)；

　　　L_i——各计算段的沟槽长度(m)；

F_1、F_2——各计算段两端断面面积(m^2)。

【例 2-2】　已知某一给水管线纵断面图设计如图 2-23 所示，施工地带土质为

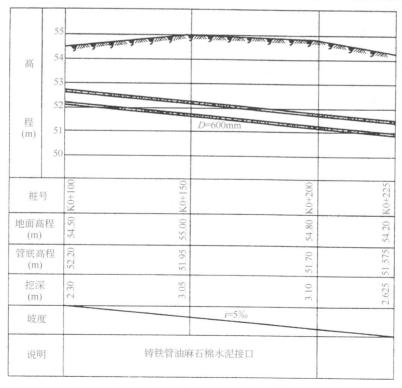

图 2-23　某给水管线纵断面示意

黏土，无地下水，采用人工开槽法施工，其开槽边坡坡度采用 $1 : 0.25$，工作面宽度 $b = 0.4m$，管道基础为原槽素土夯实，计算该管线沟槽开挖的土方量。

【解】 根据管线纵断面图，可以看出地形是起伏变化的。为此将沟槽按桩号分为 K0+100 至 K0+150，K0+150 至 K0+200，K0+200 至 K0+225 三段进行计算。给水管道的基础为原槽素土夯实，基础宽度为 0.6m，高度为 0m。给水管道的壁厚较小，可忽略不计，认为管道的设计埋深即为开槽深度。

1. 桩号 K0+100 至 K0+150 段的土方量

(1) K0+100 处断面面积

沟槽下底宽度 $W_{下} = B + 2b = 0.6 + 2 \times 0.4 = 1.4m$

沟槽上口宽度 $W_{上} = W_{下} + 2nH = 1.4 + 2 \times 0.25 \times 2.30 = 2.55m$

沟槽断面面积 $F_1 = \dfrac{1}{2}(W_{上} + W_{下})H = \dfrac{1}{2}(2.55 + 1.4) \times 2.30 = 4.54m^2$

(2) K0+150 处断面面积

沟槽下底宽度 $W_{下} = B + 2b = 0.6 + 2 \times 0.4 = 1.4m$

沟槽上口宽度 $W_{上} = W_{下} + 2nH = 1.4 + 2 \times 0.25 \times 3.05 = 2.925m$

沟槽断面面积 $F_2 = \dfrac{1}{2}(W_{上} + W_{下})H = \dfrac{1}{2}(2.925 + 1.4) \times 3.05 = 6.596m^2$

K0+100 至 K0+150 段的土方量

$$V_1 = \frac{1}{2}(F_1 + F_2) \cdot L_1 = \frac{1}{2}(4.54 + 6.596) \times (150 - 100) = 278.4m^3$$

2. 桩号 K0+150 至 K0+200 段的土方量

(1) K0+150 处断面面积

沟槽下底宽度 $W_{下} = B + 2b = 0.6 + 2 \times 0.4 = 1.4m$

沟槽上口宽度 $W_{上} = W_{下} + 2nH = 1.4 + 2 \times 0.25 \times 3.05 = 2.925m$

沟槽断面面积 $F_1 = \dfrac{1}{2}(W_{上} + W_{下})H = \dfrac{1}{2}(2.925 + 1.4) \times 3.05 = 6.596m^2$

(2) K0+200 处断面面积

沟槽下底宽度 $W_{下} = B + 2b = 0.6 + 2 \times 0.4 = 1.4m$

沟槽上口宽度 $W_{上} = W_{下} + 2nH = 1.4 + 2 \times 0.25 \times 3.10 = 2.95m$

沟槽断面面积 $F_2 = \dfrac{1}{2}(W_{上} + W_{下})H = \dfrac{1}{2}(2.95 + 1.4) \times 3.10 = 6.74m^2$

桩号 K0+150 至 K0+200 段的土方量

$$V_2 = \frac{1}{2}(F_1 + F_2) \cdot L_2 = \frac{1}{2}(6.596 + 6.74) \times (200 - 150) = 333.4m^3$$

3. 桩号 K0+200 至 K0+225 段的土方量

同理，K0+200 处断面面积为 $6.74m^2$；K0+225 处断面面积为 $5.39m^2$。

桩号 K0+200 至 K0+225 段的土方量

$$V_3 = \frac{1}{2}(F_1 + F_2) \cdot L_3 = \frac{1}{2}(6.74 + 5.39) \times (225 - 200) = 151.63m^3$$

故沟槽总土方量 $V = \sum V_i = V_1 + V_2 + V_3$
$$= 278.4 + 333.4 + 151.63 = 763.43m^3$$

2.3.4　沟槽土方开挖

1. 沟槽放线

沟槽开挖前，应建立临时水准点并加以核对、测设管道中心线、沟槽边线及附属构筑物位置。临时水准点一般设在固定建筑物上，且不受施工影响，并妥善保护，使用前要校测。沟槽边线测设好后，用白灰放线，作为开槽的依据。根据测设的中心线，在沟槽两端埋设固定的中线桩，作为控制管道平面位置的依据。

2. 沟槽开挖

（1）土方开挖的一般原则

沟槽开挖时应遵循下列原则：

1）开挖前应认真识读施工图，合理确定沟槽断面形式，了解土质、地下水位等施工现场环境，结合现场的水文、地质条件，合理确定开挖顺序。

2）为保证沟槽槽壁稳定和便于排管，挖出的土应堆置在沟槽一侧，堆土坡脚距沟槽上口边缘的距离应不小于 0.8m，堆土高度不应超过 1.5m。

3）土方开挖不得超挖，以减小对地基土的扰动。采用机械挖土时，可在槽底设计标高以上预留 200mm 土层不挖，待人工清理。即使采用人工挖土也不得超挖。如果挖好后不能及时进行下一工序时，可在槽底标高以上留 150mm 的土层不挖，待下一工序开始前再挖除。

4）采用机械开挖沟槽时，应由专人负责掌握挖槽断面尺寸和标高。施工机械离沟槽上口边缘应有一定的安全距离。

5）软土、膨胀土地区开挖土方或进入季节性施工时，应遵照有关规定。

（2）开挖方法

土方开挖分为人工开挖和机械开挖两种方法。为了加快施工速度，提高劳动生产率，凡是具备机械开挖条件的现场，均应采用机械开挖。

沟槽机械开挖常用的施工机械有单斗挖土机、多斗挖土机和液压挖掘装载机。

1）单斗挖土机

单斗挖土机在沟槽开挖施工中应用广泛。其机械装置包括工作装置、传动装置、动力装置、行走装置。工作装置分为正向铲、反向铲、拉铲和抓铲（合瓣铲），如图 2-24 所示。传动装置分为液压传动和机械传动，液压传动装置操作灵活，且能够比较准确地控制挖土深度，目前多采用是液压式挖土机。动力装置大多为内燃机。行走装置有履带式和轮胎式两种。

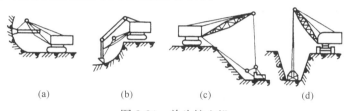

(a)　　　　(b)　　　　(c)　　　　(d)

图 2-24　单斗挖土机

（a）正向铲；（b）反向铲；（c）拉铲；（d）抓铲

正向铲挖土机适用于开挖停机面以上的一～三类土，机械功率较大，挖土斗容量大，一般与自卸汽车配合完成整个挖运任务。可用于开挖高度大于 2.0m 的大型基坑及土丘。其特点是：开挖时土斗前进向上，强制切土，挖掘力大，生产率高。其工作尺寸如图 2-25 所示，技术性能见表 2-8 和表 2-9。

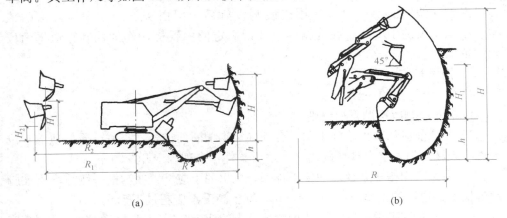

图 2-25　正向铲工作尺寸

(a)机械传动正向铲工作尺寸；(b)液压传动正向铲工作尺寸

机械传动正向铲挖土机的主要技术性能　　　　表 2-8

技术参数	符号	单位	W-501		W-1001	
土斗容量	q	m³	0.5		1.0	
铲臂倾角	α	°	45	60	45	60
最大挖土高度	H	m	6.5	7.9	8.0	9.0
最大挖土深度	h	m	1.5	1.1	2.0	1.5
最大挖土半径	R	m	7.8	7.2	9.8	9.0
最大卸土高度	H_1	m	4.5	5.6	5.5	6.8
最大卸土高度时卸土半径	R_1	m	6.5	5.4	8.0	7.0
最大卸土半径	R_2	m	7.1	6.5	8.7	8.0
最大卸土半径时卸土高度	H_2	m	2.7	3.0	3.3	3.7

正向铲液压挖土机的主要技术性能　　　　表 2-9

技术参数	符号	单位	W2-200	W4-60
铲斗容量	q	m³	2.0	0.6
最大挖土半径	R	m	11.1	6.7
最大挖土高度	H	m	11.0	5.8
最大挖土深度	h	m	2.45	3.8
最大卸土高度	H_1	m	7.0	3.4

正向铲的挖土和卸土方式，应根据挖土机的开挖路线与运输工具的相对位置确

定，一般有正向挖土、侧向卸土和正向挖土、后方卸土两种方式，如图 2-26 所示。其中侧向卸土，动臂回转角度小，运输工具行驶方便，生产率高，应用较广。当沟槽和基坑的宽度较小，而深度又较大时，才采用后方卸土方式。

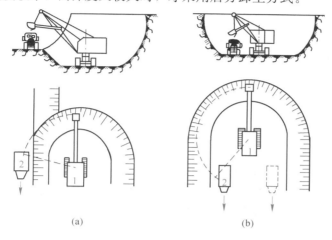

图 2-26　正向铲挖土机开挖方式

(a)侧向卸土；(b)后方卸土

1—正向铲挖土机；2—自卸汽车

　　在沟槽的开挖施工中，如采用正向铲挖土机，施工前需开挖进出口坡道，使挖土机位于地面以下，否则无法施工。

　　反向铲挖土机适用于开挖停机面以下的土方，施工时不需设置进出口坡道，其机身和装土都在地面上操作，受地下水的影响较小，广泛应用于沟槽的开挖，尤其适用于开挖地下水位较高或泥泞的土方，其外形如图 2-27 所示。

　　反向铲挖土机也有液压传动和机械传动两种。图 2-28 为机械传动反向铲挖土机的工作尺寸，反向铲挖土机的技术性能见表 2-10 和表 2-11。

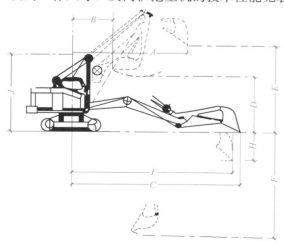

图 2-27　反向铲挖土机的外形示意

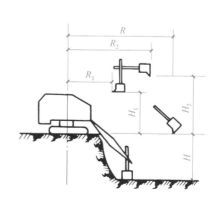

图 2-28　机械传动反向铲工作尺寸

117

常用机械传动反向铲挖土机主要技术性能　　　　表 2-10

技术参数	符号	单位	数据	
土斗容量	q	m³	0.5	
支杆长度	L	m	5.5	
斗柄长度	L_1	m	2.8	
支杆倾角	α	°	45	60
最大挖掘深度	H	m	5.56	5.56
最大挖掘半径	R	m	9.20	9.20
卸土开始时半径	R_1	m	4.66	3.53
卸土中止时半径	R_2	m	8.10	7.00
卸土开始时高度	H_1	m	2.20	3.10
卸土终止时高度	H_2	m	5.26	6.14

常用液压传动反向铲挖土机技术性能　　　　表 2-11

符号	名称	单位	WY 40	WY 60	WY 100	WY 160
	铲斗容量	m³	0.4	0.6	1~1.2	1.6
	动臂长度	m			5.3	
	斗柄长度	m			2.0	2.0
A	停机面上最大挖掘半径	m	6.9	8.2	8.7	9.8
B	最大挖掘深度时挖掘半径	m	3.0	4.7	4.0	4.5
C	最大挖掘深度	m	4.0	5.3	5.7	6.1
D	停机面上最小挖掘半径	m		8.2		3.3
E	最大挖掘半径	m	7.18	8.63	9.0	10.6
F	最大挖掘半径时挖掘高度	m	1.97	1.3	1.8	2.0
G	最大装卸高度时卸载半径	m	5.267	5.1	4.7	5.4
H	最大装卸高度	m	3.8	4.48	5.4	5.83
I	最大挖掘高度时挖掘半径	m	6.367	7.35	6.7	7.8
J	最大挖掘高度	m	5.1	6.025	7.6	8.1

　　反向铲挖土机的开挖方式有沟端开挖和沟侧开挖两种，如图 2-29 所示。后者挖土的宽度与深度小于前者，但弃土距沟边较远。

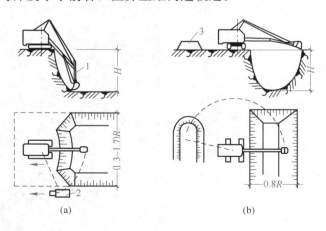

图 2-29　反向铲挖土机开挖方式
(a)沟端开挖；(b)沟侧开挖
1—反向铲挖土机；2—自卸汽车；3—弃土堆

　　沟端开挖是指挖土机停在沟槽一端，向后倒退挖土，汽车可在两侧装土，此法应用较广。其工作面宽度较大，单面装土时为 $1.3R$，双面装土时为 $1.7R$（R 为最大挖掘半径），深度可达最大挖土深度 H。

　　沟侧开挖是指挖土机沿沟槽一侧直线移动挖土。此法能将土弃于距沟槽边较远处，可供回填使用。但由于挖土机移动方向与挖土方向相垂直，所以稳定性较差，开挖深度和宽度较小(一般为 $0.8R$)，也不能很好控制边坡。

　　拉铲挖土机适用于开挖停机面以下的一～三类土或水中开挖，功能与反向铲挖土机相同，但其开挖半径和深度均比反向铲挖土机大。其主要用于开挖尺寸较大的沟槽，在市政管道工程施工中使用较少，其外形如图2-30所示。

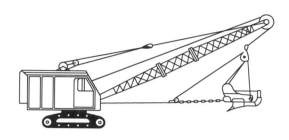

图 2-30　拉铲挖土机外形图

　　抓铲挖土机适用于开挖停机面以下的一～三类土，主要用于开挖水中的淤泥或疏通旧渠道等，在市政管道工程施工中使用较少，其外形如图 2-31 所示。

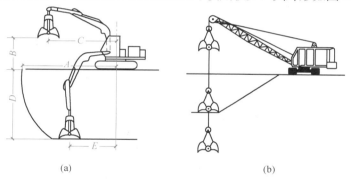

(a)　　　　　　　　　　　　　(b)

图 2-31　抓铲挖土机
(a)液压式抓铲；(b)绳索式抓铲
A—最大挖土半径；B—卸土高度；C—卸土半径；D—最大挖土深度；
E—最大挖土深度时的挖土半径

　　2）多斗挖土机

　　多斗挖土机又称挖沟机或纵向多斗挖土机，是由数个土斗连续循环挖土的施工机械。与单斗挖土机相比，它有下列优点：挖土作业是连续的，在同样条件下生产率较高；开挖每单位土方量所需的能量消耗较低；开挖沟槽的底和壁较整齐；在连续挖土的同时，能将土自动卸在沟槽一侧。其适宜开挖黄土、粉质黏土等，但不宜开挖坚硬的土和含水量较大的土。

　　挖沟机由工作装置、行走装置和动力、操纵及传动装置等部分组成。

　　挖沟机的类型，按工作装置分为链斗式和轮斗式两种。按卸土方法分为装有卸土皮带运输器的和未装卸土皮带运输器的两种。通常挖沟机大多装有皮带运输器。行走装置有履带式、轮胎式和履带轮胎式三种。动力装置一般为内燃机。

链斗式挖沟机的构造如图 2-32 所示。

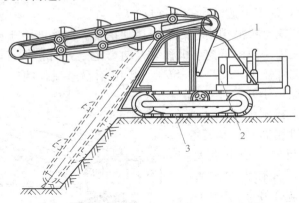

图 2-32　链斗式挖沟机构造示意
1—传动装置；2—工作装置；3—行走装置

3）液压挖掘装载机

液压挖掘装载机装有不同功能的工作装置，能完成挖掘、装载、推土、起重、回填等工作，如图 2-33 所示，适合于中小型沟槽的开挖。

图 2-33　液压挖掘装载机

3. 开挖质量要求

（1）严禁扰动槽底土壤，如发生超挖，严禁用土回填；

（2）槽壁平整，边坡符合设计要求；

（3）槽底不得受水浸泡或受冻；

（4）施工偏差应符合施工验收规范要求，见表 2-12。

土方工程允许偏差　　　　　　　　　　表 2-12

项次	项目	允许偏差(mm)					检验方法
		桩基、基坑、基槽、管沟	挖方、填方、场地平整		排水沟	地(路)基、面层	
			人工施工	机械施工			
1	标高	+0 −50	±50	±100	+0 −50	+0 −50	用水准仪检查

续表

项次	项目	桩基、基坑、基槽、管沟	挖方、填方、场地平整		排水沟	地(路)基、面层	检验方法
			人工施工	机械施工			
2	长度、宽度(由设计中心向两边量)	−0	−0	−0	+100 −0	—	用经纬仪、拉线和尺量检查
3	边坡坡度	−0	−0	−0	−0	—	观察或用坡度尺检查
4	表面平整度	—	—	—	—	20	用 2m 靠尺和楔形塞尺检查

注：1. 地(路)面层的偏差只适用于直接在挖、填方上做地(路)面的基层；

　　2. 本表项次 3 的偏差系指边坡坡度不应偏陡。

4. 开挖安全施工技术

（1）土方开挖时，人工操作间距不应小于 2.5m，机械操作间距不应小于 10m；

（2）挖土应由上而下逐层进行，禁止逆坡挖土或掏洞；

（3）应严格按要求放坡；

（4）沟槽开挖深度超过 3m 时，应使用吊装设备吊土，坑内人员应离开起吊点的垂直正下方，并戴安全帽，工人上下应借助靠梯；

（5）材料和土方应堆放在距槽边 0.8m 以外的地方；

（6）应设置路挡、便桥或其他明显标志，夜间应有照明设施；

（7）必要时应加设支撑。

2.3.5　单斗挖土机挖土与自卸汽车运土的协调配合计算

在市政管道工程的开槽施工中，受施工现场环境和交通的影响，有时挖出的土方需要全部外运，回填时再将部分土运回。施工时一般采用自卸汽车进行土方外运，则汽车运土应与挖土机挖土工作相匹配，保证挖土机连续作业。此时与挖土机配套的自卸汽车的台数可按式(2-21)计算：

$$N = \frac{P_d}{P_q} \tag{2-21}$$

式中　P_d——单斗挖土机台班产量(m^3/台班)；

　　　P_q——自卸汽车台班运量(m^3/台班)，根据汽车的有效载重量和台班运输次数确定。

单斗挖土机台班产量 P_d 按式(2-22)计算：

$$P_d = 8P_h \tag{2-22}$$

式中　P_d——单斗挖土机的台班产量(m^3/台班)；

　　　P_h——单斗挖土机的小时生产率(m^3/h)。

单斗挖土机的小时生产率 P_h 可按式(2-23)计算:

$$P_h = 60qnK_1K_2 \qquad (2-23)$$

式中 P_h——单斗挖土机的生产率(m^3/h);

q——土斗容量(m^3);

n——每分钟挖土循环次数, $n = \dfrac{60}{T_p}$;

T_p——挖土机每次循环延续时间(s);

K_1——土的影响系数,一类土为1.0,二类土为0.95,三类土为0.8,四类土为0.55;

K_2——工作时间利用系数,在侧向汽车装土时为0.68~0.72;在侧向堆土时为0.78~0.88;挖爆破后的岩石时为0.60。

也可按时间计算,即式(2-24):

$$N = \frac{t}{t_1} \qquad (2-24)$$

式中 t——自卸汽车自开始装车至卸土返回时的循环时间(s);

t_1——自卸汽车装车时间(s)。

2.3.6 地基处理

市政管道及其附属构筑物的荷载均作用在地基土上,由此可引起地基土的沉降,沉降量取决于土的孔隙率和附加应力的大小。当沉降量在允许范围内,管道和构筑物才能稳定安全,否则就会失去稳定或遭到破坏。因此,在市政管道的施工中,要根据地基土的承载力情况,确定是否对地基进行处理。

地基处理的目的是:改善土的力学性能、提高抗剪强度、降低软弱土的压缩性、减少基础的沉降、消除或减少湿陷性黄土的湿陷性和膨胀土的胀缩性。

地基处理的方法有以下四类:

1. 换土垫层

换土垫层是一种直接置换地基持力层软弱土的处理方法。施工时将基底下一定深度的软弱土层挖除,分层回填砂、石、灰土等材料,并加以夯实振密。换土垫层是一种较简易的浅层地基处理方法,在管道施工中应用广泛,目前常用的方法有素土垫层、砂和砂石垫层、灰土垫层。

素土垫层的土料,不得使用淤泥、耕土、冻土、垃圾、膨胀土以及有机物含量大于8%的土作为填料。

砂和砂石垫层所需材料,宜采用颗粒级配良好,质地坚硬的中砂、粗砂、砾石、卵石和碎石,材料的含泥量不应超过5%。若采用细砂,宜掺入设计规定数量的卵石或碎石,最大粒径不宜大于50mm。

砂和砂石垫层施工的关键是将砂石料振捣到设计要求的密实度。目前,砂和砂石垫层的振捣方法有振密法、水撼法、夯实法、碾压法等,可根据砂石材料、地质条件、施工设备等条件选用,常用的施工方法及每层的铺筑厚度及最佳含水量见表2-13。

砂和砂石垫层的施工方法及每层铺筑厚度、最佳含水率   表 2-13

项次	捣实方法	每层铺筑厚度（mm）	施工时的最佳含水率（%）	施工说明	备注
1	平振法	200～250	15～20	用平板振捣器往复振捣（宜用功率较大者）	不宜使用细砂或含泥量较大的砂
2	插振法	振捣器插入深度	饱和	1. 用插入式振捣器 2. 插入间距可根据机械振幅大小确定 3. 不应插至下卧黏性土层 4. 插入振捣完毕后所留的空洞应用砂填实	不宜使用细砂或含泥量较大的砂
3	水撼法	250	饱和	1. 注水高度应超过每次铺筑面层 2. 用钢叉摇撼振实，插入点间距为 100mm 3. 钢叉分四齿，齿的间距 8cm，长 30cm，木柄长 90cm	湿陷性黄土、膨胀土地区不得使用
4	夯实法	150～200	8～12	1. 用木夯或机械夯 2. 木夯质量为 40kg，落距为 0.4～0.5m 3. 一夯压半夯，全面夯实	
5	碾压法	250～350	8～12	质量 6～10t 的压路机往复碾压	1. 适用于大面积砂垫层 2. 不宜用于地下水位以下的砂垫层

灰土垫层适用于处理湿陷性黄土，可消除 1～3m 厚黄土的湿陷性。灰土的土料宜采用地基槽中挖出的土，不得含有有机杂质，使用前应过筛，粒径不得大于 15mm。用作灰土的熟石灰应在使用前一天浇水将生石灰熟化并过筛，粒径不得大于 5mm，不得夹有未熟化的生石灰块。灰土的配合比宜采用 3:7 或 2:8，密实度不小于 95%。该种方法施工简单、取材方便、费用较低。

2. 碾压与夯实

碾压法是采用压路机、推土机、羊足碾或其他压实机械来压实松散土，常用于大面积填土的压实和杂填土地基的处理，也可用于沟槽地基的处理。

碾压的效果主要取决于压实机械的压实能量和被压实土的含水量。应根据碾压机械的压实能量和碾压土的含水量，确定合适的虚铺厚度和碾压遍数。最好是通过现场试验确定，在不具备试验的条件下，可按表 2-14 选用。

每层的虚铺厚度及压实遍数   表 2-14

压实机械	每层虚铺厚度（mm）	每层压实遍数
平碾（8～12t）	200～300	6～8
羊足碾（5～16t）	200～350	8～16
蛙式夯（200kg）	200～250	3～4
振动碾（8～15t）	600～1300	6～8
振动压实机（2t，振动力 98kN）	1200～1500	10
插入式振动器	200～500	—
平板振动器	150～250	—

夯实法是利用起重机械将夯锤提到一定高度，然后使锤自由下落，重复夯击以加固地基。重锤采用钢筋混凝土块、铸铁块或铸钢块，重锤重量一般为14.7～29.4kN，锤底直径一般为1.13～1.15m。重锤夯实施工前，应进行试夯，确定夯实制度，其内容包括锤重、夯锤底面直径、落点形式、落距及夯击遍数。在市政管道工程施工中，该法使用较少。

3. 挤密桩

挤密桩是通过振动或锤击沉管等方式在沟槽底成孔、在孔内灌注砂、石灰、灰土或其他材料，并加以振实加密等过程而形成的，一般有挤密砂石桩和生石灰桩。

挤密砂石桩用于处理松散砂土、填土以及塑性指数不高的黏性土。对于饱和黏土由于其透水性低，挤密效果不明显。此外，还可起到消除可液化土层（饱和砂土、粉土）的振动液化作用。

生石灰桩适用于处理地下水位以下的饱和黏性土、粉土、松散粉细砂、杂填土以及饱和黄土等地基。

4. 注浆液加固

浆液加固法是指利用水泥浆液、黏土浆液或其他化学浆液，采用压力灌入、高压喷射或深层搅拌的方法，使浆液与土颗粒胶结起来，以改善地基土的物理力学性质的地基处理方法。该法在管道施工中较少使用。

2.3.7 冬雨期沟槽开挖措施

土方冬期开挖，由于土壤冻结，增加了施工难度；雨期开挖，由于降落雨水渗透，增加了土壤的含水量，容易引起沟槽土方坍塌。所有这些均降低了施工效率，增加了施工难度与成本，因此沟槽开挖应尽量避开冬雨期施工。但有时受工期、施工条件等因素的限制，必须安排在冬雨期施工时，应采取有效的措施，为沟槽开挖顺利进行创造便利条件。

1. 冬期开挖措施

冬期来临前，应做好气象资料调查，掌握工程所在地的冰冻情况，为制定冬期开挖措施提供可靠的基础资料。冬期开挖措施主要是在冬季到来前，对土壤进行保温以减小冻土厚度。常用的保温方法有表土耙松法和覆盖法。

表土耙松法是通过机械将表层土翻松，作为防冻层以减少土壤的冰冻深度。根据施工经验，一般翻松200～300mm的深度即可起到很好的保温效果，但在冬季寒冷的地区，翻松的深度要加大。

覆盖法是用干砂、草袋、棉毡、树叶、锯末等材料覆盖在需要开挖的土方上面，以减小冻土厚度。覆盖厚度视冰冻情况而定，一般为150～200mm。覆盖宽度宜为土层冻结深度的2倍与沟槽上口宽度之和。

冬期开挖时，宜分段进行，以保证防冻效果。

如开挖前未采取保温措施，必须在冻土上开挖时，可采用重锤击碎法先行对冻土破碎，然后再开挖。通常用起重机起吊重锤，重锤下落时锤击冻土使其破碎。如重锤破碎法效果不佳，可采用爆破法。爆破施工危险性大，专业性强，宜请专业队伍进行。本教材不介绍爆破施工的知识，可参考有关文献。

沟槽土方开挖后，如不能及时进行槽内构筑物的施工，则要预留200～

300mm 厚土层不挖除，并用保温材料覆盖，待下一工序开始前再清除到设计槽底标高。

2. 雨期开挖措施

沟槽土方开挖前，应做好地表径流雨水的流向调查，布置好排水设施，以便将汇集的径流雨水及时顺利地排除，确保不流入沟槽内，必要时应设置挡水堰。

确定沟槽断面尺寸时，应适当增大边坡，避免出现塌方事故；在不允许放坡的地段，应做好支护措施。

开挖工作面不宜过大，应分段开挖，逐段进行，尽量减少雨水对开挖工作的影响。开挖完毕后及时进行槽内施工和土方回填，确保槽底不被雨水浸泡；如不能及时进行下一工序的施工，槽底应预留 200～300mm 厚的土不开挖作为保护层，以减少雨水渗入，待下一工序开始前再清理至设计槽底标高。条件允许时，也可采取遮盖措施，防止雨水降入槽内。否则应配备适量的水泵，雨后及时把降入到槽内的雨水排出，以降低雨水对槽底土壤的浸泡程度。

沟槽土方回填前，应加强边坡巡视检查，防止出现塌方现象。

必要时，应编制沟槽雨期开挖的专项施工方案，并进行论证。

2.4　沟　槽　支　撑

支撑是由木材或钢材做成的一种防止沟槽土壁坍塌的临时性挡土结构。支撑的荷载是原土和地面上的荷载所产生的侧土压力。支撑加设与否应根据土质、地下水情况、槽深、槽宽、开挖方法、排水方法、地面荷载等因素确定。一般情况下，当沟槽土质较差、深度较大而又挖成直槽时；或高地下水位砂性土质并采用明沟排水措施时，均应支设支撑。当沟槽土质均匀并且地下水位低于管底设计标高时，直槽不加支撑的深度不宜超过表 2-15 的规定。

不加支撑的直槽最大深度(m)　　　　　表 2-15

土质类型	直槽最大深度
密实、中密的砂土和碎石类土	1.0
硬塑、可塑的粉质黏土及砂质粉土	1.25
硬塑、可塑的黏土和碎石土	1.5
坚硬的黏土	2.0

支设支撑可以减少土方开挖量和施工占地面积，减少拆迁。但支撑增加材料消耗，有时影响后续工序的操作。

支撑结构应满足下列要求：

(1) 牢固可靠，支撑材料质地和尺寸合格，保证施工安全；

(2) 在保证安全的前提下，尽可能节约用料，宜采用工具式钢支撑；

(3) 便于支设、拆除，不影响后续工序的操作。

2.4.1　支撑的种类及其适用的条件

在市政管道工程施工中，常用的沟槽支撑有横撑、竖撑和板桩撑三种形式。

横撑由撑板、立柱和撑杠组成，可分成疏撑和密撑两种。疏撑的撑板之间有间距；密撑的各撑板间则密接铺设。

疏撑又叫断续式支撑，如图 2-34 所示，适用于土质较好、地下水含量较小的黏性土且挖土深度小于 3m 的沟槽。

密撑又叫连续式支撑，如图 2-35 所示，适用于土质较差且挖深在 3～5m 的沟槽。

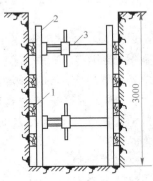

图 2-34　疏撑
1—撑板；2—立柱；3—工具式撑杠

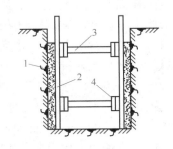

图 2-35　密撑
1—撑板；2—立柱；3—撑杠；4—横梁

井字撑是疏撑的特例，如图 2-36 所示。一般用于沟槽的局部加固，如地面上建筑物距沟槽较近处。

竖撑由撑板、横梁和撑杠组成，如图 2-37 所示。用于沟槽土质较差，地下水较多或有流砂的情况。竖撑的特点是撑板可先于沟槽挖土而插入土中，回填以后再拔出。因此，竖撑便于支设和拆除，操作安全，挖土深度可以不受限制。

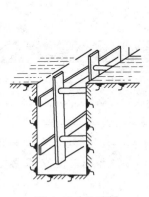

图 2-36　井字撑

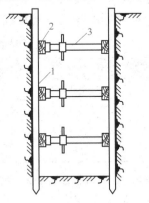

图 2-37　竖撑
1—撑板；2—横梁；3—工具式撑杠

板桩撑一般有钢板桩和木板桩两种，是在沟槽土方开挖前就将板桩打入槽底以下一定深度。其优点是土方开挖及后续工序不受影响，施工条件良好。其适用于沟槽挖深较大，地下水丰富、有流砂现象或砂性饱和土层以及采用一般支撑无效的情况。

目前常用的钢板桩有槽钢、工字钢或特制的钢板桩，其断面形式如图 2-38 所示。钢板桩的桩板间一般采用啮口连接，以提高板桩撑的整体性和水密性。钢板桩适用于砂土、黏性土、碎石类土层，开挖深度可达 10m 以上。钢板桩可不设横梁和撑杠，但如入土深度不足，仍需要辅以横梁和撑杠。

木板桩如图 2-39 所示，所用木板厚度应符合强度要求，允许偏差为 20mm。为了保证木板桩的整体性和水密性，木板桩两侧有榫口连接，板厚小于 8cm 时常采用人字形榫口，厚度大于 8cm 的板桩常采用凸凹企口形榫口，凹凸榫相互吻合。桩底部为双斜面形桩脚，一般应增加铁皮桩靴。木板桩适用于不含卵石土质，且深度在 4m 以内的沟槽或基坑。

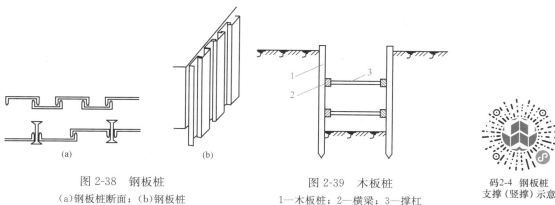

图 2-38　钢板桩
(a)钢板桩断面；(b)钢板桩

图 2-39　木板桩
1—木板桩；2—横梁；3—撑杠

码2-4　钢板桩支撑（竖撑）示意

木板桩虽然打入土中一定深度，尚需要辅以横梁和撑杠。

在各种支撑中，板桩撑是安全度最高的支撑。因此，在弱饱和土层中，经常选用板桩撑。

2.4.2　支撑的材料要求

支撑材料的尺寸应满足强度和稳定性的要求。一般取决于现场已有材料的规格，施工时常根据经验确定。

1. 撑板

撑板有金属撑板和木撑板两种。

金属撑板由钢板焊接于槽钢上拼成，槽钢间用型钢联系加固，每块撑板长度有 2m、4m、6m 等种类，如图 2-40 所示。

木撑板不应有裂纹等缺陷，一般长度不宜小于 4m，宽度 200～300mm，厚度不宜小于 50mm。

2. 立柱和横梁

立柱和横梁通常采用槽钢，其截面尺寸为（100mm×150mm）～（200mm×200mm）。如采用方木，其断面尺寸不宜小于 150mm×150mm。

立柱的间距视槽深而定，槽深在 4m 以内时，间距为 1.5m 左右；槽深为 4～6m 时，在疏撑中间距为 1.2m，在密撑中间距为 1.5m；槽深为 6～10m 时，间距为 1.2～1.5m。

127

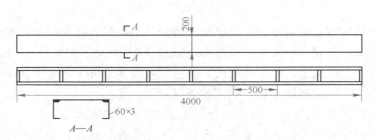

图 2-40　金属撑板(单位：mm)

横梁的间距也是根据开槽深度而定，一般为 1.2～1.5m。沟槽深度小时取大值；反之，取小值。

3. 撑杠

撑杠有木撑杠和金属撑杠两种。木撑杠为(100mm×100mm)～(150mm×150mm)的方木或 ϕ150mm 的圆木，采用圆木时其梢径不宜小于 100mm，长度根据情况而定。金属撑杠为工具式撑杠，由撑头和圆套管组成，如图 2-41 所示。

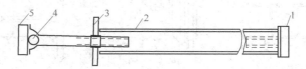

图 2-41　工具式撑杠

1—撑头板；2—圆套管；3—带柄螺母；4—球铰；5—撑头板

撑头为一丝杠，以球铰连接于撑头板上，带柄螺母套于丝杠上。使用时，将撑头丝杠插入圆套管内，旋转带柄螺母，柄把止于套管端，丝杠伸长，则撑头板就紧压立柱或横梁，使撑板固定。丝杠在套管内的最短长度应为 200mm，以保证安全。这种工具式撑杠的优点是支设方便，而且可更换圆套管长度，适用于各种不同的槽宽。撑杠间距一般为 1.0～1.2m。

2.4.3　支撑的支设与拆除

1. 支撑的支设

(1) 横撑的支设

挖槽到一定深度或接近地下水位时，开始支设横撑，然后逐层开挖逐层支设。支设程序一般为：首先校核沟槽断面是否符合要求，然后用铁锹将槽壁找平，按要求将撑板紧贴于槽壁上，再将立柱紧贴在撑板上，继而将撑杠支设在立柱上。若采用木撑杠，应用木楔、扒钉将撑杠固定于立柱上，下面钉一木托防止撑杠下滑。横撑必须横平竖直，支设牢固。

(2) 竖撑的支设

竖撑支设时：先在沟槽两侧将撑板垂直打入土中，然后开始挖土。根据土质，每挖深 500～600mm，将撑板下锤一次，直至锤打到槽底排水沟底为止。下锤撑板每 1.2～1.5m，再加撑杠和横梁一道，如此反复进行。

施工过程中，如原支撑妨碍下一工序施工或原支撑不稳定、一次拆撑有危险或因其他原因必须重新支设支撑时，均需要更换立柱和撑杠的位置，这一过程称为倒撑。倒撑操作应特别注意安全，必要时须制定安全措施。

（3）板桩撑的支设

钢板桩是用打桩机将其打入沟槽底以下。施工时要正确选择打桩方式、打桩机械和划分流水段，保证打入后的板桩有足够的刚度，且板桩墙面平直，对封闭式板桩墙要封闭合拢。

打桩机具设备，主要包括桩锤、桩架及动力装置三部分。桩锤的作用是对桩施加冲击力，将桩打入土中。桩架的作用是支持桩身和将桩锤吊到打桩位置，引导桩的方向，保证桩锤按要求的方向锤击。动力装置为启动桩锤用的动力设施。

桩锤有落锤、单动汽锤、双动汽锤、柴油打桩锤、振动桩锤等种类，应根据工程性质、桩的种类、动力供应等现场情况选择，根据施工经验，双动汽锤和柴油打桩锤更适合于打设钢板桩。

桩架的形式很多，选择时应考虑桩锤的类型、桩的长度和施工条件等因素。目前常用下列三种桩架。

1）滚筒式桩架

该桩架靠两根钢滚筒在垫木上滚动，结构简单，制作方便，如图 2-42 所示。

2）多功能桩架

该桩架的机动性和适应性很强，适用于各种预制桩和灌注桩的施工，如图 2-43 所示。

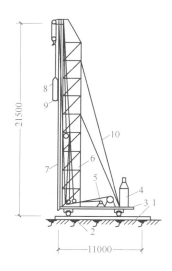

图 2-42　滚筒式桩架（单位：mm）
1—枕木；2—滚筒；3—底座；4—锅炉；
5—卷扬机；6—桩架；7—龙门；
8—蒸汽锤；9—桩帽；10—缆绳

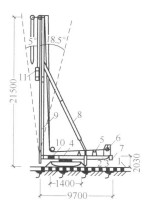

图 2-43　多功能桩架（单位：mm）
1—枕木；2—钢轨；3—底盘；4—回转平台；5—卷扬机；
6—司机室；7—平衡锤；8—撑杆；9—挺杆；
10—水平调整装置；11—桩锤与桩帽

129

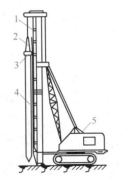

图 2-44 履带式桩架
1—导桩；2—桩锤；
3—桩帽；4—桩；
5—吊车

3）履带式桩架

该桩架移动方便，比多功能桩架灵活，适用于各种预制桩和灌注桩施工，如图 2-44 所示。

钢板桩打设的工艺为：钢板桩矫正→安装围囹支架→钢板桩打设→检查修正。

钢板桩矫正是打设前对所打设的钢板桩进行修整矫正，保证钢板桩在打设前外形平直。

围囹支架的作用是保证钢板桩垂直打入和打入后的钢板桩墙面平直。围囹支架由围囹桩和围囹组成，其形式平面上有单面围囹和双面围囹之分，高度上有单层、双层和多层之分，如图 2-45 和图 2-46 所示。围囹支架多为钢制，必须牢固，尺寸要准确。

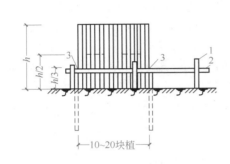

图 2-45 单层围囹
1—围囹桩；2—围囹；3—两端先打入的定位桩

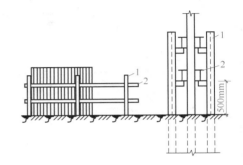

图 2-46 双层围囹
1—围囹桩；2—围囹

钢板桩打设时，先用吊车将钢板桩吊至插桩点处进行插桩，插桩时锁口要对准，每插入一块即套上桩帽轻轻加以锤击。在打桩过程中，为保证钢板桩的垂直度，用两台经纬仪在两个方向加以控制；为防止锁口中心线平面位移，可在打桩进行方向的钢板桩锁口处设卡板，以阻止板桩位移。同时，在围囹上预先标出每块板桩的位置，以便随时检查校正。

钢板桩应分几次打入，开始打设的前两块板桩，要确保方向和位置准确，从而起样板导向作用，一般每打入 1m 即测量校正 1 次。对位置和方向有偏差的钢板桩，要及时采取措施进行纠正，确保支设质量。

当钢板桩内的土方开挖后，应在沟槽内设撑杠，以保证钢板桩的可靠性。

（4）支设支撑的注意事项

1）支撑应随沟槽的开挖及时支设，雨期施工不得空槽过夜；

2）槽壁要平整，撑板要均匀地紧贴于槽壁；

3）撑板、立柱、撑杠必须相互贴紧、固定牢固；

4）施工中尽量不倒撑或少倒撑；

5）糟朽、劈裂的木料不得作为支撑材料。

2. 支撑的拆除

沟槽内工作全部完成后，应将支撑拆除。拆除时必须注意安全，一边回填土一边拆除。拆除支撑前应检查槽壁及沟槽两侧地面有无裂缝，建筑物、构筑物有无沉降，支撑有无位移、松动等情况，应准确判断拆除支撑可能产生的后果。

拆除横撑时，先松动最下一层的撑杠，抽出最下一层撑板，然后回填土。回填完毕后再拆除上一层撑板，依次将撑板全部拆除，最后将立柱拔出。

竖撑拆除时，先回填土至最下层撑杠底面，松动最下一层的撑杠，拆除最下一层的横梁，然后回填土。回填至上一层撑杠底面时，再拆除上一层的撑杠和横梁，依次将撑杠和横梁全部拆除后，最后用吊车或捯链拔出撑板。

板桩撑的拆除与竖撑基本相同。

拆除支撑时应注意以下事项：

（1）采用明沟排水的沟槽，应由两座集水井的分水线向两端延伸拆除；

（2）多层支撑的沟槽，应按自下而上的顺序逐层拆除，待下层拆撑还土之后，再拆上层支撑；

（3）遇撑板和立柱较长时，可在倒撑或还土后拆除；

（4）一次拆除支撑有危险时，应考虑倒撑；

（5）钢板桩拔除后应及时回填桩孔，并采取措施保证回填密实度。

2.5　管道的铺设与接口

市政管道的沟槽开挖完毕，经验收符合要求后，应按照设计要求进行管道的基础施工。混凝土基础的施工包括支模、浇筑混凝土、养护等工序，本教材不作介绍，施工时可参考有关书籍；地基加固的方法参见 2.2 节有关内容。基础施工完毕并经验收合格后，应着手进行管道的铺设与安装工作。管道铺设与安装包括沟槽与管材检查、排管、下管、稳管、接口、质量检查与验收等工序。

2.5.1　沟槽与管材检查

1. 沟槽开挖的质量检查

下管前，应按设计要求对开挖好的沟槽进行复测，检查其开挖深度、断面尺寸、边坡、平面位置和槽底标高等是否符合设计要求；槽底土壤有无扰动；槽底有无软泥及杂物；设置管道基础的沟槽，应检查基础的宽度、顶面标高和两侧工作宽度是否符合设计要求；基础混凝土是否达到了规定的设计抗压强度等。

此外，还应检查沟槽的边坡或支撑的稳定性。槽壁不能出现裂缝，有裂缝隐患处要采取措施加固，并在施工中注意观察，严防出现沟槽坍塌事故。如沟槽支撑影响管道施工，应进行倒撑，并保证倒撑的质量。槽底排水沟要保持畅通，尺寸及坡度要符合施工要求，必要时可用木板撑牢，以免发生塌方，影响降水。

2. 管材的质量检查

下管前，除对沟槽进行质量检查外，还必须对管材、管件进行质量检验，保证下入到沟槽内的管道和管件的质量符合设计要求，确保不合格或已经损坏的管道和管件不下入沟槽。

在市政管道工程施工中，管道和管件的质量直接影响到工程的质量。因此，必须做好管道和管件的质量检查工作，检查的内容主要有：

（1）管道和管件必须有出厂质量合格证，其指标应符合国家或部委颁发的技术标准要求。

（2）应按设计要求认真核对管道和管件的规格、型号、材质和压力等级。

（3）应进行外观质量检查。

铸铁管及管件内外表面应平整、光洁，不得有裂纹、凹凸不平等缺陷。承插口部分不得有黏砂及凸起，其他部分不得有大于 2mm 厚的黏砂和 5mm 高的凸起。承插口配合的环向间隙，应满足接口嵌缝的需要。

钢管及管件的外径、壁厚和尺寸偏差应符合制造标准要求；表面应无斑痕、裂纹、严重锈蚀等缺陷；内外防腐层应无气孔、裂纹和杂物；防腐层厚度应满足要求；安装中使用的橡胶、石棉橡胶、塑料等非金属垫片，均应质地柔韧，无老化变质、折损、皱纹等缺陷。

塑料管材内外壁应光滑、清洁、无划伤等缺陷；不允许有气泡、裂口、明显凹陷、颜色不均、分解变色等现象；管端应平整并与轴线垂直。

普通钢筋混凝土管、自（预）应力钢筋混凝土管的内外表面应无裂纹、露筋、残缺、蜂窝、空鼓、剥落、浮渣、露石碰伤等缺陷。

（4）对于金属管道应用小锤轻轻敲打管口和管身进行破裂检查。非金属管道通过观察进行破裂检查。

（5）对无出厂合格证的压力流管道或管件，如无制造厂家提供的水压试验资料，则每批应抽取 10% 的管道做试件进行强度检查。如试验有不合格者，则应逐根进行检查。

（6）对压力流管道，还应检查管道的出厂日期。对于出厂时间过长的管道经水压试验合格后方可使用。

3. 管材修补

对管材本身存在的不影响管道工程质量的微小缺陷，应在保证工程质量的前提下进行修补使用，以降低工程成本。铸铁管道应对承口内壁、插口外壁的沥青用气焊或喷灯烤掉；对飞刺和铸砂可用砂轮磨掉，或用錾子剔除。内衬水泥砂浆防腐层如有缺陷或损坏，应按产品说明书的要求修补、养护。

钢管防腐层质量不符合要求时，应用相同的防腐材料进行修补。

钢筋混凝土管的缺陷部位，可用环氧腻子或环氧树脂砂浆进行修补。修补时，先将修补部位凿毛，清洗晾干后刷一薄层底胶，而后抹环氧腻子（或环氧树脂砂浆），并用抹子压实抹光。

2.5.2 排管

排管应在沟槽和管材质量检查合格后进行。根据施工现场条件，将管道在沟槽堆土的另一侧沿铺设方向排成一长串称为排管。排管时，要求管道与沟槽边缘的净距不得小于 0.5m。

压力流管道排管时，对承插接口的管道，宜使承口迎着水流方向排列，这样可减小水流对接口填料的冲刷，避免接口漏水；在斜坡地区排管，以承口朝上坡为宜；同时还应满足接口环向间隙和对口间隙的要求。一般情况下，金属管道可采用 90°、45°、22.5°、11.25° 弯头进行平面转弯，如果管道弯曲角度小于 11°，应使管道自弯水平借转。当遇到地形起伏变化较大或翻越其他地下设施等情况时，应采用管道反弯借高找正作业。

重力流管道排管时，对承插接口的管道，同样宜使承口迎着水流方向排列，并满足接口环向间隙和对口间隙的要求。不管何种管口的排水管道，排管时均应扣除沿线检查井等构筑物所占的长度，以确定管道的实际用量。

当施工现场条件不允许排管时，也可以集中堆放。但管道铺设安装时需在槽内运管，施工不便。

2.5.3　下管

按设计要求经过排管，核对管节、管件位置无误方可下管。

下管方法分为人工下管和机械下管两类。应根据管材种类、单节质量和长度以及施工现场情况选用下管方法。不管采用哪种下管方法，一般宜沿沟槽分散下管，以减少在沟槽内的运输工作量。

1. 人工下管法

人工下管适用于管径小、质量轻、沟槽浅、施工现场狭窄、不便于机械操作的地段。目前常用的人工下管方法有压绳下管法、吊链下管法、溜管法等方法。

（1）压绳下管法

压绳下管法有撬棍压绳下管法和立管压绳下管法两种。

撬棍压绳下管法是在距沟槽上口边缘一定距离处，将两根撬棍分别打入地下一定深度，然后用两根大绳分别套在管道两端，下管时将大绳的一端缠绕在撬棍上并用脚踩牢，另一端用手拉住，控制下管速度，两大绳用力一致，听从一人号令，徐徐放松绳子，直至将管道放至沟槽底部就位为止，如图 2-47 所示。

图 2-47　撬棍压绳下管法

立管压绳下管法是在距沟槽上口边缘一定距离处，直立埋设一节或二节混凝土管道，埋入深度为 $\frac{1}{2}$ 管长，管内用土填实，将两根大绳缠绕（一般绕一圈）在立管上，绳子一端固定，另一端由人工操作，利用绳子与立管管壁之间的摩擦力控

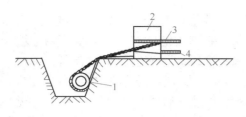

图 2-48　立管压绳下管法
1—管道；2—立管；3—放松绳；4—固定绳

制下管速度，操作时两边要均匀松绳，防止管道倾斜，如图 2-48 所示。该法适用于较大直径的管道集中下管。

（2）吊链下管法

在沟槽上搭设三脚架或四脚架等塔架，在塔架上安设吊链，在沟槽上铺方木（或细钢管），将管道滚运至方木（或细钢管）上。用吊链将管道吊起，然后撤走所铺方木（或细钢管），操作吊链使管道徐徐放入槽底就位。该法适用于较大直径的管道集中下管。

（3）溜管法

用两块木板钉成三角木槽，斜放在沟槽内，管道一端用带有铁钩的绳子钩住，绳子另一端由人工控制，将管道沿三角木槽缓慢溜入沟槽内就位。该法适用于管径小于 300mm 的混凝土管、陶土管下管。

2. 机械下管法

机械下管适用于管径大、沟槽深、工程量大且便于机械操作的地段。

码2-5　机械下管示意

机械下管速度快、施工安全，并且可以减轻工人的劳动强度，提高生产效率。因此，只要施工现场条件允许，就应尽量采用机械下管法。

机械下管时，应根据管道重量选择起重机械。常采用轮胎式起重机、履带式起重机和汽车式起重机。

下管时，起重机一般沿沟槽开行，距槽边至少应有 1m 以上的安全距离，以免槽壁坍塌。行走道路应平坦、畅通。当沟槽必须两侧堆土时，应将某一侧堆土与槽边的距离加大，以便起重机行走。

机械下管一般为单节下管，起吊或搬运管材、配件时，对于法兰盘面、非金属管材承插口工作面、金属管防腐层等，均应采取保护措施。应找好重心采用两点起吊，吊绳与管道的夹角不宜小于 45°。起吊过程中，应平吊平放，勿使管道倾斜以免发生危险。如使用轮胎式起重机，作业前应将支腿撑好，支腿距槽边要有 2m 以上的距离，必要时应在支腿下垫木板。

当采用钢管时，为了减少槽内接口的工作量，可在地面上将钢管焊接成长串，然后由数台起重机联合下管。这种方法称为长串下管法。由于多台起重机不易协调，长串下管一般不要多于 3 台起重机。在起吊时，管道应缓慢移动，避免摆动。应有专人统一指挥，并按有关机械安全操作规程进行作业。

2.5.4　稳管

稳管是将管道按设计的高程和平面位置稳定在地基或基础上。压力流管道对高程和平面位置的要求精度可低些，一般由上游向下游进行稳管；重力流管道的高程和平面位置应严格符合设计要求，一般由下游向上游进行稳管。

稳管要借助于坡度板进行，坡度板埋设的间距，对于重力流管道一般为10m，压力流管道一般为 20m。在管道纵向标高变化、管径变化、转弯、检查井、阀门井等处应埋设坡度板。坡度板距槽底的垂直距离一般不超过 3m。坡度板应在人工清底前埋设牢固，不应高出地面，上面钉管线中心钉和高程板，高程板上钉高程钉，以便控制管道中心线和高程。

稳管通常包括对中和对高程两个环节。

对中作业是使管道中心线与沟槽中心线在同一平面上重合。如果中心线偏离较大，则应调整管道位置，直至符合要求为止。通常可按下述两种方法进行。

（1）中心线法

该法借助坡度板上的中心钉进行，如图 2-49 所示。当沟槽挖到一定深度后，沿着挖好的沟槽埋设坡度板，根据开挖沟槽前测定管道中心线时所预设的中线桩（通常设置在沟槽边的树下或电杆下等可靠处）定出沟槽中心线，并在每块坡度板上钉上中心钉，使各中心钉的连线与沟槽中心线在同一铅垂面上。对中时，将有二等分刻度的水平尺置于管口内，使水平尺的水泡居中。同时，在两中心钉的连线上悬挂垂球，如果垂线正好通过水平尺的二等分点，表明管子中心线与沟槽中心线重合，对中完成，否则应调整管道使其对中。

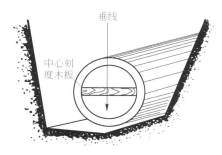

图 2-49 中心线法

（2）边线法

如图 2-50 所示，采用边线法进行对中作业是将坡度板上的中心钉移至与管外皮相切的铅垂面上。操作时，只要向左或向右移动管子，使两个钉子之间的连线的垂线恰好与管外皮相切即可。边线法对中速度快，操作方便，但要求各节管的管壁厚度与规格均应一致。

对高程作业是使管内底标高与设计管内底标高一致，如图 2-51 所示。在坡度板上标出高程钉，相邻两块坡度板的高程钉到管内底的垂直距离相等，则两高程钉之间连线的坡度就等于管内底坡度。该连线称为坡度线。坡度线上任意一点到管内底的垂直距离为一个常数，称为对高数（或下返数）。进行对高作业时，使用

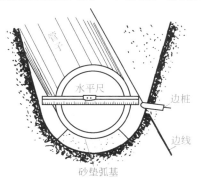

图 2-50 边线法

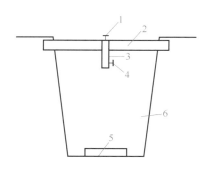

图 2-51 对高程作业

1—中心钉；2—坡度板；3—高程板；

4—高程钉；5—管道基础；6—沟槽

丁字形对高尺，尺上刻有坡度线与管底之间的距离标记，即对高数。将对高尺垂直置于管端内底，当尺上标记线与坡度线重合时，对高即完成，否则须调整。

调整管道标高时，所垫石块应稳固可靠，以防管道从垫块上滚下伤人。为便于混凝土管道勾缝，当管径 $D \geq 700mm$ 时，对口间隙为 10mm；当 $D < 600mm$ 时，可不留间隙；当 $D > 800mm$ 时，须进入管内检查对口，以免出现错口。

稳管作业应达到平、直、稳、实的要求，其铺设允许偏差见表 2-16。

管道铺设允许偏差（mm）   表 2-16

	检查项目		允许偏差		检查数量		检查方法
					范围	点数	
1	水平轴线		无压管道	15	每节管	1点	经纬仪测量或挂中线用钢尺量测
			压力管道	30			
2	管底高程	$D_i \leq 1000$	无压管道	±10			水准仪测量
			压力管道	±30			
		$D_i > 1000$	无压管道	±15			
			压力管道	±30			

注：D_i 表示管径，无压管指内径，压力管指公称直径。

胶圈接口的承插式给水铸铁管、预应力钢筋混凝土管及给水用 UPVC 管，稳管与接口宜同时进行。

2.5.5 管道接口

1. 给水管道接口

（1）给水铸铁管接口方法

铸铁管的接口形式有刚性接口、柔性接口和半柔半刚性接口三种。接口材料分为嵌缝填料和密封填料，嵌缝填料放置于承口内侧，用来保证管道的严密性，防止外层散状密封填料漏入管内，目前常用油麻、石棉绳或橡胶圈作嵌缝填料；密封填料采用石棉水泥、膨胀水泥砂浆、铅等，置于嵌缝填料外侧，用来保护嵌缝填料，同时还起密封作用。

1）刚性接口

刚性接口形式主要有油麻—石棉水泥、石棉绳—石棉水泥、油麻—膨胀水泥砂浆、油麻—铅等。施工时，先填塞嵌缝填料，然后再填打密封填料，养护后即可。

① 嵌缝填料的填塞。油麻是传统的嵌缝材料，纤维柔顺，不易腐蚀。制作时将长纤维麻放入 5% 的石油沥青与 95% 的汽油的混合液中，浸透、拧干、风干后即可。填麻前应将承口、插口刷洗干净，先用铁牙将环形间隙背匀，然后将油麻以麻辫状塞进承口与插口间的环向间隙。麻辫的直径约为缝隙宽的 1.5 倍，其长度比插口周长长 100～150mm，以作为搭接长度。用錾子填打密实，并保持油麻洁净，不得随意填塞。

石棉绳是油麻的代用材料，具有良好的水密性与耐高温性。但有研究认为，水长期和石棉接触会造成水质污染。因此，应慎重选用石棉绳。

② 密封填料的填打。石棉水泥作为接口密封填料，具有抗压强度高、材料来源广、成本低的优点。但石棉水泥接口抗弯曲能力和抗冲击能力较差，接口养护时间长，且打口劳动强度大，操作水平要求高。

　　石棉应采用 4F 级石棉绒，水泥采用 42.5 级以上的普通硅酸盐水泥。石棉水泥填料的重量配合比为石棉∶水泥∶水＝3∶7∶(1~2)。配制时，石棉绒在拌合前应晒干，并轻轻敲打，使之松散。先将称重后的石棉绒和水泥干拌，拌至石棉水泥颜色均匀一致时，再加水拌合。边加水边拌合，拌至石棉水泥能手攥成团，松手颤散且手感潮而不湿为止。加水拌合后的石棉水泥填料应在 1.5h 内用完，禁止水泥初凝后再填打。

　　石棉水泥的填打与油麻的填塞至少要相隔两个管口分开进行。填打石棉水泥前，先用探尺检查填料填入深度，避免因振动而影响接口质量，并用麻錾将麻口重打一遍，以油麻不动为合格。石棉水泥应分层填打，每层实厚不大于 25mm，灰口深在 80mm 以上者采用四填十二打，即第一次填灰口深度的二分之一，打三遍；第二次填灰深约为剩余灰口的三分之二，打三遍；第三次填平打三遍；第四次找平再打三遍。灰口深在 80mm 以下者可采用三填九打。打好的灰口要比承口端部凹进 2~3mm，当听到金属回击声，水泥发青析出水分，用力连击三次，灰口不再发生内凹或掉灰现象时，接口作业即告结束。

　　接口填打合格后，及时采取措施进行养护。一般用湿泥将接口糊严，上用草袋覆盖，定时洒水养护，养护时间不得少于 24h。石棉水泥接口不宜在气温低于 −5℃的冬期施工。

　　膨胀水泥砂浆接口与石棉水泥接口相比，虽然同是刚性接口，但膨胀水泥砂浆接口不需要填打，只需将膨胀水泥砂浆在承插口间隙内填塞密实即可。

　　膨胀水泥砂浆应用硫铝酸盐或铝酸盐自应力水泥，与粒径为 0.5~1.5mm 的中砂进行拌合，其质量配合比为膨胀水泥∶砂∶水＝1∶1∶0.3。加水量的多少可根据气温酌情调整，但水灰比不宜超过 0.35。

　　填塞膨胀水泥砂浆前，应先检查嵌缝填料位置是否正确，深度是否合适。然后将接口缝隙用清水湿润，分层填入膨胀水泥砂浆。通常以三填三捣为宜，最外层找平，凹进承口 1~2mm。

　　膨胀水泥砂浆接口完成后，应立即用湿草袋覆盖，1~2h 后再定时洒水养护，养护时间以 12~24h 为宜。

　　铅接口具有较好的抗振、抗弯性能，普通铸铁管采用铅接口应用较早。但由于铅为有色金属，造价高，含毒性，现已被石棉水泥或膨胀水泥砂浆所替代。但铅具有柔性，铅接口的管道渗漏时，只需将铅用麻錾锤击即可堵漏。因此，当管道穿越铁路、过河、地基不均匀沉陷等特殊地段和直径在 600mm 以上的新旧普通铸铁管碰头连接需立即通水时，仍采用铅接口。

　　铅接口施工程序为：安设灌铅卡箍→熔铅→运送铅溶液→灌铅→拆除卡箍。

　　灌铅的管口必须干燥，不得有水分，否则会发生事故。灌铅的卡箍要贴紧管壁和管子承口，缝隙处用黏泥封堵，以免漏铅。灌铅时，灌口距管顶约 20mm，使熔化铅徐徐流入接口内，以便排出蒸汽。每个铅接口的铅熔液应不间断地一次灌满为止。

　　工程上一般采用油麻—铅接口。如果用胶圈作嵌缝填料，应在胶圈填塞后，再加填 1~2 圈油麻，以免灌铅时烫损胶圈。

2) 半柔半刚性接口

半柔半刚性接口的嵌缝材料为胶圈，密封材料仍为石棉水泥或膨胀水泥砂浆等刚性材料。用橡胶圈代替刚性接口中的油麻即构成半柔半刚性接口。

橡胶圈具有足够的水密性和弹性，当承口和插口间产生一定量的相对轴向位移或角位移时，都不会渗水。因此，橡胶圈是取代油麻和石棉绳的理想填料。

胶圈直径应为承插口间隙的 1.4～1.6 倍，内环径一般为插口外径的 0.85～0.87 倍，厚度为承插口间隙的 1.35～1.45 倍。

打胶圈之前，应先清除管口杂物，并将胶圈套在插口上。打口时，将胶圈紧贴承口，在一个平面上不能成麻花形，先用錾子沿管外皮将胶圈均匀地打入承口内，开始打时，须以二点、四点、八点……在慢慢扩大的对称部位上用力锤击，胶圈要打至插口小台，吃深要均匀。不可在快打完时出现像"鼻子"形状的"闷鼻"现象，也不能出现深浅不一致及裂口现象。若某处难以打进，说明该处环向间隙太窄，应用錾子将此处撑大后再打。

胶圈填打完毕后，外层填塞石棉水泥或膨胀水泥砂浆，方法同刚性接口。

3) 柔性接口

刚性接口和半柔半刚性接口的抗应变能力差，受外力作用容易造成接口漏水事故，在软弱地基地带和强震区更甚。因此，在上述地带可采用柔性接口。常用的柔性接口有：

① 楔形橡胶圈接口。如图 2-52 所示，将管道的承口内壁加工成楔形槽，插口端部加工成坡形，安装时在承口斜槽内嵌入起密封作用的楔形橡胶圈。由于楔形槽的限制作用，胶圈在管内水压的作用下与管壁压紧，具有自密性，使接口对承插口的椭圆度、尺寸公差、插口轴向位移及角位移等均具有一定的适应性。

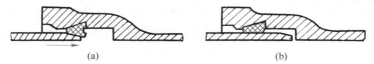

(a)   (b)

图 2-52 承插口楔形橡胶圈接口
(a)起始状态；(b)插入后状态

实践表明，此种接口抗振性能良好，并且可以提高施工速度，减轻劳动强度。

② 其他形式橡胶圈接口。为了改进施工工艺，铸铁管可采用角唇形、圆形、螺栓压盖形和中缺形胶圈接口，如图 2-53 所示。

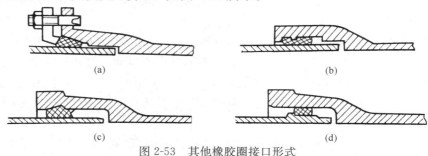

(a)   (b)

(c)   (d)

图 2-53 其他橡胶圈接口形式
(a)螺栓压盖形；(b)中缺形；(c)角唇形；(d)圆形

螺栓压盖形的主要优点是抗振性能良好，安装与拆修方便，缺点是配件较多，造价较高；中缺形是插入式接口，接口仅需一个胶圈，操作简单，但承口制作尺寸要求较高；角唇形的承口可以固定安装胶圈，但胶圈耗胶量较大，造价较高；圆形则具有耗胶量小，造价低的优点，但仅适用于离心铸铁管。

（2）球墨铸铁给水管接口方法

球墨铸铁管与普通铸铁管相比具有较高的抗拉强度和延伸率，均采用柔性接口，按接口形式分为推入式（简称 T 形）和机械式（简称 K 形）两类。

1）推入式柔性接口

承插式球墨铸铁管采用推入式柔性接口，常用工具有叉子、手动捯链、连杆千斤顶等，这种接口操作简便、快速、工具配套，适用于管径为 80～2600mm 的输水管道，在国内外输水工程上广泛采用。其施工程序为：

下管→清理承口和胶圈→上胶圈→清理插口外表面、刷润滑剂→撞口→检查。

下管后，将管道承口和胶圈清理洁净，把胶圈弯成心形或花形（大口径管）放入承口槽内就位，确保各个部位不翘不扭，仔细检查胶圈的固定是否正确。

清理插口外表面，在插口外表面和承口内胶圈的内表面上刷润滑剂（肥皂水、洗衣粉水等）。

插口对准承口找正后，上安装工具，扳动捯链（或叉子），将插口慢慢挤入承口内。

2）机械式（压兰式）柔性接口

机械式（压兰式）接口柔性接口，是将球墨铸铁管的承插口加以改造，使其适应特殊形状的橡胶圈作挡水材料，外部不需要其他填料，其主要优点是抗振性能好，并且安装与拆修方便，缺点是配件多，造价高。它主要由球墨铸铁直管、管件、压兰、螺栓及橡胶圈组成。按填入的橡胶圈种类不同，分为 N1 型接口和 X 型接口，如图 2-54、图 2-55 所示。当管径为 100～350mm 时，选用 N1 型接口；当管径为 100～700mm 时，选用 X 型接口。

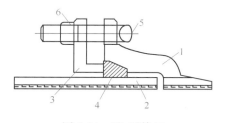

图 2-54   N1 型接口
1—承口；2—插口；3—压兰；
4—胶圈；5—螺栓；6—螺帽

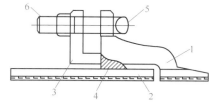

图 2-55   X 型接口
1—承口；2—插口；3—压兰；
4—胶圈；5—螺栓；6—螺帽

施工顺序为：

下管→清理插口、压兰和胶圈→压兰与胶圈定位→清理承口→刷润滑剂→对口→临时紧固→螺栓全方位紧固→检查螺栓扭矩。

下管后，用棉纱和毛刷将插口端外表面、压兰内外表面、胶圈表面、承口内表面彻底清洁干净。然后吊装压兰并将其推送至插口端部定位，用人工把胶圈套在插口上（注意胶圈不要装反）。为便于安装，在插口及密封胶圈的外表面和承口内表面均匀涂刷润滑剂。将管道吊起，使插口对正承口，对口间隙应符合设计规定，调整好管中心和接口间隙后，在管道两侧填砂固定管身，将密封胶圈推入承口与插口的间隙，调整压兰，使其螺栓孔和承口螺栓孔对正、压兰与插口外壁间的缝隙要均匀。最后，用螺栓在上下左右 4 个方位对角紧固。

（3）给水硬聚氯乙烯管（UPVC）接口方法

给水硬聚氯乙烯管道可以采用胶圈接口、粘接接口、法兰连接等形式，最常用的是胶圈接口和粘接连接。胶圈接口适用于管外径为 63～710mm 的管道连接；粘接接口只适用管外径小于 160mm 管道的连接；法兰连接一般用于硬聚氯乙烯管与铸铁管等其他管材、阀件的连接。

胶圈接口中所用的橡胶圈不应有气孔、裂缝、重皮和接缝等缺陷，胶圈内径与管材插口外径之比宜为 0.85～0.90，胶圈断面直径压缩率一般为 40％。接口方法如下：

首先将管端工作面及胶圈清理干净，把胶圈正确安装在承口内；为便于安装可先用水浸湿胶圈，但不得在胶圈上涂润滑剂；若管道在施工中被切断（断口平整且垂直管轴线），则应在插口端倒角（做坡口）；画出插入长度标线，将管道的插口对准承口，保持插入管段平直；用手动葫芦或其他拉力机械将管道一次插入至标线。若插入阻力过大，切勿强行插入，以防胶圈扭曲。胶圈插入后，用探尺顺承插口间隙插入，沿管周检查胶圈的安装是否正常。

粘接接口的连接强度高、严密性好、施工速度快，但连接后未完全固化前不能移动。所选用的胶粘剂应具有较强的黏附力和内聚力、固化时间短、对水质不产生任何污染。接口方法如下：

管道在施工中被切断时，必须将插口处倒角，锉成坡口后再进行连接。切断管材时，应保证断口平整且垂直管轴线。管材或管件在粘接前，应用干棉纱或干布将承口内侧和插口外侧擦拭干净，当表面有油污时，可用丙酮等有机溶剂擦净。粘接前应进行试插，若试插不合适应换管再试，直到插入深度和配合情况符合要求为止。然后在插入端表面画出插入承口深度的标线，用毛刷将胶粘剂迅速涂刷在插口外侧和承口内侧的结合面上。涂刷时宜先承口、后插口；宜轴向涂刷；涂刷量要均匀。然后，立即找正方向将插口端插入承口，并用力挤压使插口端的插入深度达到所画的标线，并保持一定的挤压时间。当管外径为 63mm 以下时，挤压时间不少于 30s；当管外径为 63～160mm 时，挤压时间不少于 60s。

粘接完毕后，应及时将挤出的胶粘剂擦拭干净。粘接后，不得立即对接合部位强行加载，其静止固化时间不应低于表 2-17 的规定。

静止固化时间（min）　　　　　　　　　　　　　　　　　表 2-17

公称外径（mm）	45～70℃	18～40℃	5～18℃
63 以上	12	20	30
63～110	30	45	60
110～160	45	60	90

当给水硬聚氯乙烯管与铸铁管、钢管连接时，应采用专用接头连接，也可采

用双承橡胶圈接头连接。当与阀门及消火栓等管件连接时，应先将硬聚氯乙烯管用专用接头接在铸铁管或钢管上后，再通过法兰与这些管件连接。

（4）钢管接口方法

市政给水管道中所使用的钢管主要采用焊接接口，小管径的钢管可采用螺纹连接，不埋地时可采用法兰连接。由于钢管的耐腐性差，使用前需进行防腐处理，现在已被越来越多地被衬里(衬塑料、衬橡胶、衬玻璃钢、衬玄武岩)钢管所代替。

（5）预(自)应力钢筋混凝土管接口方法

预(自)应力钢筋混凝土管是目前常用的给水管材，其耐腐蚀性优于金属管材。其代替钢管和铸铁管使用，可降低工程造价。但预(自)应力钢筋混凝土管的自重大、运输及安装不便；承口椭圆度大，影响接口质量。一般在市政给水管道工程中很少采用，但在长距离输水工程中较多使用。

承插式预(自)应力钢筋混凝土管一般采用胶圈接口。施工时用撬杠顶力法、拉链顶力法与千斤顶顶入法等产生推力或拉力的施工装置使胶圈均匀而紧密地达到工作位置。如北京市政工程研究院生产的DKJ多功能快速接管机，可自动对口和纠偏，施工方便快捷。为达到密封不漏水的目的，胶圈务必要安在工作台的正确位置，且具有一定的压缩率，在管内水压作用下不被挤出，因此要根据管道厂家的要求，选配胶圈直径。

预(自)应力钢筋混凝土压力管采用胶圈接口时，一般不需做封口处理，但遇到对胶圈有腐蚀性的地下水或靠近树木处应进行封口处理。封口材料一般为水泥砂浆。

2. 排水管道接口

（1）排水管道的铺设

市政排水管道属重力流管道，铺设的方法通常有平基法、垫块法、"四合一"法，应根据管道种类、管径大小、管座形式、管道基础、接口方式等进行选择。

平基法铺设排水管道，就是先进行地基处理，浇筑混凝土带形基础，待基础混凝土达到一定强度后，再进行下管、稳管、浇筑管座及抹带接口的施工方法。这种方法适合于地质条件不良的地段或雨期施工的场合。

平基法施工时，基础混凝土强度必须达到5MPa以上时，才能下管。基础顶面标高要满足设计要求，误差不超过±10mm。管道设计中心线可在基础顶面上弹线进行控制。管道对口间隙，当管径不小于700mm时，按7～15mm控制；当管径小于700mm时，按1～5mm控制。铺设较大的管道时，宜进入管内检查对口，以减少错口现象。稳管以管内底标高偏差在±10mm之内，中心线偏差不超过10mm，相邻管内底错口不大于3mm为合格。稳管合格后，在管道两侧用砖块或碎石卡牢，并立即浇筑混凝土管座。浇筑管座前，平基应进行凿毛处理，并冲洗干净。为防止挤偏管道，在浇筑混凝土管座时，应两侧同时进行。

垫块法铺设排水管道，是在预制的混凝土垫块上安管和稳管，然后再浇筑混凝土基础和接口的施工方法。这种方法可以使平基和管座同时浇筑，缩短工期，是污水管道常用的施工方法。

垫块法施工时，预制混凝土垫块的强度等级应与基础混凝土相同；垫块的长度为管径的 0.7 倍，高度等于平基厚度，宽度大于或等于高度；每节管道应设 2 个垫块，一般放在管道两端。为了防止管道从垫块上滚下伤人，铺管时管道两侧应立保险杠；垫块应放置平稳，高程符合设计要求。稳管合格后一定要用砖块或碎石在管道两侧卡牢，并及时浇筑混凝土基础和管座。

"四合一"施工法是将混凝土平基、稳管、管座、抹带 4 道工序合在一起施工的方法。这种方法施工速度快，管道安装后整体性好，但要求操作技术熟练，适用于管径为 500mm 以下的管道安装。

其施工程序为：验槽→支模→下管→排管→"四合一"施工→养护。

图 2-56　"四合一"
支模排管示意
1—铁钎；2—临时支撑；
3—方木；4—管道

"四合一"法施工时，首先要支模，模板材料一般采用 150mm×150mm 的方木，支设时模板内侧用支杆临时支撑，外侧用支架支牢，为方便施工可在模板外侧钉铁钎。根据操作需要，模板应略高于平基或 90°管座基础高度。下管后，利用模板作导木，在槽内将管道滚运到安管处，然后顺排在一侧方木上，使管道重心落在模板上，倚靠在槽壁上，并能容易滚入模板内，如图 2-56 所示。

若采用 135°或 180°管座基础，模板宜分两次支设，上部模板待管道铺设合格后再支设。

浇筑平基混凝土时，一般应使基础混凝土面比设计标高高 20～40mm（视管径大小而定），以便稳管时轻轻揉动管道，使管道落到略高于设计标高处，以备安装下一节管道时的微量下沉。当管径在 400mm 以下时，可将管座混凝土与平基一次浇筑。

稳管时，将管身润湿，从模板上滚至基础混凝土面，一边轻轻揉动一边找中心和高程，将管道揉至高于设计高程 1～2mm 处，同时保证中心线位置准确。完成稳管后，立即支设管座模板，浇筑两侧管座混凝土，捣固管座两侧三角区，补填对口砂浆，抹平管座两肩。管座混凝土浇筑完毕后，立即进行抹带，使管座混凝土与抹带砂浆结合成一体，但抹带与稳管至少要相隔 2～3 个管口，以免稳管时不小心碰撞管子，影响抹带接口的质量。

（2）排水管道接口方法

市政排水管道经常采用混凝土管和钢筋混凝土管，其接口形式有刚性、柔性和半柔半刚性三种。刚性接口施工简单，造价低廉，应用广泛；但刚性接口抗振性差，不允许管道有轴向变形。柔性接口抗变形效果好；但施工复杂，造价较高。

1）刚性接口

目前常用的刚性接口有水泥砂浆抹带接口和钢丝网水泥砂浆抹带接口两种。

① 水泥砂浆抹带接口。水泥砂浆抹带接口是在管道接口处用 1∶（2.5～3）的水泥砂浆抹成半椭圆形或其他形状的砂浆带，带宽为 120～150mm，如图 2-57 所示。一般适用于地基较好、具有带形基础、管径较小的雨水管道和地下水位以上的污水支管。企口管、平口管和承插管均可采用此种接口。

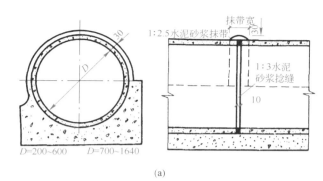
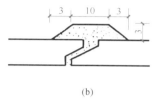

码2-6 抹带
接口示意

图 2-57 水泥砂浆抹带接口(单位：mm)

(a)弧形水泥砂浆抹带接口；(b)梯形水泥砂浆抹带接口

　　水泥砂浆抹带接口的工具有浆桶、刷子、铁抹子、弧形抹子等。材料的重量配合比为水泥：砂＝1：(2.5～3)，水灰比一般不大于 0.5。水泥采用 42.5 级普通硅酸盐水泥，砂子应用 2mm 孔径的筛子过筛，含泥量不得大于 2%。

　　抹带前将接口处的管外皮洗刷干净，并将抹带范围的管外壁凿毛，然后刷水泥浆一遍；抹带时，管径小于 400mm 的管道可一次完成；管径大于 400mm 的管道应分两次完成，抹第一层水泥砂浆时，应注意调整管口缝隙使其均匀，厚度约为 $\frac{1}{3}$ 带厚，压实表面后画成线槽，以利于与第二层结合；待第一层水泥砂浆初凝后再用弧形抹子抹第二层，由下往上推抹形成一个弧形接口，初凝后赶光压实，并将管带与基础相接的三角区用混凝土填捣密实。

　　抹带完成后，用湿纸覆盖管带，3～4h 后洒水养护。

　　管径大于或等于 700mm 时，应在管带水泥砂浆终凝后进入管内勾缝。勾缝时，在管内用水泥砂浆将内缝填实抹平，灰浆不得高出管内壁；管径小于 700mm 时，用装有黏土球的麻袋或其他工具在管内来回拖动，将流入管内的砂浆拉平。

　　② 钢丝网水泥砂浆抹带接口。钢丝网水泥砂浆抹带接口，是在抹带层内埋置 20 号 10mm×10mm 方格的钢丝网，两端插入基础混凝土中，如图 2-58 所示。这种接口的强度高于水泥砂浆抹带接口，适用于地基较好、具有带形基础的雨水管道和污水管道。

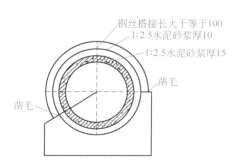
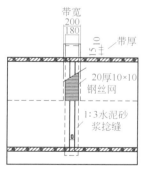

图 2-58 钢丝网水泥砂浆抹带接口(单位：mm)

施工时先将管口凿毛，抹一层 1∶2.5 的水泥砂浆，厚度为 15mm 左右，待其与管壁粘牢并压实后，将两片钢丝网包拢挤入砂浆中，搭接长度不小于 100mm，并用绑丝扎牢，两端插入管座混凝土中。第一层砂浆初凝后再抹第二层砂浆，并按抹带宽度和厚度的要求抹光压实。

抹带完成后，立即用湿纸养护，炎热季节用湿草袋覆盖洒水养护。

2) 半柔半刚性接口

半柔半刚性接口通常采用预制套环石棉水泥接口，适用于地基不均匀沉陷不严重地段的污水管道或雨水管道的接口。

套环为工厂预制，石棉水泥的重量配合比为水∶石棉∶水泥＝1∶3∶7。施工时，先将两管口插入套环内，然后用石棉水泥在套环内填打密实，确保不漏水。

3) 柔性接口

通常采用的柔性接口有沥青麻布(玻璃布)接口、沥青砂浆接口、承插管沥青油膏接口等，适用于地基不均匀沉陷较严重地段的污水管道和雨水管道的接口。

① 沥青麻布(玻璃布)接口。沥青麻布(玻璃布)接口适用于无地下水、地基不均匀沉降不太严重的平口或企口排水管道。接口时，先用 1∶3 的水泥砂浆捻缝，并将管口清刷干净，在管口上刷一层冷底子油，然后以热沥青为胶粘剂，作四油三布防水层，并用钢丝将沥青麻布或沥青玻璃布绑扎牢固即可。

② 沥青砂浆接口。这种接口的使用条件与沥青麻布(玻璃布)接口相同，但不用麻布(玻璃布)，可降低成本。沥青砂浆的重量配合比为石油沥青∶石棉粉∶砂＝1∶0.67∶0.67。制备时，将 10 号建筑沥青在锅中加热至完全熔化(超过 220℃)后，加入石棉(纤维占 1/3 左右)和细砂，不断搅拌使之混合均匀。浇灌时，沥青砂浆温度控制在 200℃ 左右，具有良好的流动性。

③ 承插管沥青油膏接口。沥青油膏具有粘结力强、受温度影响小等特点，接口施工方便。沥青油膏可自制，也可购买成品。自制沥青油膏的重量配合比为 6 号石油沥青∶重松节油∶废机油∶石棉灰∶滑石粉＝100∶11.1∶44.5∶77.5∶119。这种接口适用于承插口排水管道。

施工时，将管口刷洗干净并保持干燥，在第一根管道的承口内侧和第二根管道的插口外侧各涂刷一道冷底子油；然后将油膏捏成膏条，接口下部用膏条的粗度为接口间隙的 2 倍，上部用膏条的粗度与接口间隙相同；将第一根管道按设计要求稳管，并用喷灯把承口内侧的冷底子油烤热，使之发黏，同时将粗膏条也烤热发黏，垫在接口下部 135° 范围内，厚度高出接口间隙约 5mm；将第二根管道插入第一根管道承口内并稳管；最后将细膏条填入接口上部，用錾子填捣密实，使其表面平整。

④ 橡胶圈接口。对新型混凝土和钢筋混凝土排水管道，现已推广使用橡胶圈接口。一般混凝土承插管接口采用遇水膨胀胶圈；钢筋混凝土承插管接口采用 "O" 形橡胶圈；钢筋混凝土企口管接口采用 "q" 形橡胶圈；钢筋混凝土 "F" 形钢套环接口采用齿形止水橡胶圈。

施工时，先将承口内侧和插口外侧清洗干净，把胶圈套在插口的凹槽内，外抹中性润滑剂，起吊管子就位即可。如为企口管，应在承口断面预先用氯丁橡胶胶水粘接 4 块多层胶合板组成的衬垫，其厚度约为 12mm，按间隔 90°均匀分布。"F"形钢套环接口适用于曲线顶管或管径为 2700mm、3000mm 的大管道的开槽施工。胶圈接口的施工方法在教学单元 3 中详细介绍，此处不叙述。

2.5.6　其他管线铺设

1. 热力管道铺设

热力管道为压力管道，强度要求高，一般高、中压管道采用无缝钢管，低压管道或配热支管采用焊接钢管。因热力管道易产生应力变形，所以管道系统上除设支架外，还应设置伸缩器，以满足补偿应力变形要求。此外，热力管道必须进行保温；在热水管道的最高点处设排气装置；在蒸汽管道的最低点设疏水器。热水水平管道在变径处应采用顶平偏心渐缩管，以利于排气，避免产生汽塞；蒸汽管道和冷凝水管道在变径处应采用底平偏心渐缩管，以利于排放凝结水。

热力管道有地沟敷设和直埋敷设两种方式。

地沟敷设时应先修建地沟，然后再安装管道。地沟可分为普通地沟和预制钢筋混凝土地沟两种。

普通地沟用砖、石砌筑，基础为钢筋混凝土或混凝土，上加钢筋混凝土盖板。为防止地下水进入，应在沟壁内表面上抹防水砂浆。地沟盖板应有 0.01～0.02 的横向坡度以便排水，盖板覆土厚度不应小于 0.3m。盖板间及盖板与沟壁顶部均应用水泥砂浆或热沥青封缝。沟底坡度与管道敷设的坡度相同，坡向排水点。

当地下水位高于沟底时，必须采取防水或局部降水的措施。常用的防水措施是在沟壁外表面做沥青防水层（即用沥青粘贴数层油毡并外涂沥青），沟底铺一层防水砂浆；局部降水的措施，是在沟底基础的下面铺一层粗糙的砂砾，在距沟底 200～250mm 的砂砾中铺设一根或两根直径为 100～150mm，上钻许多小孔的钢管，来收集地下水，通过泵站或其他设施排除。为降低造价，工程中一般都采用防水措施。

预制钢筋混凝土地沟的断面形状为椭圆拱形，在素土夯实的沟槽基础上，现浇厚度为 200mm 的钢筋混凝土地沟基础，养护后便可进行管道安装和保温，最后安装预制钢筋混凝土拱形沟壳。

热力管道的安装，应在地沟土建结构施工结束后进行。在土建施工中，应配合管道施工预留支架孔和预埋金属件。在供热管道安装前，应对地沟结构验收，按设计要求检查地沟的沟底标高、沟底坡度、地沟截面尺寸和地沟防水等内容，符合要求后再安装管道。

管道安装前，应先按施工图要求定出各支座的位置，然后正确安装支座。支座安装完毕，经检查无误后，便可安装管道。管道下入到地沟内，在支座上稳管后即可焊接连接。

直埋敷设适用于土壤腐蚀性小，地下水位低的地段。该方式具有造价低、施工方便等优点；但保温层的防腐、防水是关键的技术问题，目前采用聚氨酯泡沫塑料作为保温层，使直埋敷设得到了长足发展。

直埋敷设即为管道的开槽施工,它先将管道进行保温处理,然后再将保温后的管道下入到沟槽内进行稳管,稳管合格后再进行焊接接口。为了保证保温结构不受任何外界机械作用,下管必须采用吊装。根据吊装设备的能力,预先把2~4根管子在地面上焊接在一起,开好坡口,在保温管外面包一层塑料薄膜;同时在沟内管道的接口处,挖出操作坑。起吊时,不得用绳索直接接触保温层外壳,应用宽度大于150mm的编织带兜托管子,起吊后慢慢放到槽底。就位后即可进行焊接,然后按设计要求进行焊口检验,合格后再做接口保温。

直埋敷设,节省了地沟的土建费用,缩短了工期,尤其是无补偿直埋,由于减少了补偿器数量,取消了中间固定支座与滑动支座,将管道放置在原土地基上,可使工程总投资比地沟敷设时下降20%~50%,施工工期缩短一半以上。

不管是地沟敷设还是直埋敷设,均应做好管道的保温工作。由于保温层与土壤直接接触,要求保温材料应具有导热率小、吸水率低、电阻率高等特点,并具有一定的机械强度。目前国内广泛使用聚氨基甲酸酯硬质泡沫塑料、改性聚异氰酸酯硬质泡沫塑料、岩棉制品、石棉制品等。按保温结构与管道的结合方式,可将保温结构分为脱开式和紧箍式两类。

脱开式是在保温层与管壁间涂一层软化点低的物质,如低标号沥青、重油等,它受热后熔化,可使管道在保温层内自由伸缩。除此而外,在管道自然转弯处,为了保证管道自由伸缩,通常设不通行地沟或砌管槽,用松散保温材料填充,自然转弯便起到补偿的作用。实践证明,脱开式保温常会因空气层内渗入水分而使管道外表面腐蚀,现已很少采用。

紧箍式是保温层与管道结成一体。当管道因温度胀缩时,保温层与管道一起胀缩。此时保温层外表面的土壤摩擦力,能极大地约束管道的位移,在足够长的直管段内,可不设补偿器和固定支座;在管道自然转弯处可照常埋土,仅在必要的长度上设固定支座、在需保护的阀门和三通等部位设补偿器和小室。

如果设计要求必须做水压试验,可在焊口检验之后、接口保温之前进行试压,合格后再做接口保温。

在滑动支座两侧设置的管道保温结构,不能影响支座自由滑动。

2. 燃气管道铺设

目前市政燃气管道一般都采用埋地敷设,只有在管道穿越障碍物时,才采用架空敷设。

埋地敷设时,高压燃气管道宜采用钢管;中、低压燃气管道可采用铸铁管和聚乙烯管材,并应符合有关标准的规定。

天然气中不含水分,管道可随地形埋设。人工燃气管道运行中,会产生大量冷凝水,管道敷设必须具有一定的坡度,以便管内的水能汇集于排水器排放,通常中压管道坡度不小于3‰,低压管道坡度不小于4‰。

地下燃气管道穿过排水管、热力管沟、联合地沟、隧道及其他各种用途的沟槽时,应将燃气管道敷设于套管内。套管应伸出构筑物外壁一定距离,两端用柔性的防腐、防水材料密封。燃气管道穿越铁路、高速公路、电车轨道和城市主要干道时应符合下列要求:

　　穿越铁路和高速公路的燃气管道，应加套管，并提高绝缘防腐等级。套管埋设的深度应保证铁路轨道至套管顶部不小于 1.20m，并应符合铁路管理部门的规定；套管宜采用钢管或钢筋混凝土管；套管内径应比燃气管道外径大 100mm；套管两端应用柔性的防腐、防水材料密封，其一端应装设检漏管。

　　当穿越城市主要干道和电车轨道时，套管内径应比燃气管道外径大 100mm，套管两端应密封；在重要地段的套管端部宜安装检漏管；套管端部距电车道轨边不应小于 2.0m；距道路边缘不应小于 1.0m。

　　燃气管道宜垂直穿越铁路、高速公路、电车轨道和城市主要干道。

　　燃气管道安装时，其敷设的坡度方向是由支管坡向干管，在干管的最低点用排水器将水排出，因此所有管道严禁倒坡，安装前必须严格检查沟底坡度，合格后方可敷设安装。

　　燃气管道的接口方法根据管材而定，钢管一般采用焊接接口，铸铁管一般采用胶圈接口，方法同给水管道。胶圈应符合燃气输送管道的使用要求。

　　为了保证燃气管道的安全运行、检修及支管接入的需要，应在管道的适当位置设置附属设备。常用的设备有阀门、检漏管、补偿器、排水器、放散管等。

　　安装阀门应注意：

　　(1) 按阀体上标志的介质流向进行安装；

　　(2) 安装位置要便于操作和维修；

　　(3) 安装前核对规格型号、鉴定有无损坏、检验密封程度；

　　(4) 安装中不得撞击阀门；起吊绳子不能拴在手轮或阀杆上；安装螺纹阀门不能把麻丝挤到阀门里面；安装法兰阀门要法兰端面平行，不得使用双垫，紧固螺栓时要对称进行，用力均匀。

　　排水器安装时应注意：

　　(1) 抽水管埋入地下的部分不准有螺纹接头；

　　(2) 防护罩内的管道、管件应刷两道防锈漆；

　　(3) 凝水器与套管的防腐绝缘与管道相同；

　　(4) 安装后应与管线一起进行强度和严密度试验。

　　放散管安装时应注意：

　　放散管应装在管道最高点和每个阀门之前（按燃气流动方向考虑）。放散管上如安装球阀，则在燃气管道正常运行中必须关闭球阀。

　　检漏管安装时应注意：

　　当燃气管道穿越铁路、电车轨道和城市主要交通干道时，应敷设在套管内。套管内燃气管道的气密性，可通过检漏管检测。检漏管应按设计要求装在套管一端，当套管较长时需在两端分别安装。

　　检漏管常为 DN50 的镀锌钢管，一端焊接在套管上，另一端安装管箍与丝堵，并伸入到安设在地面上的保护罩内。

　　补偿器安装时应注意：

　　(1) 埋地管道上的补偿器应安装在阀门的下侧（按气流方向），利用其伸缩性能，有利于检修时拆卸阀门；

（2）补偿器的安装长度，应为螺杆不受力时的补偿器的实际长度，否则不但不能发挥其补偿作用，反而使管道或管件受到不应有的应力；

（3）为防止波凸部位存水锈蚀，安装时应从注入孔灌满 100 号道路石油沥青；

（4）注意安装方向，套管有焊缝的一侧，水平安装时，应在燃气流入端，垂直安装时应置于上部；

（5）补偿器与管道要保持同心，不得偏斜；

（6）补偿器的拉紧螺栓，安装前不应拧得太紧，安装后应松 4～5 扣；

（7）当设计有要求时，应按设计规定进行预拉或预压试验。

3. 电缆的敷设

电缆的敷设方式较多，有直接埋地敷设、电缆沟敷设、电缆隧道敷设、电缆排管敷设、穿管敷设等，应根据电缆线路的长短，电缆数量及周围环境条件确定。不管采用哪种敷设方式，都应遵守以下规定：

（1）电缆敷设时，不应破坏电缆沟、隧道、电缆井和人井的防水层。

（2）并联使用的电缆其长度、型号、规格宜相同。

（3）在电缆终端头与电缆接头附近宜留有备用长度。

（4）电缆敷设时，不应使电缆过度弯曲，不应有机械损伤。

（5）电缆敷设时不宜交叉，而应排列整齐，加以固定，并及时装设标志牌。标志牌上应注明线路编号(当设计无编号时，则应写明规格、型号及起讫点)、并联使用的电缆顺序号等。

（6）标志牌宜规格统一，能防腐，挂装牢固。

（7）直埋电缆在接头、转弯及直线段上每隔 200～300m 处均应有明显的方位标志或牢固的标桩。

（8）电缆进入电缆沟、隧道、竖井及穿入管道时，出入口应封闭，管口应密封。

（9）直埋电缆距地面的距离不应小于 0.7m，与城市道路交叉时应设保护管，管端宜伸出路基各 2m。电缆上、下应铺不小于 100mm 厚的软土或砂土，并用砖或混凝土盖板覆盖，覆盖宽度应超过电缆两侧各 50mm。

（10）电缆敷设时，应避免与地面摩擦。宜在地面上放置滚轮进行拖放。

2.5.7 管道安装质量检查

市政管道接口施工完毕后，应进行管道的安装质量检查。检查的内容包括外观检查、断面检查和功能性试验。外观检查即对基础、管道、接口、阀门、配件、伸缩器及附属构筑物的外观质量进行检查，查看其完好性和正确性，并检查混凝土的浇筑质量和附属构筑物的砌筑质量；断面检查即对管道的高程、中心线和坡度进行检查，检查其是否符合设计要求；功能性试验即对管道进行水压试验和严密性试验，检查管材强度和严密性是否符合要求。

1. 给水管道的功能性试验

（1）一般规定

1）应符合现行国家标准《给水排水管道工程施工及验收规范》GB 50268—2008 的规定。

2) 压力管道应用水进行水压试验。地下钢管或铸铁管，在冬季或缺水情况下，可用空气进行压力试验，但均须有防护措施。

3) 架空管道、明装管道及非掩蔽的管道应在外观检查合格后进行水压试验；地下管道的水压试验条件是管基检查合格，管身两侧及其上部回填土厚度不小于 0.5m，但接口部分须敞露。在回填前应认真对接口做外观检查，对于组装的有焊接接口的钢管，必要时可在沟边做预先试验，在下沟连接以后仍需进行水压试验。

4) 试压管段的长度不宜大于 1km，非金属管段不宜超过 500m。

5) 管端敞口处，应事先用管堵或管帽堵严，并加临时支撑，不得用闸阀代替；管道中的固定支墩（或支架），试验时应达到设计强度；试验前应将该管段内的闸阀打开。

6) 当管道内有压力时，严禁修整管道缺陷和紧动螺栓，检查管道时不得用手锤敲打管壁和接口。

（2）给水管道水压试验方法

给水管道的水压试验分为预试验和主试验阶段，试验合格的判定依据分为允许压力降值和允许渗水量值，应根据设计要求确定；当设计无要求时，应根据工程实际情况，选用其中一项值或同时采用两项值作为试验合格的最终判定依据。当管道采用两种或两种以上管材时，宜按不同管材分别进行试验。

预试验操作程序为：用手摇泵或电泵向管内灌水加压，将管道内水压缓缓升至试验压力并稳压 30min，期间如有压力下降可注水补压，但不得高于试验压力；检查管道接口、配件等处有无漏水、损坏现象；有漏水、损坏现象时应及时停止试压，查明原因并采取相应措施后重新试压。管道接口、配件等处无漏水现象则预试验合格。预试验合格后应进行主试验。

主试验阶段操作程序为：停止注水补压，稳压 15min；当 15min 后压力下降不超过规定的允许压力下降值时，将试验压力降至工作压力并保持恒压 30min，进行外观检查若无漏水现象，则水压试验合格。各种管道允许压力下降值为：钢管为 0MPa；化学建材管为 0.02MPa；其他管渠均为 0.03MPa。

当采用允许渗水量进行最终合格判定时，应按下述方法进行。

1) 试压前管段两端要封以试压堵板，堵板应有足够的强度。

2) 试压前应设后背，可用天然土壁作试压后背，也可用已安装好的管道作试压后背。当试验压力较大时，应对后背墙进行加固，后背加固方法如图 2-59 所示。

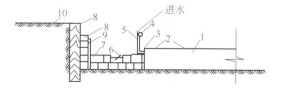

图 2-59　压力流管道强度试验后背
1—试验管段；2—短管乙；3—法兰盖堵；4—压力表；5—进水管；6—千斤顶；7—顶铁；8—方木；9—铁板；10—后坐墙

3) 试压前应排除管内空气，灌水进行浸润，试验管段满水后，应在不大于工作压力的条件下充分浸泡后再进行试压。浸泡时间应符合以下规定：铸铁管、球墨铸铁管、钢管无水泥砂浆衬里时不小于 24h；有水泥砂浆衬里时，不小于 48h。预应力、自应力混凝土管及现浇钢筋混凝土管渠，管径小于 1000mm 时，不小于 48h；管径不小于 1000mm 时，不小于 72h。化学建材管不小于 24h。

4）确定试验压力。水压试验压力，按表 2-18 确定。

压力流管道强度试验压力值（MPa）   表 2-18

管材种类	工作压力 P	试验压力
钢管	P	$P+0.5$ 且不小于 0.9
球墨铸铁管	$P \leqslant 0.5$	$2P$
	$P > 0.5$	$P+0.5$
预应力混凝土管与自应力混凝土管、预应力钢筒混凝土管	$P \leqslant 0.6$	$1.5P$
	$P > 0.6$	$P+0.3$
化学建材管	$P \geqslant 0.1$	$1.5P$ 且不小于 0.8
现浇钢筋混凝土管渠	$P \geqslant 0.1$	$1.5P$

5）泡管后，在已充满水的管道上用手摇泵向管内充水，待升至试验压力后稳压 30min，期间如有压力下降可注水补压，但不得高于试验压力，有漏水损坏现象时应采取措施。待上升至试验压力后停止加压，稳压 15min 观察表压下降情况。如 15min 后球墨铸铁管、预（自）应力混凝土管的压力降不大于 0.03MPa；化学建材管的压力降不大于 0.02MPa 且管道及附件无损坏时，将试验压力降至工作压力，恒压 30min，进行外观检查，无漏水现象表明试验合格。试验装置图 2-60 所示。

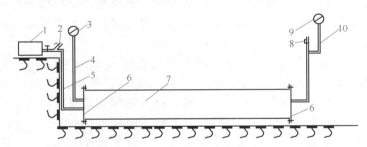

图 2-60　强度试验设备布置示意
1—手摇泵；2—进水总管；3—压力表；4—压力表连接管；5—进水管；
6—盖板；7—试验管段；8—放气管；9—压力表；10—连接管

2. 给水管道的漏水量试验

检查压力流管道的严密性通常采用漏水量试验，如图 2-61 所示。方法与强度试验基本相同，按照表 2-17 确定试验压力，将试验管段压力升至试验压力后停止加压，记录表压降低 0.1MPa 所需的时间 T_1(min)，然后再重新加压至试验压力后，从放水阀放水，并记录表压下降 0.1MPa 所需的时间 T_2(min)和放出的水量 W(L)。按式(2-25)计算漏水量：

$$q = \frac{W}{(T_1 - T_2)L} \qquad (2\text{-}25)$$

式中　q——漏水量 $[L/(min \cdot km)]$；

　　　L——试验管段长度（km）。

若 q 值小于表 2-19、表 2-20 规定的允许漏水量，即认为合格。

钢管、铸铁管、钢筋混凝土管漏水量试验允许漏水量，见表 2-19。硬聚氯乙烯管漏水量试验允许漏水量，见表 2-20。

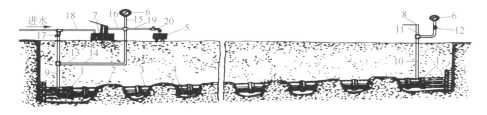

图 2-61　漏水量试验示意图

1—封闭端；2—回填土；3—试验管段；4—工作坑；5—水筒；
6—压力表；7—手摇泵；8—放水阀；9—进水管；10、13—压力表连接管；
11、12、14、15、16、17、18、19—闸门；20—水龙头

管道水压试验允许漏水量 $[L/(min \cdot km)]$　　　　　　表 2-19

管径 （mm）	钢管	铸铁管、球 墨铸铁管	预（自）应力 钢筋混凝土管	管径 （mm）	钢管	铸铁管、球 墨铸铁管	预（自）应力 钢筋混凝土管
100	0.28	0.70	1.40	600	1.20	2.40	3.44
125	0.35	0.90	1.56	700	1.30	2.55	3.70
150	0.42	1.05	1.72	800	1.35	2.70	3.96
200	0.56	1.40	1.98	900	1.45	2.90	4.20
250	0.70	1.55	2.22	1000	1.50	3.00	4.42
300	0.85	1.70	2.42	1100	1.55	3.10	4.60
350	0.90	1.80	2.62	1200	1.65	3.30	4.70
400	1.00	1.95	2.80	1300	1.70	—	4.90
450	1.05	2.10	2.96	1400	1.75	—	5.00
500	1.10	2.20	3.14				

硬聚氯乙烯管漏水量试验的允许漏水量 $[L/(min \cdot km)]$　　　　　表 2-20

管外径(mm)	粘接连接	胶圈连接
63~75	0.20~0.40	0.30~0.50
90~110	0.26~0.28	0.60~0.70
125~140	0.35~0.38	0.90~0.95
160~180	0.42~0.50	1.05~1.20
200	0.56	1.40
225~250	0.70	1.55
280	0.80	1.60
315	0.85	1.70

压力流管道可采用允许压力降和允许漏水量判定功能性试验是否合格，设计无

要求时采用其中一项或同时采用两项进行判定，设计有要求时按要求进行判定。

3. 给水管道气压试验

当试验管段难于用水进行强度试验时，可进行气压试验。

(1) 承压管道气压试验规定

1) 管道进行气压试验时应在管外 10m 范围内设置防护区，在加压及恒压期间，任何人不得在防护区滞留。

2) 气压试验应进行两次，即回填前的预先试验和回填后的最后试验。试验压力见表 2-21。

承压管道气压试验压力(MPa)　　　　　　　　表 2-21

管材		强度试验压力	严密性试验压力
钢管	预先试验	工作压力<0.5，为 0.6 倍工作压力；	0.3
	最后试验	工作压力>0.5，为 1.15 倍工作压力	0.03
铸铁管	预先试验	0.15	0.1
	最后试验	0.6	0.03

(2) 气压试验方法

1) 预先试验时，应将压力升至强度试验压力，恒压 30min，如管道、管件和接口未发生破坏，然后将压力降至 0.05MPa 并恒压 24h，进行外观检查(如气体溢出的声音、尘土飞扬和压力下降等现象)，如无泄漏，则认为预先试验合格。

2) 最后气压试验时，升压至强度试验压力，恒压 30min；再降压至 0.05MPa，恒压 24h。如管道未破坏，且实际压力下降不大于表 2-22 规定，则认为合格。

长度不大于 1km 的钢管道和铸铁管道气压试验时间和允许压力降　　　表 2-22

管径 (mm)	钢管道		铸铁管道		管径 (mm)	钢管道		铸铁管道	
	试验时间 (h)	试验时间内的允许压降 (kPa)	试验时间 (h)	试验时间内的允许压降 (kPa)		试验时间 (h)	试验时间内的允许压降 (kPa)	试验时间 (h)	试验时间内的允许压降 (kPa)
100	0.5	0.55	0.25	0.65	500	4	0.75	2	0.70
125	0.5	0.45	0.25	0.55	600	4	0.50	2	0.55
150	1	0.75	0.25	0.50	700	6	0.60	3	0.65
200	1	0.55	0.5	0.65	800	6	0.50	3	0.45
250	1	0.45	0.5	0.50	900	6	0.40	4	0.55
300	2	0.75	1	0.70	1000	12	0.70	4	0.50
350	2	0.55	1	0.55	1100	12	0.60	—	—
400	2	0.45	1	0.50	1200	12	0.50	—	—

4. 热力管道的功能性试验

(1) 一般规定

热力管道安装完毕后，必须按设计要求进行强度试验和严密性试验，设计无要求的按下列规定执行：

1) 一级管网及二级管网应进行强度试验和严密性试验，强度试验压力应为设计工作压力的 1.5 倍, 严密性试验压力应为设计工作压力的 1.25 倍, 且不得低于 0.6MPa。

2) 热力站、中继泵站内的管道和设备均应进行严密性试验, 试验压力为设计压力的 1.25 倍, 且不得低于 0.6MPa。

3) 开式设备只做满水试验, 以无渗漏为合格。

(2) 准备工作

1) 试压前进一步检查系统有无缺陷, 管道接口是否严密, 是否满足试压需求。

2) 在试压系统的最高点加设放气阀, 最低点加设泄水阀, 将试验用的压力表分别连接在试压泵的出口和试验系统的末端。

3) 将热力管道系统中的阀门全部打开, 关闭最低点的泄水阀, 打开最高点的放气阀后向试压管段充水, 待最高点的放气阀连续不断地出水时, 说明系统充水已满, 关闭放气阀。检查管道有无异常、渗水、漏水现象, 如有应修复后再试压。

(3) 试验方法

系统注满水无异常现象后即可升压, 升压过程要缓慢, 要逐级升压; 当达到试验压力的 1/2 时, 停止打压, 全面检查系统有无异常, 如有, 应泄压修复; 无异常现象后继续升压, 当达到试验压力的 3/4 时, 停止升压, 再次检查系统, 若有异常, 应泄压修复, 若无异常, 则继续升压至试验压力。

强度试验时, 升至试验压力后稳压 10min, 无渗漏、无压力降, 系统无异常, 管道无变形、破裂, 然后降压至设计压力, 稳压 30min, 无渗漏、无压降则强度试验合格。严密性试验时, 升至试验压力, 当压力稳定后, 进行全面的外观检查, 并用质量 1.5kg 的小锤轻轻敲击焊缝, 如压力不降, 且连接点无渗水漏水现象, 则严密性试验合格。

5. 排水管道的功能性试验

(1) 试验规定

1) 污水管道、雨污合流管道、倒虹吸管及设计要求闭水的其他排水管道, 回填前应采用闭水法进行严密性试验。

试验管段应按井距分隔, 长度不大于 1km, 带井试验。雨水和与其性质相似的管道, 除湿陷土、膨胀土、流砂地区, 可不做渗水量试验。

2) 闭水试验管段应符合下列规定: 管道及检查井外观质量已验收合格; 管道未回填, 且沟槽内无积水; 全部预留孔(除预留进出水管外)应封堵坚固, 不得渗水; 管道两端堵板承载力经核算应大于水压力的合力。

3) 闭水试验应符合下列规定: 试验段上游设计水头不超过管顶内壁时, 试验水头应以试验段上游管顶内壁加 2m 计; 当上游设计水头超过管顶内壁时, 试验水头应以上游设计水头加 2m 计; 当计算出的试验水头小于 10m, 但已超过上游检查井井口时, 试验水头应以上游检查井井口高度为准。

(2) 试验方法

在试验管段内充满水, 并在试验水头作用下进行泡管, 泡管时间不小于 24h, 然后再加水达到试验水头, 观察 30min 的漏水量, 观察期间应不断向试验管段补水, 以保持试验水头恒定, 该补水量即为漏水量。并将该漏水量转化为每千米管道每昼夜的渗水量，如果该渗水量小于表 2-23 中规定的允许渗水量，则表明该管道严密性符合要求。其渗水量的转化见式(2-26)：

$$Q = 48q \times \frac{1000}{L} \tag{2-26}$$

式中　Q——每千米管道每昼夜的渗水量〔$m^3/(km \cdot d)$〕；

　　　q——试验管段 30min 的渗水量(m^3)；

　　　L——试验管段长度(m)。

无压管道严密性试验允许渗水量〔$m^3/(24h \cdot km)$〕　　　　表 2-23

管道内径 (mm)	允许 渗水量	管道内径 (mm)	允许 渗水量	管道内径 (mm)	允许 渗水量
200	17.60	900	37.50	1600	50.00
300	21.62	1000	39.52	1700	51.50
400	25.00	1100	41.45	1800	53.00
500	27.95	1200	43.30	1900	54.48
600	30.60	1300	45.00	2000	55.90
700	33.00	1400	46.70		
800	35.35	1500	48.40		

6. 燃气管道的功能性试验

燃气管道应进行压力试验。利用空气压缩机向燃气管道内充入压缩空气，借助空气压力来检验管道接口和材质的强度及严密性。根据检验目的又分为强度试验和气密性试验。

(1)强度试验的目的是检查管道在试验压力下是否破坏。

一般情况下试验压力为设计输气压力的 1.5 倍，但钢管不得低于 0.3MPa，塑料管不得低于 0.1MPa。当压力达到规定值后，应稳压 1h，然后用肥皂水对管道接口进行检查，全部接口均无漏气现象且管道无破坏现象即为合格。若有漏气处，应放气修理后再次试验，直至合格为止。

(2)气密性试验是用空气压力来检验在近似于输气条件下燃气管道的管材和接口的严密性。

气密性试验需在燃气管道全部安装完成后进行，若埋地敷设，应在回填土至管顶 0.5m 以上后再进行。气密性试验压力根据管道设计输气压力而定，当设计输气压力 P 不大于 5kPa 时，试验压力为 20kPa；当设计输气压力 $P > 5kPa$ 时，试验压力应为设计输气压力的 1.15 倍，但不得低于 0.1MPa。气密性试验前应向管道内充气至试验压力，燃气管道气密性试验的持续时间一般不少于 24h，实际压力降不超过规范允许值为合格。

(3)管道通球扫线。

管道及其附件组装完成并试压合格后，应进行通球扫线，并且不少于两次。每次吹扫管道长度不宜超过 3km，通球应按介质流动方向进行，以避免补偿器内套筒被破坏，扫线结果可用贴有纸或白布的板置于吹扫口检查，当球后气体无铁锈脏物时则认为合格。通球扫线后将集存在阀室放散管内的脏物排出，清扫干净。

7. 给水管道冲洗与消毒

给水管道试验合格后，竣工验收前应进行冲洗，消毒，使管道出水符合《生活饮用水卫生标准》GB 5749—2006 的要求，经验收合格才能交付使用。

(1) 管道冲洗

管道冲洗主要是将管内杂物全部冲洗干净，使排出水的水质与自来水状态一致。在没有达到上述水质要求时，冲洗水要通过放水口，排至附近水体或排水管道。排水时应取得有关单位协助，确保安全、畅通排放。

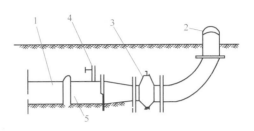

图 2-62　放水口安装

1—管道；2—放水龙头；3—闸阀；

4—排气管；5—插盘短管

安装放水口时，其冲洗管接口应严密，并设有闸阀、排气管和放水龙头，弯头处应进行临时加固，如图 2-62 所示。

冲洗时应注意：

1) 会同自来水管理部门，商定冲洗方案(如冲洗水量、冲洗时间、排水路线和安全措施等)；

2) 冲洗时应避开用水高峰，以流速不小于 1.0m/s 的冲洗水连续冲洗；

3) 冲洗时应保证排水管路畅通安全；

4) 开闸冲洗放水时，先开出水闸阀再开来水闸阀，并注意排气，派专人监护放水路线，发现情况及时处理；

5) 观察放水口水的外观，至水质外观澄清，水样浊度小于 3NTU 为止；

6) 放水后尽量同时关闭来水闸阀，出水闸阀，如做不到，可先关闭出水闸阀，但留几扣暂不关死，等来水阀关闭后，再将出水阀关闭；

7) 放水完毕，进行消毒，然后再用清洁水进行第二次冲洗，直到取样化验合格为止。

(2) 管道消毒

管道消毒的目的是消灭新安装管道内的细菌，使水质不致污染。

消毒时，将漂白粉溶液注入被消毒的管段内，并将来水闸阀和出水闸阀打开少许，使清水带着漂白粉溶液流经全部管段，当从放水口中检验出高浓度的氯水时，关闭所有闸阀，浸泡管道 24h 为宜。消毒时，漂白粉溶液的氯浓度一般为 26~30mg/L，漂白粉耗用量可参照表 2-24 选用。

每 100m 管道消毒所需漂白粉用量　　　　　　　　　表 2-24

管径(mm)	100	150	200	250	300	400	500	600	800	1000
漂泊粉(kg)	0.13	0.28	0.5	0.79	1.13	2.01	3.14	4.53	8.05	12.57

注：1. 漂白粉含氯量以 25% 计；

　　2. 漂白粉溶解率以 75% 计；

　　3. 水中含氯浓度为 30mg/L。

8. 热力管道的清洗

供热管网在试压合格后、试运行前必须进行清洗。清洗的方法应根据供热管道的运行要求、介质类别而定，一般采用水力冲洗和蒸汽吹洗。

水力冲洗时应按主干线、支干线、支线分别进行，二级管网应单独进行冲洗。冲洗前，应先将水注入系统，对管道予以浸泡。

水力冲洗时进水管的截面面积不得小于被冲洗管截面面积的 50%，排水管截面面积不得小于进水管截面面积，水的流动方向应与系统运行时介质流动的方向一致。冲洗应连续进行，并逐渐加大管道内的流量，管内的平均流速不应低于 1.0m/s，排水时不得形成负压。对大口径管道，当冲洗水量不能满足要求时，宜采用人工清洗或密闭循环的水力冲洗方式。当采用循环水冲洗时，管内流速宜达到管道正常运行时的流速。当循环冲洗的水质较脏时，应更换循环水后继续进行冲洗。

水力冲洗的合格标准应以排水水样中固体物的含量接近或等于冲洗用水中固体物的含量为合格。水力清洗结束前，应打开阀门用水清洗。清洗后，应对排污管、除污器等进行人工清除，以确保清洁。

蒸汽管道吹洗时，必须划定安全区，设置标志，确保设施及有关人员的安全。其他无关人员严禁进入吹洗区。吹洗前，应对吹洗的管段缓慢升温进行暖管，暖管速度宜慢并应及时疏水。当吹洗管段首段和末端温度接近时暖管完毕。暖管过程中应检查管道热伸长、补偿器、管路附件及设备、管道支承等有无异常，工作是否正常等。

蒸汽加热暖管时，应缓缓开启总阀门，勿使蒸汽的流量、压力增加过快。否则，由于压力和流量急剧增加，产生对管道所不能承受的温度应力导致管道破坏，且由于蒸汽流量、流速增加过快，系统中的凝结水来不及排出而产生水锤、振动，造成阀门破坏、支架垮塌、管道跳动、位移等严重事故。同时，由于系统中的凝结水来不及排出，使得管道上半部是蒸汽，下半部是凝结水，在管道断面上产生悬殊温差，导致管道向上拱曲，损害管道结构，破坏保温结构。

蒸汽管道暖管完毕后才能逐渐增大蒸汽流量至吹洗压力，恒温 1h 后即可进行吹洗。吹洗时，先将各种吹洗口的阀门全部打开，然后逐渐开大总阀门，增加蒸汽量进行吹洗，蒸汽吹洗的流速不应低于 30m/s，每次吹洗的时间不少于 20min，吹洗的次数为 2～3 次，当吹洗口排出清洁蒸汽时，可停止吹洗。

吹洗完毕后，关闭总阀门，拆除吹洗管，对加热、吹洗过程中出现的问题做妥善处理。

9. 燃气管道的吹扫与投产置换

球墨铸铁管、聚乙烯管、钢骨架聚乙烯复合管和公称直径小于 100mm 或长度小于 100m 的钢管采用气体吹扫；公称直径大于 100mm 的钢管采用清管球（略大于管道内径的胶球）进行清扫。

吹扫介质宜采用压缩空气，严禁采用氧气和可燃性气体，吹扫气体的流速不宜小于 20m/s。吹扫时应按主管、支管、庭院管的顺序进行，吹扫压力不得大于管道的设计压力且不大于 0.3MPa。吹扫长度不宜超过 500m，否则宜分段吹扫。

当目测排气无烟尘时，在排气口设置白布或涂白漆木靶板检验，5min 内靶上无铁锈、尘土等杂物为合格。

通球扫线宜用于管径规格相同的长输管道，否则应分段扫线。扫线时用压缩空气推动清管球在管道内前行以达到清除泥土、焊渣等杂物的目的。扫线完成后应进行检验，如不合格可采用气体再吹扫至合格。

新建燃气管道吹扫合格后投产前，应用燃气将管道内的空气置换掉，以保证生产、生活正常进行，一般可采用直接置换或间接置换等方法，详见有关书籍，本教材不再述及。

2.6　沟　槽　回　填

市政管道施工完毕并经检验合格后，应及时进行土方回填，以保证管道的位置正确，避免沟槽坍塌和管道生锈，尽早恢复地面交通。

回填前，应建立回填制度。回填制度是为了保证回填质量而制定的回填操作规程，如根据管道特点和回填密实度要求，确定回填土的土质、含水量；还土虚铺厚度；压实后厚度；夯实工具、夯击次数及走夯形式等。

回填施工一般包括还土、摊平、夯实、检查四道工序。

2.6.1　还土

还土一般用沟槽原土，但土中不应含有粒径大于 30mm 的砖块；粒径较小的石子含量不应超过 10%。回填土土质应保证回填密实度，不能用淤泥土、液化状粉砂、砂土、黏土等回填。当原土为上述土时，应换土回填。

回填土应具有最佳含水量。高含水量时可采用晾晒，或加白灰掺拌使其达到最佳含水量；低含水量时则应洒水。当采取各种措施降低或提高含水量的费用比换土费用高时，则应换土回填。有时，在市区繁华地段、交通要道、交通枢纽处回填；或为了保证附近建筑物安全；或为了当年修路，可将道路结构以下部分换用砂石、矿渣等回填。

还土不应带水进行，沟槽应继续降水，防止出现沟槽坍塌和管道漂浮事故。采用明沟排水时，还土应从两相邻集水井的分水岭处开始向集水井延伸。雨期施工时，必须及时回填。

还土可采用人工还土或机械还土，一般管顶 500mm 以下采用人工还土，500mm 以上采用机械还土。

沟槽回填，应在管座混凝土强度和接口抹带砂浆强度达到 5MPa 后进行。回填时，两侧胸腔应同时分层还土摊平，夯实也应同时以同一速度进行。管道上方土的回填，从纵断面上看，在厚土层与薄土层之间，已夯实土与未夯实土之间，均应有一较长的过渡地段，以免管子受压不匀发生开裂。相邻两层回填土的分段位置应错开。

2.6.2　摊平

每还土一层，都要采用人工将土摊平，每一层都要接近水平。每层土的虚铺厚度应根据压实机具和要求的密实度确定，一般可参照表 2-25 确定。

回填土每层的虚铺厚度(mm)　　　　　　表 2-25

压实机具	虚铺厚度	压实机具	虚铺厚度
木夯、铁夯	≤200	压路机	200～300
轻型压实设备	200～250	振动压路机	≤400

2.6.3　夯实

沟槽回填夯实是利用夯锤下落的冲击力来夯实土壤。通常有人工夯实和机械夯实两种方法。管顶 50cm 以下和胸腔两侧必须采用人工夯实；管顶 50cm 以上可采用机械夯实。

人工夯实主要采用木夯、石夯进行，用于回填土密实度要求不高处。

机械夯实的机具类型较多，常采用蛙式打夯机、内燃打夯机、履带式打夯机以及压路机等。

1. 蛙式打夯机

蛙式打夯机由夯头架、拖盘、电动机和传动减速机构组成，如图 2-63 所示。蛙式夯构造简单、轻便，在施工中广泛使用。

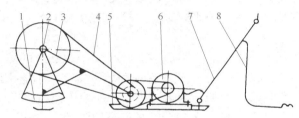

图 2-63　蛙式夯构造示意

1—偏心块；2—前轴装置；3—夯头架；4—传动装置；5—托盘；
6—电动机；7—操纵手柄；8—电器控制设备

夯土时电动机经皮带轮二级减速，使偏心块转动，摇杆绕拖盘上的连接铰转动，使拖盘上下起落。夯头架也产生惯性力，使夯板作上下运动，夯实土方。同时蛙式夯利用惯性作用自动向前移动。一般而言，采用功率 2.8kW 的蛙式夯，在最佳含水量条件下，虚铺厚度 200mm，夯击 3～4 遍，回填土密实度便可达到 95％左右。

2. 内燃打夯机

内燃打夯机又称"火力夯"，由燃料供给系统、点火系统、配气机构、夯身夯足、操纵机构等部分组成，如图 2-64 所示。

打夯机启动时，需将机身抬起，使缸内吸入空气，雾化的燃油和空气在缸内混合，然后关闭气阀，靠夯身下落将混合气压缩，并经磁电机打火将其点燃。混合气体在缸内燃烧所产生的能量推动活塞，使夯轴和夯足作用于地面。在冲击地面后，夯足跳起，整个打夯机也离开地面，夯足的上升动能消尽后，又以自由落体下降，夯击地面。

火力夯用于夯实沟槽、基坑、墙边墙角处的还土较为方便。

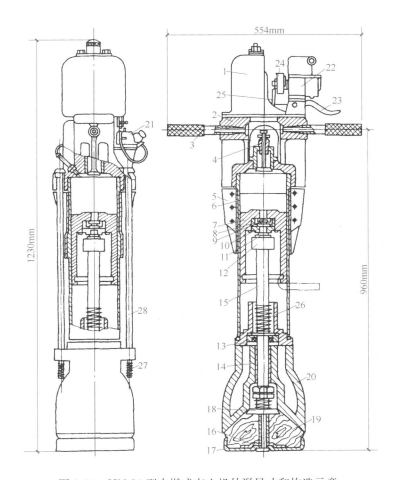

图 2-64　HN-80 型内燃式夯土机外形尺寸和构造示意

1—油箱；2—气缸盖；3—手柄；4—气门导杆；5—散热片；6—气缸套；7—活塞；
8—阀片；9—上阀门；10—下阀门；11—锁片；12、13—卡圈；14—夯锤衬套；15—连杆；
16—夯底座；17—夯板；18—夯上座；19—夯足；20—夯锤；21—汽化器；22—磁电机；
23—操纵手柄；24—转盘；25—联杆；26—内部弹簧；27—拉杆弹簧；28—拉杆

3. 履带式打夯机

履带式打夯机如图 2-65 所示，可利用挖土机或履带式起重机改装而成。

打夯机的锤形有梨形、方形，锤重 1～4t，夯击土层厚度可达 1～1.5m。其适用于沟槽上部夯实或大面积回填土方夯实。

2.6.4　检查

主要检查项目是回填土的密实度。

1. 对回填土密实度的要求

沟槽回填土的重量直接作用在管道上，如果提高管顶部分的回填土密实度，可起到减少管顶垂直土压力的作用。根据《给水排水管道工程施工及验收规范》GB 50268—2008 要求，管道沟槽位于路基范围内时，管顶以上 250mm 范围内回填土的密实度不应小于 85％，其他情况回填土的密实度如图 2-66 所示。

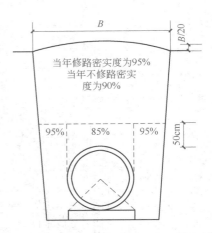

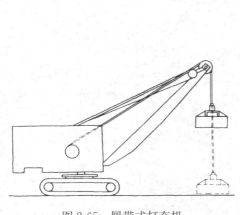

图 2-65　履带式打夯机　　　　　　　图 2-66　沟槽回填土密实度要求

如沟槽回填后，作为道路的路基，则其最小密实度应按表 2-26 确定。

沟槽回填作为路基的最小密实度　　　　　　　　　　　表 2-26

由路床底算起的深度（mm）	道路类别	最小密实度(%)	
		重型击实标准	轻型击实标准
≤800	快速路及主干路	95	98
	次干路	93	95
	支干路	90	92
800～1500	快速路及主干路	93	95
	次干路	90	92
	支干路	87	90
>1500	快速路及主干路	87	90
	次干路	87	90
	支干路	87	90

注：1. 表中重型击实标准的密实度和轻型击实标准的密实度，分别以相应的标准击实试验求得的最大干密度为 100%；

　　2. 回填土的要求密实度，除注明者外，均为轻型击实标准的密实度。

2. 回填土密实度的检查

每层土夯实后，均应检测密实度。一般采用环刀法进行检测。检测时，应确定取样的数目和地点。由于表面土常易夯碎，每个土样应在每层夯实土的中间部分切取。土样切取后，根据自然密度、含水量、干密度等数值，即可算出密实度。

2.6.5　回填施工注意事项

（1）雨期回填应先测定土壤含水量，排除槽内积水，还土时应避免造成地面水流向槽内的通道。

（2）冬期回填应尽量缩短施工段，分层薄填，迅速夯实，铺土须当天完成。管道上方计划修筑路面时不得回填冻土；上方无修筑路面计划时，两侧及管顶以上 500mm 范围内不得回填冻土，其上部回填冻土含量也不能超过填方总体积的 30％，且冻土颗粒尺寸不得大于 15cm。

（3）有支撑的沟槽，拆撑时要注意检查沟槽及邻近建筑物、构筑物的安全。

（4）回填时沟槽降水应继续进行，只有当回填土达到原地下水位以上时方可停止。

（5）回填土时不得将土直接砸在抹带接口及防腐绝缘层上。

（6）柔性管道回填的时间宜在一昼夜中温度最低的时刻，且回填土中不应含有砾石、冻土块及其他杂硬物体。

（7）燃气管道、电力电缆、通信电缆回填后，应设置明显的标志。

（8）为了缓解热力管道的热胀作用，回填前应在管道弯曲部位的外侧设置硬泡沫垫块；回填时先用砂子填至管顶以上 100mm 处，然后再用原土回填。

（9）回填应使槽上土面略呈拱形，以免日久因土沉陷而造成地面下凹。拱高一般为槽宽的 $\frac{1}{20}$，常取 150mm。

2.7　柔性排水管道施工

传统的市政排水管道大多采用钢筋混凝土管，而钢筋混凝土管抗酸碱腐蚀能力差、管节短、接口多、接口密闭性差、重量大、不便于施工且易损坏渗漏，导致路面塌陷、管道堵塞。随着我国建材事业的不断发展，化学建材排水管代替钢筋混凝土管已成为必然。化学建材排水管道与钢筋混凝土管道相比，具有管节长、接口少、接口密闭性好、耐腐蚀、重量轻等优点。化学建材排水管道一般是指 HDPE 缠绕管、HDPE 波纹管、PE 实壁排水管、PVC 波纹管、PVC 加筋管、FRPP 加筋管、FRPP 波纹管、FRPP 模压管、PVC-U 加筋管、PVC-U 双壁波纹管等。

化学建材排水管道为柔性管道，它在承受荷载后可以产生一定的挠曲，从而满足抗振和地面不均匀沉降的要求。柔性排水管道特指埋地排水用的硬聚氯乙烯管（PVC-U）、高密度聚乙烯管（HDPE）和符合欧盟标准认证的双壁波纹管、加筋管、中空壁螺旋缠绕管、平壁管。

柔性排水管道以开槽施工为宜，其施工工艺与钢筋混凝土管道相同，但应注意以下几点。

1. 开槽

确定沟槽尺寸时，槽底净宽应根据管径、敷设方法、沟槽排水要求、回填材料的夯实方法等要求综合确定，但一般不小于表 2-27 的规定。

槽底最小净宽　　　　　　　　　　表 2-27

管径 DN（mm）	槽底最小宽度（mm）	说明
110＜DN≤250	D_e＋400	用于街坊内及道路连管敷设
300≤DN≤1000	D_e＋600	用于道路下排水管道敷设

注：1. 有支撑的沟槽应计入撑板厚度；

2. 当槽深大于 3m 时，沟槽宽度可增加 200mm；

3. DN 指管道公称直径，D_e 指管道外径。

沟槽开挖时，应严格控制槽底高程，不得扰动槽底土壤。若使用机械开挖，应预留 200～300mm 原状土，待下一工序开始前由人工开挖至设计标高。如果局部发生超挖或扰动，应换填粒径 10～15mm 天然级配的砂石料或 5～40mm 的碎石，整平夯实。雨期施工时，应做好排水措施，防止泡槽。

2. 基础

基础宜采用垫层基础。

对一般土质地段，为一层 100mm 厚的中粗砂垫层；对地下水位以下的软土地基地段，先铺一层 150mm 厚、粒径为 5～40mm 的碎石或砾石砂，然后上面再铺一层 50mm 厚的中、粗砂垫层。管座设计支承角度有 90°、120°、180°三种形式，其对应的管基厚度和有效回填范围如图 2-67 所示。

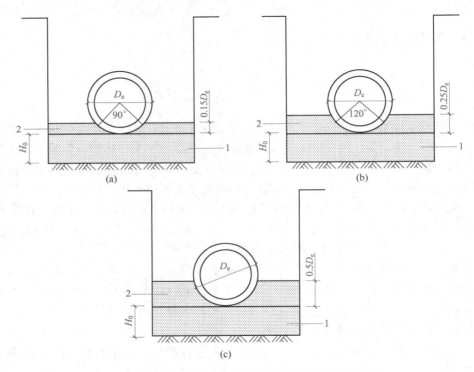

图 2-67　管座设计支撑角有效回填范围及厚度示意
(a) 90°管座；(b) 120°管座；(c) 180°管座
1—基础；2—设计支承角回填范围；H_0—基础厚度；D_e—管道外径

管道基础应平整夯实，密实度不得低于 90%，管底支承角范围内的腋角部位，必须采用中粗砂回填密实，严禁用沟槽回填土。基础在接口处的凹槽，宜在管道铺设时随挖随铺，接口完成后，随即用中粗砂将凹槽回填密实。

3. 排管、下管与稳管

排管应由下游往上游进行，对承插管道，其插口应顺水流方向、承口逆水流方向。下管可采用人工或机械方法。人工下管可由地面人员将管材传递给沟槽内的施工人员，也可用非金属绳索系住管身两端，采用压绳下管法。机械下管时必须采用非金属绳索悬吊，要两个吊点同时起吊，严禁串心起吊，以免损坏管道。稳管方法与 2.5.4 节相同，不再重述。

4. 管道接口

管道接口应由下游往上游进行。一般采用弹性密封橡胶圈接口、粘接接口、套筒式柔性接口。

（1）弹性密封橡胶圈接口

弹性密封橡胶圈接口用于承插管道，弹性密封橡胶圈应由管材生产厂家随管材配套供应，外观应平整光滑，不得有气孔、裂缝、卷褶、破损、重皮等缺陷，其性能应满足下列要求：

1）邵氏硬度：50±5；

2）伸长率：≥500%；

3）拉断强度：≥16MPa；

4）永久变形：<20%；

5）老化系数：≥0.8（70℃、144h）。

接口前，应先检查橡胶圈是否配套，材质是否完好，并确定橡胶圈的安放位置及插口插入承口的深度。接口时，先将承口内壁清理干净，将橡胶圈套在插口端的第一个凹槽上，并在承口内壁和橡胶圈上涂抹润滑剂（首选硅油），将承插口端面的轴线找正对齐。对不大于 DN400 的管道，由一人用棉纱绳吊住被安装管道的插口端，另一人在承口端部设置横挡板，将长撬棒斜插入基础并抵住横挡板，然后用力将该管道缓缓插入待安管道的承口至预定位置处。大于 DN400 的管道，可用两台手扳葫芦将管道拉动就位，接口合拢时，管节两侧的手扳葫芦应同步拉动，使橡胶圈正确就位，不扭曲，不脱落。

（2）粘接接口

粘接接口用于承插管道，胶粘剂应由管材厂家配套供应。胶粘剂必须是适用于该管材的溶剂型胶粘剂，其质量及粘接强度应符合现行行业标准的规定。

粘接接口前，应将插口外侧和承口内侧擦拭清理干净，使被粘接面保持干燥清洁。如遇有油污，应用棉纱蘸丙酮或其他清洁剂清洗干净。然后将插口插入承口内，验证粘接的紧密程度，使插口的插入深度和松紧度配合情况符合要求，并在插口端表面画出插入承口深度的标记线，以作为涂抹胶粘剂的标志。

粘接时，在承口内部和插口外部标记范围内用毛刷涂抹配套的专用胶粘剂，先涂抹承口内表面，后涂抹插口外表面，沿轴向由里向外均匀涂抹，不得涂抹过量、漏涂或超出标记线。胶粘剂涂抹完毕后，立即对准找正管道轴线，将插口插入承口，用力顶推至所画标记处，然后将管道旋转 $\frac{1}{4}$ 圈，并用力挤压接口部位，至少保持 60s 内施加的外力不变。然后将挤出接口的胶粘剂擦拭干净，静止固化。静止固化的时间应满足胶粘剂生产厂的规定。

（3）套筒式柔性接口

套筒式接口适用于平口管，套筒件由管道生产厂配套供应。套筒分玻璃钢套筒和 PE 套筒两类，玻璃钢套筒适用于所有管径的管道，PE 套筒适用于管径在

163

500mm 以内的管道。

接口前，先将管道的连接部位、套筒、橡胶圈清理干净并涂抹润滑剂，将橡胶圈由下往上用撬棒套在第一根管道的管口处，用直尺量测管道插入套筒的深度，并标记在管道上。然后将套筒套在已装橡胶圈的管材端部，用力沿轴线方向推进直至管材接触到套筒中间环位置，再将两根牵引绳拴在距管 1.5m 左右的管道上，管道左右中线位置各放一手拉葫芦，将木挡板放在套筒口部中线处，手拉葫芦一端钩住牵引绳，另一端钩住木挡板，同时收紧将套筒口部拉至标记处。套筒安装完成后，用同样方法将另一根管道套上橡胶圈拉入套筒内。

5. 柔性管道与检查井的衔接

排水管道的检查井，一般为砖砌或现浇混凝土结构，柔性管道与其衔接时，宜采用柔性接头。柔性接头一般为预制套环加橡胶密封圈接头，即在检查井井壁上安装一个预制混凝土套环，将橡胶圈套在管道端部，插入套环中即可，如图 2-68 所示。

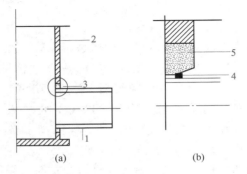

图 2-68　柔性管道与检查井衔接示意
(a) 柔性管道与检查井衔接；(b) 节点构造示意
1—柔性管道；2—检查井井壁；3—节点；4—橡胶圈；5—混凝土预制套环

当柔性管道与检查井采用砖砌或混凝土直接浇筑衔接时，由于水泥砂浆与柔性管道（如 PVC-U 管）的结合性能不好，不宜将管材直接砌筑在检查井井壁内。此时，可采用中介层做法。即施工前在管道与检查井接触部位的外表面均匀地涂一层塑料胶粘剂，紧接着在上面撒一层干燥的粗砂，固化 20min 后即形成表面粗糙的中介层，砌入检查井内可保证与水泥砂浆的良好结合。中介层的长度一般与检查井井壁厚度相同。中介层做好后，可将管道用水泥砂浆直接砌筑在检查井内。

当管道位于软土地基、低洼、沼泽或地下水位高的软土地基或不均匀沉降地段时，检查井与管道可采用过渡段连接。过渡段由 2 节短管柔性连接而成，与检查井直接相连的管道长度为 0.5m，后面再连一根长度不大于 2m 的短管，最后再与整根长的管道连接，使检查井与管道的沉降差形成平缓过渡。短管之间可采用橡胶圈、套筒式或粘接接头。短管与检查井之间可采用预制套环、中介层等方法连接。

6. 回填与夯实

回填前，应对管道进行外观检查、断面检查和严密性检查，确认合格后方可进行土方回填。回填时应注意以下几点。

（1）内径大于 800mm 的柔性管道，应在管内设竖向支撑点，以防止管道水平下沉；

（2）回填时间宜在一昼夜中气温最低时段；

（3）回填前排出槽内积水；

（4）验收合格后，立即回填至管顶以上 1 倍管径的高度，以防因雨漂浮；

（5）从管底基础部位开始到管顶以上 0.5m 范围内，必须人工回填、轻型机具夯实，严禁用机械回填；0.5m 以上的部位，可采用机械回填、重型机具夯实或碾压。回填、夯实应管道两侧同时对称进行，不得使管道位移或损伤，管道两侧压实面的高差不应超过 0.3m；

（6）回填土质不得为淤泥、冻土或有机物，土中不得含有石块、砖及其他坚硬带棱角的大块物体，其含水量应控制在最佳含水量左右；

（7）应两侧对称、分层回填夯实，确保管道不产生位移，每层回填土的虚铺厚度见表 2-25；

（8）柔性管道沟槽回填时，各部位回填材料及压实度要求如图 2-69 所示。

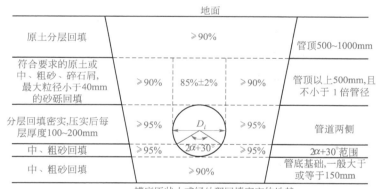

图 2-69   柔性管道沟槽回填部位与压实度示意图

（9）回填至设计高程时，应在 12～24h 内量测并记录管道变形率。管道变形率应符合设计要求，同时不得出现纵向隆起、环向扁平和其他变形情况。设计无要求时，不应超过 3%。当变形率大于 3%，但不超过 5% 时，应挖出回填材料，露出 85% 的管径，然后重新夯实管道底部的回填材料以提高其密实度，并改换合适的回填材料按回填施工工艺重新进行回填施工，直至设计高程。当变形率大于 5% 时，应将管道挖出，会同设计部门研究处理。

管道周围的回填材料应人工挖掘，以免损坏管道。当有损伤时，应进行修复或更换。

管道回填完毕后，应重新检测管道变形率。

管道的变形率是直埋柔性管道在外荷载作用下，竖向直径的变形量与竖向直径的比值，即：

$$\varepsilon = \frac{\Delta D}{D} \times 100\% \leqslant [\varepsilon] \tag{2-27}$$

式中　ε——管道变形率（%）；

　　　ΔD——管道竖向直径的变形量（mm）；

　　　D——管道承受荷载前的竖向直径（mm）；

　　　$[\varepsilon]$——许用变形率，一般不大于 3%，超过 5% 时须返工。

$$\Delta D = D - D' \tag{2-28}$$

式中　D'——管道承受荷载后的竖向直径（mm）。

　　管道竖向直径一般用钢尺直接量测，不便时可用圆度测试板或芯轴仪管内拖拉直接量测管道变形值。一般试验段（或初始 50m）量测点不少于 3 处；每 100m 正常作业段取起点、中间点、终点近处量测，每处平行测量 3 个断面，取其平均值为量测值。

复习思考题

1. 明沟排水由哪些部分组成？其适用条件是什么？
2. 明沟排水的排水沟有哪些技术要求？绘图说明其开挖方法是什么？
3. 轻型井点由哪些部分组成？其适用条件是什么？怎样进行轻型井点系统的设计？
4. 喷射井点降水系统的工作原理是什么？
5. 沟槽土方开挖常用哪些机械？各有什么特点？
6. 沟槽断面有哪几种形式？选择断面形式时应考虑哪些因素？
7. 什么情况下沟槽开挖需要加设支撑？支撑结构应满足哪些要求？
8. 支撑有哪些种类？其适用条件各是什么？
9. 沟槽土方回填的注意事项有哪些？其质量要求是什么？
10. 叙述砂桩的施工过程。
11. 什么是注浆加固法？常用浆液种类有哪些？
12. 市政管道工程开槽施工包括哪些工序？
13. 市政管道开槽前应进行哪些测量工作？施工过程中又应进行哪些测量工作？各如何进行？
14. 人工下管有哪些方法？机械下管时应注意哪些问题？
15. 简述管道稳管的方法。
16. 承插式铸铁管有哪些接口方法？其适用条件各是什么？各怎样施工？
17. 简述球墨铸铁管的性能、适用条件及其接口施工方法。
18. 什么叫平基法施工？平基法施工的操作要求有哪些？
19. 什么叫垫块法施工？垫块法施工的操作要求有哪些？
20. 什么是"四合一"施工法？其适用条件是什么？如何施工？
21. 排水管道常采用的刚性接口和柔性接口有哪些？
22. 水压试验设备由哪几部分组成？
23. 试述市政给水管道水压试验的方法。
24. 试述市政排水管道闭水试验的方法。
25. 市政给水管道试验合格后如何进行冲洗、消毒工作？
26. 热力管道有几种敷设形式？其适用条件各是什么？

27. 地沟有几种形式？其各适用于什么情况？
28. 热力管道直埋敷设要注意什么技术问题？直埋敷设有什么特点？
29. 燃气管道敷设时应注意什么问题？
30. 燃气管道的附属设备有哪些？各有什么作用？安装时应注意哪些问题？
31. 电缆敷设时应注意哪些问题？
32. 热力管道的强度试验和严密性试验各如何进行？其合格标准是什么？
33. 热力管道的水力冲洗应满足哪些要求？
34. 燃气管道吹扫时应满足哪些要求？
35. 燃气管道的吹扫与通球扫线有什么区别？

码2-7　教学单元2
复习思考题
参考答案

教学单元 3 市政管道不开槽施工

【教学目标】 通过本单元的学习，掌握人工取土掘进顶管法的施工原理与方法、顶管施工的接口方法、顶管施工的测量与纠偏方法；熟悉机械取土掘进顶管法的施工原理与方法、特种顶管施工技术。

市政管道穿越铁路、公路、河流、建筑物等障碍物或在城市干道上施工而又不能中断交通以及现场条件复杂不适宜采用开槽法施工时，常采用不开槽法施工。不开槽铺设的市政管道的形状和材料，多为各种圆形预制管道，如钢管、钢筋混凝土管及其他各种合金管道和非金属管道，也可为方形、矩形和其他非圆形的预制钢筋混凝土管沟。

与开槽施工法相比，管道不开槽施工减少了施工占地面积和土方工程量，不必拆除地面上和浅埋于地下的障碍物；管道不必设置基础和管座；不影响地面交通和河道的正常通航；工程立体交叉时，不影响上部工程施工；施工不受季节影响且噪声小，有利于文明施工；降低了工程造价。因此，不开槽施工在市政管道工程施工中得到了广泛应用。

不开槽施工一般适用于非岩性土层。在岩石层、含水层施工，或遇有地下障碍物时，都需要采取相应的措施。因此，施工前应详细地勘察施工地段的水文地质条件和地下障碍物等情况，以便于操作和安全施工。

市政管道的不开槽施工，最常用的是掘进顶管法。此外，还有挤压施工、牵引施工等方法。施工前应根据管道的材料、尺寸、土层性质、管线长度、障碍物的性质和占地范围等因素，选择适宜的施工方法。

3.1 掘 进 顶 管 法

掘进顶管法的施工过程如图 3-1 所示。

施工前先在管道两端开挖工作坑，再按照设计管线的位置和坡度，在起点工作坑内修筑基础、安装导轨，把管道安放在导轨上顶进。顶进前，在管前端开挖坑道，然后用千斤顶将管道顶入。一节顶完，再连接一节管道继续顶进，直到将管道顶入终点工作坑为止。在顶进过程中，千斤顶支承于后背，后背支承于原土后坐墙或人工后坐墙上。

根据管道前端开挖坑道的不同方式，掘进顶管法可分为人工取土掘进顶管和机械取土掘进顶管两种方法。

3.1.1 人工取土掘进顶管法

人工取土掘进顶管法是依靠人力在管内前端掘土，然后在工作坑内借助顶进设备，把敷设的管道按设计中线和高程的要求顶入，并用小车将前方挖出的土从

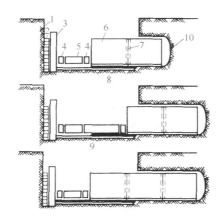

码3-2　顶进施工示意

图 3-1　掘进顶管示意

1—后坐墙；2—后背；3—立铁；4—横铁；5—千斤顶；6—管子；
7—内胀圈；8—基础；9—导轨；10—掘进工作面

管中运出，如图 3-1 所示。这是目前应用较为广泛的施工方法，适用于管径不小于 800mm 的大口径管道的顶进施工，否则人工操作不便。

在掘进顶管中，常用的管材为普通和加厚的钢筋混凝土圆管，管口形式以平口和企口为宜，特殊情况下也可采用钢管。市政管道工程中根据工程性质的不同，经常采用的管道材料见表 3-1。

掘进顶管中不同工程性质采用的管道材料　　　　　　　　　　表 3-1

管道种类	管道性质	管道材料
排水管道	重力流	钢筋混凝土管、混凝土管、铸铁管
给水管道	压力流	预应力钢筋混凝土管、钢管、铸铁管
燃气管道	压力流	钢管、铸铁管、石棉水泥管
热力管道	压力流	钢管
电缆管	套管	钢管、石棉水泥管
跨越管	套管	钢管、钢筋混凝土管

1. 顶管施工的准备工作

（1）制定施工方案

顶管施工前，应对施工地带进行详细勘察，进而编制可行的施工方案。在勘察中要掌握管道沿线水文地质资料；顶管地段地下管线的交叉情况和现场地形、交通、水电供应情况；顶进管道的管径、管材、埋深、接口和可能提供的顶进、掘进设备及其他有关资料。根据这些资料编制施工方案，其内容有：

1）确定工作坑的位置和尺寸，进行后背的结构计算；

2）确定掘进和出土方法、下管方法、工作平台的支撑形式；

3）进行顶力计算，选择顶进设备以及考虑是否采用长距离顶进措施以增加顶进长度；

4）遇有地下水时，采用的降水方法；

5）工程质量和安全保证措施。

（2）工作坑的布置

工作坑又称竖井，是掘进顶管施工的工作场所。工作坑的位置应根据地形、管道设计、地面障碍物等因素确定。其确定原则是考虑地形和土质情况，尽量选在有可利用的坑壁原状土做后背处和检查井、阀门井处；与被穿越的障碍物应有一定的安全距离且距水源和电源较近处；应便于排水、出土和运输，并具有堆放少量管材和暂时存土的场地；单向顶进时重力流管道应选在管道下游以利排水，压力流管道应选在管道上游以便及时使用。

（3）工作坑的种类及尺寸

工作坑有单向坑、双向坑、转向坑、多向坑、交汇坑、接收坑之分，如图3-2所示。

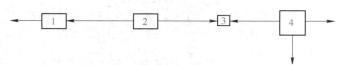

图 3-2　工作坑种类

1—单向坑；2—双向坑；3—交汇坑；4—多向坑

只向一个方向顶进管道的工作坑称为单向坑。向一个方向顶进而又不会因顶力增大而导致管端压裂或后背破坏所能达到的最大长度，称为一次顶进长度。它因管材、土质、后背和后坐墙的种类及其强度、顶进技术、管道埋设深度的不同而异，单向坑的最大顶进距离为一次顶进长度。双向坑是向两个方向顶进管道的工作坑，因而可增加从一个工作坑顶进管道的有效长度。转向坑是使顶进管道改变方向的工作坑。多向坑是向多个方向顶进管道的工作坑。接收坑是不顶进管道，只用于接收管道的工作坑。若几条管道同时由一个接收坑接收，则这样的接收坑称为交汇坑。

工作坑的平面形状一般有圆形和矩形两种。圆形工作坑的占地面积小，一般采用沉井法施工，竣工后沉井可作为管道的附属构筑物，但需另外修筑后背。矩形工作坑是顶管施工中常用的形式，其短边与长边之比一般为 2：3。此种工作坑的后背布置比较方便，坑内空间能充分利用，覆土厚度深浅均可使用。如顶进小口径钢管，可采用条形工作坑，其短边与长边之比很小，有时可小于1：5。

工作坑应有足够的空间和工作面，以保证顶管工作正常进行。工作坑的各部位尺寸按如下方法考虑。

工作坑的底宽 W 和深度 H，如图3-3所示。

工作坑的底宽按式(3-1)计算：

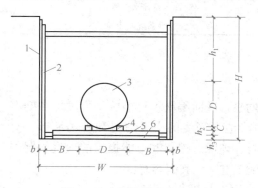

图 3-3　工作坑的底宽和深度

1—撑板；2—支撑立木；3—管道；

4—导轨；5—基础；6—垫层

$$W = D + 2(B + b) \qquad (3\text{-}1)$$

式中　　W——工作坑底宽(m)；

　　　　D——被顶进管道的外径(m)；

　　　　B——管道两侧操作宽度(m)，一般每侧为 1.2～1.6m；

　　　　b——撑板与立柱厚度之和(m)，一般采用 0.2m。

　　工程施工中，可按式(3-2)估算工作坑的底宽(均以"m"为单位)：

$$W \approx D + (2.5 \sim 3.0) \tag{3-2}$$

　　工作坑的深度按式(3-3)计算：

$$H = h_1 + D + C + h_2 + h_3 \tag{3-3}$$

式中　　H——工作坑开挖深度(m)；

　　　　h_1——管道覆土厚度(m)；

　　　　D——管道外径(m)；

　　　　C——管道外壁与基础顶面之间的空隙，一般为 0.01～0.03m；

　　　　h_2——基础厚度(m)；

　　　　h_3——垫层厚度(m)。

　　工作坑的坑底长度如图 3-4 所示，按式(3-4)计算：

$$L = a + b + c + d + e + f + g \tag{3-4}$$

式中　　L——工作坑坑底长度(m)；

　　　　a——后背宽度(m)；

　　　　b——立铁宽度(m)；

　　　　c——横铁宽度(m)；

　　　　d——千斤顶长度(m)；

　　　　e——顺铁长度(m)；

　　　　f——单节管长(m)；

　　　　g——已顶进的管节留在导轨上的最小长度，混凝土管取 0.3m，钢管取 0.6m。

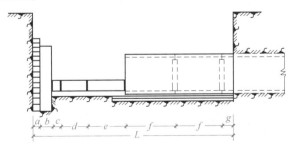

图 3-4　工作坑坑底的长度

a—后背宽度；b—立铁宽度；c—横铁宽度；d—千斤顶长度；
e—顺铁长度；f—单节管长；g—已顶进的管节留在导轨上的最小长度

　　工程施工中，可按式(3-5)估算工作坑的长度(均以"m"为单位)：

$$L \approx f + 2.5 \tag{3-5}$$

（4）工作坑的基础与导轨

工作坑的施工一般有开槽法、沉井法和连续墙法等方法。

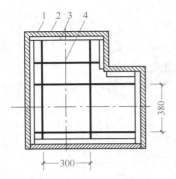

图 3-5　工作坑壁支撑(单位:cm)
1—坑壁；2—撑板；
3—横木；4—撑杠

开槽法是常用的施工方法。在土质较好、地下水位低于坑底、管道覆土厚度小于 2m 的地区，可采用浅槽式工作坑。其纵断面形状有直槽形、阶梯形等。根据操作要求，工作坑最下部的坑壁应为直壁，其高度一般不少于 3m。如需开挖斜槽，则管道顶进方向的两端应为直壁。土质不稳定的工作坑，坑壁应加设支撑，如图3-5所示。撑杠到工作坑底的距离一般不小于 3.0m，工作坑的深度一般不超过 7.0m，以便于施工操作。在地下水位高、地基土质为粉土或砂土时，为防止产生管涌，可采用围堰式工作坑，即用木板桩或钢板桩以企口相接形成圆形或矩形的围堰支撑工作坑的坑壁。

在地下水位下修建工作坑，如不能采取措施降低地下水位，可采用沉井法施工。即首先预制不小于工作坑尺寸的钢筋混凝土井筒，将预制好的井筒吊运至需开挖工作坑处，然后在钢筋混凝土井筒内挖土，随着土方开挖，井筒靠自身的重力不断下沉，当沉到要求的深度后，再用钢筋混凝土封底。在整个下沉的过程中，依靠井筒的阻挡作用，消除地下水对施工的影响。

连续墙式工作坑，即先钻深孔成槽，用泥浆护壁，然后放入钢筋网，浇筑混凝土时将泥浆挤出来形成连续墙段，再在井内挖土封底而形成工作坑。连续墙法比沉井法工期短，造价低。

施工过程中为了防止工作坑地基沉降，导致管道顶进误差过大，应在坑底修筑基础或加固地基。基础的形式取决于坑底土质、管节重量和地下水位等因素。一般有以下三种形式：

1）土槽木枕基础。其适用于土质较好，又无地下水的工作坑。这种基础施工操作简便、用料少，可在方木上直接铺设导轨，如图3-6所示。

2）卵石木枕基础。其适用于粉砂地基并有少量地下水时的工作坑。为了防止施工过程中扰动地基，可铺设厚为 100～200mm 的卵石或级配砂石，在其上安装木轨枕，铺设导轨，如图3-7所示。

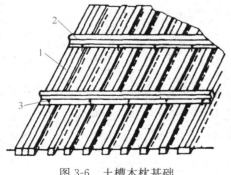

图 3-6　土槽木枕基础
1—方木；2—导轨；3—道钉

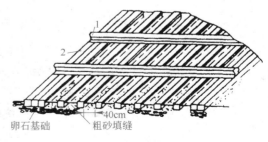

图 3-7　卵石木枕基础
1—导轨；2—方木

3）混凝土木枕基础。其适用于工作坑土质松软、有地下水、管径大的情况。基础采用强度等级不低于 C15 的混凝土，如图 3-8 所示。

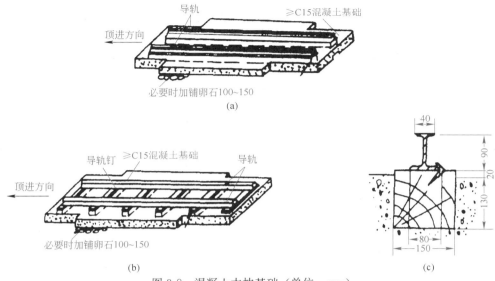

图 3-8 混凝土木枕基础（单位：mm）

（a）纵铺混凝土轨枕基础；（b）横铺混凝土轨枕基础；（c）木轨枕卧入混凝土的高度

该基础宽度应比管外径大 400mm，厚度为 200～300mm，长度至少为单节管长的 1.2～1.3 倍。混凝土面应比轨枕面低 10～20mm，轨枕应埋设在混凝土中，一般采用 150mm×150mm 的方木，长度为 2～4m，间距为 400～800mm。

导轨的作用是引导管道按设计的中心线和坡度顶入土中，保证管道在将要入土时的位置正确。因此，导轨安装是顶管施工中的一项非常重要的工作，安装时应满足如下要求：

1）宜采用钢导轨，钢导轨有轻轨和重轨之分，管径大时采用重轨。轻便钢导轨的安装如图 3-9 所示。

2）导轨用道钉固定于基础的轨枕上，两导轨应平行、等高，其高程应略高于该处管道的设计高程，坡度与管道坡度一致。

3）安装后的导轨应牢固，不得在使用过程中产生位移，并应经常检查校核。

4）两导轨间的净距 A 可式（3-6）计算，如图 3-10 所示。

$$A=2\sqrt{(D+2t)(h-c)-(h-c)^2} \tag{3-6}$$

式中　A——两导轨净距（m）；

　　　D——管道内径（m）；

　　　t——管道壁厚（m）；

　　　h——钢导轨高度（m）；

　　　c——管道外壁与基础面的空隙，一般为 0.01～0.03m。

两导轨的中心距离 A_0 可按式（3-7）计算：

$$A_0=A+a \tag{3-7}$$

式中　A_0——两导轨中心距离（m）；

A——两导轨净距（m）；

a——导轨的上顶宽度（m）。

顶管施工中，导轨可能产生各种质量问题。如从工作坑一侧开挖坡道下管时，管道从侧面撞击导轨，使之向管中心位移；垂直下管，管道正面撞击导轨，使之向两侧位移；导轨可能因基础下沉而下沉；基础纵向开裂，其中一半下沉，使两个导轨面高程不一致等。这些问题都会影响顶进管道的施工质量，需要采取相应措施予以补救。

在顶管施工中，一般导轨都固定安装，但有时也可采用滚轮式导轨，如图3-11所示。这种滚轮式导轨的两导轨间距可以调节，以适应不同管径的管道。同时，管道与导轨间的摩擦力小，一般用于外设防腐层的钢管或大口径的混凝土管道的顶管施工。

导轨安装好后，应按设计检查轨面高程和坡度。首节管道在导轨上稳定后，应测量导轨承受荷载后的变化，并加以纠正，确保管道在导轨上不产生位移和偏差。

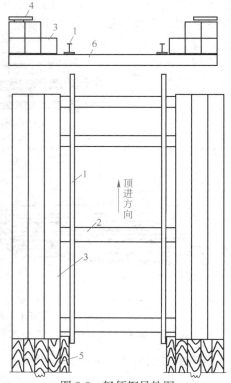

图 3-9　轻便钢导轨图

1—钢轨导轨；2—方木轨枕；3—护木；
4—铺板；5—平板；6—混凝土基础

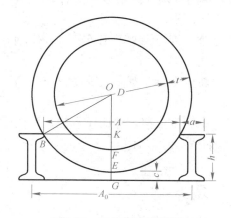

图 3-10　导轨间距计算图

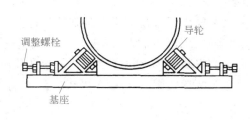

图 3-11　滚轮式导轨

（5）后坐墙与后背

后坐墙与后背是千斤顶的支承结构，在顶进过程中始终承受千斤顶顶力的反作用力，该反作用力称为后坐力。顶进时，千斤顶的后坐力通过后背传递给后坐墙。因此，后背和后坐墙要有足够的强度和刚度，以承受此荷载，保证顶进工作顺利进行。

后背是紧靠后坐墙设置的受力结构，一般由横排方木、立铁和横铁构成，如图3-12所示，其作用是减少对后坐墙单位面积的压力。

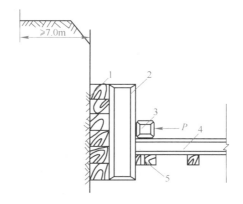

后背设置时应满足下列要求：

1）后坐墙土壁应铲修平整，并使土壁墙面与管道顶进方向垂直；

2）在平直的土壁前，横排 150mm×150mm 的方木，方木前设置立铁，立铁前再横向叠放横铁，当土质松软或顶力较大时，应在方木前加钢撑板，方木与土壁，以及撑板与土壁间要接触紧密，必要时可在土壁与撑板间灌砂捣实；

图 3-12　原土后坐墙与后背
1—方木；2—立铁；3—横铁；
4—导轨；5—导轨方木

3）方木应卧到工作坑底以下 0.5～1.0m，使千斤顶的着力点高度不小于方木后背高度的 $\frac{1}{3}$；

4）方木前的立铁可用 200mm×400mm 的工字钢，横铁可用 2 根 150mm×400mm 的工字钢；

5）后背的高度和宽度，应根据后坐力大小及后坐墙的允许承载力，经计算确定，一般高度可选 2～4m，宽度可选 1.2～3.0m。

后坐墙有原土后坐墙和人工后坐墙两种，经常采用原土后坐墙，如图3-12所示。原土后坐墙修建方便，造价低。黏土、粉质黏土均可作为原土后坐墙。根据施工经验，管道覆土厚度为 2～4m 时，原土后坐墙的长度一般需 4～7m。选择工作坑位置时，应考虑有无原土后坐墙可以利用。

当无法修建原土后坐墙时，可修建人工后坐墙。即用块石、混凝土、钢板桩填土等方法构筑后背，或加设支撑来提高后坐墙的强度，如图3-13所示。

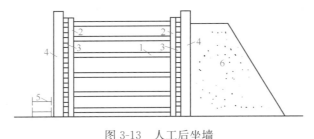

图 3-13　人工后坐墙
1—撑杠；2—立柱；3—后背方木；4—立铁；5—横铁；6—填土

后背和后坐墙在后坐力作用下产生压缩，压缩方向与后坐力的作用方向一致，停止顶进，顶力及后坐力消失，压缩变形也随之消失，这种弹性变形现象称为后坐现象。由于后坐墙土体和后背材料的弹性性质以及后背各部件间和后背与后坐墙之间存在着安装孔隙，当后坐力作用时，首先是安装孔隙"消失"，随即是土体和材料的弹性压缩。位移量为 5～20mm 的轻微后坐现象是正常的。大位移量会使千斤顶的有效顶程减小，而且后坐墙的大量位移会导致被动土压力的出现。施工中应保证后背在后坐力或后坐墙的被动土压力作用下不发生破坏，不产生不允许的压缩变形。

减少大位移量后坐现象的有效措施之一就是在后背与后坐墙之间的孔隙中灌砂并捣实，以保证后背各部件之间接触紧密。

为了保证顶进质量和施工安全，应进行后背的强度和刚度计算。后背的强度和刚度须根据承受的荷载——后坐力的大小进行设计，而该后坐力在数值上与千斤顶的顶力相等，按千斤顶的顶力计算即可，为此须先进行千斤顶的顶力计算。

为了顺利地推动管道在土中前进，千斤顶的顶力需克服顶进中的各种阻力，由于在顶进过程中各种外界因素的影响，使管道的受力状态经常处于变化之中，因此在计算顶力时，还应考虑适当的安全系数。一般按下述方法进行计算：

1）总顶力计算的理论公式

当无卸力拱时：

$$P = K[f(2P_V + 2P_H + P_0) + RA] \qquad (3-8)$$

式中　P——计算总顶力（kN）；

　　　P_V——管顶上的垂直土压力（kN）；

　　　P_H——管侧的水平土压力（kN）；

　　　P_0——顶进管道的自重（kN）；

　　　f——管段与土壤的摩擦系数，见表3-2；

　　　R——管前刃脚的阻力（kN/m²）；

　　　A——刃脚正面积（如无刃脚，则为管端面积）（m²）；

　　　K——安全系数，一般可取1.2。

管段与土壤的摩擦系数　　　　　表3-2

土壤类别	钢筋混凝土管			钢管		
	干燥	湿润	一般	干燥	湿润	一般
软土		0.20	0.20		0.20	0.20
黏土	0.40	0.20	0.30	0.40	0.20	0.30
粉质黏土	0.45	0.25	0.35	0.38	0.32	0.34
粉土	0.45	0.30	0.38	0.45	0.30	0.37
砂土	0.47	0.35	0.40	0.48	0.32	0.39
砂砾土	0.50	0.40	0.45	0.50	0.50	0.50

按土柱计算时，管顶上的垂直土压力计算公式见式（3-9）：

$$P_V = \gamma h D L \qquad (3-9)$$

式中　γ——土的重度（kN/m³）；

　　　h——管顶以上的土柱高度（m）；

　　　D——管道的外径（m）；

　　　L——顶进管道的总长（m）。

当垂直土压力按土柱计算时，管侧的水平土压力计算公式见式（3-10）：

$$P_H = \gamma\left(h+\frac{D}{2}\right)DL\tan^2\left(45°-\frac{\varphi}{2}\right) \tag{3-10}$$

式中　φ——土的内摩擦角（°），见表 3-3；

其他符号同式（3-9）。

土壤指标的经验数值　　　　　　　表 3-3

土壤类别	重度 γ（kN/m³）	内摩擦角 φ（°）	内聚力 C（kN/m²）
软土	17.5	10	<1.0
黏土	18.5	20	2.0
粉质黏土	19.0	25	1.5
粉土	19.5	27	—
砂土	20.0	30	—
砂砾土	21.0	35	—

顶进管道的自重按式（3-11）计算：

$$P_0 = GL \tag{3-11}$$

式中　G——管道单位长度的重力（kN/m）；

　　　L——顶进管道总长度（m）。

管前端刃脚的阻力与操作方法及土质有关系，一般不易精确计算，如工作面稳定，一般可取 500kN/m²，也可根据经验按表 3-4 确定。

管前刃脚阻力　　　　　　　表 3-4

工作面上的操作方法	刃脚阻力 R（kN/m²）
工作面土质稳定，可以先超挖成洞后再顶进	0
首节管前端装有刃脚，贯入土后再挖土	粉质黏土 500～550 砾石土 1500～1700
管内装有刃脚，采用挤压法顶进	粉质黏土含水量40%　200～250 粉质黏土含水量30%　500～600

公式使用说明：

穿越铁路时，按铁路桥梁规范规定，采用式（3-8）计算顶力时，垂直土压力应按土柱计算；在一般顶管中，按式（3-8）计算总顶力时，如覆土厚度与管外径的比值较小，同时土质松软，管顶上部土壤可能全部下陷时，垂直土压力应按土柱计算；在卵石地层中顶管，垂直土压力应按土柱计算，有时由于被石子卡住，可能出现大于按式（3-8）计算的顶力的情况；在平行顶进数排管道，且排距较近时，顶进一排后，相邻排的顶力如按式（3-8）计算，垂直土压力应按土柱计算。

当有卸力拱时，管道的实际顶力按式（3-12）计算：

$$P_K = \xi P \tag{3-12}$$

式中　P_K——实际顶力（kN）；

　　　P——理论计算顶力（kN）；

ξ——折减系数，据实际情况考虑。

实际顶进时，由于土质变化、坑道开挖形状不规则、土的含水量变化、管壁粗糙程度不一、顶进技术水平参差、顶进中间停歇等原因，顶力不易事先精确计算。因此，经常按经验公式计算顶力。

2）总顶力计算的经验公式。

顶进管道为钢筋混凝土管时，总顶力计算的经验公式为式（3-13）：

$$P=nGL \tag{3-13}$$

式中　P——计算总顶力（kN）；

　　　G——管道单位长度管体自重（kN/m）；

　　　L——顶进管道总长度（m）；

　　　n——土质系数。

当土质为黏土、粉质黏土及天然含水量较小的砂质粉土、砂土，管前挖土能形成卸力拱时，n 可取 1.5～2.0；当土质为密实的砂土及含水量较大的砂质粉土，管前挖土不能形成卸力拱，但塌方尚不严重时，n 可取 3.0～4.0。

顶进管道为一般金属管和轻质非金属管时，总顶力计算的经验公式为式（3-14）：

$$P=mD^2L \tag{3-14}$$

式中　P——计算总顶力（kN）；

　　　D——管道外径（m）；

　　　L——顶进管道总长度（m）；

　　　m——土质系数。

当土质为黏土、粉质黏土及天然含水量较低的粉质黏土，管前挖土能形成卸力拱时，m 可取 0.8～1.0；当土质为密实的砂土及含水量较大的砂质粉土，管前挖土不能形成卸力拱，但塌方不严重时，m 可取 1.5～2.0。

最大顶力确定后，根据顶进需要的总顶力，就可计算后背的受力面积，使后背单位面积上所受的力小于土层的允许承载力。所需的承压面积为：

$$A\geqslant\frac{P}{[\sigma]} \tag{3-15}$$

式中　A——后背所需的承压面积（m²）；

　　　P——计算总顶力（kN）；

　　$[\sigma]$——土壤的允许承载力，一般土为 150kN/m²，湿度较大的粉砂为 100kN/m²，比较干的黏土、粉质黏土和密实的砂土为 200kN/m²。

如后背所需的承压面积较大，应在后背与后坐墙土壁间加设钢板，以增加后坐墙的刚度和强度。

当后坐力通过后背传到后坐墙土体后，土体受压缩而产生位移，同时对后背产生反作用力。随着位移量的增加，土体对后背的反作用力也逐渐增加，当位移量足够大，达到被动极限平衡状态时，作用于后背上的反作用力就称为被动土压力，也称为土抗力。后背和后坐墙的结构与尺寸主要取决于管径大小和土抗力的大小。计算土抗力的目的就是保证在千斤顶出现最大顶力时，后坐墙土体不被破坏，以期在顶进过程中充分利用天然的后坐墙土体。由于最大顶力一般都在顶进施工接近完毕时出现，所以后坐墙计算时应充分利用土抗力，顶进施工中应密切注意后坐墙土体的压缩变形值，将残余变形控制在 20mm 以内。当发现变形过大时，应采取辅助措施，必要时应对后背土体进行加固，以提高土抗力。

后坐墙土体受压后产生的被动土压力按式（3-16）计算：

$$\sigma_P = K_P \gamma h \qquad (3-16)$$

式中　σ_P——被动土压力（kN/m^2）；

K_P——被动土压力系数；

γ——后坐墙土体的重度（kN/m^3）；

h——后坐墙土体的高度（m）。

被动土压力系数与土的内摩擦角有关，按式（3-17）计算：

$$K_P = \tan^2\left(45° + \frac{\varphi}{2}\right) \qquad (3-17)$$

式中　φ——后坐墙土的内摩擦角（°）。

不同土壤的 K_P 值见表 3-5。

土的主动和被动土压力系数值　　　　　　　　表 3-5

土壤类别	内摩擦角 φ	被动土压力系数 K_P	主动土压力系数 K_A	K_P/K_A
软土	10	1.42	0.70	2.03
黏土	20	2.04	0.49	4.16
粉质黏土	25	2.46	0.41	6.00
粉土	27	2.66	0.38	7.00
砂土	30	3.00	0.33	9.09
砂砾土	35	3.69	0.27	13.67

在考虑后坐墙土体的土抗力时，应按式（3-18）计算后坐墙土体的承载力：

$$R_c = K_r B H \left(h + \frac{H}{2}\right) \gamma K_P \qquad (3-18)$$

式中　R_c——后坐墙土体的承载力（kN）；

B——后坐墙的宽度（m）；

H——后背的高度（m）；

h——后背顶部至地面的高度（m）；

K_r——后坐墙土体的土抗力系数。

公式中其他参数的含义同式（3-16）。

后背的结构形式不同，后坐墙土体的受力状况也不同，为了保证后背的安全，根据不同的后背形式，采用不同的土抗力系数值。

当管顶覆土厚度小时，后背不需要打板桩，背身直接接触后坐墙土面，如图 3-14 所示，此时土抗力系数采用 0.85。

当管顶覆土厚度大时，后背需打入钢板桩，后坐力通过钢板桩传递给后坐墙，如图 3-15 所示。此时土的抗力系数取决于不同的后背形式及后背的覆土高度 h，覆土高度越小，土抗力系数也就越小，一般按 $K_r = 0.9 + \dfrac{5h}{H}$ 计算。

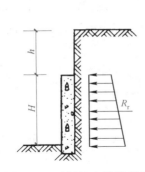

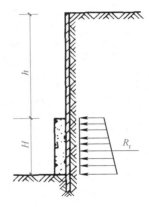

图 3-14　无板桩支撑的后背　　　　　　图 3-15　板桩后背

根据计算的土体承载力，参照土体的允许承载力，可设计后坐墙的形式。

（6）顶进设备

顶进设备主要包括千斤顶、高压油泵、顶铁、下管与运土设备等。

1）千斤顶（也称顶镐）

千斤顶是掘进顶管的主要设备，目前多采用液压千斤顶。液压千斤顶的构造形式分活塞式和柱塞式两种，其作用方式有单作用液压千斤顶和双作用液压千斤顶，如图 3-16 所示。由于单作用液压千斤顶只有一个供油孔，只能向一个方向推动活塞杆，回镐时须借助外力（或重力），在顶管施工中使用中不便，所以一般顶管施工中采用双作用活塞式液压千斤顶。液压千斤顶按其驱动方式分为手压泵驱动、电泵驱动和引擎驱动三种方式，顶管施工中大多采用电泵驱动或手压泵驱动。

码3-3　电动液压
千斤顶示意

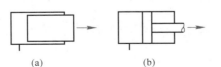

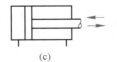

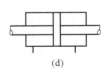

(a)　　　　　　　(b)　　　　　　　　(c)　　　　　　　　(d)

图 3-16　液压千斤顶

(a) 柱塞式单作用千斤顶；(b) 活塞式单作用千斤顶；

(c) 活塞式单杆千斤顶；(d) 活塞式双杆千斤顶

顶管施工中常用千斤顶的顶力为 2000～4000kN，冲程有 0.25m、0.5m、0.8m、1.2m、2.1m 等，其技术性能见表 3-6。

千斤顶在工作坑内的布置与采用的个数有关，如 1 台千斤顶，其布置为单列式；如为 2 台千斤顶，其布置为并列式；如为多台千斤顶，宜采用环周式布置。使用 2 台以上的千斤顶时，应使顶力的合力作用点与管壁反作用力作用点在同一轴线上，以防止产生顶进力偶，造成顶进偏差。根据施工经验，采用人工挖土，管道上半部管壁与土壁有间隙时，千斤顶的着力点作用在管道垂直直径的 $\frac{1}{5} \sim \frac{1}{4}$ 处。千斤顶的布置方式如图 3-17 所示。

常用千斤顶的技术性能　　　　　　　　　　　　　　　　　　表 3-6

单位	形式	顶力（kN）	冲程（mm）	油压（MPa）	缸体内径（mm）	质量（kg）
上海基础公司	双作用	2000	1200	32	—	—
上海基础公司	双作用	4000	1200	40	360	2474
上海市政公司	双作用	2000	1200	40	—	2000
天津市政公司	双作用	5000	200	70	—	—
天津市政公司	双作用	2000	500	24	325	—
沈阳建设公司	双作用	4000	800	32	400	3630
北京市政公司	双作用	2500	2100	20	400	—

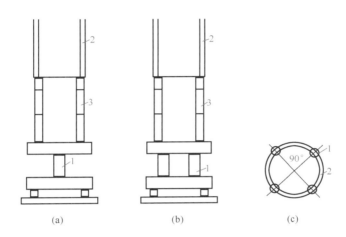

图 3-17　千斤顶布置方式
（a）单列式；（b）双列式；（c）环周式
1—千斤顶；2—管道；3—顺铁

2）高压油泵

顶管施工中的高压油泵一般采用轴向柱塞泵，借助柱塞在缸体内的往复运动，造成封闭容器体积的变化，不断吸油和压油。施工时电动机带动油泵工作，把工作油加压到工作压力，由管路输送，经分配器和控制阀进入千斤顶。电能经高压油泵转换为压力能，千斤顶又把压力能转换为机械能，对负载做功——顶入管道。机械能输出后，工作油以 1 个大气压状态回到油箱，进行下一次顶进，如图 3-18 所示。

3）顶铁

顶铁的作用是延长短冲程千斤顶的顶程、传递顶力并扩大管节断面的承压面积。要求它能承受顶力而不变形，并且便于搬动。顶铁由各种型钢焊接而成。根据安放位置和传力作用的不同，可分为横铁、顺铁、立铁、弧铁和圆铁等，如图 3-19 所示。

横铁即横向顶铁，它安放在千斤顶与顺铁之间，将千斤顶的顶力传递到两侧的顺铁上。使用时与顶力方向垂直，起梁的作用。在后背结构中，横铁起保护立铁的作用。

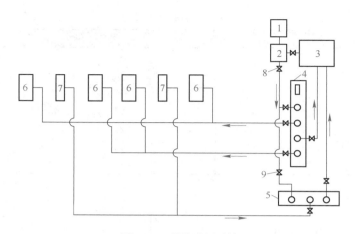

图 3-18　顶管油压系统

1—电机；2—油泵；3—油箱；4—主分配器；5—副分配器；

6—顶进千斤顶；7—回程千斤顶；8—单向阀；9—闸门

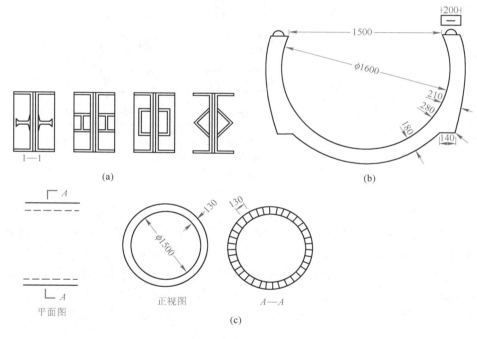

图 3-19　顶铁（单位：mm）

（a）矩形顶铁；（b）U 形顶铁；（c）圆形顶铁

顺铁即纵向顶铁，安放在横铁和被顶的管道之间，使用时与顶力方向平行，起柱的作用。在顶管过程中，顺铁还起调节间距的作用，因此顺铁的长度取决于千斤顶的顶程、管节长度和出口设备等。通常有 100mm、200mm、300mm、400mm、600mm 等长度，横截面为 250mm×300mm，两端面用厚 25mm 的钢板焊平。顺铁的两端面应加工平整且平行，防止作业时顶铁外弹。

立铁即竖向顶铁，安放在后背与千斤顶之间，起保护后背的作用。

弧铁和圆铁，安放在管道端面，顺铁作用在其上。其作用是使顺铁传递的顶力较均匀地分布到被顶管端断面上，以免管端局部顶力过大压坏管口。其材料可用铸钢或钢板焊接成形内灌注 C30 混凝土，它的内外径尺寸都要与管道断面尺寸相适应。大口径管道采用圆形，小口径管道采用弧形。

4）刃脚

刃脚是装于首节管前端，先贯入土中以减少贯入阻力，并防止土方坍塌的设备。一般由外壳、内环和肋板三部分组成，如图 3-20 所示。外壳以内环为界分成两部分，前面为遮板，后面为尾板。遮板端部呈 20°～30°角，尾部长度为150～200mm。

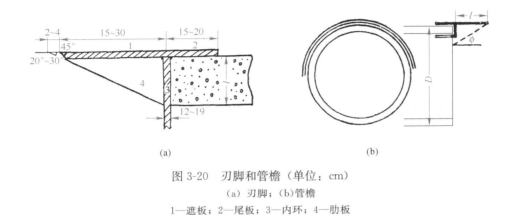

图 3-20　刃脚和管檐（单位：cm）

(a) 刃脚；(b)管檐

1—遮板；2—尾板；3—内环；4—肋板

对于半圆形的刃脚，则称为管檐（图 3-20），它是防止塌方的保护罩。檐长常为 600～700mm，外伸 500mm，顶进时至少贯入土中 200mm，以避免塌方。

5）其他设备

工作坑上设活动式工作平台，平台一般用 30 号槽钢或工字钢做梁，上铺150mm×150mm 方木，中间留出下管和出土的方孔为平台口，在平台口上设活动盖板。平台口的平面尺寸与管道的外径和长度有关。一般平台口长度比单节管长大 0.8m，宽度比管道外径大 0.8m。在工作平台上架设起重架，上装捯链或其他起重设备，其起重量应大于管道重量。工作坑上应搭设工作棚，以防雨雪，保证施工顺利进行，如图 3-21 所示。

为保证顶管施工的顺利进行，还应备有内胀圈、硬木楔、水平尺和出土小车，以及水准仪、经纬仪等测量仪器。

（7）设备安装要点与注意事项

千斤顶宜固定在支架上，并与管道中心的垂线对称，其安装高程宜使千斤顶的着力点约位于管端面垂直直径的 $\frac{1}{4}$ 处，如需安装多台千斤顶，其规格宜相同，规格不同时，其冲程必须相同，同时千斤顶的油路必须并联。

油压控制箱宜布置在千斤顶附近，并与千斤顶配套，油管应直顺，尽量减少转角。

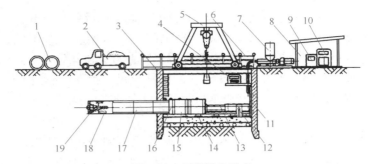

图 3-21　顶管设备示意

1—混凝土管；2—运输车；3—扶梯；4—主顶油泵；5—起重设备；
6—安全扶栏；7—润滑注浆系统；8—操纵房；9—配电系统；
10—操纵系统；11—后坐；12—测量系统；13—主顶油缸；14—导轨；
15—弧形顶铁；16—环形顶铁；17—混凝土管；18—运土车；19—机头

工作坑的总电源闸箱必须安装漏电保护装置，工作坑内一律使用 36V 以下的照明设备。

顶铁安装必须直顺，无歪斜扭曲现象。加放顺铁时，应尽量使用长度大的顶铁，减少顺铁连接的数量。当采用 200mm×300mm 顺铁时，单行使用的顺铁长度不应超过 1.5m，双行使用的长度不应超过 2.5m。

顶进施工时，顶铁上方及侧面不得站人，并应随时观察有无异常迹象，以防崩铁伤人。

起重设备应有专人操纵，正式作业前应试吊，吊离地面 100mm 左右时，检查重物和设备有无异常，确认安全后方可起吊。

工作坑上的平台口必须安装护栏，上下人处设置牢固方便的爬梯。

（8）工作坑的质量标准

《给水排水管道工程施工及验收规范》GB 50268—2008 中，关于顶管工作坑允许偏差的规定见表 3-7。

顶管工作坑允许偏差　　　　　　　　　　　　表 3-7

序号	项目		允许偏差	检验频率		检验方法
				范围	点数	
1	工作坑每侧宽度、长度		不小于设计规定	每座	2	挂中线用尺量
2	后背	垂直度	$0.1\%H$	每座	1	用垂线与角尺
		水平扭转度	$0.1\%L$		1	
3	导轨	顶面高程	$\begin{array}{c}+3mm\\0\end{array}$	每座	每根导轨2点	用水准仪测
		中线位移	左 3mm 右 3mm		每根导轨2点	用经纬仪测
		两轨间距	±2mm	每座	2 个断面	用钢尺量测

注：H 为后背墙的高度（mm）；L 为后背墙的长度（mm）。

2. 顶进施工

准备工作完毕，经检查各部位处于良好状态后，即可进行顶进施工。

（1）下管就位

首先用起重设备将管道由地面下放到工作坑内的导轨上，就位以后装好顶铁，校测管中心和管底标高是否符合设计要求，满足要求后即可挖土顶进。下管就位时应注意如下问题：

1）下管前应对管道进行外观检查，保证管道无破损和纵向裂缝；端面平直；管壁光洁无坑陷或鼓包。

2）下管时工作坑内管道正下方严禁站人，当管道距导轨小于 500mm 时，操作人员方可上前工作。

3）首节管道的顶进质量是整段顶管工程质量的关键，当首节管安放在导轨上后，应测量管中心位置和前后端的管内底高程，符合要求后才可顶进。

（2）管前挖土与运土

管前挖土是保证顶进质量和地上构筑物安全的关键，挖土的方向和开挖的形状，直接影响到顶进管位的准确性。因此应严格控制管前周围的超挖现象。对于密实土质，管端上方可有不超过 15mm 的间隙，以减少顶进阻力，管端下部 135°范围内不得超挖，保持管壁与土基表面吻合，也可预留 10mm 厚土层，在管道顶进过程中切去，这样可防止管端下沉。在不允许上部土壤下沉的地段顶进时，管周围一律不得超挖。

管前挖土深度，一般等于千斤顶冲程长度，如土质较好，可超越管端 300～500mm。超挖过大，不易控制土壁开挖形状，容易引起管位偏差和土方坍塌。在铁路道轨下顶管，不得超越管端以外 100mm，并随挖随顶，在道轨以外最大不得超过 300mm，同时应遵守其管理单位的规定。

在松软土层或有流砂的地段顶管时，为了防止土方坍落，保证安全和便于挖土操作，应在首节管前端安装管檐，管檐伸出的长度取决于土质，如图 3-20 所示。施工时，将管檐伸入土中，工人便可在管檐下挖土。有时可用工具管（图 3-42）代替管檐。

根据土质情况，管檐的长度可按经验式（3-19）计算：

$$L=\frac{D}{\tan\varphi} \tag{3-19}$$

式中　L——管檐的长度（mm）；

　　　D——管道外径（mm）；

　　　φ——土壤的内摩擦角（°）。

管内人工挖土，工作条件差，劳动强度大，应组织专人轮流操作。

管前挖出的土应及时外运，避免管端因堆土过多下沉而引起施工误差，并可改善工作环境。如图 3-22 所示，当管径大于 800mm 时，可用四轮土车推运；当管径大于 1500mm时，采用双轮手推车推运；管径较小时，应采用双筒卷扬机牵引四轮小车

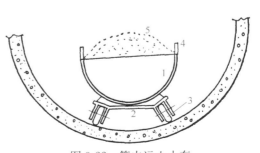

图 3-22　管内运土小车

1—装土斗；2—小车；3—车轮；4—挂钩；5—土

出土。土运至管外，再用工作平台上的起重设备提升到地面，运至他处或堆积于地面上。

（3）顶进

顶进是利用千斤顶出镐，在后背不动的情况下，将被顶进的管道推向前进。其操作过程如下：

1）安装好顶铁并挤牢，当管前端已挖掘出一定长度的坑道后，启动油泵，千斤顶进油，活塞伸出一个工作冲程，将管道向前推进一定距离；

2）关闭油泵，打开控制阀，千斤顶回油，活塞缩回；

3）添加顶铁，重复上述操作，直至安装下一整节管道为止；

4）卸下顶铁，下管；

5）管道接口；

6）重新装好顶铁，重复上述操作。

顶进时应遵守"先挖后顶，随挖随顶"的原则，连续作业，避免中途停止，造成阻力增大，增加顶进的困难。

顶进开始时，应缓慢进行，待各接触部位密合后，再按正常顶进速度顶进。顶进过程中，要及时检查并校正首节管道的中线方向和管内底高程，确保顶进质量。如发现管前土方塌落、后背倾斜、偏差过大或油泵压力骤增等情况，应停止顶进，查明原因排除故障后，再继续顶进。

（4）顶管测量与偏差校正

顶管施工比开槽施工复杂，容易产生施工偏差，因此对管道中心线和顶管的起点、终点标高等都应精确地确定，并加强顶进过程中的测量与偏差校正。

1）顶管中线控制桩和中线桩的测设

测设时根据地面已设置的管道交点桩、控制桩和设计图纸的要求，在交点桩上安置经纬仪，在工作坑的前后钉立 2 个桩 ZD_1 和 ZD_2，称为中线控制桩，如图 3-23 所示。它是设置顶管中线桩和确定工作坑开挖边界的依据。当工作坑开挖到管底标高后，根据中线控制桩用经纬仪将中线引测到坑壁上，横打木桩和小钉，此桩称为顶管中线桩，如图 3-23 中的 A、B 桩，它是控制顶管中线方向的依据。

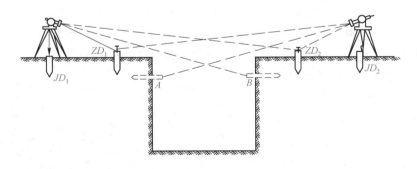

图 3-23　中线控制桩和中线桩测设

2）工作坑内高程桩测设

为使管道按设计坡度和高程顶进，需在工作坑内一侧打桩设置临时水准点。将地面水准点的高程传到坑内木桩顶上，最好使桩顶高程与顶管起点管内底设计高程一致，如图 3-24 所示。

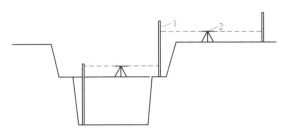

图 3-24　工作坑内高程桩引入
1—花秆；2—水准仪

3）导轨的安装测量

导轨铺设后，在每条导轨上选 6～8 个点，测量每点高程，允许误差 0～3mm。并校核其坡度和坡向，使其与管道坡度和坡向一致。此外，还应校核两导轨间净距。

4）顶进中管道中线测量

顶进长度较短时，可采用垂球拉线的方法进行测量。根据工作坑内所测设的中线桩，在其上的两个中心钉拉线，在拉线上悬挂两个垂球，垂球的间距应尽量大些，垂球的连线即为管道顶进的中线方向，将两个垂球的连线引入管内，在首节管前端放一中心尺，根据引入管内的连线与中心尺的交点就可测出中心水平偏差值，如图 3-25 所示。

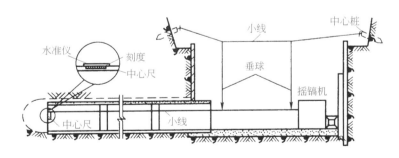

图 3-25　垂球拉线测量中心水平误差

当顶进长度较大时，应采用经纬仪测量中心线偏差。随着顶进距离的增加，经纬仪测量难度也越来越大，当顶进距离超过 300m 后，应采用激光经纬仪测量。根据激光经纬仪在接收靶上的光点读出偏差值，如图 3-26 所示，激光接收靶如图 3-27所示。

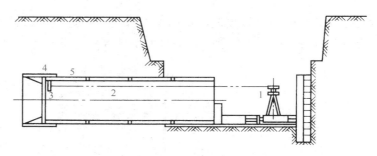

图 3-26　激光测量中心水平误差

1—激光经纬仪；2—激光束；3—激光接收靶；4—刃脚；5—管节

　　顶进距离太长会导致激光光点失散越来越严重，此时可采用计算机光靶，通过计算机显示偏差值，避免人为因素对读数的影响。

　　5）顶进中管道高程测量

　　在工作坑内安置水准仪，在首节管前端固定一带高程尺的小十字架，以坑内测设的临时水准点为后视，测首节管前端管内底高程，用测得的高程与设计高程进行比较，就可得出高程偏差值，如图 3-28 所示。也可在首次顶进时测出水准仪十字丝的交点在高程尺上的位置，顶进时若保持该位置相对不变，其管内底高程必然不变，只要量出十字丝交点偏离的垂直距离，就可读出高程的偏差值。有时，施工单位为方便施工，在首节管端中心尺上沿顶进方向设置水准仪，通过水准仪气泡的偏移来判断管道高程的变化，从而保证管道高程满足要求，如图 3-25 所示。

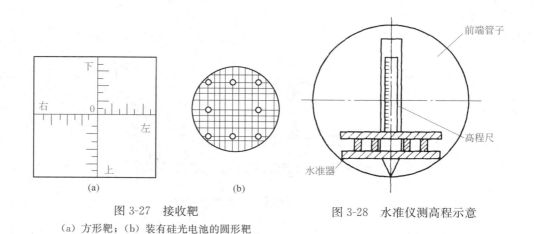

图 3-27　接收靶

（a）方形靶；（b）装有硅光电池的圆形靶

图 3-28　水准仪测高程示意

　　目前在顶管施工中，广泛采用激光经纬仪和激光水准仪进行中心测量和高程测量，其操作简便，精确度高。

　　6）测量次数

　　开始顶首节管时，每顶进 200～300mm，测量 1 次高程和中心线；正常顶进中，每顶进 0.5～1.0m 测量 1 次高程和中心线；校正时，每顶进一镐测量 1 次高程和中心线。

7）顶管允许偏差

顶管施工的允许偏差应符合表 3-8 的规定。

顶管允许偏差（mm）　　　　　　　　　表 3-8

序号	项目		允许偏差	检验频率		检验方法
				范围	点数	
1	中线位移		50	每节管	1	测量并查阅测量记录
2	管内底高程	$D<1500$mm	$+30$ -40	每节管	1	用水准仪测量
		$D \geqslant 1500$mm	$+40$ -50	每节管	1	
3	相邻管间错口		15%管壁厚，且不大于 20	每个接口	1	用尺量
4	对顶时管子错口		50	对顶接口	1	

注：D 为管径。

顶进施工中，发现管位偏差 10mm 左右，即应进行校正。校正是逐步进行的，偏差形成后，不能立即将已顶进好的管道校正到位，应缓慢进行，使管道逐渐复位，禁止猛纠硬调，以防损坏管道或产生相反的效果。人工挖土掘进顶管时，常用的校正方法有：

① 超挖校正法

当偏差值在 10～20mm 时，在管道偏向的反侧适当超挖减小阻力，偏向侧则不超挖甚至留土台形成阻力，使管道在继续顶进时向阻力小的超挖侧移动，逐渐回到设计位置，如图 3-29 所示。

② 顶木校正法

偏差值大于 20mm 且超挖校正不起作用时，可将圆木或方木的一端顶在管道偏向的另一侧管内壁上，另一端斜撑在垫有钢板或木板的管前土壁上，支顶牢固后，即可顶进，利用顶木分力产生的阻力，使管道得到校正，如图 3-30 所示。

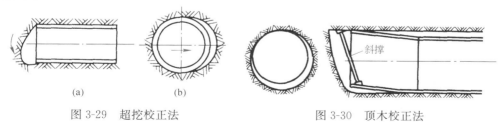

(a)　　　　　　(b)

图 3-29　超挖校正法　　　　　　　图 3-30　顶木校正法

管子下陷和错口，均采用此法纠正，如图 3-31、图 3-32 所示。在顶进过程中常与超挖校正法配合使用，边顶边支，以收到较好的校正效果。

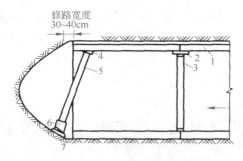

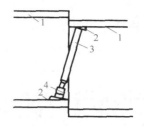

图 3-31　下陷校正

1—管子；2—木楔；3—内胀圈；4—楔子；

5—支柱；6—千斤顶；7—垫板

图 3-32　错口校正

1—管子；2—楔子；

3—立柱；4—校正千斤顶

③ 千斤顶校正法

当偏差较大，利用超挖校正或顶木校正难以奏效时，可利用千斤顶代替顶木，强行使管道慢慢移位。当校正力不大时，可用螺旋千斤顶校正，否则应采用专用的校正千斤顶。

④ 工具管校正法

校正工具管是顶管施工中的一种专用设备，根据管径的不同可选用不同的工具管。校正工具管主要由工具管、刃脚、校正千斤顶和后管等部分组成，如图 3-33所示。

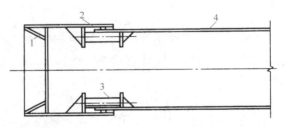

图 3-33　校正工具管组成

1—刃脚；2—工具管；3—校正千斤顶；4—后管

校正千斤顶在管内周向均匀布设，一端与工具管连接，另一端与后管连接。工具管与后管之间留有 10～15mm 的间隙。当发现首节工具管出现偏差时，启动各方向的千斤顶，控制各方向千斤顶的伸缩，调整工具管刃脚的走向，从而达到校正的目的。

⑤ 衬垫校正法

在淤泥、流砂地段顶进施工时，因地基承载力弱，常出现管前端下沉现象。此时应在管底加木板，将木板做成光面或包一层薄钢板，稍有些斜坡，顶进时使管子慢慢恢复原状，如图 3-34 所示，图中 A 为正确方向。

⑥ 激光导向法

激光导向法是利用激光准直仪发射出来的光束，通过光电转换和有关电子线路来控制指挥液压传动机构，从而实现顶进的方向测量与偏差校正自动化。

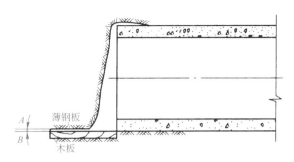

图 3-34　衬垫校正法

校正纠偏的方法较多，应根据土质、偏差值、技术水平等选取适当的方法。偏差小时容易校正，反之校正就困难。因此，管前挖土应选派经验丰富、技术熟练的工人操作。

（5）顶管接口

顶管施工中，一节管道顶完后，再将另一节管道下入工作坑，继续顶进。继续顶进前，相邻两管间要连接好，以提高管段的整体性和减少误差。

钢筋混凝土管的连接分临时连接和永久连接两种。顶进过程中，一般在工作坑内采用钢内胀圈进行临时连接。钢内胀圈是用 6～8mm 厚的钢板卷焊而成的圆环，宽度为 260～380mm，环外径比钢筋混凝土管内径小 30～40mm。接口时将钢内胀圈放在两个管节的中间，先用一组小方木插入钢内胀圈与管内壁的间隙内，将内胀圈固定。然后两个木楔为一组，反向交错地打入缝隙内，将内胀圈牢固地固定在接口处。该法安装方便，但刚性较差。为了提高刚性，可用肋板加固。为可靠地传递顶力减小局部应力防止管端压裂，并补偿管道端面的不平整度，应在两管的接口处加衬垫。衬垫一般采用麻辫或 3～4 层油毡，企口管垫于外榫处，平口管应偏于管缝外侧放置，使顶紧后的管内缝有 10～20mm 的深度，便于顶进完成后填缝，如图 3-35 所示。

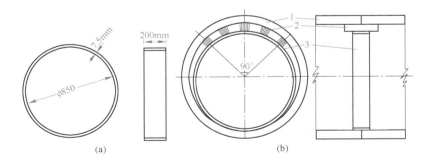

图 3-35　钢内胀圈临时连接

（a）内胀圈；（b）内胀圈支设

1—管子；2—木楔；3—内胀圈

顶进完毕，检查无误后，拆除内胀圈进行永久性内接口。常用的内接口有以下方法：

1）平口管

先清理接缝，用清水湿润，然后填打石棉水泥或填塞膨胀水泥砂浆，填缝完毕及时养护，如图 3-36 所示。

2）企口管

先清理接缝，填打 $\frac{1}{3}$ 深度的油麻，然后用清水湿润缝隙，再填打石棉水泥或填塞膨胀水泥砂浆；也可填打聚氯乙烯胶泥代替油毡，如图 3-37 所示。

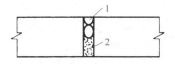 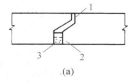 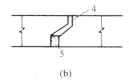

图 3-36　平口钢筋混凝土管
油麻石棉水泥内接口
1—麻辫或塑料圈或绑扎绳；2—石棉水泥

图 3-37　企口钢筋混凝土管内接口
1—油毡；2—油麻；3—石棉水泥或膨胀水泥砂浆；
4—聚氯乙烯胶泥；5—膨胀水泥砂浆

目前，可用弹性密封胶代替石棉水泥或膨胀水泥砂浆。弹性密封胶应采用聚氨酯类密封胶，要求既防水又和混凝土有较强的黏着力，且寿命长。

钢筋混凝土管采用传统的临时连接和永久连接，施工操作麻烦，工期长。随着管道加工技术不断改进，钢筋混凝土管也可在工作坑内进行一次接口。常用的接口方法主要有以下几种：

对钢筋混凝土企口管采用橡胶圈接口。施工时，在企口间装一橡胶圈，将管壁在接头处分成内外两部分，插口深度和插头长度一般要相差 3～5mm，插入后间隙小的部分用来传递顶力，另一半不传递顶力，如图 3-38 所示。该方法一般用于较短距离的顶管。

对钢筋混凝土平口管采用 T 形接口或 F 形接口。T 形接口是借助钢套管和橡胶圈起连接密封作用。施工时先在两管端的插入部分套上橡胶圈，然后插入 T 形钢套管，即完成接口操作，如图 3-39 所示。这种接口在小管径的直线管道的顶进中效果较好，但在顶进出现偏差或在曲线地段施工时，由于横向力的出现，两管端间可能发生相对错动使钢套管倾斜，导致顶力迅速增加，最终撕裂钢套管，停止施工。

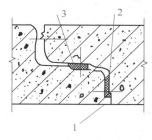 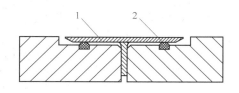

图 3-38　企口管胶圈接头
1—水泥砂浆；2—垫片；3—橡胶圈

图 3-39　T 形接口
1—T 形套管；2—橡胶圈

对大中管径的钢筋混凝土管，现在偏向于采用 F 形接口。F 形接口的钢套管是一个钢筒，钢筒的一端与管道的一端牢固地固定在一起，形成插口，管道的另一端混凝土做成插头，插头上有安装橡胶圈的凹槽。相邻两管段连接时，先在插头上安装好橡胶圈，在插口上安装好垫片，然后将插头插入插口即完成连接，如图 3-40 所示。施工时一定要注意插口的方向，使插口始终朝向下游，避免接口漏水。

钢套管在接头中主要起连接作用。其外径比混凝土管的外径小 2~3mm，壁厚约为 6~10mm，宽度为 250~300mm。钢套管由耐腐蚀的条形钢板卷制而成，一端应有坡口，便于压入橡胶圈，另一端与混凝土浇筑成一体，内外均涂防腐涂料，如图 3-40 所示。钢套管的尺寸见表 3-9。

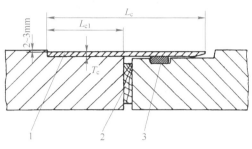

图 3-40 F 形接口
1—钢套管；2—垫片；3—橡胶圈

钢套管的尺寸（mm）　　　　　表 3-9

公称管径	L_c	L_{c1}	T_c
800~1200	250	100	6
1400~2200	250	100	8
2400~3400	300	150	10

橡胶圈在接头中主要起密封作用，常用的橡胶圈有 O 形、楔形和锯齿形，如图 3-41 所示。

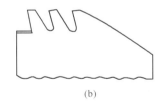

图 3-41 橡胶圈示意图
（a）楔形橡胶圈；（b）锯齿形橡胶圈

O 形橡胶圈形状简单、成本低，主要用于无地下水或地下水压力较小的地段。但其压缩率小，不适合用于曲线顶管。楔形橡胶圈的压缩率最大可达到 57%，装配间隙大，滑动侧留有唇边，密封性能好。因此，适用于地下水压力较大的地段及曲线顶管。锯齿形橡胶圈在日本应用较多，其压缩率大、装配间隙宽、容量大、密封性好、能承受较大的水压力，主要用于曲线顶管和地下水压力较大的地段。但其断面形状复杂，制造比较困难。

垫片的作用是均匀传递顶力，一般为木垫片，最好用中等硬度的木材，厚度一般为 20~30mm，宽度要比管壁小，安装时每边至少要留出 20mm，以防止混凝土的边缘开裂。

钢管一般采用手工电弧焊不转动焊接接口。焊接前，应先用洗涤剂和钢丝刷，将焊接面上的铁锈、油垢等杂质污物清除干净，并保持干燥；然后插入木楔调整管子对口间隙及管面平整度，使整个周边管面高低偏离一致，接口周边都保持同样的应有间隙。焊接时一般采用点焊。管壁厚度在 6mm 以下时，采用平焊缝；管壁厚度为 6～14mm 时，采用 V 形焊缝；管壁厚度在 14mm 以上时，采用 X 形焊缝。点焊长度和点数见表 3-10。在工作坑内焊接完毕后，再进行顶进施工。

钢管接口点焊长度和点数 表 3-10

管径（mm）	点焊长度（mm）	点数（个）
80～150	15～30	3
200～300	40～50	4
350～500	50～60	5
600～700	60～70	6
＞700	80～100	间距 400mm

接口完毕后，应拆除各种工具，装在小车上，用钢丝绳借助卷扬机拉到工作坑内并运至地面。

（6）顶进管道的质量标准

1）外观质量。顶进管道应目测直顺、无反坡、管节无裂缝；接口填料饱满密实，管节接口内侧表面齐平；顶管中如遇塌方或超挖，其缝隙必须进行处理。

2）顶进管道的允许偏差，见表 3-8。

3.1.2 机械取土掘进顶管法

管前人工挖土劳动强度大、效率低、劳动环境恶劣，管径小时工人无法进入挖土。采用机械取土掘进顶管法就可避免上述缺点。

机械取土掘进与人工取土掘进除掘进和管内运土方法不同外，其余基本相同。机械取土掘进顶管法是在被顶进管道前端安装机械钻进的挖土设备，配以机械运土，从而代替人工挖土和运土的顶管方法。

机械取土掘进一般分为切削掘进、水平钻进、纵向切削挖掘和水力掘进等方法。

1. 切削掘进

该方法的钻进设备主要由切削轮和刀齿组成。切削轮用于支承或安装切削臂，固定于主轮上，并通过主轮旋转而转动。切削轮有盘式和刀架式两种。盘式切削轮的盘面上安装刀齿，刀架式是在切削轮上安装悬臂式切削臂，刀架做成锥形。

切削掘进设备有两种安装方式，一种是将机械固定在工具管内，把工具管安装在被顶进的管道前端。工具管是壳体较长的刃脚，如图 3-42 所示，称为套筒式装置。工作时刃脚起切土作用并保护钢筋混凝土管，同时还起导向作用。

另一种是将机械直接固定在被顶进的首节管内，顶进时安装，竣工后拆卸，称为装配式装置。

套筒式钻机构造简单，现场安装方便，但只适用于一机一种管径，顶进过程中遇到障碍物，只能开槽取出，否则无法顶进，如图 3-43 所示为整体水平钻机。

装配式钻机自重大，适用于土质较好的土层。在弱土层中顶进时，容易产生顶进偏差；在含水土层内顶进，土方不易从刀架上脱下，使顶进工作发生困难。

切削掘进一般采用输送带连续运土或车辆往复循环运土。

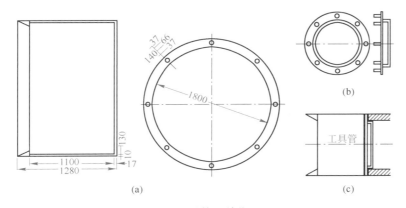

图 3-42 工具管（单位：mm）

（a）工具管；（b）工具管与钢筋混凝土管的连接设备；（c）连接方式

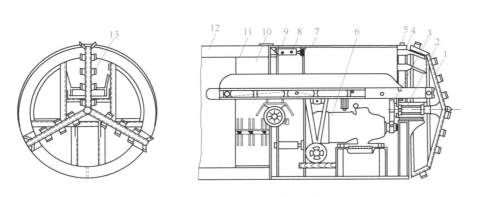

码3-4 非开挖水
平定向钻机示意

图 3-43 直径 1050mm 整体水平钻机

1—机头的刀齿架；2—轴承座；3—减速齿轮；4—刮泥板；5—偏心环；6—摆线针轮减速电机；
7—机壳；8—校正千斤顶；9—校正室；10—链带输送器；11—内胀圈；12—管子；13—切削刀齿

2. 水平钻进

一般采用螺旋掘进机，主要由旋转切削式钻头切土，由螺旋输送器运土。切削钻头和输送器安装在管内，由电动机带动工作。施工时将电动机等动力装置、传动装置和管道都放在导向架上，随掘进随向前顶进，切削下来的土由螺旋输送器运至管外，如图 3-44 所示。

这种方法顶进时容易产生偏差，且偏差出现后不易纠正。因此，一般用于小口径钢管的短距离顶进，排水管道施工中较少使用。

3. 纵向切削挖掘

纵向切削挖掘设备的掘进机构为球形框架或刀架，刀架上安装刀臂，切齿装于刀臂上。切削旋转的轴线垂直于管中心线，刀架纵向掘进，切削面呈半球状。这种装置的电动机装在工具管内顶上，增大了工作空间，如图 3-45 所示的"机械手"掘进机。该设备构造简单，拆装维修方便，挖掘效率高，便于调向，适用于在粉质黏土和黏土中掘进。

195

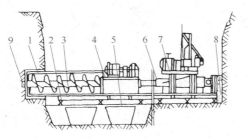

图 3-44 螺旋掘进机

1—管节；2—道轨机架；3—螺旋输送器；

4—传送机构；5—土斗；6—液压机构；

7—千斤顶；8—后背；9—钻头

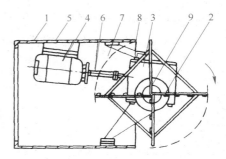

图 3-45 "机械手"掘进机

1—工具管；2—刀臂；3—减速箱；

4—电机；5—机座；6—传动轴；

7—底架；8—支撑翼板；9—锥形筒架

4. 水力掘进

水力掘进是利用高压水枪射流将切入工具管管口的土冲碎，使水和土混合成泥浆状态，并将其输送至工作坑。

水力掘进的主要设备是在首节管前端安装一个三段双铰型工具管，工具管内包括封板、喷射管、真空室、高压水枪和排泥系统等，如图3-46所示。

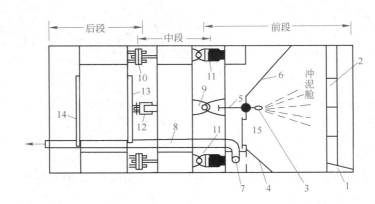

图 3-46 水力掘进装置

1—刀脚；2—格栅；3—水枪；4—胸板；5—水枪操作把；6—观察窗；

7—泥浆吸口；8—泥浆管；9—水平铰；10—垂直铰；11—上下纠偏千斤顶；

12—左右纠偏千斤顶；13—气阀门；14—大水密门；15—小水密门

三段双铰型工具管的前段为冲泥舱，刃脚和格栅的作用是切土和挤土，冲泥舱后面是操作室，由胸板将它们截然分开。操作人员在操作室内操纵水枪冲泥，通过观察窗和各种仪表直接掌握冲泥和排泥情况，根据开挖面的稳定状况决定是否向冲泥舱加局部气压，通过气压来平衡地下水压力，以阻止地下水进入开挖面。必要时，还可打开小密门，从操作室进入冲泥舱进行工作。顶进时，正面的泥土通过格栅挤压进入冲泥舱，然后被水枪破碎冲成泥水，泥水通过吸泥口和泥浆管排出。为了防止流砂或淤泥涌入管内，将冲泥舱密封，在吸泥口处安装格网，防止粗颗粒进入泥浆输送管道。

装置的中段是校正环。在校正环内安装校正千斤顶和校正铰。校正铰包括一对水平铰和垂直铰，冲泥舱和校正铰之间由于校正铰的铰接可做相对转动，开动上下左右相应的校正千斤顶可使冲泥舱做上下左右转动，从而调整掘进方向。

装置的后端是控制室。根据设置在控制室的仪表可以了解工具管的纠偏和受力纠偏状态以及偏差、出泥、顶力和压浆等情况，从而发出纠偏、顶进和停止顶进等指令。为便于在冲泥舱内检修故障，使工人由小密门进入冲泥舱，应提高工具管内气压，以维持工作面稳定和防止地下水涌入，保证操作工人安全。控制室就是工人进出高压区时升压和降压用的。

冲泥舱、校正环和控制室之间设置内外两道密封装置，以防止地下水和泥砂通过段间缝隙进入工具管。通常采用橡胶止水带密封，橡胶圆条填塞于密封槽内，如图 3-47 所示。

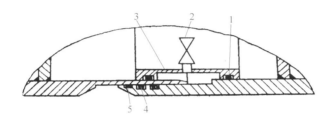

图 3-47 橡胶带止水密封
1—内止水胶圈；2—阀门；3—内止水环；4—外止水胶圈；5—填料

水力掘进法适用于在高地下水位的流砂层和弱土层中掘进。该法生产效率高，冲土和排泥连续进行；设备简单，成本低廉；改善了劳动条件，减轻了劳动强度。但需耗用大量的水，并需有充足的贮泥场地；顶进时，方向不易控制，易发生偏差。

机械取土掘进顶管改善了工作条件，减轻了劳动强度，但操作技术水平要求高，其应用受到了一定限制。

3.2 特种顶管施工技术

3.2.1 长距离顶管技术

顶管施工的一次顶进长度取决于土质、顶力大小、管材强度、后背强度和顶进操作技术水平等因素。一般情况下，一次顶进长度不超过 100m。在市政管道施工中，有时管道要穿越大型的建筑群或较宽的道路，此时顶进距离可能超过一次顶进长度。因此，需要研究长距离顶管技术，提高在一个工作坑内的顶进长度，从而减少工作坑的个数。长距离顶管一般有中继间顶进、泥浆套顶进和覆蜡顶进等方法。

1. 中继间顶进

中继间是一种在顶进管段中设置的可前移的顶进装置，它的外径与被顶进管

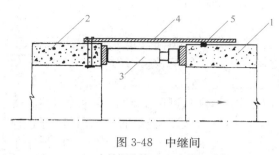

图 3-48　中继间
1—中继间前管；2—中继间后管；
3—中继间千斤顶；4—中继间外套；5—密封环

道的外径相同，环管周对称等距或对称非等距布置中继间千斤顶，如图3-48所示。

采用中继间施工时，在工作坑内顶进一定长度后，即可安设中继间。中继间前面的管道用中继间千斤顶顶进，而中继间及其后面的管道由工作坑内千斤顶顶进，如此循环操作，即可增加顶进长度，如图 3-49 所示。顶进结束后，拆除中继间千斤顶，而中继间钢外套环则留在坑道内。

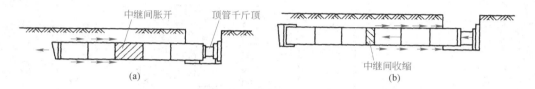

图 3-49　中继间顶进
（a）开动中继间千斤顶，关闭顶管千斤顶；（b）关闭中继间千斤顶，开动顶管千斤顶

由此可见，中继间顶进并不能提高千斤顶一次顶进长度，只是减少工作坑数目，安装一个中继间，可增加一个一次顶进长度。安装多个中继间，可用于一个工作坑的长距离顶管。但此法顶进速度较慢，施工完后中继间外套则留在土中不能取出，增加了施工成本。中继间千斤顶的顶力一般不大于 1000kN，尽可能做到顶力小台数多，并且周向均匀布置。

2. 泥浆套顶进

该法又称为触变泥浆法，是在管壁与坑壁间注入触变泥浆，形成泥浆套，以减小管壁与坑壁间的摩擦阻力，从而增加顶进长度。一般情况下，可比普通顶管法的顶进长度增加 2～3 倍。长距离顶管时，也可采用中继间——泥浆套联合顶进。

（1）触变泥浆的组成

触变泥浆的触变性在于，泥浆在输送和灌注过程中具有流动性、可泵性和承载力，经过一定时间的静置，泥浆固结，产生强度。

触变泥浆是由膨润土掺合碳酸钠加水配制而成。为了增加触变泥浆凝固后的强度，可掺入石灰膏做固凝剂。但为了使施工时保持流动性，必须掺入缓凝剂（工业六糖）和塑化剂（松香酸钠）。触变泥浆的配合比见表 3-11，各种掺入剂的配合比见表 3-12。

膨润土是粒径小于 $2\mu m$ 的微晶高岭土，主要矿物成分是 Si-Al-Si （硅-铝-硅），密度为 $0.83～1.13\times10^3 kg/m^3$。对膨润土的要求是：

1）膨润倍数要大于 6。膨润倍数越大，造浆率就越大，制浆成本就越低。

触变泥浆配合比（重量比）   表 3-11

膨润土的胶质价	膨润土	水	碳酸钠
60～70	100	524	2～3
70～80	100	524	1.5～2
80～90	100	614	2～3
90～100	100	614	1.5～2

触变泥浆掺入剂配合比（重量比，以膨润土为 100）   表 3-12

石灰膏	工业六糖	松香酸钠（干重）	水
42	1	0.1	28

2）胶质价要稳定，保证泥浆有一定的稠度，不致因重力作用使颗粒沉淀。

膨润土的胶质价可用如下方法测定：

1）将蒸馏水注入直径为 25mm，容量为 100mL 的量筒中，至 60～70mL 刻度处；

2）称膨润土试料 15g，放入量筒中，再加入水至 95mL 刻度处，盖上塞子，摇晃 5min，使膨润土与水混合均匀；

3）加入氧化镁 1g，再加水至 100mL 刻度，盖好塞子，摇晃 1min；

4）静置 24h 使之沉淀，沉淀物的界面刻度即为膨润土的胶质价。

（2）触变泥浆的拌制设备

1）泥浆封闭设备包括前封闭管和后封闭圈，主要作用是防止泥浆从管端流出；

2）调浆设备包括拌合机和储浆罐等；

3）灌浆设备包括泥浆泵（或空气压缩机、压浆罐）、输浆管、分浆罐及喷浆管等。

前封闭管（注浆工具管）的外径应比所顶管道的外径大 40～80mm，以便在管外形成一个 20～40mm 厚的泥浆环。前封闭管前端应有刃脚，顶进时切土前进，使管外土壤紧贴前封闭管的外壁，以防漏浆，如图 3-50 所示。

管道顶入土内，为防止泥浆从工作坑壁漏出，应在工作坑壁处修建混凝土墙，墙内预埋喷浆管和安装后封闭圈用的螺栓，如图 3-51 所示为橡胶止水带后封闭圈。

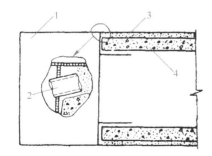

图 3-50 前封闭管装置
1—工具管；2—注浆口；
3—泥浆套；4—钢筋混凝土管

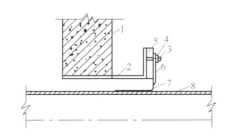

图 3-51 工作坑壁橡胶止水带后封闭圈
1—混凝土墙；2—预埋钢管；
3—预埋螺栓；4—固紧螺母；5—环形木盘；
6—压板；7—橡胶止水带；8—顶进管道

（3）触变泥浆的拌制（图 3-52）

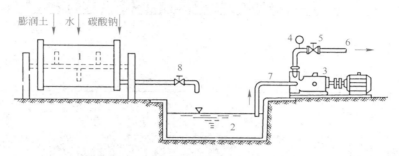

图 3-52　泥浆拌制与输送系统

1—搅拌机；2—储浆池；3—泥浆泵；4—压力表；
5—阀门；6—输浆管；7—吸浆管；8—排浆阀门

1）将定量的水放入搅拌罐内，并取其中一部分水溶解碳酸钠；

2）边搅拌边将定量的膨润土徐徐加入搅拌罐内，直至搅拌均匀；

3）将溶解的碳酸钠溶液倒入搅拌罐内，再搅拌均匀，放置 12h 后即可使用。

（4）掺入剂的加入

1）用规定比例的水分别将工业六糖和松香酸钠溶化；

2）将溶化的工业六糖放入石灰膏内，拌合成均匀的石灰浆；

3）再将溶化的松香酸钠放入石灰浆内，拌合均匀；

4）将上述拌合好的掺入剂，按规定比例倒入已拌合好并放置 12h 的触变泥浆内，搅拌均匀，即可使用。

将上述拌合好的触变泥浆通过泥浆泵和输浆管输送到前封闭管装置的泥浆封闭环，经由封闭环上开设的注浆口注入坑壁与管壁间孔隙，形成泥浆套，泥浆套的厚度根据工具管的尺寸而定，一般为 15～20mm，如图 3-53 所示。管道在泥浆套内处于悬浮状态顶进，不但减少了顶进的摩擦阻力，而且改善了管道在顶进中的约束条件，从而可以增加顶进长度。

为了防止注浆后泥浆从刃脚处溢入管内，一般离刃脚 4～5m 处设灌浆罐，由罐向管外壁间隙处灌注泥浆，要保证整个管线周壁被均匀泥浆层所包围。为了弥补第一个灌浆罐灌浆的不足并补足流失的泥浆量，还要在距离灌浆罐 15～20m 处设置一个补浆罐，此后每隔 30～40m 设置一个补浆罐，以保证泥浆充满整个管外壁，如图 3-54 所示。

3. 覆蜡顶进

覆蜡顶进是用喷灯在管道外表面熔蜡覆盖，从而提高管道表面平整度，减少顶进摩擦力，增加顶进长度。

根据施工经验，管道表面覆蜡可减少 20% 的顶力。但当熔蜡分布不均时，会导致新的"粗糙"增加顶进阻力。

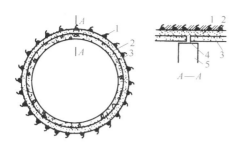

图 3-53 泥浆套
1—土壁；2—泥浆套；3—管道；
4—内胀圈；5—填料

图 3-54 灌浆罐与补浆罐位置（单位：m）
1—灌浆罐；2—输浆管；3—刃脚；4—管体；
5、6—补浆罐；7—工具管；8—泥浆套

4. 盾构顶管法

在坚硬或密实的土层内顶管，或大直径管道顶进时，管前端阻力很大。为了减轻工作坑内顶进千斤顶的顶进阻力，可采用盾构顶管法施工。该方法是用一特制的顶管盾构在前方切土，并克服迎面阻力，工作坑千斤顶只是用来克服管壁与坑壁间的摩擦阻力，将顶管盾构后面的管子顶入盾尾，由于顶进阻力的减小从而可延长顶进距离。盾构顶管法与一般盾构法的区别是盾构衬砌环内不是安装砌块，而是顶入管子。顶管盾构的构造与手工掘进盾构相同，详见教学单元 4。

此外，为减少工作坑数目，可采用对向顶和双向顶以增加顶进长度。对向顶是在相邻的两工作坑内对向顶进，使管道在坑道内吻合。双向顶是在一个工作坑内同时或先后向相对的两个方向顶进管道。

3.2.2 挤压技术

1. 不出土挤压土层顶管

这种方法也称为直接贯入法，是用千斤顶将管道直接顶入土层内，管周围土被挤密而不需要外运。顶进时，在管前端安装管尖，如图 3-55 所示，采用偏心管尖可减少管壁与土间的摩擦力。

该法适用于管径较小（一般小于 300mm）的金属管道顶进，如在给水管、热力管、燃气管的施工中经常采用，在大管径的非金属排水管道施工中则很少采用。

2. 出土挤压土层顶管

该法是在管前端安装一个挤压切土工具管，工具管由渐缩段、卸土段和校正段三部分组成，如图 3-56 所示。顶进时土体在工具管渐缩段被压缩，然后被挤入卸土段并

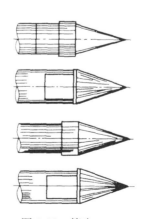

图 3-55 管尖

装入弧形运土小车，启动卷扬机将土运出管外。校正段装有 4 个可调向的油压千斤顶，用来调整管中心和高程的偏差。

这种方法避免了挖土、装土等工序，减轻了劳动强度，施工速度比人工掘进顶管提高 1～2 倍。管壁周围土层密实，不会出现超挖，有利于保证工程质量。

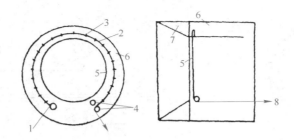

图 3-56　挤压切土工具管

1—钢丝绳固定点；2—钢丝绳；3—R 形卡子；4—定滑轮；

5—挤压口；6—工具管；7—刃脚；8—钢丝绳与卷扬机连接

一般用于在松散土层中顶进直径较大的管道。

3.2.3　管道牵引不开槽铺设

1. 普通牵引法

该法是在管前端用牵引设备将管道逐节拉入土中的施工方法。施工时，先在预铺设管线地段的两端开挖工作坑，在两工作坑间用水平钻机钻成通孔，孔径略大于穿过的钢丝绳直径，在孔内安放钢丝绳。在后方工作坑内进行安管、挖土、出土、运土等工作，操作与顶管法相同，但不需要设置后背设施。在前方工作坑内安装张拉千斤顶，用千斤顶牵引钢丝绳把管道拉向前方，不断地下管、锚固、牵引，直到将全部管道牵引入土为止，如图 3-57 所示。

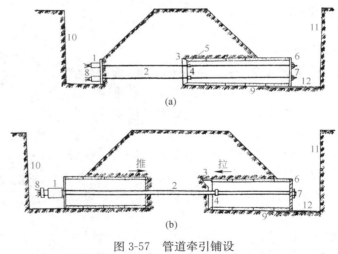

(a)

(b)

图 3-57　管道牵引铺设

（a）单向牵引；（b）相互牵引

1—张拉千斤顶；2—钢丝绳；3—刃角；4—锚具；

5—牵引板；6—紧固板；7—锥形锚；8—张拉锚；

9—牵引管节；10—前工作坑；11—后工作坑；12—导轨

普通牵引法适用于直径大于 800mm 的钢筋混凝土管、短距离穿越障碍物的钢管的敷设。在地下水位以上的黏性土、粉土、砂土中均可采用该方法，其施工误差小、质量高，是其他顶进方法所难以比拟的。

施工时千斤顶的牵引力很大，必须将钢丝绳的两端锚固后才能牵引。常用的锚具如图 3-58 所示，可根据牵引力大小选用。固定锚具用于后方工作坑，固定牵引钢丝绳的后端；张拉锚具用于前方工作坑的张拉千斤顶上，用以固定钢丝绳的牵引端。

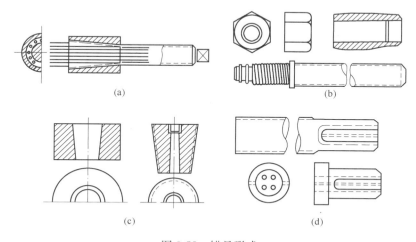

图 3-58   锚具形式

(a) 锥式锚具；(b) 筒式锚具；(c) 钢制锥形锚具；(d) 钢丝绳锚头

该法把后方顶进管道改为前方牵引管道，因此不需要设置后背和顶进设备，施工简便，可增加一次顶进长度，施工偏差小；但钻孔精度要求严格，钢丝绳强度及锚具质量要求高，以免发生安全和质量事故。

2. 牵引挤压法

该方法同普通牵引法一样，先在两工作坑间用水平钻机钻成通孔，孔径略大于穿过的钢丝绳直径，在孔内安放钢丝绳。在后方工作坑内安装锥形刃脚，刃脚的直径与被牵引管道的管径相同，安装在管节前端。刃脚通过钢丝绳的牵引先挤入土内，将管前土沿锥形面挤到管壁周围，形成与被牵引管道管径相同的土洞，带动后面的管节沿着土洞前进。

牵引挤压法适用于在天然含水量的黏性土、粉土和砂土中，敷设管径不超过 400mm 的焊接接口钢管，管顶覆土厚度一般不小于管径的 5 倍，以免地面隆起，牵引距离一般不超过 40m。

牵引挤压法的工效高、误差小、设备简单、操作简易、劳动强度低，不需要挖土、运土，用工较少。但只能牵引小口径的钢管，其使用受到了一定程度的限制。

3. 牵引顶进法

牵引顶进法是在前方工作坑内牵引导向的盾头，而在后方工作坑内顶入管道的施工方法。在施工过程中，由盾头承担顶进过程中的迎面阻力，而顶进千斤顶只承担由土压及管重产生的摩擦阻力，从而减轻了顶进千斤顶的负担，在同样条件下，可比管道牵引及顶管法的顶进距离大。牵引顶进用的盾头，一般由刃脚、工具管、防护板及环梁组成，如图3-59所示。

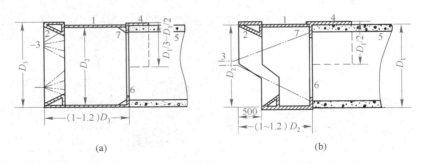

(a)　　　　　　　　　　　　(b)

图 3-59　牵引盾头

（a）平刃式刃脚；（b）半刃式刃脚

1—工具管；2—刃脚；3—钢索；4—防护板；5—首节管；6—环梁；7—肋板

D_1—顶入管节的外径；D_2—工具管的外径；D_3—盾头的贯入直径

牵引顶进法吸取了牵引和顶进技术的优点，适用于黏土、砂土，尤其是较硬的土质中，进行钢筋混凝土排水管道的敷设，管径一般不小于800mm。由于千斤顶负担的减轻，与普通牵引法和普通顶管法相比，在同样条件下可延长顶进距离。

4. 牵引贯入法

该方法同普通牵引法一样，先在两工作坑间用水平钻机钻成通孔，孔径略大于穿过的钢丝绳直径，在孔内安放钢丝绳。在后方工作坑内安装盾头式工具管，在工具管后面不断焊接薄壁钢管，钢丝绳牵引工具管前行，后面的钢管也随之前行。在钢管前进的过程中，土被切入管内，待钢管全部牵引完毕后，再挖去管内的土。

牵引贯入法适用于在淤泥、饱和粉质黏土、粉土类软土中，敷设钢管。管径不小于800mm，以便进入管内挖土。牵引距离一般为40～50m，最大不超过60m。由于牵引过程中管内不出土，导致牵引力增大，所需张拉千斤顶的数量多，增加了移动机具的时间，因此牵引贯入法的施工速度较慢。

3.3　非开挖铺管其他技术简介

3.3.1　气动矛法

气动矛法是利用气动冲击矛（靠压缩空气驱动的冲击矛）进行管道的非开挖铺设，施工时先在欲铺设管线地段的两端开挖发射工作坑和目标工作坑，其大小根据矛体的尺寸、管道铺设的深度、管道类型等确定。在发射工作坑中放入气动冲击矛，并置于发射架上，用瞄准仪调整好矛体的方向和深度。在压缩空气的作用下启动冲击矛内的活塞做往复运动，不断冲击矛头，矛头挤压周围的土层形成钻孔，并带动矛体沿着预定的方向进入土层。当矛体的一半进入土层后，再用瞄准仪校正矛体的方向，如有偏差应及时纠正。这样，随着气动矛不断前进，就可将直径比矛体小的管道拉入孔内达到目标工作坑，完成管道的铺设工作，如图3-60所示。根据地层土质条件，也可先成孔，随着气动矛的后退将管道拉入，或边扩孔边将管道拉入。

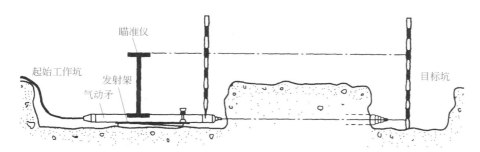

图 3-60　气动矛施工法示意

管道铺设的方法一般有以下几种：

1. 直接拉入法

这是成孔与铺管同时进行的方法。施工时，将欲铺设的管道通过锥形管接头或用钢丝绳及夹具与冲击矛相连接，如图 3-61 所示，在气动矛成孔的同时将管道直接拉入。当铺管长度较大时，可在发射坑利用紧线夹，并通过钢丝绳或滑轮对管道施加一个辅助的推力，也可用千斤顶提供辅助推力，以免管道从气动矛上脱落。

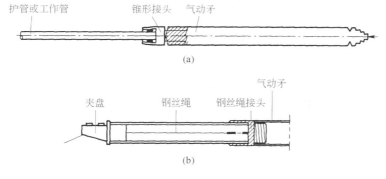

图 3-61　直接拉入管道的方法

（a）锥形接头；（b）钢丝绳接头

2. 反向拉入法

这是先成孔，然后反向拉入管道的方法。施工时在目标工作坑中放置管道，当冲击矛成孔达到目标工作坑后，将欲铺设的管道与冲击矛相连接，然后将压缩空气软管旋转 $\frac{1}{4}$ 圈，使冲击矛反向冲击而后退，同时将管道拉入孔内。

3. 先扩孔后拉入法

在管径较大、土层较稳定时，可先用冲击矛形成先导孔，然后在冲击矛上

码3-6　国产气动矛示意

外加一个扩孔套（一般扩孔套的外径与冲击矛的外径之比应小于 1.6），边扩孔边将欲铺设的管道拉入孔内，如图 3-62 所示。该法尤其适用于不同管径的管道铺设，同时先导钢丝绳还可起到一定程度的调节方向的作用，避免出现大的施工误差。

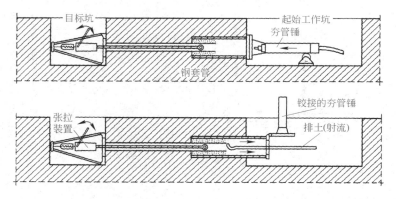

图 3-62　扩孔铺管施工法

气动矛施工中常用的施工机具主要有：冲击矛、空气压缩机、注油器、高压胶管、发射架、瞄准仪、拉管接头等。

冲击矛是主要的钻具，由钢质外壳、冲击活塞、控制活塞和矛头组成。矛头与矛体一般有整体式结构和分体式结构两种，如图 3-63 所示。

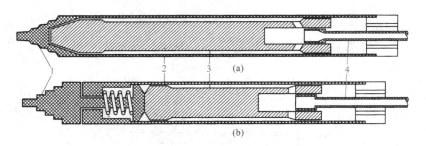

图 3-63　冲击矛的结构及组成
（a）整体式结构；（b）分体式结构
1—矛头；2—矛体；3—冲击活塞；4—控制活塞

整体式冲击矛结构简单，维修方便，冲击能量大，施工速度快；但易产生施工偏差。分体式冲击矛先成孔，然后再向前推进，因而不易产生施工偏差，遇有坚硬砾石层时，冲击活塞可反复冲击矛头，直到砾石层被破碎时矛体才跟着推进，在坚硬土层中施工效果较好。

近年来，为了克服冲击矛施工的盲目性，提高施工精度，先后研制开发了可测式冲击矛和可控式冲击矛，并对矛头进行了一定改进。可测式冲击矛是在矛头内附加一个信号发射装置，施工时在地表用手持式探测器接收该信号发射装置发射出来的信号，并显示其深度和平面投影位置。当发现冲击矛严重偏离设计方向，或接近现有的地下管道时，可退回冲击矛重新开孔。可控式冲击矛是在可测式冲击矛的基础上，利用带斜面的矛头来控制冲击矛的推进方向，因而施工精度高，如图 3-64 所示。

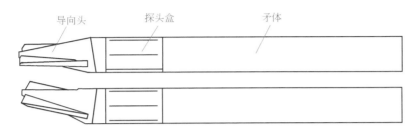

图 3-64　可控式气动冲击矛

矛头的形状对施工精度和施工速度具有决定性的影响，常用的矛头形状及其特点见表 3-13。

几种矛头的形状、特点和应用范围　　　　　　　　　　表 3-13

图形	说明
	1. 滑动式台阶形矛头 ① 用于摩擦阻力低、贯入阻力大的砂质和含砾石的土层； ② 方向稳定性佳； ③ 施工速度低
	2. 滑动式锥形矛头 ① 用于细颗粒的均质地层（不含块石）； ② 方向稳定性佳； ③ 施工速度较快
	3. 带尖头的锥形矛头 ① 适用于各种地层（不包括岩层）； ② 方向稳定性佳（在均质的地层）； ③ 施工速度极快（由于径向力楔入作用）
	4. 复合式矛头 ① 精度高； ② 可破碎卵砾石； ③ 比台阶形矛头速度快
	5. 复合式锥形矛头 ① 比锥形矛头更精确； ② 可破碎卵砾石； ③ 施工速度极快

空气压缩机用来提供压缩空气，压力一般为 0.6~0.7MPa，排气量一般小于 $6m^3/min$。

注油器向压缩空气中注入润滑油，以润滑气动矛和冷却矛体。常用自吸式注油器，注油量为 0.005~0.01L/min。

207

气动矛法一般适用于在无地下水的均质土层中铺设管径为 30～250mm 的各种地下管线，如 PVC 管、PE 管、钢管和电缆等，管线长度一般为 20～60m。由于该法以冲击挤压的方式成孔，容易造成地表隆起现象。为避免出现地表隆起现象，一般要求地下管线的埋设深度应大于冲击矛直径的 10 倍，如果管线并排平行敷设，相邻管线的距离也应大于冲击矛直径的 10 倍，以免破坏邻近管线。

3.3.2 夯管法

夯管法是指用夯管锤（低频、大冲击功的气动冲击器）将欲铺设的钢管沿设计路线直接夯入地层，实现非开挖穿越铺管。施工时，夯管锤产生的较大的冲击力直接作用于钢管的后端，通过钢管传递到钢管最前端的管鞋上切削土体，并克服土层与管体之间的摩擦力使钢管不断进入土层。随着钢管的夯入，被切削的土芯进入钢管内，待钢管达到目标工作坑后，将钢管内的土用压缩空气或高压水排出，而钢管则留在孔内，如图 3-65 所示。

码3-7 夯管法示意

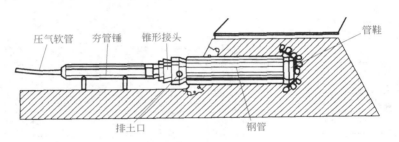

图 3-65 夯管法示意

施工过程中，首先要将夯管锤固定在工作坑内，并精确定位，然后用锥形接头和张紧带将夯管锤连接在钢管的后面，如图 3-66 所示。夯管锤和钢管的中心线必须在同一直线上，钢管的焊接要平整、光滑，以保证施工质量。

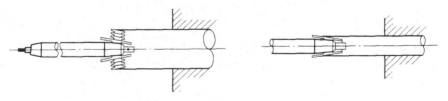

图 3-66 夯管锤与钢管的连接

夯管施工法的主要机具有空气压缩机、夯管锤、带爪卡盘、锥形接头、张紧带、管鞋等。空气压缩机的工作压力为 0.6～0.7MPa，排气量较大，最大可达 50m³/min。夯管锤通常是低频、大冲击功的气动冲击锤，有时可用气动矛代替。带爪卡盘罩在锤的后端，卡盘上的爪用于挂张紧带。张紧带是柔韧性强的尼龙带，在锤的两侧对称张紧，以便锤的能量有效地传递给钢管。管鞋焊接在钢管前端，主要用来切割土体，减少土层及土芯与钢管外壁及内壁的摩擦力。

夯管法适用于在不含大卵砾石的各种地层（包括含水地层）中，敷设管径在50～2000mm 的钢管，管线长度一般为 20～80m。其优点是对地表的干扰小，设备简单，施工成本低。

3.3.3　水平螺旋钻进法

水平螺旋钻进法又称水平干钻法，施工时先开挖工作坑，将螺旋水平钻机安放在工作坑内，由钻机的钻头切土，欲铺设的钢管套在螺旋钻杆之外，由钻机的顶进油缸向前顶进，钢管间焊接连接，如图 3-67 所示。在稳定的地层中，当欲铺设的管道较短时，可采用无套管的方式施工，即先成孔后再将欲铺设的管道拉入或顶入孔内。施工中采用的螺旋钻机如图 3-68 所示。

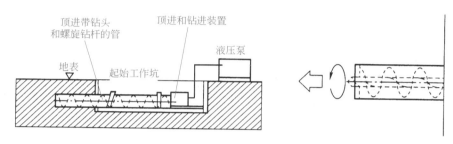

图 3-67　水平螺旋钻进施工示意

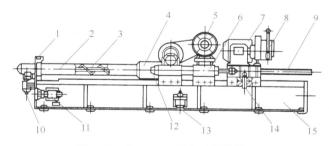

图 3-68　GLP-150 型水平螺旋钻机

1—导向夹持器；2—套管；3—螺旋钻杆；4—前回转器；5—电动机；
6—钻杆卡盘；7—电动机；8—后回转器；9—主动钻杆；10—托持器；
11—水平千斤顶；12—进给油缸；13—垂直千斤顶；14—销钉；15—机座

水平螺旋钻进法适用于在软至中硬的不含水土层、黏土层和稳定的非黏性土层中，敷设钢管或钢套管，其管径一般为 100～1500mm，长度为 20～100m。为了防止地表隆起，管道的最小埋深应在 2.0m 以上。

螺旋钻进法的最大优点是在钻进过程中若地层发生变化或钻头磨损时，可随时通过退出螺旋钻杆而方便地更换钻头；遇到障碍物时，也易用人工的方法排除。其最大缺点是不易控制铺管方向，施工精度较差。

3.3.4　冲击钻进法

当回转钻进的效率低，而且无法进行开挖作业时，可使用冲击钻进法来进行地下管线的敷设。

冲击钻进与水平螺旋钻进的施工工艺基本相同，所不同的是将回转钻进的机具改为冲击钻进机具。冲击钻进所需的机具主要有钻头组件、续管组件、进给和回转装置、控制装置、液压动力机组和空气压缩机等，如图 3-69 所示。

钻头组件由中心钻头、环形扩孔器、气动冲击锤、外套管、回转钻杆组成，如图 3-70 所示。气动冲击锤同时用来驱动钻头和套管，所以在所有地层中都能有效地钻进。钻头组件的长度有 2m、3m 或 3m 以上三种规格，应根据进给装置的长度选用。中心钻头的直径为 135～650mm，气动冲击锤的直径为 89～305mm。

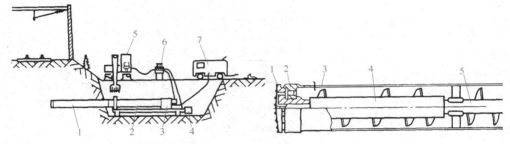

图 3-69　中心钻头冲击钻进法

1—钻头组件；2—续管组件；3—回转（进给）装置；
4—进给架；5—液压动力机组；6—控制装置；
7—空气压缩机

图 3-70　钻头组件结构

1—中心钻头；2—环形扩孔器；3—外套管；
4—气动冲击锤；5—回转钻杆

续管组件包括中空的回转钻杆和外套管两部分，根据气动锤的冲洗方式的不同，中空钻杆可以是螺旋钻杆或双壁钻管。

液压进给装置用来保证钻头无故障地钻进，回转装置可以控制和调节进给量，保证进给力始终为最佳值。为了适应套管直径的变化，回转装置的高度还可以进行调节。

空气压缩机一般选用中压空压机，压力为 1.0～1.4MPa。

冲击钻进主要用于在岩层和含大块卵砾石的地层中进行管道的敷设，管道直径为 100～1250mm，敷设长度不超过 60m。

3.3.5　水平定向钻进和水平导向钻进施工法

水平定向钻进技术又称 HDD 技术（horizontal directional drilling），是近年来发展起来的一项高新技术，是石油钻探技术的延伸。其主要用于穿越河流、湖泊、建筑物等障碍物，铺设大口径、长距离的石油和天然气管道。施工时，将钻机牢固地锚固在地面上，把探头装入探头盒内，导向钻头连接到钻杆上，转动钻杆测试探头发射是否正常；回转钻进 2m 左右后开始按设计的轨迹，先施工一个导向孔，随后在钻杆柱端部换接大直径的扩孔钻头和直径小于扩孔钻头的待铺管道，在回拉扩孔的同时将待铺管道拉入钻孔，完成铺管作业。

水平导向钻进与定向钻进的原理基本相同，按照国际上通用的分类方法，将采用小型定向钻机施工的方法称为导向钻进（图 3-71），一般用于铺设管径小、

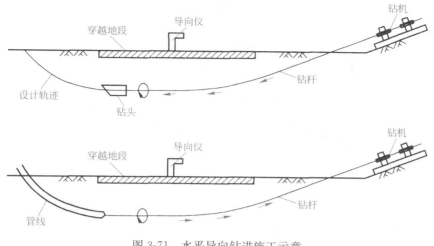

图 3-71　水平导向钻进施工示意

长度短的管道；采用大中型定向钻机施工的方法称为定向钻进，一般用于铺设管径大的管道。

　　导向孔是通过导向钻头的高压水射流冲蚀破碎、旋转切削成孔的，导向钻头的前端为 15°造斜面，在钻具不回转钻进时，造斜面对钻头有一偏斜力，使钻头向着斜面的反方向偏斜，起到造斜作用。钻具在回转钻进时，由于斜面在旋转中方向不断改变，斜面周向各方向受力均等，使钻头沿直线前进。施工中通常采用导向仪来确定钻头所在的位置，以保证施工精度。

　　定向孔的施工方法要根据土质确定。一般在松软地层中，靠高压水射流切割成孔；在坚硬地层中，靠钻头破碎钻进成孔。

　　导（定）向钻进设备主要包括用于探测管线的导向仪和导（定）向钻机。导向仪用来随钻测量深度、顶角、工具面向角、温度等基本参数，并将这些参数值直观地提供给钻机操作者，以准确地控制钻孔的方向，保证施工质量。通常用的导向仪有手持式、有缆式、无缆式三种。手持式导向仪由孔内探头、手持式接收机和同步显示器三部分组成，常用的大深度手持式导向仪的探测深度见表 3-14。

大深度手持式导向仪探测深度　　　　　　　　　　　　　　表 3-14

公司名称	型号	测深（m）
英国雷迪公司	RD385、RD386（Drill Track）	4～20
美国 DCI 公司	DigiTrak Mark Ⅲ，Ⅳ，Ⅴ Eclipse	5～21
美国 Ditch Witch 公司	Subsite 75R/T，66TKR，750R/T	3～30
美国 McLaughlin 公司	Spot D Tek Ⅲ，Ⅳ，Ⅴ	3～15

　　在交通繁忙的城市道路下穿越铺管时，手持式导向仪使用不便，易造成交通事故；穿越河流时，需要船只配合才能使用。所有这些都给施工带来了很大的麻烦，使手持式导向仪的使用受到了一定的限制。

　　有缆式导向仪有两种，一种是应用磁通门和加速度计作为测量元件，如表

3-15 中的 Subsit STS；另一种是在手持式导向仪的基础上加以改进，通过电缆向孔底探头提供电源，增加 STS 发射功率，同时用电缆传输顶角和工具面向角等基本参数，深度还是通过手持式接收机来测定，如表 3-15 中的 Wireline System 和 Digi Trak 100 Cable。有缆导向仪的基本参数见表 3-15。

有缆导向仪的基本参数 表 3-15

公司	型号	测深（m）	孔长范围（m）
美国 Ditch Witch 公司	Subsit STS	60	450
Utilx	Wireline System	25	240
DCI	Digi Trak 100 Cable	43	—

有缆导向仪虽然克服了手持式导向仪的一些缺点，但电缆传输的信息需通过滑环导出，每接一根钻杆就需要做一个电缆接头，操作繁琐；同时电缆的使用是一次性的，电缆接头多使故障概率增加。为了克服这些缺点，可使用无缆导向仪。

无缆导向仪以电磁波传输信息，基本测量元件也是磁通门和加速度计。国内生产的 HB-1 型无线随钻自动定向仪和工程导向多用途无线探测仪均已投入使用，施工效果良好。

导（定）向钻机是水平钻进设备，在美国按照钻机铺设管线的直径和长度能力，将其分为小型、中型和大型三类。小型钻机适用于电信电缆、电力电缆和聚乙烯燃气管的铺设，铺管直径为 50～250mm，最大铺管长度 100m，最大铺管深度 5m。中型钻机适用于穿越河流、道路和环境敏感区域的管道铺设，铺管直径为 250～800mm，最大铺管长度 600m，最大铺管深度 20m。大型钻机适用于穿越河流、高速公路、铁路的管道铺设，铺管直径为 800～2000mm，最大铺管长度 2000m，最大铺管深度 60m。国内生产的钻机很多，如 FDP-15B 型导向钻机适用于各类土层的非开挖管道的铺设，铺管直径为 50～100mm，最大铺管长度可达 300m。

水平定（导）向钻进施工中需进行钻孔轨迹的设计，其设计方法本教材不进行阐述，施工时可参考有关书籍。

3.4 市政管道非开挖修复技术简介

市政管道施工完毕交付使用后，随着使用时间的延长，管道的腐蚀损坏现象将越来越严重。管道腐蚀损坏以后必然会引起泄漏，造成管内输送介质的流失并由此引发一系列问题。据资料介绍，国内有的城市钢筋混凝土排水管道铺设 5 年就被腐蚀，沿海高地下水位城市腐蚀程度更甚，有的钢筋完全暴露，致使管道坍塌，道路塌陷，影响交通；燃气管道泄漏后可直接危及生命或引发爆炸，其后果更加严重。

市政管道腐蚀损坏后，一般均开挖重建。但开挖重建必定会破坏原有道路，影响交通和其他地下管线，而此时城市道路大多还没有达到设计年限，开挖重建也必定会造成资金浪费。因此，国内外从 20 世纪 60 年代开始先后研发了许多非开挖修复技术，目前国内已发展成专门的行业。

管道非开挖修复是指在管道所处的环境无法满足开挖重建的要求，或开挖重建很不经济，经技术经济综合分析而又不应废弃的情况下，为改善管道的流动性和结构承载力，延长使用寿命而采用的一种在线维修方法。该技术主要是针对旧管道内壁存在的腐蚀和结构破坏，进行防护和修复。常用的修复方法有内衬法、软衬法、缠绕法、喷涂法、浇筑法、管片法、化学稳定法和局部修复法等。不管哪种修复方法，施工前必须先清除管道内部的障碍物和淤泥，以保证修复施工正常进行。

3.4.1　内衬法

传统的内衬法是通过破损管道两端的检查井（或阀门井），将一直径稍小的新管道插入（或拉入）到旧管道中，在新旧管道间的环形间隙中灌浆，并予以固结的一种修复方法。插入的新管一般是聚乙烯管、塑料管、玻璃钢管、陶土管、混凝土管等管道；灌浆材料一般为水泥砂浆、化学密封胶。

该法适用于各种市政圆形管道的局部修复，管径一般为 100～2500mm。该法施工简单、速度快、对工人技术要求低、不需要投入大型设备，但修复后管道的过流断面面积减小，影响了管道使用。

为了弥补传统内衬法的不足，可用管径与旧管相同的聚乙烯管作为新管。施工前通过机械作用使其缩径，然后将其送入旧管内，再通过加热、加压或靠自然作用使其恢复到原来的形状和尺寸，从而与旧管密合，以尽可能保证管道修复后过流断面面积不减小。

管道缩径的方法一般有冷轧法、拉拔法和变形法。冷轧法是利用一台液压顶推装置向一组滚轧机推进聚乙烯管，以减小管道的直径。拉拔法是通过一个锥形的钢制拉模拉拔新管，使聚乙烯管的长分子链重新组合，从而管径变小。变形法是通过改变聚乙烯管的几何形状来减小其断面。

对于拉拔缩径的聚乙烯管，一般通过自然作用就可恢复；对于冷轧缩径和变形缩径的聚乙烯管，可通过高压水或高压蒸汽使其恢复，这就需要配以高压水泵和锅炉房。

该法管道的过流断面面积减小很少，不需要灌浆固结，施工速度快，但只适用于圆形直线管道修复。

3.4.2　软衬法

软衬法是在破损的旧管内壁上衬一层热固性树脂，通过加热使其固化，形成与旧管紧密结合的薄衬管，而管道的过流断面面积基本上不减小，但流动性能却大大改善的修复方法。

热固性树脂一般为液态，有非饱和的聚酯树脂、乙烯树脂和环氧树脂三种。为加速其聚合固化作用，可使用催化剂。聚酯树脂使用钴作催化剂，用量为总树脂混合物质量的 1.5%～5%；环氧树脂由供应商给定相应的催化剂，用量为总树脂混合物质量的 2%～33%；乙烯树脂的固化比较复杂，使用前可参考有关文献。

施工前，首先将柔性的纤维增强软管、热固性树脂和催化剂加工成软衬管，用闭路电视摄像机检查旧管道的内部情况，然后将管道清洗干净。再将软衬管置入旧管内，通过水压或气压的作用使软衬管紧贴旧管的内壁。最后通过热水或蒸汽使树脂受热固化，从而在旧管道内形成一平滑的内衬层，达到修复的目的。

软衬管置入的方法有翻转法和绞拉法两种。

翻转法也称翻转内衬法，是将软衬管的一端反翻，并用夹具固定在旧管的入口处，然后利用水压（或气压）使软衬管浸有树脂的内层翻转到外面并与管道的内壁粘结。当软衬管到达终点后，向管内注入热水（或蒸汽）对管道内部进行加热，使树脂在管道内部固化形成新的管道。

该法可用于铸铁管、钢管、混凝土管、石棉管等多种管材的给水管道、排水管道、燃气管道的修复，其经济效益和社会效益显著。

绞拉法也称绞拉内衬法，是将绞拉钢丝绳穿过欲修复的管道后一端固定在绞车上，另一端连接软衬管，靠绞车将软衬管拉入管道内，最后拆掉钢丝绳，堵塞两端，利用热水（或蒸汽）使软衬管膨胀并固化的施工方法。

软衬法适用于管径为 50～2700mm 的各类市政管道的修复。其优点是施工速度快、不需灌浆、没有接头、内表面光滑、可全天候施工。其缺点是对工人的技术要求高、需借助摄像机进行内部探损、树脂为进口材料且需冷藏保管、还需要用锅炉和循环泵提供热水进行加热、施工繁杂、难度大、造价高。

3.4.3 缠绕法

缠绕法是将聚氯乙烯（PVC）或高密度聚乙烯（HDPE）在工厂内制成带 T 型筋和边缘公母扣的板带，用制管机将板带卷成螺旋形圆管，在制管过程中公母扣相嵌并锁结，同时用硅胶密封。制管完成后将其送入需修复的旧管内，再在螺旋管和旧管间灌注水泥浆，达到修复的目的。

该法主要用于管径为 150～2500mm 的排水管道修复，施工速度快，缺点是只适用于圆形管道的修复且对工人的技术要求较高。

3.4.4 喷涂法

喷涂法是用喷涂材料在管道内壁形成一薄涂层，从而对管道进行修复的施工方法。施工时用绞车牵引高速喷头一边后退一边将喷涂材料均匀地喷涂在需修复的管道内壁上。

喷涂材料一般为水泥浆液、环氧树脂、聚脲、改性聚脲，涂层厚度视管道破损情况而定。

喷涂法主要用于管径为 75～2500mm 的各种管道的防腐，也可用于在管道内形成结构性内衬。其施工速度快、过流断面积损失小；但涂料固化需要的时间较长且对工人的技术水平要求较高。

3.4.5 浇筑法

浇筑法主要用于修复管径大于 900mm 的污水管道。施工时，先在污水管的内壁上固定加筋材料，安装钢模板，然后向钢模内注入混凝土和胶结材料以形成一层内衬，混凝土固化后拆除模板即可。

该法可适应混凝土断面形状的变化，但过流断面积损失大。

3.4.6 管片法

管片法是用预制的扇形管片在大口径管道内直接组合而形成内衬的施工方法。通常由 2～4 片管片组成一个断面，管片组合后，还需在管片和原有管道的环形空间内灌浆，以便与原有管道形成一个整体。

管片通常在工厂预制，其材料为玻璃纤维加强的混凝土管片（GRC）、玻璃钢管片（GRP）、塑料加强的混凝土管片（PRC）、混凝土管片和加筋的砂浆管片。

该法适用于管径大于 900mm 的各种材料的污水管道的修复，可以带水作业，但过水断面面积损失大，施工速度慢。

3.4.7 化学稳定法

化学稳定法主要用于修复管道内的裂隙和空穴。施工前，将待修复的管道隔离并清淤，然后向管道内注入化学溶液使其渗入裂隙并进入周围的土层，大约 1 个小时后将剩余溶液用水泵抽出，再注入第二种化学溶液。两种溶液的化学反应使土颗粒胶结在一起形成一种类似混凝土的材料，达到密封裂隙和空穴的目的。

该法适用于管径为 100～600mm 的各种污水管道的修复，施工时对周围环境干扰小，但施工质量较难控制。

该法中化学浆液的选用可参考有关文献。

3.4.8 局部修复法

局部修复法主要用于管道内局部的结构性破坏及裂纹的修复，常采用套环法。

套环法是在管道需修复部位安装止水套环来阻止渗漏的方法。施工时，在套环与旧管之间还需要加止水材料。常采用钢套环或 PVC 套环，止水材料为橡胶圈或密封胶。该法的缺点是套环影响水的流动，容易造成垃圾沉淀，对管道疏通也有影响，当用绞车疏通时容易被拉松带走。

此外，还有注浆堵漏法、堵漏器法、机器人法等方法，本教材不再详述，施工时可参考有关书籍。

复习思考题

1. 市政管道不开槽施工有哪些特点？其使用条件有哪些？
2. 掘进顶管的工作原理是什么？
3. 在掘进顶管施工中工作坑的种类有哪些？怎样布置和设计工作坑？
4. 在工作坑中为什么要修筑基础和安装导轨？常用的基础有哪些？
5. 在掘进顶管施工中，怎样确定后背的受力面积？怎样计算后背土的承载力？
6. 常用的顶进设备有哪些？安装时应注意哪些问题？
7. 千斤顶的顶力怎样计算？怎样选用千斤顶？

8. 掘进顶管施工中怎样进行中心控制和高程控制？怎样进行顶管接口？

9. 掘进顶管施工中，经常出现哪些偏差？怎样纠正？

10. 常用的机械取土掘进顶管有哪些方法？各有什么优缺点？

11. 中继间顶进和泥浆套顶进各有哪些特点？怎样配制触变泥浆？

12. 管道的挤压施工有哪些方法？其工作原理是什么？

13. 管道牵引不开槽铺设有哪些方法？其工作原理是什么？

14. 管道非开挖铺设有哪些新技术？其工作原理是什么？

15. 市政管道非开挖修复的技术有哪些？

码3-8 教学单元3
复习思考题
参考答案

教学单元 4　市政管廊施工

码4-1 教学单元4
导读

【教学目标】　通过本单元的学习，掌握明挖现浇施工法的施工工艺、明挖预制拼装法的施工工艺、盾构法的施工工艺及盾构的分类；熟悉掘进机法的施工工艺及掘进机的种类、浅埋暗挖法的施工工艺、工作坑的布置、尺寸确定及施工方法、千斤顶顶力的确定方法。

在市政管道工程施工中，单根管道一般采用开槽法或顶管法直接置于地下。这种施工方法为日后的维护管理和管道增容改造带来了极大不便。长期以来受我国管理体制的制约，不同的市政管线均分属于不同的业主单位，且其建设的先后次序也不同，这就必然导致重复开挖城市道路，严重影响了路面质量和城市居民的生产生活并危及了地下已有管线的安全。进入 21 世纪以来，随着城市建设的飞速发展，人们对地下空间开发利用的需求越来越大，地下空间的合理开发已成为国内外新的经济增长点，各种市政管线集中布置已成为城市发展的必然。因此，修建市政管廊已势在必行。

市政管廊也称为市政综合管沟，是指设置于地面下，用于容纳两种及两种以上市政管线的构筑物及附属设备。它是在城市地下建造的市政公用隧道空间。根据功能可将市政管廊分为干线管廊、支线管廊、干支线混合管廊和缆线管廊；根据施工方法可将市政管廊分为现浇管廊和预制拼装管廊。干线管廊设置在机动车道或道路中央下方，不直接服务沿线地区；支线管廊设置在非机动车道或人行道下方，直接服务沿线地区；干支线混合管廊可设置在机动车道、非机动车道、人行道的下方，应结合纳入管道的特点选择设置位置；缆线管廊设置在人行道下方。缆线管廊的覆土厚度一般不小于 0.4m，其他管廊的覆土厚度为 1.5～2.0m。

修建市政管廊与管道直埋相比具有以下一些优点：能及时发现和处理管线在使用过程中出现的各种问题，提高了维护管理效率和城市防灾、减灾、应对突发事件的能力；避免了维护管理过程中道路的重复开挖和各管线业主单位对地下空间资源的无序占有；减少了对环境的污染和对居民出行的影响；有效缓解了城市发展与市政管线规划之间的矛盾；有利于解决市政管线规划预留问题，促进城市的可持续发展和地下空间的合理利用。

市政管廊一般采用明挖法或暗挖法进行施工。

4.1　明挖法

4.1.1　明挖法施工的特点

明挖法是指先由上而下开挖地面土石方至设计标高后，再自基底由下而上进行管廊主体结构施工，最后回填基坑恢复地面的施工方法。

明挖法是市政管廊施工的首选方法，在地面交通和环境允许的条件下采用明挖法施工，其具有施工技术简单、快捷、经济、安全的优点；其缺点是中断交通的时间长，施工噪声与渣土粉尘等对环境有一定的影响。

明挖法适用于场地地势平坦，没有需保护的建筑物且具备大面积开挖条件的地段，通常用于城市的新建区。一般有明挖现浇施工法和明挖预制拼装施工法。

4.1.2 明挖现浇法施工工艺

明挖现浇法的施工工艺为：降低地下水位→土方开挖→基底处理→支模→绑扎钢筋→浇筑混凝土→回填土方→恢复地面。

降低地下水位、土方开挖、基地处理和土方回填的方法在教学单元2中已经述及，不再重述。但施工时应注意：

(1) 基坑两侧 10m 范围内不得存土。

(2) 放坡基坑管廊结构边缘到基底边缘的距离不得小于 0.5m，支护基坑管廊结构边缘到支护设施边缘的距离不得小于 1m。当设有排水沟、集水井等设施时，可根据需要适当加宽。

(3) 管廊基底应平整压实，其高程允许偏差为：−20～+10mm，并在 1m 范围内不得多于 1 处。

(4) 基坑开挖边坡见表 4-1。

基坑开挖边坡 表 4-1

坑壁土质类别	坑壁边坡		
	坡顶无荷载	坡顶有静荷载	坡顶有动荷载
砂类土	1∶1	1∶1.25	1∶1.5
卵石、砾石类土	1∶0.75	1∶1	1∶1.25
粉质土、黏质土	1∶0.33	1∶0.5	1∶0.75
极软岩	1∶0.25	1∶0.33	1∶0.67
软质岩	1∶0	1∶0.1	1∶0.25
硬质岩	1∶0	1∶0	1∶0

注：1. 坑壁有不同土层时，可分别选用坡度，并酌情上设平台；
　　2. 当基坑深度大于 5m 时，坡度可适当放缓或加设平台。

(5) 基坑回填时，如采用机械碾压，搭接宽度不得小于 200mm；如采用人工夯实，夯与夯之间重叠不得小于 1/3 夯底宽度。

有关钢筋混凝土施工的内容可参见有关书籍，本教材不再涉及。但与其他钢筋混凝土构件施工相比，市政管廊施工应注意：

(1) 钢筋宜在工厂加工成形后运至现场安装，接头宜采用闪光接触对焊。钢筋加工允许偏差见表 4-2。

钢筋加工允许偏差值（mm） 表 4-2

项目		允许偏差
调直后局部弯曲		$d/4$
受力钢筋顺长度方向全长尺寸		±10
弯曲成形钢筋	弯起点位置	±10
	弯起高度	0 −10

项目		允许偏差
弯曲成形钢筋	弯曲角度	2°
	钢筋宽度	±10
钢筋宽和高		+5 −10

注：d 为钢筋直径。

（2）混凝土应采用防水混凝土。

（3）垫层混凝土应沿管廊长度方向浇筑，布灰应均匀，允许偏差为：高程 −10～+5mm，表面平整度 3mm。

（4）底板混凝土应沿管廊长度方向分层留台阶灌注，其允许偏差为：高程 ±10mm，表面平整度 10mm。

（5）墙体混凝土应左右对称、水平、分层连续浇筑，至顶板交界处间歇 1～1.5h 后再浇筑顶板混凝土。

（6）顶板混凝土应连续水平、分台阶由边墙、中墙分别向结构中间方向浇筑。混凝土浇筑至设计高程初凝前应用表面振捣器振捣一遍后再抹面，其允许偏差为：高程 ±10mm，表面平整度 5mm。

（7）如管廊设有混凝土柱，应单独施工，并应水平、分层浇筑。

（8）结构变形缝设有嵌入式止水带时，浇筑混凝土前应校正止水带位置、清理干净表面。顶板、底板止水带应在下侧混凝土密实后将止水带压紧，然后再连续浇筑混凝土；边墙止水带应固定牢固后再内外侧均匀、水平浇筑混凝土，并保证止水带位置正确、平直、无卷曲现象。

（9）混凝土终凝后应及时养护，垫层养护时间不得少于 7d，结构养护时间不得少于 14d。

某城市采用明挖现浇法施工的管廊如图 4-1、图 4-2 所示。

图 4-1　明挖现浇法施工示意

图 4-2　明挖现浇法建成管廊示意

4.1.3　明挖预制拼装法施工工艺

明挖预制拼装法的施工工艺为：管片预制→降低地下水位→土方开挖→基底处理→管片拼装砌筑→管廊防水→回填土方→恢复地面。

管片预制所用各种材料，进场均应有质量合格证明文件，均应按国家有关标准进行复检，宜采用非碱活性骨料，混凝土管片强度应符合《混凝土结构工程施工质量验收规范》GB 50204—2015 中的有关规定。

管片预制所用模具每周转 100 次，必须进行系统检验，其允许偏差应符合表 4-3 的规定。

模具允许偏差（mm） 表 4-3

序号	项目	允许偏差	检验方法	检查数量
1	宽度	±0.4	内径千分尺	每片 6 点
2	弧弦长	±0.4	样板	每片 2 点，每点 2 次
3	边模夹角	≤0.2°	靠尺、塞尺	每片 4 点
4	对角线	±0.8	钢卷尺、刻度放大镜	每片 2 点，每点 2 次
5	内腔高度	−1～+2	高度尺	每片 4 点

钢筋混凝土预制管片中钢筋加工的形状、尺寸应符合设计要求，其加工允许偏差见表 4-4，钢筋骨架安装允许偏差见表 4-5。

钢筋加工允许偏差（mm） 表 4-4

序号	项目	允许偏差	检验工具	检查数量
1	主筋和构造筋长度	±10	钢卷尺	每班同设备生产 15 环同类型钢骨架，应抽检不少于 5 根
2	主筋弯折点位置	±10		
3	箍筋内净尺寸	±5		

钢筋骨架安装允许偏差（mm）　　　　表 4-5

项目		允许偏差	检验工具	检查数量
钢筋骨架	长	+5，−10	钢卷尺	按日生产量的 3% 进行检验，每日抽检不少于 3 件，每件检验 4 点
	宽	+5，−10		
	高	+5，−10		
受力主筋	间距	±5		
	层距	±5		
	保护层厚度	+5，−3		
箍筋间距		±10		
分布筋间距		±5		

　　管片加工成形后，其强度和抗渗等级应符合设计要求，不应有露筋、孔洞、裂缝、缺棱掉角等缺陷，麻面面积不得大于管片面积的 5%，成形管片允许偏差见表 4-6。

预制成型管片允许偏差（mm）　　　　表 4-6

项目	允许偏差	检验工具	检查数量
宽度	±1	卡尺	3 点
弧弦长	±1	样板、塞尺	
厚度	+3/−1	钢卷尺	

　　管片拼装砌筑和防水层的施工方法，参见 4.2 节盾构法施工。但拼装过程中应对管廊的轴线和高程进行控制，管片拼装允许偏差见表 4-7。

管片拼装允许偏差（mm）　　　　表 4-7

项目	允许偏差	检验方法	检查数量
衬砌环直径椭圆度	±8‰D	尺量后计算	每环 4 点
相邻管片径向错台	8	用尺量	每环 4 点
相邻管片环向错台	9	用尺量	每环 1 点

注：D 为管廊的外径。

　　降低地下水位、土方开挖、基底处理、土方回填等方法同前，不再重述。

4.2　暗　挖　法

　　暗挖法适用于城市交通繁忙，景观要求高，无法实施开挖作业的地区，也适用于松散地层、含水松散地层及坚硬土层和岩石层。一般有盾构法和掘进机法等方法。

4.2.1　盾构法

1. 盾构施工的意义

盾构机是不开槽施工时用于地下掘进和拼装衬砌的施工设备。使用盾构机开挖管廊断面土方的方法就是盾构法。该法主要用于松散地层及含水松散地层管廊的施工。

盾构法源于法国，由工程师 Mare Isambrard Brunel（布鲁诺尔）发明，并于1834年用盾构法建成了第一条过江隧道。我国在20世纪50年代开始引进盾构法，并在北京和上海等地进行小型盾构法施工试验，至今已有70多年的施工历史，根据以往的施工经验，可知盾构法具有以下一些优点：

1）因施工中顶进的是盾构本身，故在同一土层中所需的顶力为一常数；

2）盾构断面可以为任意形状，可呈直线或曲线走向；

3）在盾构设备的掩护下，进行土层开挖和衬砌，使施工操作安全；

4）施工噪声小，不中断城市地面交通；

5）盾构法进行水底施工时，不影响航道通航；

6）施工中如严格控制正面超挖，加强衬砌背面空隙的填充，可有效地控制地表沉降。

因此，盾构法广泛用于城市建筑密集、交通繁忙、地下管线集中地段的地下管廊的施工。

2. 盾构法的施工原理

盾构法施工时，先在需施工地段的两端，各修建一个工作坑（又称竖井），然后将盾构从地面下放到起点工作坑中，首先借助设置在工作坑内的千斤顶将盾构顶入土中，然后再借助盾构壳体内设置的千斤顶的推力，在地层中使盾构沿着管廊的设计中心线，向管廊另一端的接收坑中推进，如图4-3所示。同时，将盾构切下的土方外运，边出土边将砌块运进盾构内，当盾构每向前推进1～2环砌块的距离后，就可在盾尾衬砌环的掩护下将砌块拼成管廊。在千斤顶的推进过程中，

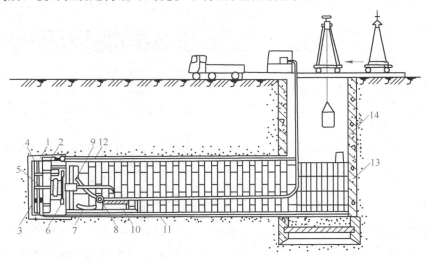

图 4-3　盾构法施工示意

1—盾构；2—盾构千斤顶；3—盾构正面网格；4—出土转盘；5—出土皮带运输机；6—管片拼装机；

7—管片；8—压浆泵；9—压浆孔；10—出土机；11—由管片组成的隧道衬砌结构；

12—在盾尾空隙中的压浆；13—后盾管片；14—竖片

其后座力传至盾构尾部已拼装好的砌块上，继而再传至起点井的后背上。当管廊拼砌一定长度后就可作为千斤顶的后背，如此反复循环操作，即可修建任意长度的管廊（或管道）。在拼装衬砌过程中，应随即在砌块外围与土层之间形成的空隙中压注足够的浆液，以防地面下沉。

3. 盾构组成

盾构一般由掘进系统、推进系统、拼装衬砌系统三部分组成。

（1）掘进系统

市政管廊施工中使用的盾构是由钢板焊接成的圆形筒体，前部为切削环，中部为支撑环，盾尾为衬砌环，通过外壳钢板连接成一个整体，如图 4-4 所示。

掘进系统主要是切削环，它位于盾构的最前端，作为支撑保护罩，在环内可安装挖土掘进设备，或容纳施工人员在环内挖土和出土。施工时切入地层，掩护施工人员进行开挖作业。切削环前端设有刃口，以减少切土时对地层的扰动和施工阻力。切削环的长度主要取决于支撑、挖土机具和操作人员回旋余地的大小。

（2）推进系统

推进系统是盾构的核心部分，依靠千斤顶将盾构向前推动。千斤顶采用油压系统控制，由高压油泵、操作阀件等设备构成。每个千斤顶的油管须安装阀门，以便单个控制。也可将全部千斤顶分成若干组，按组分别进行控制。盾构千斤顶的液压回路系统如图 4-5 所示，用阀门转换器操纵进油和回油，阀门转换器工作原理如图 4-6 所示。当滑块 2 处于左端时，高压油自进油管 1 流入，经分油箱 4 使千斤顶 5 出镐；回镐时，将滑块 2 移向右端，高压油推动千斤顶回镐，并将回油管中的油流向分油箱 4。

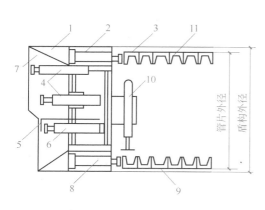

图 4-4　盾构构造简图

1—切削环；2—支撑环；3—盾尾部分；4—支撑千斤顶；5—活动平台；6—活动平台千斤顶；7—切口；8—盾构推进千斤顶；9—盾尾空隙；10—管片拼装管；11—管片

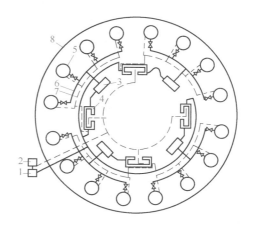

图 4-5　千斤顶液压回路系统

1—高压油泵；2—总油箱；3—分油箱；4—闭口转筒辊；5—千斤顶；6—进油管；7—回油管；8—结构体壳

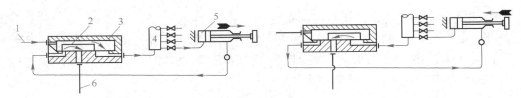

图 4-6　阀门转换器工作示意图
1—进油管；2—滑块；3—阀门转换器；4—分油箱；5—千斤顶；6—回油管

推进系统位于盾构的中部，主要是支撑环。支撑环紧接于切削环之后，是一个刚性较好的圆形结构。地层土压力、所有千斤顶的顶力以及刃口、盾尾、衬砌拼装时传来的施工荷载等均由支撑环承担。支撑环的外沿布置盾构千斤顶。大型盾构将操作动力设备和拼装衬砌设备等都集中布置在支撑环内，中小型盾构可把部分设备放在盾构后面的车架上。

（3）拼装衬砌系统

盾构被顶进后应及时在盾尾进行衬砌工作，在施工过程中已砌好的砌块可作为盾构千斤顶的后背，承受千斤顶的后坐力，竣工后则作为永久性承载结构。拼装衬砌系统主要是衬砌环，它位于盾构尾部，由盾构的外壳钢板延长构成，主要是掩护砌块的衬砌和拼装，环内设有衬砌机构，尾端设有密封装置，以防止水、土及注浆材料从盾尾与衬砌环之间的间隙进入盾构内。

砌块通常采用钢筋混凝土或预应力钢筋混凝土预制，形状有矩形、梯形、中缺形等，如图 4-7 所示。砌块尺寸根据管廊大小和衬砌方法确定。

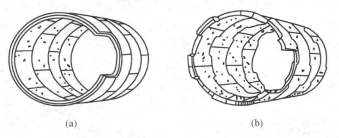

(a)　　　　　　　　　　　(b)

图 4-7　砌块形式
（a）矩形砌块；（b）中缺形砌块

4. 盾构的分类

盾构的分类方法很多，按挖掘方式可分为：手工挖掘式、半机械式、机械式三大类；按工作面挡土方式可分为：敞开式、部分敞开式、密闭式；按气压和泥水加压方式可分为：气压式、泥水加压式、土压平衡式、加水式、高浓度泥水加压式、加泥式等。

（1）手工挖掘式盾构

手工挖掘式盾构是盾构的基本形式，如图 4-8 所示。施工时根据不同的地质条件，开挖面可全部敞开由人工开挖；也可根据开挖面土体的稳定性适当分层开挖，随挖土随支撑。这种盾构的优点是便于观察地层变化和清除障碍，易于纠偏，简易价廉；但劳动强度大，效率低，如遇正面塌方，易危及人身及工程安全。

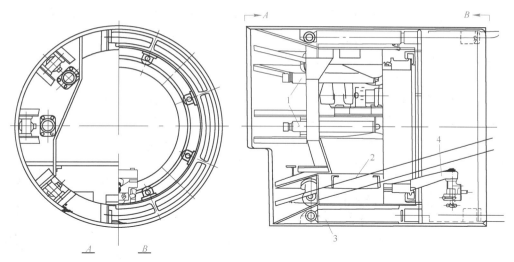

图 4-8 手工挖掘式盾构
1—支撑千斤顶；2—皮带运输机；3—盾构千斤顶；4—举重臂

施工时由上而下进行开挖，开挖时按顺序调换正面支撑千斤顶，开挖出来的土从下半部用皮带运输机装入出土车，运出坑道。

手工挖掘式盾构在砂性土、黏性土的各类地层中均能适用，在开挖面稳定性差的地层中施工时，它可与气压、降水、化学注浆等稳定地层的辅助施工法配合使用。

手工挖掘式盾构在地质条件很差的粉砂土质地层中施工时，土会从开挖面流入盾构、引起开挖面坍塌，因而不能继续开挖，这时应在盾构的前面设置胸板进行密闭，以挡住正面土体。同时在胸板上开设出土用的小孔，这种形式的盾构叫挤压式盾构，如图 4-9 所示。盾构在挤压推进时，土体就会从出土孔如同膏状物从管口挤出那样，挤入盾构。

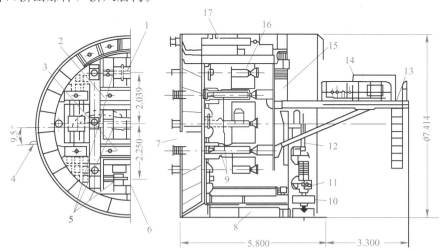

图 4-9 挤压式盾构（单位：m）
1—上进土口；2—上平台；3—中平台；4—防偏转板；5—进土闸板千斤顶；6—下进土口；
7—中间进土口；8—盾构千斤顶；9—平台千斤顶；10—管片；11—可伸缩平台；12—千斤顶；
13—后平台；14—动力箱；15—举重臂；16—支撑千斤顶；17—活动帽檐千斤顶

挤压式盾构分为全挤压式和局部挤压式两种。全挤压盾构向前推进时，胸板全部封闭，不需出土，但要引起相当大的地表变形。局部挤压盾构，要打开部分胸板，将需要排出的土体从出土孔挤入盾构内，然后装车外运，根据推进速度来确定胸板的开口率。当开口率过大时，出土量增加，会引起周围地层的沉降；反之，就会增大盾构的切入阻力，使地面隆起。因此，采用挤压盾构时，应严格控制出土量，以免地表变形过大。

根据施工经验，挤压式盾构适用于软弱地层，当土体含砂率在20％以下、液性指数在60％以上、黏聚力在50kN/m² 以下时，盾构的开口率一般为2％～0.8％，在极软弱的地层中，开口率也可小到0.3％。遇有化学注浆的建筑物地基时，应把胸板做成可拆卸的形式。

在手工挖掘式盾构的正面装钢板网格，在推进中可以切土，而在停止推进时可起稳定开挖面的作用。切入的土体可用转盘、皮带运输机、矿车或水力机械运出，如图4-10所示。这种盾构称为网格式盾构，在软弱土层中常被采用，如精心施工，可较好地控制地表沉降。但在含水地层中施工时，仍需要辅以降水措施。

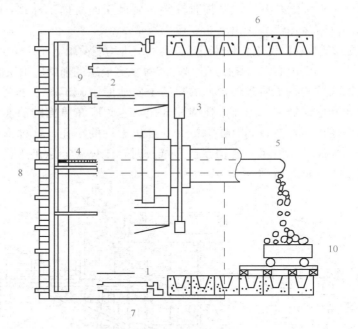

图4-10　网格式盾构

1—盾构千斤顶(推进盾构用)；2—开挖面支撑千斤顶；3—举重臂(拼装装配式钢筋混凝土衬砌用)；4—堆土平台(盾构下部土块由转盘提升后落入堆土平台)；5—刮板运输机，土块由堆土平台进入后输出；6—装配式钢筋混凝土砌块；7—盾构钢壳；8—开挖面钢网格；9—转盘；10—装土车

（2）半机械式盾构

半机械式盾构具有省力、高效的特点，是在手工挖掘式盾构的基础上安装机械挖土和出土的装置，以代替人工劳动，如图4-11所示。

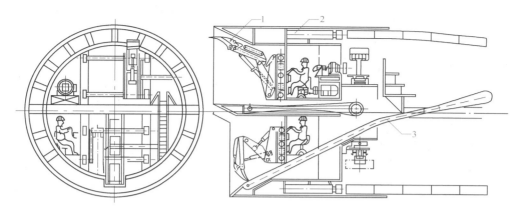

图 4-11　半机械式盾构

1—挖掘机；2—盾构千斤顶；3—皮带运输机

　　机械挖土装置有反向铲挖土机、螺旋切削机等。它的顶部与手工挖掘式盾构相同，装有活动前檐和前后、左右、上下均能活动的正面支撑千斤顶等。

　　半机械式盾构根据机械装备的不同形式，可适用于多种地层。

　　（3）机械式盾构

　　机械式盾构是一种采用紧贴着开挖面的旋转刀盘进行全断面开挖的盾构。它具有可连续不断地挖掘土层的功能，能一边出土、一边推进，连续作业。当地层土质稳定性好能够自立或采取辅助措施后能够自立时，可在盾构的切口部分，安装与盾构直径相适应的大刀盘，进行全断面开胸机械切削开挖，如图 4-12 所示。

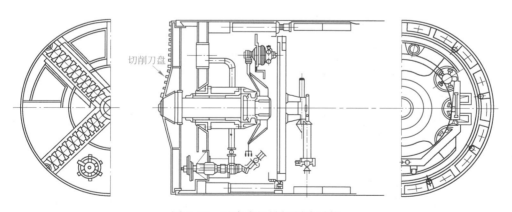

图 4-12　开胸式机械切削式盾构

　　机械式盾构的切削机构采用最多的是大刀盘，它有单轴式、双轴转动式、多轴式数种，其中单轴式使用最为广泛。单轴式刀盘的切削头绕中心轴转动进行切土，切削下来的土从槽口进入设在外圈的转盘中，再由转盘提升到漏土斗中，然后由传送带把土送入出土车。

　　机械式盾构的优点除了能改善作业环境、省力外，还能显著提高推进速度，缩短工期。但造价高，为提高工作效率而带来的后续设备多，基地面积大，在曲率半径小的情况下施工以及盾构纠偏都比较困难。因此，机械式盾构适用于长度较大的直管廊或隧道的施工。

机械式盾构的大刀盘本身就有防止开挖面坍塌的作用，所以可在易坍塌的地层中施工。但在黏性土地层中施工时，切削下来的土易黏附在转盘内，压密后会造成出土困难。因此大多适用于地质变化少的砂性土地层。

在极易坍塌的地层中施工时，为防止开挖面的坍塌，可用压缩空气来稳定开挖面土体。为使施工人员不在高压空气中操作，消除压缩空气对施工人员的危害，可以采用局部气压式盾构。

局部气压式盾构是在机械式盾构的支撑环前边装上隔板，使切口与隔板之间形成一个密封舱。在密封舱内充满压缩空气，达到稳定开挖面土体的作用。这样施工人员就可不处在高压空气内工作，如图 4-13 所示。

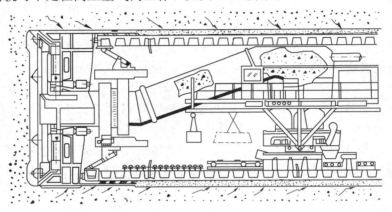

图 4-13　局部气压式盾构

局部气压式盾构容易造成高压气体的泄漏，其泄漏方式主要有：

1）由于掘削面、土舱及出土装置是连通的，故舱内高压气体会不停地从出土装置中泄漏；

2）盾尾密封装置并不能完全阻止高压气体由掘削面经盾构外壳板的外侧串向盾尾的泄漏；

3）管片环接缝密封并不能完全阻止经外壳板的外侧串向管片环接缝的高压气体的泄漏。

上述三项漏气问题致使掘削面上的气压值起伏大，给掘削面稳定造成一定困难，故近年来施工实例不多。但对下列情形，仍可采用局部气压式盾构：

1）长距离掘进的途中必须由人工更换刀具时；

2）掘进途中必须人工入舱拆除障碍物时；

3）江底、河底、湖底、海底覆盖土层较薄，掘进路线上地质复杂(软弱层具体位置不清)等风险性较大的隧道工程；

4）大深度、高水压盾构隧道等。

实际施工中，可用高压泥浆代替高压空气，构成泥水加压式盾构。

泥水加压盾构是在机械式盾构大刀盘的后方设置一道隔板，隔板与大刀盘之间作为泥水室，在开挖面和泥水室中充满加压的泥水，通过加压作用和压力保持机构，保证开挖面土体的稳定。盾构推进时开挖下来的土进入泥水室，由搅拌装置进行搅拌，搅拌后的高浓度泥水用污泥泵加压输送出地面进行水土分离，然后再把分离后的泥水送入泥水室，不断地循环，如图 4-14 所示。

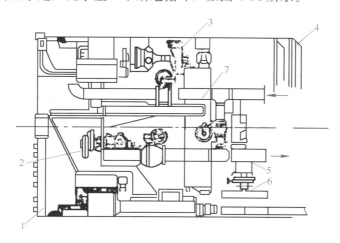

图 4-14　泥水加压式盾构

1—削土刀片；2—旋转搅动器；3—环式拼装机旋转驱动机构；

4—盾尾密封；5—衬砌拼装机；6—衬砌；7—控制进土阀门千斤顶

泥水加压盾构在其内部不能直接观察到开挖面，因此要求盾构从推进、排泥到泥水处理全部按系统化作业。通过测定泥水压力、泥水流量、泥水浓度等算出土方开挖量，全部作业过程均由中央控制台综合管理。

在泥水加压盾构中，泥水具有下列三个作用：

1) 泥水的压力用来与开挖面水土的压力平衡；

2) 泥水在地层上，形成一层不透水的泥膜，使泥水产生有效的压力；

3) 加压泥水可渗透到地层的某一区域，使该区域内的开挖面稳定。

就泥水的特性而言，泥水的浓度和密度越高，开挖面的稳定性就越好，而浓度和密度越高，其输送效率就越低，因此常用的泥水标准如下：

1) 土质：黏土、膨润土；

2) 表观密度：$1.05 \sim 1.25 \text{g/cm}^3$；

3) 黏度：$20 \sim 40 \text{s}$，漏斗黏度 500/500mL；

4) 脱水量：$Q < 200 \text{mL}$（APL 过滤试验 3kg/cm^2，30min）。

泥水加压盾构主要有日本式和德国式两种，德国式的密封舱中设置了起缓冲作用的气压舱，以便于人工控制正面泥浆压力，构造较简单；而日本式密封舱中全是泥水，要有一套自动控制泥水平衡的装置。

在松动的卵石层和坚硬土层中采用泥水加压盾构施工，会产生逸水现象；在非常松散的卵石层中开挖时，成功率较低；在坚硬的土层中开挖时，不仅土的微粒会使泥水质量降低，而且黏土还常会黏附在刀盘和槽口上，给开挖带来困难。

因此，泥水加压盾构适用于：

1）细粒土(粒径0.074mm以下)含有率在粒径累积曲线的10％以上；

2）砾石(粒径2mm以上)含有率在粒径累积曲线的60％以上；

3）自然含水量在18％以上；

4）无200～300mm的粗砾石；

5）渗透系数$K<0.01$cm/s的地层。

泥水加压式盾构可使施工人员不必在压缩空气条件下操作，泥水不易外泄，在大空隙土中施工不必另行加固土层，对地层扰动小，地面沉降小，但费用较高。为了降低施工费用，可采用土压平衡式盾构。

土压平衡盾构又称削土密闭式或泥土加压式盾构。它的前端有一个全断面切削刀盘，切削刀盘的后面有一个贮留切削土体的密封舱，在密封舱中心线下部安装长筒形螺旋输送机，输送机一端设有出入口，如图4-15所示。

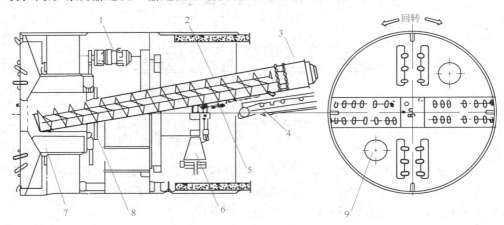

图4-15　土压平衡式盾构

1—刀盘用油电机；2—螺旋运输机；3—螺旋运输机用油电机；4—皮带运输机；
5—阀门千斤顶；6—管片拼装器；7—刀盘支架；8—隔壁；9—紧急出入口

所谓土压平衡就是将切削下来的土体和泥水充满密封舱，并具有适当压力与开挖面土压平衡，以减少对土体的扰动，控制地表沉降。这种盾构可节省泥水盾构中所必需的泥水平衡及泥水处置的大量费用，主要适用于黏性土或有一定黏性的粉砂土。现开发研制的加水或加泥水的新型土压平衡盾构，可适用于多种土层。

5. 盾构尺寸的确定

地下掘进时，盾构承受土压力，盾构外壳按弹性圆环设计，一般控制如下参数：

(1) 盾构的外径

盾构外径D可按式(4-1)确定：

$$D=d+2(x+t) \tag{4-1}$$

式中　D——盾构外径(mm)；

d——管端衬砌外径(mm);

t——盾构外壳总厚度(mm);

x——衬砌块与盾壳间的空隙量(mm)。

如图 4-16 所示，衬砌块与盾壳间的空隙量为衬砌外径的 0.008～0.010 倍，其最小值 x 要满足式(4-2)：

$$x = \frac{Ml}{d} \tag{4-2}$$

式中　l——砌块环上顶点能转动的最大水平距离，通常为 $l = \dfrac{d}{80}$；

M——衬砌环掩盖部分的衬砌长度；

其他参数含义同式(4-1)。

所以 $x = 0.0125M$，一般取 30～60mm。

(2) 盾构的长度

如图 4-17 所示，盾构长度为切削环、支撑环和衬砌环长度的总和，即：

$$L = L_1 + L_2 + L_3 \tag{4-3}$$

式中　L——盾构长度(mm);

L_1——切削环长度(mm);

L_2——支撑环长度(mm);

L_3——衬砌环长度(mm)。

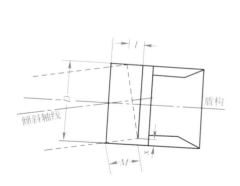

图 4-16　盾构构造间隙

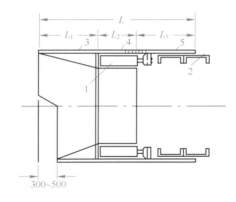

图 4-17　盾构长度（单位：mm）

1—千斤顶；2—砌块；3—切削环；4—支撑环；5—衬砌环

1) 切削环长度

切削环长度 L_1 主要取决于工作面开挖时，在保证操作安全的前提下，使土方按自然倾斜角坍塌所需的长度，即：

$$L_1 = D\tan\theta = D\tan45° = D \tag{4-4}$$

式中　θ——土坡与地面所成的夹角，一般取 45°；

其他参数含义同式(4-1)。

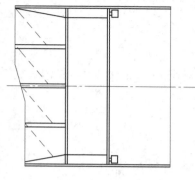

图 4-18　网格式盾构

大直径网格式盾构一般设有水平隔板，如图 4-18 所示。切削环长度为：

$$L_1 = H\tan\theta = H < 2000mm \qquad (4-5)$$

式中　H——平台高度（mm），即工人工作需要的高度。

2）支撑环长度

支撑环长度 L_2 为：

$$L_2 = W + C_1 \qquad (4-6)$$

式中　W——砌块的宽度（mm）；

　　　C_1——余量，取 200～300mm。

（3）衬砌环长度

衬砌环长度应保证在其内进行拼装砌块的需要，还要考虑损坏砌块的更换、修理千斤顶以及曲线顶进时所需的长度，一般按式（4-7）计算：

$$L_3 = KW + C_2 \qquad (4-7)$$

式中　K——盾构的机动性系数，大型盾构取 0.75；中型盾构取 1.0；小型盾构取 1.5；

　　　C_2——余量，取 100～200mm；

其他参数含义同式（4-6）。

（4）盾构的灵敏度

盾构的灵敏度指盾构总长度 L 与其外径 D 的比例关系，一般规定如下：

小型盾构（$D = 2～3m$），$\dfrac{L}{D} = 1.5$；中型盾构（$D = 3～6m$），$\dfrac{L}{D} = 1.0$；大型盾构（$D = 6～12m$），$\dfrac{L}{D} = 0.75$。盾构尺寸应满足灵敏度的要求。

6. 盾构千斤顶及其顶力计算

盾构依靠千斤顶来推进和调整方向。在千斤顶的顶进过程中，千斤顶应有足够的顶力，来克服盾构前进中所遇到的各种阻力。一般情况下，盾构在前进过程中所遇到的顶力如下：

（1）外壳与周围土层间摩擦阻力 F_1

$$F_1 = \nu_1 [2(P_v + P_h)LD] \qquad (4-8)$$

式中　P_v——盾构顶部的竖向土压力（kN/m²）；

　　　P_h——水平土压力值（kN/m²）；

　　　ν_1——土与钢之间的摩擦系数，一般取 0.2～0.6；

　　　L——盾构长度（m）；

　　　D——盾构外径（m）。

（2）切削环刃口切入土层阻力 F_2

$$F_2 = \pi DL(P_v\tan\phi + C) \qquad (4-9)$$

式中　ϕ——土的内摩擦角；

　　　C——土的黏聚力（kN/m²）；

其余参数含义同式(4-8)。

（3）砌块与盾尾之间的摩擦力 F_3

$$F_3 = \nu_2 G' L' \tag{4-10}$$

式中　ν_2——盾尾与衬砌之间的摩擦系数，一般为 0.4~0.5；

　　　G'——衬砌环重量(kN)；

　　　L'——盾尾中衬砌的环数。

（4）盾构自重产生的摩擦阻力 F_4

$$F_4 = G\nu_1 \tag{4-11}$$

式中　G——盾构自重(kN)；

其余参数含义同式(4-8)。

（5）开挖面支撑阻力或闭腔挤压盾构地层正面阻力 F_5

1）开挖面支撑阻力应按支撑面上的主动土压力计算，即：

$$F_5 = \frac{\pi D^2 E_A}{4} \tag{4-12}$$

式中　E_A——主动土压力(kN/m²)；

其余参数含义同式(4-8)。

2）闭腔挤压盾构地层正面阻力：

$$F_5 = \frac{\pi D^2 E_P}{4} \tag{4-13}$$

式中　E_P——被动土压力(kN/m²)；

其余参数含义同式(4-8)。

其余各项阻力，需根据盾构施工时实际情况予以计算，叠加后组成盾构推进的总阻力。由于上述计算均为近似值，实际确定千斤顶总顶力时，需乘以 1.5~2.0 的安全系数。

实际工程中可以按经验公式(4-14)估算总顶力 P：

$$P = (700 \sim 1000) \frac{\pi D^2}{4} \tag{4-14}$$

式中　P——千斤顶的总顶力(kN)；

其余参数含义同式(4-8)。

一般而言，小型盾构 $P = 500 \sim 600 kN$；中型盾构 $P = 1000 \sim 1500 kN$；大型盾构 $P = 2500 kN$；我国使用的千斤顶的 P 值多数为 1500~2000kN。

盾构千斤顶采用液压传动，为了避免压坏砌块，应将总顶力分散，采用多个顶力较小的千斤顶。千斤顶的顶程应略大于砌块的宽度，与砌块宽度的比值一般为 1.15~1.35。

7. 盾构施工的准备工作

为了安全、迅速、经济地进行盾构施工，在施工前应根据图纸和有关资料进行详细的勘察工作。勘察的内容主要有：用地条件的勘察、障碍物勘察、地形及地质勘察。

用地条件的勘察主要是了解施工地区的情况；工作坑、仓库、料场的占地可能性；道路条件和运输情况；水、电供应条件等。

233

障碍物勘察包括地上和地下障碍物的调查。

地形及地质勘察包括地形、地层柱状图、土质、地下水等。

根据勘察结果，编制盾构施工方案。

盾构施工准备工作主要有盾构工作坑的修建、盾构的拼装检查、附属设施的准备等。

（1）盾构工作坑的修建

工作坑一般修建在隧道（或管廊）中心线上，也可在偏离其中心线的位置上修建，然后用横向通道或斜向通道进行连接。修建时首先进行测量放线，确定工作坑的中线桩和边线桩，然后进行开挖。开挖到设计标高后，将地面水准点和中线桩引入到工作坑内。在起始位置上修建的工作坑主要进行盾构的拼装和顶进，称为盾构拼装井（或起点井）。在终点位置上修建的工作坑主要是接收、拆卸盾构并将其吊出，称为盾构拆卸井（或终点井）。若盾构推进长度很长，在隧道中段或在隧道转弯半径较小处，还应修建中间工作井，以减少土方和材料运距、便于检查和维修盾构以及盾构转向。盾构工作坑可以根据实际情况与其他竖井（如通风井、设备井等）综合考虑，设置成施工综合井，使施工更加经济合理。

盾构起点井与顶管工作坑相同，尺寸应按照盾构和顶进设备的大小确定。井内应设牢固的支撑和坚强的后背，并铺设导轨，以便正确顶进。

盾构起点井一般多为矩形，有时也采用圆形。为满足吊入和组装盾构、运入衬砌材料、各种机具设备和作业人员的进出以及土方外运的要求，应合理确定起点井的尺寸。如图 4-19 所示，矩形起点井长度 a 和宽度 b 应按式（4-15）、式（4-16）进行计算：

$$a=L+(0.5\sim1.0)L \tag{4-15}$$

$$b=D+(1.5\sim2.0)\text{m} \tag{4-16}$$

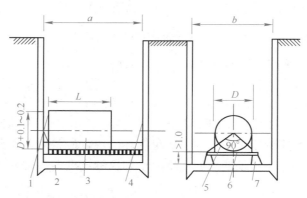

图 4-19　盾构拼装井（起点井）（单位：m）

1—盾构进口；2—竖井；3—盾构；4—后背；5—导轨；6—横梁；7—拼装台

D—盾构直径；L—盾构长度；a—拼装井长度；b—拼装井宽度

起点井内一般设置钢结构或钢筋混凝土结构的拼装台，拼装台上设有导轨，导轨间距取决于盾构直径的大小，轨顶与管中心线的夹角多为 $60°\sim90°$，导轨平面高度一般由隧道大小和施工要求等因素来确定。

盾构中间工作井和终点井的结构尺寸与起点井相同，但应考虑盾构在推进过程中因出现蛇形变形而引起的中心线偏移，故应将起点井开口尺寸加上蛇形偏差量作为中间井和终点井进出口的开口尺寸。

盾构工作坑施工中要注意对工作坑周围地层采取加固措施，以防工作坑坍塌；随着工作坑开挖深度的增加，要防止地下水上涌，造成淹井事故，必要时应采取降水措施。

（2）盾构的拼装检查

盾构的拼装检查一般包括外观检查和尺寸检查。

1）外观检查

检查盾构外表与设计图是否相符；与内部相通的孔眼是否通畅；盾构内部所有零件是否齐全，位置是否准确，固定件是否牢固，防锈涂层是否完好。

2）尺寸检查

盾构的圆度与直度的大小，对推进过程中的蛇行量影响很大，其偏差值应满足表 4-8 和表 4-9 的要求。圆度误差检查部位如图 4-20 所示，直度误差检查部位如图 4-21 所示。

圆度允许误差　　　　　　　　　　　　　　　　表 4-8

盾构直径 （m）	内径误差（mm）	
	最小	最大
$D \leqslant 2$	0	+8
$2 < D \leqslant 4$	0	+10
$4 < D \leqslant 6$	0	+12
$6 < D \leqslant 8$	0	+16
$8 < D \leqslant 10$	0	+20
$10 < D \leqslant 12$	0	+24

直度允许误差　　　　　　　　　　　　　　　　表 4-9

盾构全长（m）	弯曲误差（mm）	盾构全长（m）	弯曲误差（mm）
$L \leqslant 3$	±5.0	$5 < L \leqslant 6$	±9.0
$3 < L \leqslant 4$	±6.0	$6 < L \leqslant 7$	±12.0
$4 < L \leqslant 5$	±7.5	$L > 7$	±15.0

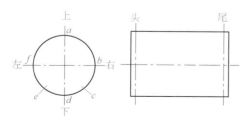

图 4-20　圆度误差检查部位

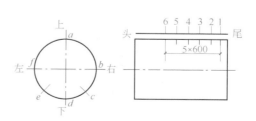

图 4-21　直度误差检查部位（单位：mm）

8. 施工工艺要点

盾构法施工工艺主要包括盾构的始顶；盾构掘进的挖土、出土及顶进；衬砌和灌浆。

(1) 盾构的始顶

盾构在起点井导轨上至盾构完全进入土中的这一段距离，要借助工作坑内千斤顶顶进，通常称为始顶，如图 4-22(a)所示，方法与顶管施工相同。

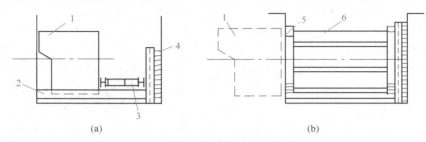

(a)   (b)

图 4-22   始顶工作坑
(a)盾构台工作坑始顶；(b)始顶段支撑结构
1—盾构；2—导轨；3—千斤顶；4—后背；5—木环；6—撑木

当盾构入土后，在起点井后背与盾构衬砌环内，各设置一个大小与衬砌环相等的木环，两木环之间用圆木支撑，以作为始顶段盾构千斤顶的临时支撑结构，如图 4-22(b)所示。一般情况下，当衬砌长度达 30～50m 以后，才能起后背作用，此时方可拆除工作坑内的临时圆木支撑。

(2) 盾构掘进的挖土、出土与顶进

完成始顶后，即可启用盾构本身千斤顶，将切削环的刃口切入土中，在切削环掩护下进行挖土。

盾构掘进的挖土方法取决于土的性质和地下水情况。手工挖掘盾构适用于比较密实的土层，工人在切削环保护罩内挖土，工作面挖成锅底状，一次挖深一般等于砌块的宽度。为了保证坑道形状正确，减少与砌块间的空隙，贴近盾壳的土应由切翻环切下，厚度约 10～15cm。在工作面不能直立的松散土层中掘进时，将盾构刃口先切入工作面，然后工人在切削环保护罩内挖土。根据土质条件，进行局部挖土时的工作面应加设支撑，如图 4-23 所示。局部挖掘应从顶部开始，依次进行到全部挖掘面。当盾构刃口难于先切入工作面(如砂砾石层)时，可以先挖后顶，但必须严格控制每次掘进的纵深。

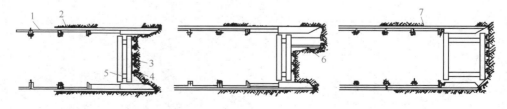

图 4-23   手挖盾构的工作面支撑
1—砌块；2—灌浆；3—立柱；4—撑板；5—支撑千斤顶；6—千斤顶；7—盾壳

　　黏性土的工作面虽然能够直立，但工作面停放时间过长，土面会向外胀鼓，造成塌方，导致地基下沉。因此，在黏性土层掘进时，也应加设支撑。

　　在砂土与黏土交错层、土层与岩石交错层等复杂地层中顶进，应注意选定适宜的挖掘方法和支撑方法。

　　在隧道内铺设轨道，将挖下的土方由斗车或矿车运出，如图 4-24 所示。

　　盾构顶进应在砌块衬砌后立即进行。盾构顶进时，应保证工作面稳定不被破坏。顶进速度常为 50mm/min。顶进过程中一般应对工作面支撑、挤紧。顶进

码4-2　盾构渣土外运示意

图 4-24　盾构内运土

时千斤顶实际最大顶力不能使砌块等后部结构遭到破坏。在弯道、变坡处掘进和校正误差时，应使用部分千斤顶顶进，还要防止产生误差和转动。如盾构可能发生转动，应在顶进过程中采取偏心堆载等措施。

　　在出土的同时，将衬砌块运入盾构内，待千斤顶回镐后，其空隙部分即可进行砌块拼砌。当砌块的拼砌长度能起到后背作用时，再以衬砌环为后背，启动千斤顶，重复上述操作，盾构便被不断向前推进。

　　（3）衬砌和灌浆

　　1）一次衬砌

　　盾构顶进后应及时进行衬砌工作，按照设计要求，确定砌块形状和尺寸及接口方式。通常采用钢筋混凝土或预应力钢筋混凝土砌块。矩形砌块形状简单，容易砌筑，产生误差时容易纠正，但整体性差。梯形砌块的整体性较矩形砌块更好。中缺形砌块的整体性最好，但安装技术水平要求高，而且产生误差后不易调整。砌块的连接有平口、企口和螺栓连接三种方式，企口接缝防水性好，但拼装复杂；螺栓连接整体性好，刚度大。

　　砌块接口应涂抹胶粘剂，以提高防水性能。胶粘剂有足够的黏着力，良好的不透水性、涂抹容易，砌筑后粘接料不易流失，连接厚度不因千斤顶的顶压而过多地减薄，并且成本低廉。常用胶粘剂有沥青、环氧胶泥等。

　　衬砌后应用水泥砂浆灌入砌块外壁与土壁间留有的空隙，以防渗水。为此，一部分砌块应留有灌注孔。通常每隔 3～5 个衬砌环有 1 灌注孔环，此环上设有 4～10 个灌注孔。灌注孔直径不小于 36mm。这种填充空隙的作业称为"缝隙填灌"。

　　填灌的材料有水泥砂浆、细石混凝土、水泥净浆等。灌浆材料不应产生离析、不丧失流动性、灌入后体积不减少，早期强度不低于地耐力。

　　灌浆作业应该在盾尾土方未塌之前进行。灌入顺序是自下而上，左右对称地进行，以防止砌块环周的孔隙宽度不均匀。浆料灌入量应为计算孔隙量的 130%～150%。灌浆时应防止料浆漏入盾构内，为此，应在盾尾与砌块外皮间作

好止水。

螺栓连接砌块的轴向与环向螺栓孔也应灌浆。为此，在砌块上也应留设螺栓孔的浆液灌注孔。

砌块砌筑和缝隙灌浆合称为盾构的一次衬砌。在一次衬砌质量完全合格后，按照功能要求可进行二次衬砌。

2）二次衬砌

完成一次衬砌后，需进行洞体的二次衬砌。二次衬砌采用现浇钢筋混凝土结构。混凝土强度等级应大于 C20，坍落度为 18～20cm。采用墙体和拱顶分步浇筑方案，即先浇侧墙，后浇拱顶。拱顶部分采用压力式浇筑混凝土。

3）单双层衬砌的选用

近年来，由于防水材料质量的不断提高和新型防水材料的不断研制，可省略二次衬砌，采用单层的一次衬砌，做到既承重又防水。

当管廊穿越松软含水地层，为防水、防蚀、增加衬砌的强度和刚度、修正施工误差，可采用双层衬砌。

电力、通信等隧道对防渗漏要求严格，给水排水隧道要求减小内壁粗糙系数，且它一经运营后就无法检修，若外层衬砌有漏点，衬砌外侧土体随水渗入流失，可能会危及结构本身安全。所以，应采用双层衬砌。

双层衬砌施工周期长，造价高，且它的止水效果在很大程度上还是取决于外层衬砌的施工质量，所以只有当隧道有特殊功能要求时，才选用双层衬砌。通常在满足工程使用要求的前提下，应优先选用单层装配式钢筋混凝土衬砌。其施工工艺简单，施工周期短，投资少。随着高效能盾构机械的应用，衬砌防水技术的提高，施工工艺的日臻完善，越来越多的工程都选用了单层衬砌。即使大直径的过江公路隧道（如上海延安东路）或承受地铁机车振动荷载的地下铁道，也是如此。

4）装配式衬砌分类与选型

① 衬砌组成

装配式衬砌圆环一般由标准块、邻接块和封顶块等多块预制管片在盾尾内拼装而成。根据工程需要，组成衬砌的预制构件有铸铁、钢、混凝土、钢筋混凝土管片或砌块之分，目前我国用得最多的是钢筋混凝土管片或砌块。

管片按其形状分为箱形管片和平板形管片两类，如图 4-25、图 4-26 所示。

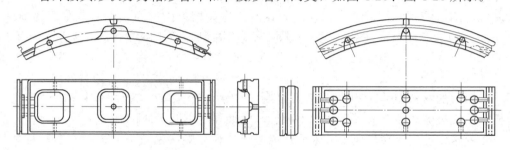

图 4-25　箱形管片（钢筋混凝土）　　　　图 4-26　平板形管片（钢筋混凝土）

图 4-27 是某越江隧道的钢筋混凝土箱形管片。每一衬砌环由 8 块管片组成，其中 5 块标准块，2 块邻接块，1 块封顶块。管片之间用螺栓连接。

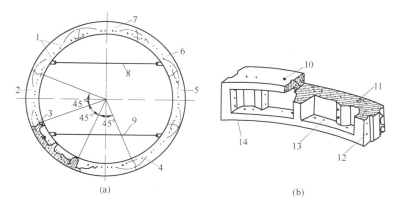

图 4-27　某越江隧道的钢筋混凝土箱形管片

(a)横剖面；(b)管片示意图

1—纵向螺栓孔；2—标准块；3—环向螺栓孔；4—弯螺栓；5—标准块；6—邻接块；7—封顶块；
8—上拉杆；9—下拉杆；10—纵向螺栓孔；11—弯螺栓；12—环向螺栓孔；
13—纵向螺栓孔；14—环向螺栓孔

图 4-28 是由钢筋混凝土砌块组成的衬砌，各砌块之间用螺栓连接。

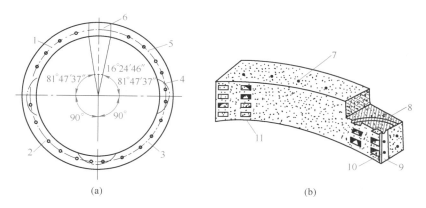

图 4-28　钢筋混凝土砌块组成的衬砌

(a)横剖面；(b)砌块示意图

1—邻接块；2—标准块；3—标准块；4—弯螺栓；5—邻接块；6—封顶块；
7—纵向螺栓孔；8—弯螺栓孔；9—预理钢板；10—环向螺栓孔；11—弯螺栓孔

图 4-29(a)是由两种类型的砌块(甲型砌块和乙型砌块共 6 块)相间拼装组成，各砌块之间不用螺栓连接，相邻环错缝拼装。图 4-29(b)、(c)表示两种砌块形式。

盾构法隧道的衬砌由预制管片或砌块组成，与整体式现浇衬砌相比，其优点是：

a. 安装后能立刻承受荷载；

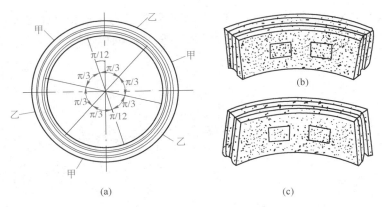

图 4-29　甲、乙型砌块及其组成的衬砌
(a)横剖面；(b)甲型块；(c)乙型块

　　b. 易于机械化施工；

　　c. 由于在工厂预制砌块，其质量有保证，但接缝处应采取有效的防水措施。

　　② 单块管片的几何尺寸

　　衬砌环的环宽越大，即管片宽度越宽，在同等里程内的隧道衬砌环接缝就越少，因而漏水概率低，施工进度快。同时，衬砌环的制作费和施工费用减少，经济效益明显提高。但受运输及盾构机械设备能力的制约，管片不宜太宽。应综合考虑举重臂能力及盾构千斤顶的冲程，特别是盾构与隧道轴线坡度差较大的地段和曲线施工段，在一定曲率半径及盾尾长度情况下，应由盾构千斤顶的有效冲程来决定管片宽度。

　　综上所述，衬砌块环宽应与盾构千斤顶冲程相适应，在目前施工中，对于直径为 3.5～10m 的隧道，常用的环宽一般为 750～1000mm。

　　在曲线段应采用不等宽的楔形环，其环面锥度可按隧道曲率半径计算得出，但不宜太大。衬砌直径大于 6m 者，楔形量为 30～50mm，小直径隧道约 15～40mm。

　　衬砌管片的厚度 δ 应根据隧道直径 D 大小、埋深、承受荷载情况、衬砌结构构造、材质、衬砌环所承受的施工荷载（主要是盾构千斤顶顶力）大小等因素来确定，一般约为 $(0.05～0.06)D$，直径为 6.0m 以下的隧道，钢筋混凝土管片厚度约为 250～350mm，直径为 6.0m 以上的隧道，钢筋混凝土管片厚约为 350～600mm。

　　③ 管片衬砌的分块与拼装形式

　　装配式衬砌由多块预制管片在盾尾内拼装而成，衬砌圆环的分块主要由管片制作、运输、安装等方面的实践经验确定，但也应符合受力性能的要求。以钢筋混凝土管片为例：10m 左右的大直径隧道在饱和含水软弱地层中为减少接缝形变和漏水可以分为 8～10 块，在较好土质下为减少内力可增加分块数量，有的做成 27 块；6m 左右的中直径隧道一般分成 6～8 块，尤以接头均匀分布的 8 块为佳，且符合内力最小的原则；3m 左右的小直径隧道可采用 4 等分管片，把管片接缝设置在内力较小的 45°处和 135°处，使衬砌环具有较好的刚度和强度，接缝处内力达最小值，其构造也可相应得到简化，也有由 3 块组成的衬砌环。管片的最大弧、弦长度一般很少超过 4m，管片较薄时其长度相应较短。

从制作、防水、拼装速度方面考虑，衬砌环分块数越少越好，最少可以分为 3 块。但从运输及拼装方便而言分块数多一些为好。在设计时应结合结构所处土层的特性、受荷情况、构造特点、计算模式(按多铰柔性圆环考虑，则分块数应多；若按均质弹性圆环设计，则分块数宜少一些)、运输能力、制作拼装方便等因素综合考虑决定分块数。通常隧道直径 $D<6m$ 时 4～6 块居多，6m 以上者以 8～10 块为宜。

封顶块的形式，从尺寸上看有大、小之分。所谓大封顶，是指其尺寸与其他标准块、邻接块相当，这种形式，块与块、环与环间的连接处理方便，但不易拼装。而小封顶环面的弧、弦长尺寸均很小，多半为 400～1000mm，拼装成环方便，但连接构造复杂，因而有时不得不用钢材制作。根据隧道施工的经验，考虑到施工方便以及受力的需要，目前封顶块一般趋向于采用小封顶形式。

封顶块的拼装形式有径向楔入、纵向插入等。径向楔入时，其半径方向的两边线必须呈内八字形或者平行，但受荷后有向下滑动的趋势，受力不利。采用纵向插入形式的封顶块受力情况较好，在受荷后，封顶块不易向内滑移；其缺点是在封顶块管片拼装时，需要加长盾构千斤顶顶程。故可采用一半径向楔入和另一半纵向插入的方法以减少千斤顶顶程。目前，我国、德国及比利时等国家多根据千斤顶的顶程大小来选用全纵向插入或根据顶程大小反算得出径向楔入及纵向插入长度，以此进行设计。在一些隧道工程中也有把封顶块设置于圆环底部的 45°、135°甚至 180°处。

砌块的拼砌形式有通缝和错缝两种。所有衬砌环的纵缝呈一线的情况称为通缝拼砌，如图 4-30 所示。而环间纵缝相互错开，犹如砖砌体一样的情况称为错缝拼砌，如图 4-31 所示。衬砌环采用错缝拼砌较普遍，其优点是能使圆环接缝刚度分布均匀，减少接缝及整个结构的变形，可取得较好的空间刚度，圆环近似地可按匀质刚体考虑。另外在错缝拼砌条件下，纵缝和环缝呈丁字形式相交，而通缝拼砌时则呈十字形式相交，在接缝防水上丁字缝比十字缝容易处理。故错缝拼砌是较优的拼装衬砌方案，应创造条件予以采用。但当管片制作精度不够时，采用错缝拼砌形式容易使管片在盾构推进过程中被顶裂，甚至顶碎。

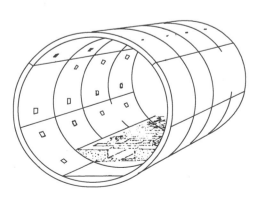

图 4-30　衬砌管片通缝拼砌

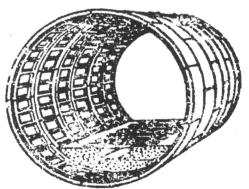

图 4-31　衬砌管片错缝拼砌

需要拆除管片后修建旁侧通道或某些特殊需要时,衬砌环常采用通缝形式,以便于结构处理。

④ 管片拼砌要点

a. 管片拼砌顺序有先封顶或先封底两种,但目前绝大多数都采用先封底形式。即底部管片为第一块,两侧管片左右交叉进行,最后封顶成环。该形式落底的第一块管片容易定位,同时也为其他管片的拼砌创造了工作条件。

b. 钢筋混凝土管片的接缝防水,主要是依靠嵌填防水弹性密封垫,所以密封垫的设置和粘贴应符合规范要求。同时,管片拼砌前应逐块对密封垫进行检查,在管片吊运和拼砌过程中要采取措施,防止损坏密封垫。

管片接缝处防水除嵌填密封垫外,还应进行嵌缝防水处理。为防止嵌缝后产生错裂现象,要求嵌缝在隧道结构基本稳定后进行。

管片一般为肋形结构,其端部肋腔内设有管片螺栓连接孔,为防水需要按设计加设螺孔密封圈。同时,螺栓孔与螺栓间还需充填防水材料,封闭其渗水通路,以达到防水的目的。

c. 管片拼砌的隧道结构是由螺栓连接成环的。管片拼砌成环时,其连接螺栓应先逐片初步拧紧,脱出盾尾后再次拧紧。当后续盾构掘进前,应对相邻已成环的 3 环范围内管片螺栓进行全面检查并拧紧。

管片拼砌后,应填写"盾构管片拼砌记录",并按"螺栓应拧紧,环向及纵向螺栓应全部穿进"的规定进行检验。

9. 盾构施工注意事项

盾构施工技术随着盾构机性能的改进有了很大发展,但施工引起的地层位移仍不可避免,地层位移包括地表沉降和隆起。在市区地下施工时,为了防止危及地表建筑物和各类地下管线等设施,应严格控制地表沉降量。从某种意义上讲,能否有效控制地层位移是盾构法施工成败的关键之一。减少地层位移的有效措施是控制好施工的各个环节,一般应考虑以下几个环节:

(1)合理确定盾构千斤顶的总顶力

盾构向前推进主要依靠千斤顶的顶力作用。在盾构前进过程中要克服正面土体的阻力和盾壳与土体之间的摩擦力,盾构千斤顶的总顶力要大于正面阻力和壳体四周的摩擦力之和,但顶力不宜过大,否则会使土体因挤压而前移和隆起,而顶力太小又影响盾构前进的速度。通常盾构千斤顶的总推力应大于正面土体的主动土压力、水压与总摩擦力之和,小于正面土体的被动土压力、水压与总摩擦力之和。

(2)控制盾构前进速度

盾构前进时应该控制好推进速度,并防止盾构后退。推进速度由千斤顶的推力和出土量决定,推进速度过快或过慢都不利于盾构的姿态控制,速度过快易使盾构上抛,速度过慢易使盾构下沉。因拼砌管片时,需缩回千斤顶,这就易使盾构后退引起土体损失,造成切口上方土体沉降。

(3)合理确定土舱内压

在土压平衡盾构机施工中,要对土舱内压力进行设定,密封土舱的土压力要求与开挖面的土压力大致相平衡，这是维持开挖面稳定、防止地表沉降的关键。

（4）控制盾构姿态和偏差量

盾构姿态包括推进坡度、平面方向和自身转角 3 个参数。影响盾构姿态的因素有出土量的多少、覆土厚度的大小、推进时盾壳周围的注浆情况、开挖面土层的分布情况等。比如盾构在砂性土层或覆土厚度较小的土层中顶进就容易上抛，解决办法主要依靠调整千斤顶的合力位置。

盾构前进的轨迹为蛇形，要保证盾构按设计轨迹掘进，就必须在推进过程中及时通过测量了解盾构姿态，并进行纠偏，控制好偏差量，过大的偏差量会造成过多的超挖，影响周围土体的稳定，造成地表沉降。

（5）控制土方的挖掘和运输

在网格式盾构施工过程中，挖土量的多少与开口面积和推进速度有关，理想的进土状况是进土量刚好等于盾构机推进距离的土方量，而实际上由于许多网格被封，使进土面积减小，造成推进时土体被挤压，引起地表隆起。因而要对进土量进行测定，控制进土量。

在土压平衡式盾构施工过程中，挖土量的多少是由切削刀盘的转速、切削扭矩以及千斤顶的推力决定的；排土量的多少则是通过螺旋输送机的转速调节的。因为土压平衡式盾构是借助土舱内压力来平衡开挖面的水、土压力，为了使土舱内压力波动较小，必须使挖土量和排土量保持平衡。排土量小会使土舱内压力大于地层压力，从而引起地表隆起，反之会引起地表沉降。因此在施工中要以土舱内压力为目标，经常调节螺旋机的转速和千斤顶的推进速度。

（6）控制管片拼砌的环面平整度

管片拼砌工作的关键是保证环面的平整度，往往由于环面不平整造成管片破裂，甚至影响隧道曲线。同时，要保证管片与管片之间以及管片与盾尾之间的密封性，防止隧道涌水。

（7）控制注浆压力和压浆量

盾构外径大于衬砌外径，衬砌管片脱离盾尾后在衬砌外围就形成一圈间隙，因此要及时注浆，否则容易造成地表沉降。注浆时要做到及时、足量，浆液体积收缩小，才能达到预期的效果。一般压浆量为理论压浆量（等于施工间隙）的 $140\% \sim 180\%$。

注浆入口的压力要大于该点的静水压力与土压力之和，尽量使其足量填充而不劈裂。但注浆压力不宜过大，否则管片外的土层被浆液扰动易造成较大的后期沉降，并容易跑浆。注浆压力过小，浆液填充速度过慢，填充不足，也会使地层变形增大。

综合以上这些施工环节，可以设定施工的控制参数。通过这些参数的优化和匹配使盾构达到最佳推进状态，即对周围地层扰动小、地层位移小、超空隙水压力小，以控制地面的沉降和隆起，保证盾构推进速度快，隧道管片拼砌质量好。一般盾构施工前应进行一段试掘进（目前我国上海地区为 $60 \sim 100m$；日本为 $5 \sim 20m$），通过试掘进并结合地层变化等环境参数，合理优化以确定盾构的掘进参数。

10. 盾构施工质量标准

(1) 钢筋混凝土管片的质量标准

1) 外观质量：混凝土面外光内实，色差均匀，不得有裂缝或缺棱掉角。

2) 外形尺寸允许偏差：宽度：±0.5mm；

  厚度：+3mm，−2mm；

  螺孔间距：1mm；

  混凝土保护层厚度：不小于50mm。

(2) 施工质量标准

在市政管道工程施工中，盾构法施工大部分用于穿越市区的建筑群及城市道路，地层中有交叉的各类地下管线，为使盾构推进施工中不影响邻近建筑物及地下管线的正常使用，规定了如下标准：

地表沉降及隆起量：−30mm，+20mm；

隧道轴线平面高程偏差允许值：±100mm(施工阶段控制在±50mm)；

隧道管片水平内径与垂直直径的差值：25mm；

拱底块定位偏差：3mm；

管片相邻环高差：不大于4mm；

防水标准：不允许有滴漏、线漏；

渗水量：小于0.1kg/(m² · d)。

4.2.2 掘进机法

隧道掘进机(Tunnel Boring Machine，简称 TBM)，是利用回转刀具切削破岩及掘进，形成整个隧道断面的一种新型、先进的隧道施工机械。利用隧道掘进机开挖管廊断面土石方的方法就是掘进机法。该法主要用于岩石层及坚硬土层地段管廊的施工。

1. 掘进机的种类

隧道掘进机可分为部分断面掘进机和全断面掘进机。

部分断面掘进机又称为臂式掘进机，是一种集切削岩石、自动行走、装载石渣等多种功能为一体的高效联合作业机械，如图 4-32 所示。

码4-3 臂式掘进机示意

图 4-32 臂式掘进机示意

臂式掘进机可以开挖任意形状的断面，机动性强，对围岩扰动小，超挖量小，安全性高，投资少；能够进行开挖与支护的平行作业；适于软岩及中硬岩隧道的掘进。开挖与支护平行作业方法如图 4-33 所示。

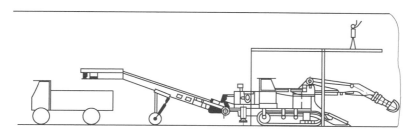

图 4-33　臂式掘进机开挖与支护平行作业示意

全断面掘进机分为开敞式和护盾式。开敞式掘进机如图 4-34 所示，适用于硬岩隧道，有单水平撑靴式和双水平撑靴式两种形式，如图 4-35、图 4-36 所示。

护盾式掘进机如图 4-37 所示，有单护盾和双护盾两种形式，单护盾掘进机如图 4-38 所示，适用于劣质地层，掘进施工时要利用已安装好的管片作支撑才能向前推进，施工速度较慢；双护盾掘进机如图 4-39 所示，适用于各种地层，掘进与安装管片两者可以同时进行，施工速度较快。

码4-4　开敞式掘进机示意

图 4-34　开敞式掘进机示意

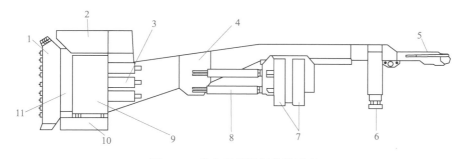

图 4-35　单水平撑靴掘进机示意

1—掘进刀盘；2—拱顶护盾；3—驱动组件；4—主梁；5—出渣输送机；6—后下支撑；
7—撑靴；8—推进千斤顶；9—侧护盾；10—下支撑；11—刀盘支撑

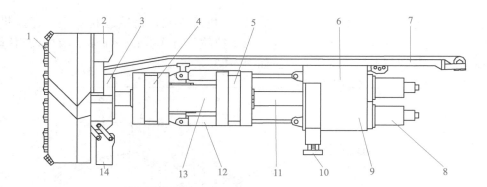

图 4-36　双水平撑靴掘进机示意

1—掘进刀盘；2—顶护盾；3—轴承外壳；4—前水平撑靴；5—后水平撑靴；6—齿轮箱；

7—出渣输送机；8—驱动电机；9—星形变速箱；10—后下支撑；11—扭矩筒；

12—推进千斤顶；13—主机架；14—前下支撑

图 4-37　护盾式掘进机示意

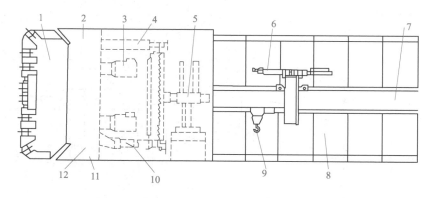

图 4-38　单护盾掘进机示意

1—掘进刀盘；2—护盾；3—驱动组件；4—推进千斤顶；5—管片安装机；

6—超前钻机；7—出渣输送机；8—拼装好的管片；9—提升机；

10—铰接千斤顶；11—主轴承大齿圈；12—刀盘支撑

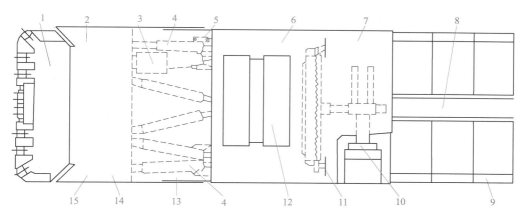

图 4-39　双护盾掘进机示意

1—掘进刀盘；2—前护盾；3—驱动组件；4—推进油缸；5—铰接油缸；6—撑靴护盾；7—尾护盾；
8—出渣输送机；9—拼装好的管片；10—管片安装机；11—辅助推进靴；12—水平撑靴；
13—伸缩护盾；14—主轴承大齿圈；15—刀盘支撑

2. 掘进机施工工艺

采用掘进机进行市政管廊施工的工艺与盾构法相同，可以归纳为：施工准备→设备组装调试→试掘进→正常掘进→出渣与管片拼装→注浆→排水除尘等辅助工作→拆除掘进机。

施工准备工作包括设备选型、工作坑的开挖等技术准备和现场准备，管片拼装也有一次衬砌、二次衬砌、单双层衬砌等方法。掘进机法与盾构法的施工原理和方法相同，不再重述。

4.2.3　浅埋暗挖法

在市政管廊的施工中，明挖法影响交通，破坏环境，且拆迁量大、拆迁费用高；盾构法和掘进机法克服了明挖法的缺点，但其施工操作灵活性差，特别是庞大的施工机械，会大大地提高施工成本。浅埋暗挖法具有造价低、拆迁少、灵活多变、无需太多专用设备及不干扰地面交通和周围环境等特点，在各种地下工程施工中得到了广泛应用。

浅埋暗挖法是在距离地表较近的地下进行洞室暗挖施工的一种方法。其施工基本原理是在洞室土体开挖中采用多种辅助措施加固洞室周围土体，以充分发挥其自承能力，开挖后或开挖过程中及时支护并封闭成环，使支护与洞室周围土体共同作用形成联合支撑体系，从而有效地控制洞室周围土体过大变形。该法施工的优点是：地下洞室暗挖成形，初期支护和衬砌均在地下洞室内完成，不必中断城市交通；施工机械化程度低，对地下管线影响较小；管廊断面结构可做成圆形、马蹄形、矩形、多跨联拱等形状，而且易于进行不同断面的转化衔接；对工程的适应性强，可根据不同的地质条件及时调整施工工艺和设计参数；施工噪声低，对环境的干扰小。

施工工艺步骤如下：

1. 工作坑修建

施工前应先修建工作坑，工作坑的断面形状一般为矩形或正方形，其位置和尺寸根据管廊的大小和施工条件确定，方法同盾构施工。

工作坑可采用人工开挖或机械开挖，并根据具体条件进行支护。

2. 地层土体加固

在软岩地段、断层破碎带、砂土层等不良地质条件地段施工时，如围岩自稳时间短，不能保证安全地进行初次支护时，应采取措施在洞室开挖前先加固地层土体，以保证管廊洞室开挖面土体稳定，减小地面沉降，避免土体塌陷，保证管廊施工顺利进行。常用的加固方法是地表注浆加固，即先在地面成孔，清孔后再注入水泥浆液或化学浆液，使地层牢固。也可采用地面砂浆锚杆、超前锚杆支护、超前小导管支护、管棚超前支护、降低地下水位或冻结法等方法进行加固。

3. 管廊洞室开挖

地层土体加固后即可进行洞室土体的开挖工作。为保证施工顺利进行，应短进尺开挖，一般每次进尺在 0.5～1.0m 为宜。常用的洞室开挖方法主要有以下几种：

(1) 全断面开挖法

全断面开挖法是洞室断面一次开挖成形的施工方法。该法适用于地层地质条件好，跨度不大于 8m 的管廊；其优点是可以减少开挖对周围土体的扰动次数，有利于周围土体天然受力拱的形成，施工简单；但周围土体必须要有足够的自稳能力。

(2) 台阶开挖法

台阶开挖法是将洞室断面分成上下两个或几个部分，每个部分单独作为一个工作面分别分步开挖的施工方法。该法适用于地层地质条件较差，跨度不大于 12m 的管廊；其优点是能较早地使初次支护闭合，有利于控制其结构变形及由此引起的地面沉降；但上下部分的作业互相干扰，且增加了对周围土体的扰动次数。

(3) 正台阶环形开挖法

该法又称为环形开挖留核心土法，是先将整个管廊断面分成上部台阶和下部台阶两个部分，再将上部台阶分成环形拱部和上部核心土两部分。根据洞室断面的大小，环形拱部又可分成若干部分交替开挖。

该法的开挖顺序是先开挖上部环形拱部土，然后进行初次支护，再开挖上部核心土和下部台阶土。在施工过程中由于上部核心土对开挖面具有支挡作用，使拱部初次支护建造容易，但初次支护形成全断面封闭的时间较长，易使洞室周围土体的变形增大。

(4) 单侧壁导坑法

该法是将管廊洞室断面分成侧壁导坑、上台阶和下台阶三部分。施工时，先开挖侧壁导坑土石方并及时进行初次支护，再开挖上部核心土建造拱部初次支护，最后开挖下部台阶土石方并建造底部初次支护，使初次支护全断面闭合。

单侧壁导坑法适用于在地表沉降难于控制的软弱松散围岩地段，跨度不大于 14m 的管廊施工。

（5）双侧壁导坑法

该法又称为眼镜工法，是将管廊断面分成左侧壁导坑、右侧壁导坑、上部核心土和下部台阶四部分。施工时，先开挖一侧导坑并及时建造初次支护，相隔适当距离后再开挖另一侧导坑并建造初次支护，然后开挖上部核心土建造拱部初次支护，拱脚支撑在两侧壁导坑的初次支护上，最后开挖下部台阶土石方并建造底部的初次支护，使初次支护全断面闭合。

双侧壁导坑法适用于管廊跨度很大、地表沉陷控制严格、单侧壁导坑难以控制围岩变形的条件。其施工安全，但速度慢、成本高。

（6）中隔壁法和交叉中隔壁法

中隔壁法也称为 CD 工法，是将管廊断面先分成左右两部分，将每一部分再分成上下两部分分别进行开挖和初次支护，最后使初次支护闭合的施工方法。

该法主要适用于地层较差，跨度不大于 18m 的管廊施工。

当 CD 工法仍不能满足施工要求时，可在 CD 工法的基础上加设临时仰拱，形成所谓的交叉中隔壁法（也称为 CRD 工法）。CRD 工法的最大特点是将大断面施工化成小断面施工，各个小断面局部封闭成环的时间短，控制地表早期沉降效果好。

此外，当管廊为多跨结构时可采用中洞法、侧洞法、柱洞法、洞桩法等方法施工，本教材不再逐一介绍，施工时可参阅有关资料。

4. 初次支护

在管廊断面洞室开挖的过程中或开挖后，要及时采取措施进行围岩的支护，以减少地表的沉降，保证施工安全。该施工措施一般称为初次支护。

初次支护一般采用喷锚支护。

喷锚支护是采用锚杆和喷射混凝土支护围岩的施工措施。锚杆和喷射混凝土与围岩共同形成一个承载结构，可以有效地限制围岩变形的自由发展，调整围岩的应力分布，防止岩石土体松散坠落。它既可用作施工过程中的临时支护，也可作为永久支护。根据围岩的地质条件，可以单独采用锚杆支护或喷射混凝土支护，也可采用锚杆与喷射混凝土相结合进行支护。一般对洞室的拱部和边墙而言，采用锚杆预喷射混凝土相结合的支护方式较多。有时为了提高支护能力，可在锚杆和喷射混凝土相结合的基础上，加设单层或双层钢筋网，以提高喷层混凝土的抗拉强度和抗裂能力；特殊条件下可在锚喷加金属网的同时，在喷层内加设工字钢等型钢作为肋形支撑。

施工时，先在围岩上喷射混凝土，在其上钻孔安装锚杆，锚杆的孔位、孔径、孔深及布置形式应符合设计要求，锚杆杆体露出岩面长度，不应大于喷层的厚度。

混凝土一般采用干式喷射机或湿式喷射机借助压缩空气进行喷射。喷射混凝土所用水泥宜为 42.5 级以上的硅酸盐水泥，碎石或卵石（砾石）的粒径不宜大于 15mm，砂的细度模数不宜大于 2.5，含水率宜控制在 5%～7%，若超过 7%，喷射时易造成堵管，外加剂（速凝剂）的掺量约为水泥重量的 2%～4%，水宜为饮用水。

边墙所用混凝土的配合比宜为：

水泥：砂：石子＝1：(2.0～2.5)：(2.5～2.0)

拱部所用混凝土的配合比宜为：

水泥：砂：石子＝1：2.0：(1.5～2.0)

砂率宜为 45%～55%，水灰比宜为 0.4～0.5。

喷射混凝土时，喷嘴风压一般为 0.1～0.15MPa，喷嘴至岩面的距离为 0.8～1.2m；应分段、分部、分块，按先墙后拱、自下而上的顺序进行喷射，分段长度不应超过 6m；喷嘴宜顺时针方向螺旋转动，一圈压半圈的横向移动，螺旋直径约 20～30cm；一般混凝土的喷射厚度拱部为 3～5cm，边墙为 6～8cm，宜分 2～3 层喷射，若混凝土中掺加了红星Ⅰ型速凝剂，每次喷射的间隔时间为 5～10min，若混凝土中掺加了碳酸钠速凝剂，每次喷射的间隔时间为 30min，若岩面有较大凹洼应先填平后再喷射；喷射完成后养护时间不少于 7d。

锚杆一般有中空注浆锚杆、树脂锚杆、自钻式锚杆、砂浆锚杆和摩擦型锚杆等类型，应根据地质条件、使用要求及锚固特性进行选择，常用的中空注浆锚杆如图 4-40 所示。

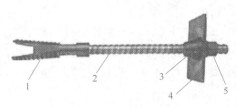

图 4-40　中空自钻式注浆锚杆示意
1—涨壳式锚头；2—杆体；3—止浆塞；
4—预应力垫板；5—螺母

锚杆的安装顺序为成孔、清孔、锚杆安装。锚杆孔宜沿洞室周边径向钻孔，深度满足锚杆安装长度要求。清孔后，根据锚杆的种类进行安装，一般均采用坐浆安装。

施工中，要加强对围岩变位和变形的现场量测工作，以保证施工顺利进行。

5. 管廊主体结构施工

在初次支护的保护作用下，应及时进行管廊主体结构的施工工作，以缩短施工工期，尽早发挥工程效益。管廊主体结构可以采用拼装衬砌或现浇施工，方法与盾构法相同，不再重述。

4.2.4　盖挖法

盖挖法是由地面向下开挖土方至一定深度后修筑管廊顶板，在顶板的保护作用下进行管廊下部结构施工的作业方法。一般有盖挖顺做法和盖挖逆做法两种作业方式。

盖挖顺做法是自地表向下开挖一定深度的土方后浇筑管廊顶板，在顶板的保护下再自上而下开挖土方，达到坑底设计高程后再由下而上进行管廊主体结构施工的方法。

盖挖逆做法是自地表向下开挖一定深度的土方后浇筑顶板，在顶板的保护下再自上而下进行土方开挖和管廊主体结构施工直至底板的作业方法。

盖挖法施工具有围护结构变形小、基坑底部土体稳定、施工安全、基坑暴露时间短、对道路交通影响小等优点。但施工时混凝土结构的水平施工缝处理难度大，施工费用高。

复 习 思 考 题

1. 什么是盾构机？盾构法施工有哪些优点？
2. 简述盾构施工的原理。
3. 盾构的组成包括哪些内容？各组成部分的作用是什么？
4. 手工挖掘盾构的适用条件有哪些？它有哪些基本形式？每种形式的特点是什么？
5. 半机械式盾构的特点和适用条件各是什么？
6. 机械式盾构的适用条件有哪些？它有哪些基本形式？每种形式的特点是什么？
7. 盾构的尺寸如何确定？其顶力计算时应考虑哪些因素？怎样计算顶力？
8. 盾构施工的工作坑有哪几种？各有什么特点？如何施工？
9. 盾构施工的工艺要点有哪些？其施工流程是什么？各有哪些施工要点？
10. 盾构施工中应如何防止地表沉降？如何防止地表隆起？
11. 盾构施工的质量标准有哪些？
12. 盾构法与掘进机法有何区别？
13. 修建市政管廊有何优点？
14. 浅埋暗挖法的施工工艺要点有哪些？
15. 什么是盖挖顺作法？什么是盖挖逆作法？

码4-5　教学单元4
复习思考题
参考答案

教学单元 5　渠道、特殊管道及附属构筑物施工

【教学目标】　通过本单元的学习，掌握倒虹管、架空管的施工方法，掌握检查井、雨水口、阀门井、支墩的施工方法；熟悉渠道施工方法、阀件安装方法。

5.1　渠　道　施　工

当市政管道所需的管径较大时，为方便施工，降低工程造价，通常采用渠道，如给水工程中的输水渠道和排水工程中的排水明渠（或暗渠）等。渠道的施工一般有现场开挖、现场浇筑、现场砌筑和预制钢筋混凝土构件装配等方法。

5.1.1　渠道现场开挖

1. 开挖方法

渠道开挖有人工开挖、机械开挖和爆破开挖等方法，一般应根据现场施工条件、土壤特性、渠道横断面尺寸、地下水位等因素综合考虑确定。

（1）人工开挖

渠道人工开挖时首先要消除地表水或地下水对施工的影响，一般采用明沟排水，方法详见教学单元2。

人工开挖，应自渠道中心向外分层下挖，先深后宽。为方便施工，加快工程进度，在边坡处可按设计边坡先挖成台阶状，待挖至设计深度时再进行削坡。开挖后的弃土，应先行规划，尽量做到挖填平衡。一般有以下两种开挖方法：

图 5-1　一次到底法

1—排水沟；2、3、4—开挖顺序

1）一次到底法。该法适用于土质较好、含水量低、挖深为2～3m的渠道。开挖时先将排水沟挖到低于渠底设计标高0.5m处，然后按阶梯状向下逐层开挖至渠底，如图5-1所示。

2）分层下挖法。该法适用于土质较软、含水量高、挖深较大的渠道。一般有中心排水沟法和翻滚排水沟法两种方法。

当渠道较窄时，可采用中心排水沟法，如图5-2(a)所示。施工时将排水沟布

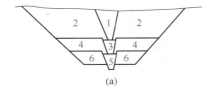

(a)

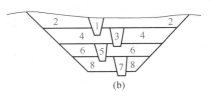

(b)

图 5-2　分层下挖法

(a)中心排水沟；(b)翻滚排水沟

1、3、5、7—排水沟；2、4、6、8—开挖顺序

置在渠道中部，逐层下挖排水沟，直至渠底，此法适用于工期短、地下水量较小、平地开挖的渠道。

当渠道较宽时，可采用翻滚排水沟法，如图 5-2(b)所示。该法排水沟断面小、施工安全，布置灵活，适用于开挖深度大、土质差、地下水量大、可以双面出土的渠道。

（2）机械开挖

机械开挖可以减轻工人的劳动强度，加快施工进度，降低工程造价，适用于土方较集中的大型渠道的施工。但施工场地必须便于机械施工，而且常需辅以人工清边清底，以保证开挖质量，使渠道达到设计要求。常用的开挖机械有：

1）铲运机。铲运机最适宜开挖全挖方渠道或半挖半填渠道。对需要在纵向调配土方的渠道，如运距不远时，也可用铲运机开挖。铲运机的开行线路宜布置成"8"字形或环行，如图 5-3(a)所示。

2）推土机。推土机适用于开挖深度不超过 2.0m，填筑渠堤高度不超过 3.0m，边坡不陡于 1∶2 的渠道。此外，还可用于平整渠底，清除腐殖土层，压实渠堤等。其工作方式如图 5-3(b)所示。

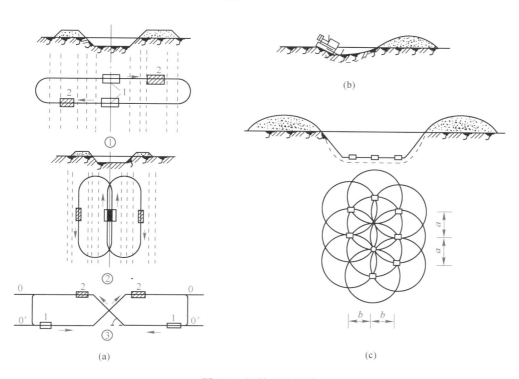

图 5-3　机械开挖渠道

(a)铲运机的开行路线；

(b)推土机开挖渠道；(c)渠道开挖药包布置

①环形横向开行；②环形纵向开行；③"8"字形开行；

1—铲土；2—填土；0-0—填方轴线；0′-0′—挖方轴线

（3）爆破开挖

对于岩基渠道、盘山渠道或施工机械难于开挖的渠道，宜采用爆破开挖法进行施工。

采用爆破法开挖渠道时，药包应根据开挖断面的大小沿渠道成排布置，如图 5-3（c）所示。当渠底宽度为渠道深度的 2 倍以上时，一般布置 2～3 排药包，爆破作用指数可取为 1.75～2.0。单个药包的装药量以及药包的间距和排距应根据爆破试验确定，宜请专业队伍进行爆破施工，爆破后应辅以人工清边清底，使渠道达到设计要求。

（4）开挖质量要求

渠道的开挖必须达到以下质量要求：

1）不扰动天然地基或地基处理符合设计要求；

2）渠壁平整，边坡坡度符合设计规定；

3）渠道高程允许偏差：开挖土方时为 ±20mm，开挖石方时为 +20mm，−200mm。

2. 渠道衬护

现场开挖的渠道应进行衬护，即用灰土、水泥土、块石、混凝土、沥青、土工织物等材料在渠道内壁铺砌一衬护层，以防止渠道受冲刷；减少输水时的渗漏，提高渠道输水能力；减小渠道断面尺寸，降低工程造价；便于维护和管理。常用的衬护方法有以下几种。

（1）灰土衬护

灰土由石灰和土料混合而成，灰土比为 1∶6～1∶2（重量比），衬护厚度一般为 200～400mm。灰土衬护的渠道，防渗效果较好，一般可减少 85%～95% 的渗漏量，造价较低，但其不耐冲刷。

施工时，先将过筛后的细土和石灰粉干拌均匀后，再加水拌合，然后堆放一段时间，使石灰充分熟化，待稍干后，即可分层铺筑夯实，拍打坡面消除裂缝。对边坡较缓的渠道，可不立模板直接填筑，铺料要自下而上，先渠底后边坡。对边坡较陡的渠道必须立模填筑，一般模板高 0.5m，分 3 次上料夯实。灰土夯实后应养护一段时间再通水。

（2）砌石衬护

砌石衬护有干砌块石、干砌卵石和浆砌块石三种形式。干砌块石和干砌卵石用于土质较好的渠道，主要起防冲刷作用；浆砌块石用于土质较差的渠道，起抗冲防渗的作用。

在砂砾石地区，对坡度大、渗漏较大的渠道，采用干砌卵石衬护是一种经济的防渗措施，一般可减少渗漏量 40%～60%。但卵石表面光滑，尺寸和重量较小，形状不一，稳定性差，砌筑质量要求较高。

干砌卵石施工时，应按设计要求先铺设垫层，然后再砌卵石。砌筑用卵石以外形稍带扁平且大小均匀为好。砌筑时宜采用直砌法，即卵石的长边要垂直于渠底，并砌紧、砌平、错缝，且位于垫层上。砌筑坡面时，要挂线自上而下分层砌筑，渠道边坡以 1∶1.5 左右为宜，太陡会使卵石不稳，易被水流冲走，太缓则会减少卵石之间的挤压力，增加渗漏损失。为了防止砌筑面被局部冲毁，通常每隔 10～20m 用较大卵石在渠底和边坡干砌或浆砌一道隔墙，隔墙深 600～800mm，宽 400～500mm，以增加渠底和边坡的稳定性。渠底隔墙可做成拱形，其拱顶迎向水流，以提高抗冲能力。

砌筑顺序应遵循"先渠底，后边坡"的原则。砌筑质量要达到"横成排、三角缝、六面靠、踢不动、拔不掉"的要求。

砌筑完后还应进行灌缝和卡缝。灌缝是将较大的石子灌进砌缝中；卡缝是用木榔头或手锤将小片石轻轻砸入砌缝中。灌缝和卡缝完毕后在砌体表面扬铺一层砂砾，用少量水进行放淤，一边放水，一边投入砂砾石碎土，直至砌缝被泥砂填实为止。这样既可保证渠道运行安全，又可提高防渗效果。

（3）混凝土衬护

混凝土衬护具有强度高、糙率小、防渗性能好(可减少 90％以上的渗漏)、适用性强和维护工作量小等优点，因而被广泛采用。混凝土衬护有现浇式、预制装配式和喷混凝土等几种形式。

1）现浇混凝土衬护

大型渠道的混凝土衬护多采用现浇施工。在渠道开挖和压实后，先排水、铺设垫层，然后再浇筑混凝土。浇筑时按结构缝分段，一般段长为 10m 左右，先浇渠底混凝土，后浇坡面混凝土。混凝土浇筑宜采用跳仓浇筑法，溜槽送混凝土入仓，用平板振捣器或直径 30～50mm 的插入式振捣棒振捣。为方便施工，坡面模板可边浇筑边安装。结构缝应根据设计要求做好止水措施，安装填缝板，在混凝土拆模后，灌注填缝材料。

2）预制装配式混凝土板衬护

装配式混凝土板衬护，是在预制厂制作混凝土衬护板，运至现场后进行安装，然后灌注填缝材料。混凝土预制板的尺寸应与起吊、运输设备的能力相适应，人工安装时，单块预制板的面积一般为 0.4～1.0m²。铺砌时应将预制板四周刷净，并铺于已夯实的垫层上。砌筑时，横缝可以砌成通缝，但纵缝必须错开。装配式混凝土预制板衬护，施工受气候条件影响小，易于保证质量。但接缝较多，防渗、抗冻性能较差，适用于中小型渠道的衬护。

3）喷混凝土衬护

喷混凝土衬护前，对石砌渠道应将砌筑面冲洗干净，对土质渠道应修整平整。喷混凝土时，应一次完成，达到平整光滑。混凝土要按顺序一块一块地喷施，喷施时从渠道底向两边对称进行，喷射枪口与喷射面应尽量保持垂直，距喷射面一般为 0.6～1.0m，喷射机的工作风压在 0.1～0.2MPa 之间。喷后应及时洒水养护。

（4）土工织物衬护

土工织物是用锦纶、涤纶、丙纶等高分子合成材料通过纺织、编织或无纺的方式加工成的一种新型土工材料，广泛用于工程的防渗、反滤、排水等施工中，一般采用混凝土模袋衬护或土工膜衬护。

1）混凝土模袋衬护

先用透水不透浆的土工织物制成矩形模袋，把拌好的混凝土装入模袋中，再将装了混凝土的模袋铺砌在渠底或边坡(也可先将模袋铺在渠底或边坡，再将混凝土灌入模袋中)处，混凝土中多余的水分可从模袋中挤出，从而使水灰比迅速降低，形成高密度、高强度的混凝土衬护。衬护厚度一般为150～500mm，混凝土坍落度为200mm。利用混凝土模袋衬护渠道，衬护结构柔性好，整体性强，能适应基面变形。

2）土工膜衬护

渠道防渗以前多采用普通塑料薄膜，因塑料薄膜容易老化，耐久性差，现已被新型防渗材料——复合防渗土工膜取代。复合防渗土工膜是在塑料薄膜的一侧或两侧贴以土工织物，以此保护防渗薄膜不受破坏，增加土工膜与土体之间的摩擦力，防止土工膜滑移，提高铺贴稳定性。复合防渗土工膜有一布一膜、二布一膜等形式，具有极高的抗拉、抗撕裂能力和良好的柔性，可使因基面的凹凸不平产生的应力得以很快分散，适应变形的能力强；由于土工织物具有一定的透水性，使土工膜与土体接触面上的孔隙水压力和浮托力易于消散；有一定的保温作用，减小了土体冻胀对土工膜的破坏。为了减少阳光照射，增加其抗老化性能，土工膜要采用埋入法铺设。

施工时，先用粒径较小的砂土或黏土找平基础，然后再铺设土工膜。土工膜不要绷得太紧，两端埋入土体部分呈波纹状，最后在土工膜上铺一层100mm厚的砂或黏土作过渡层，以避免将块石直接砸在土工膜上。在过渡层上砌200～300mm厚的块石或预制混凝土块作防冲保护层，宜边铺膜边进行保护层的施工。施工中应做好土工膜的接缝处理，一般常用的接缝方式有：

① 搭接，要求搭接长度在150mm以上；
② 缝纫后用防水涂料进行处理；
③ 热焊，对于较厚的无纺布基材，可焊接处理；
④ 粘接，将与土工膜配套供应的胶粘剂涂在接缝部位上，在压力作用下进行粘合，使接缝达到最终强度。

3. 渠堤填筑

渠道开挖完毕后要进行渠堤的填筑。渠堤填筑前要清除基础范围内的块石、树根、草皮、淤泥等杂质，并将基面略加平整，然后进行刨毛。如基础过于干燥，还应洒水湿润，然后再填筑。

渠堤填筑以粒径小的湿润散土为宜，如砂质壤土或砂质黏土。要求将透水性小的土料填筑在迎水面，透水性大的土料填筑在背水面。土料中不得掺有杂质，并应保持一定的含水量，以利压实。严禁使用冻土、淤泥、净砂、砂礓土等。半挖半填渠道应尽量利用挖方筑堤，只有在土料不足或土质不能满足填筑要求时，才取土填筑。

取土时，取土处应距堤脚一定距离，宜分层取土，每层挖土厚度不宜超过1m，不得使用地下水位以下的土料。取土时应清除表层150～200mm的浮土或种植土。取土点宜先远后近，合理布置运输线路，避免陡坡和急弯，上、下坡路线要分开设置。

填筑时，应分层进行，每层土虚铺厚度以 200～300mm 为宜，铺土要均匀，每层铺土应保证土堤断面略大于设计宽度，以免削坡后断面不足。堤顶应有 2％～4％的坡度，坡向堤外，以利排除降水。筑堤时要考虑土堤在施工期间和日后的沉陷，填筑高度可预加 5％的沉陷量。

5.1.2　砌筑渠道施工

砌筑渠道在国内外给水排水工程中应用较早，虽然它的施工进度较慢，砌筑技术较为复杂，由于它可以充分利用当地材料，目前在各地仍普遍使用。砌筑渠道常用的断面形式有圆形、矩形、半椭圆形等，可用普通黏土砖或特制的楔形砖砌筑，在石料丰富的地区，还可采用料石或毛石砌筑。当砖的质地良好时，砖砌渠道能抵抗污水或地下水的腐蚀作用，经久耐用。

1. 材料要求

砌筑渠道施工中所用材料应符合表 5-1 的要求。

砌筑渠道施工中材料要求　　　　　表 5-1

材料名称	具体要求
砖	砌筑用砖应采用机制普通黏土砖，其强度等级不应低于 MU7.5，并应符合国家现行标准的规定
石料	石料应采用质地坚实无风化和裂纹的料石或毛石，其强度等级不应低于 MU20
砌块	混凝土砌块的抗压强度、抗渗、抗冻指标应符合设计要求，其尺寸允许偏差应符合国家现行有关标准和规范的规定
水泥砂浆	1. 材料要求 砌筑应采用水泥砂浆。水泥强度等级不应低于 42.5；砂宜采用质地坚硬、级配良好而洁净的中砂或粗砂，含泥量不应大于 3％；掺用防水剂或防冻剂时，应符合国家现行有关标准和规范的规定。 2. 水泥砂浆配制和使用要求 (1) 砂浆应按设计配合比配制； (2) 砂浆应搅拌均匀，稠度应符合施工规范要求； (3) 砂浆应随拌随用，在初凝前使用完毕。使用中出现泌水现象时，应重新拌合后再用

2. 砌筑施工

(1) 砖砌渠道墙体和拱圈施工

1) 墙体的砌筑要点

① 墙体宜采用五顺一丁式砌筑，但顶皮与底皮均须用丁砖砌筑；

② 墙体有抹面要求时，应随砌随将挤出的砂浆刮平；墙体为清水墙时，应随砌随搂出深度 10mm 的凹槽。

2) 拱圈的砌筑要点

① 拱圈砌筑前应将拱胎充分湿润，冲洗干净，并均匀涂刷隔离剂。

② 拱圈在拱胎上砌筑，当拱圈较大时，拱胎顶部可留一定的预加高度，以弥补拆除拱胎后拱圈的微量下沉。

③ 拱圈须用丁砖砌筑，各砖缝的延长线应穿过拱心。当砌到拱顶最后一砖时，则用木槌轻轻敲入，以使灰缝密实。

④ 砌筑时应自两侧向拱中心采用退茬法对称进行，每块砌块退半块留茬，必须当日封顶，拱顶上不得堆置器材和重物。

⑤ 拱胎的拆除随拱圈直径而异，拱圈直径较小时，拱胎可在砌筑后一天进行拆除，以加速其周转使用；当直径较大时，则应养护 3～7 天后再拆除。

⑥ 当渠道沉降缝中填塞沥青玛瑞脂时，施工时应先在沉降缝的砖面上涂冷底子油，然后把预制的沥青玛瑞脂块塞入缝中，砌完后再用喷灯烤热玛瑞脂，使其与砖块粘接牢固。

3）砌筑质量要求

① 砖砌渠道应满铺满砌、上下错缝、内外搭砌，水平灰缝厚度和竖向灰缝宽度宜为 10mm，并不得有竖向通缝；曲线段的竖向灰缝，其内侧灰缝宽度不应小于 5mm，外侧灰缝宽度不应大于 13mm。

② 灰缝匀称，砂浆饱满严密，拱中心位置正确。

（2）石砌渠道墙体和拱圈施工

1）墙体的砌筑要点

砌筑前应清除石块表面的污垢和水锈，并用水湿润。砌筑时采用铺浆法分层卧砌，上下错缝，内外搭接，并应在每 $0.7m^2$ 墙内至少设置拉结石一块，拉结石在同皮内的中距不应大于 2m，每天砌筑高度不宜超过 1.2m。

2）拱圈的砌筑要点

石砌拱圈时，相邻两行拱石的砌缝应错开，砌体必须错缝、咬茬紧密，不得采用外贴侧立石块、中间填心的砌筑方法。

3）质量要求

灰缝宽度均匀，嵌缝饱满密实。

（3）反拱砌筑

有些渠道根据设计要求需做成拱底弧形，此时在渠底就要用砖（或石）砌筑反拱。

1）砌筑要点

① 砌筑前应根据设计要求制作反拱样板，沿设计轴线每隔 10m 左右设一块样板；

② 根据反拱样板挂线，先砌中心的一列砖石，找准高程后再接砌两侧砖石。砌筑灰缝不得凸出墙面，砌筑完毕当砂浆强度达到设计抗压强度标准值的 25％以上时，方可踩压。

2）质量标准

反拱表面应平顺光滑，高程允许偏差为 ±10mm。

（4）砌筑渠道抹面

砌筑渠道应用水泥砂浆进行抹面，以减少渗漏。

1）施工要点

① 抹面前应将渠道表面粘接的杂物清理干净，并洒水湿润。

② 水泥砂浆抹面宜分两道抹成，第一道抹成后应刮平并使表面成粗糙纹，初凝后再抹第二道水泥砂浆。第二道砂浆抹平后，应分两次压实抹光。

③ 抹面砂浆初凝后，应及时湿润养护，养护时间不宜小于 14 天。

2）质量要求

① 砂浆与基层及各层间应粘接紧密牢固，不得有空鼓和裂纹等缺陷；

② 抹面平整度不应大于 5mm；

③ 接茬平整，阴阳角清晰顺直。

（5）矩形渠道的钢筋混凝土盖板安装

对于暗渠，一般均要加设钢筋混凝土盖板，以保证水量和保护水质。其施工要点如下：

1）盖板安装前，应将墙顶清扫干净，洒水湿润，而后坐浆安装。

2）盖板安装时，应按设计吊点起吊、搬运和堆放，不得碰撞和反向放置。盖板安装的板缝宽度应均匀一致。

3）盖板就位后，相邻板底错台不应大于 10mm；板端压墙长度应满足设计要求，允许偏差为 ±10mm。板缝及板底的三角灰，应用水泥砂浆填抹压实。

（6）渠道砌筑质量标准

渠道砌筑质量允许偏差应符合表 5-2 的要求。

管渠砌筑质量允许偏差（mm）   表 5-2

项目		允许误差			
		砖砌	料石	石块	混凝土块
轴线位置		15	15	20	15
渠底	高程	±10	±20		±10
	中心线每侧宽	±10	±10	±20	±10
墙高		±20	±20		±20
墙厚		不小于设计规定			
墙面垂直度		15	15		15
墙面平整度		10	20	30	10
拱圈断面尺寸		不小于设计规定			

5.1.3　装配式钢筋混凝土渠道施工

装配式钢筋混凝土渠道（或管沟）一般用作重力流管线。它的优点是施工速度快，造价低，工程质量有保证，施工时受季节影响小。其缺点是机械化程度要求较高，接缝处理比较复杂。

装配式管沟预制块的大小，主要取决于施工条件，为了增强渠道的结构整体性，提高其水密性，加快施工速度，应在施工条件许可的条件下，尽量加大预制块的尺寸。

1. 施工要点

（1）渠底基础与墙体的连接

装配式渠道的基础与墙体等上部构件采用杯口连接时，杯口宜与混凝土

259

一次连续浇筑；当采用分期浇筑时，应在基础面凿毛、清洗干净后再浇筑混凝土。

（2）构件安装

1）构件应待基础杯口混凝土达到设计抗压强度的75%以后，再进行安装；

2）安装前应将与构件连接部位凿毛清洗，杯底铺设水泥砂浆；

3）安装时应使构件稳固，接缝间隙符合设计要求，上、下构件的竖向企口接缝应错开。

（3）接缝处理

1）管渠侧墙两板间的竖向接缝应用细石混凝土或水泥砂浆嵌填密实。

2）矩形或拱形构件进行装配施工时，其水平企口应铺满水泥砂浆，使接缝咬合，且安装后应及时对接缝内外面勾抹压实。

3）矩形或拱形构件的嵌缝或勾缝应先做外缝，后做内缝，并适时洒水养护。内部嵌缝或勾缝，应在管渠外部还土后进行。

4）矩形或拱形管渠顶部的内接缝，采用石棉水泥嵌缝时，宜先填入$\frac{3}{5}$深度的麻辫，然后再填打石棉水泥至缝平。

2. 施工注意事项

（1）矩形或拱形管渠构件的运输、堆放及吊装，应采取措施防止构件失稳和受损。

（2）管渠采用先浇底板后装配墙板法施工时，安装墙板应位置准确，与相邻板顶平齐；采用钢管支撑器临时固定时，应待板缝及杯口混凝土达到规定强度，盖好盖板后拆除支撑器。

3. 装配式管渠构件安装质量标准

装配式管渠构件安装允许偏差应符合表5-3的规定。

装配式管渠构件安装允许偏差(mm)　　　　表5-3

项目	允许偏差	项目	允许偏差
轴线位置	10	墙板、拱构件间隙	±10
高程(墙板、拱)	±5	杯口底、顶宽度	+10 −5
垂直度(墙板)	5		

5.1.4 现浇钢筋混凝土渠道施工

现浇钢筋混凝土渠道，施工时不需大型吊装设备，不必进行接缝处理，易于保证渠道的水密性，施工方法与一般水工混凝土相同，包括支模、安放钢筋骨架、浇筑混凝土、养护等工序。本教材不做介绍，施工时请参见有关书籍，但应注意以下问题：

1. 施工缝的设置

施工缝应设置在底角加腋的上皮以上不小于200mm处，在其上浇筑混凝土之前，应将接槎处混凝土表面的水泥砂浆或松散层清除，用水冲洗干净，充分湿润后，均匀铺 15～25mm 厚与混凝土同级配的水泥砂浆，然后再浇筑混凝土。

2. 混凝土的浇筑

混凝土宜按渠道变形缝分段连续浇筑，渠道两侧应对称进行，严防一侧浇筑量过大，使模板产生弯曲变形和位移。当渠道深度超过 2m 时，为防止混凝土产生离析现象，应采用溜槽、串筒或导管浇筑。混凝土浇至墙顶并间歇 1～1.5h 后，再继续浇筑顶板。

3. 止水处理

在施工缝、变形缝等处，应用止水带做好止水，严防漏水。

4. 施工允许偏差

现浇钢筋混凝土渠道允许偏差见表 5-4。

现浇钢筋混凝土渠道允许偏差（mm）　　　　表 5-4

项目	允许偏差	项目	允许偏差
轴线位置	15	渠底中线每侧宽度	±10
渠底高程	±10	墙面垂直度	15
管、拱圈断面尺寸	不小于设计规定	墙面平整度	10
盖板断面尺寸	不小于设计规定	墙厚	+10 0
墙高	±10		

管渠施工完毕后应及时回填。回填时，两侧应同时进行，以保证砌块不发生错位和移动，每层虚铺厚度以不超过 250mm 为宜。两侧同时轻夯，以免拱圈受力不匀，左、右移动而造成拱圈开裂。拱顶部分的还土应薄铺轻夯，直到拱顶覆土厚度在 30cm 以上时，方可逐渐增大夯力，但仍需两侧同时夯打。

5.2　倒虹管施工

5.2.1　直接顶管法

直接顶管法是采用顶管施工工艺铺设倒虹管的平行管，而两端的下行管和上行管一般采用开槽铺设。该法施工简单，节省人力、物力。但施工前必须清楚整个河床的构造，该方法施工安全度不高，有时容易从工作坑内进水。其适用于河床地质构造较好，河流较窄处的倒虹管施工。

1. 施工要点

（1）施工前应进行详细的地形勘查、地质勘查和水文地质勘查，制定切实可行的施工方案；

（2）采用直接顶管法施工，施工方法详见教学单元 3；

（3）穿越河流的平行直管顶入后，应对该管段进行清洗，然后将两端用木塞或其他物品暂时封堵，防止泥土及其他杂物进入，最后再连接两端的下行管和上行管，形成倒虹吸管。

2. 施工注意事项

(1) 不准在淤泥及流砂地带顶进;

(2) 穿越管道的管顶距河床底高度,对于不通航河道不得小于 0.5m,对于通航河道不得小于 1m;

(3) 穿越管道选用钢管时,要进行防腐处理。

5.2.2 围堰法施工

1. 概述

围堰法施工就是在水体内围隔一环形堤堰,用水泵抽空堰内积水,再进行管道的开槽施工,待工程完工后再拆除围堰。该法施工技术成熟,难度低,钢管、铸铁管、玻璃钢管等均可采用此法施工。但修筑围堰工作量大,必要时须提防围堰被洪水冲毁。一般适用于河流不太宽、水流不急、不通航处的倒虹管施工。

(1) 围堰类型的选用

常用围堰见表 5-5。

常用围堰选用表 表 5-5

围堰类型	适用条件		
	河床	最大水深(m)	最大流速(m/s)
土围堰 草土围堰	不透水	2 3	0.5 1.5
草捆土围堰 草(麻)袋围堰 堆石土围堰 石笼土围堰	不透水	5 3.5 4 5	3 2 3 4
木板桩围堰 钢板桩围堰	可透水	5 —	3 3

(2) 施工要点

1) 围堰的结构和施工方法,应保证其可靠的稳定性、坚固性和不透水性;

2) 防止围堰基础与围堰本身的土层发生管涌现象;

3) 围堰和开挖的沟槽之间,应有足够的间距,以满足施工排水与运输的需要;

4) 堰顶高程的确定应根据波浪壅高和围堰的沉陷综合确定,超高一般在 0.5~1.0m 以上;

5) 围堰的构造应当简单,能方便施工、修理和拆除,并符合就地取材的原则;

6) 围堰布置时,应采取措施防止水流冲刷围堰;

7) 在通航河道上布置的围堰要满足航运的条件,特别是航行对河道水流流速的要求;

8) 其他要求见表 5-6。

围堰要求表　　　　　　　　　　　表 5-6

堰型	断面尺寸			堰顶高出施工期最高水位（m）	材料规格	
	堰顶宽（m）	边坡坡度			土	其他
		堰内	堰外			
土围堰	≥1.5	1：3～1：1	＞1：2	0.5～0.7	采用松散黏性土，不含石块、垃圾等杂物，不得使用冻土	用草皮、树枝、碎石护坡
草土围堰	1～2	1：3～1：1	＞1：2	0.5～0.7		可用稻草、麦秸或杂草
草捆土围堰	2.5～3.0	1：0.5～1：0.2	1：1～1：0.5	1.0～1.5		稻草长：150～180cm 直径：40～50cm 草捆拉绳为麻绳，直径为2cm
草（麻）袋围堰	1～2	1：0.5～1：0.2	1：1～1：0.5	0.5～0.7		草麻袋装土量为2/3袋容量，袋口缝合不得漏土
堆石土围堰	≥1.5	1：1～1：0.5	1：0.5～1：0.2	0.5～0.7		使用就地河沟中的大块碎石、卵石
石笼土围堰	≥1.5	1：1.5	1：1	0.5～0.7		竹笼直径0.4～0.6m，长1.5～6.0m，内装碎石

2. 倒虹管施工要点

（1）选择围堰类型，在穿越河流地段进行围堰施工。

（2）用水泵抽空堰内积水。

（3）沿倒虹管的设计位置和走向在堰内开挖沟槽，铺设管道，堰内管道全部安装完毕后，将两端的管口临时封堵，防止进土及杂物。

（4）对倒虹管进行试压检验，合格后方可回填管沟。

（5）当需修建第二道围堰时，其位置要考虑尽量减少施工工作量，与已完管段相交处的管沟要用黏土做成止水带，防止沿管沟串水。

3. 施工注意事项

（1）在施工组织设计时，要依据施工进度及水文资料确定科学、合理的开工日期，使围堰施工在枯水期内完成。围堰的质量要保证在整个施工期间内，出现最高水位时安全可靠。

（2）倒虹管的覆土厚度，不通航河流不小于0.5m；通航河流应大于1.0m，且覆土表层要用片石、草袋或土工织物等做防冲刷处理，回填高度不得高于河床。

（3）施工中，应采取可靠的措施，防止管道上浮和偏移。

（4）倒虹管选用钢管时，应作好防腐处理，若采用铸铁管或自应力混凝土管时，应优先考虑橡胶圈柔性接口，并配以可靠的基础。

（5）若沟槽底的土层结构不稳定时，应设置混凝土带状基础。

5.2.3　沉浮法施工

沉浮法施工是在水中开挖管沟，然后将已焊接好的倒虹管沉放到管沟中。该法适用面广，不影响河流通航和河水的流动。但水下开挖及控制管道的浮运难度较大，要采用一定的施工机械。该法一般适用于河床受水流影响较小处的倒虹管施工。

1. 施工要点

（1）开挖水下管沟。水下管沟可以采用挖泥船、吸泥泵、抓铲等机械挖掘，也可采用拉铲挖沟或水力冲射管沟，如图5-4所示。挖掘装置在安装和使用时，要使牵引索始终保持与管道走向相同。

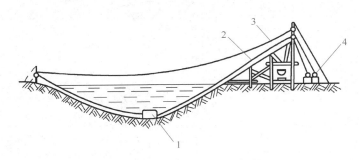

图 5-4　沉浮法施工管道穿越河流

1—索铲；2—牵引索；3—空载索；4—绞车

（2）在挖沟的同时，要经常测定水深、沟深，检查管沟的质量。

（3）用碎石对管沟进行初步找平，达到设计要求。

（4）在邻近管沟河岸的平整场地上依河床断面焊接倒虹吸管，钢管应进行防腐处理。

（5）进行分段打压试验。

（6）将打压试验合格的钢管两端用木塞临时封堵，然后拖至河中水面上，对准管沟方位。

（7）再一次进行严密性检验，校正管中线及倒虹吸管的形状位置是否与管沟断面相适应。

（8）打开安装在管道的进水阀和排气阀，均匀地将管道沉于河底管沟中。

（9）潜水员检查和校正管道位置使之符合设计要求后，用石块填塞管道沟底的空隙，拆去管道上所系钢丝绳，然后回填。

2. 施工注意事项

（1）水下管沟开挖方向要符合管道设计走向。

（2）倒虹管只能采用钢管。

（3）沉管时，要求两端同时进水，进水流量要小，而且两端进水速度大致相同，同时两端牵引设备要拉住管道，以免因进水不均，管道两端下降速度不同而造成倾斜，改变位置。

（4）管顶覆土必须均匀，尽可能恢复原河床断面，如埋设在河床下较浅时，也可不覆土待其自然淤没。

5.3　架空管道施工

压力流管道铺设遇到河流时，可采用倒虹管从河床下穿过，也可采用架空管道从河流上方跨越。架空管道由跨越结构、支撑结构和基础三部分组成。

跨越结构即管道本身，通常采用钢管，有时也采用铸铁管或预应力钢筋混凝土管，管道较长时，应设置伸缩节，在管线高处设自动排气阀，低处设泄水阀。当跨度不大时，可采用直管跨越；当跨度较大时，可采用拱管跨越。拱管的拱轴为圆弧形，两端用固定管座固接在支承结构上，形成无铰拱；当跨度特别大时，可采用悬索架空管、支柱式架空管或桁架式架空管。在管道与河流交叉处，为满足河流通航的要求，可局部增加管道悬空高度以获得所需的净空高度，形成向上弯管或拱管。

支撑结构用来支撑跨越结构，有单柱、双柱、刚架、桁架、塔架等类型，高度根据工艺要求确定。支撑结构的材料为钢、钢筋混凝土或砖石。支撑结构通过管座与跨越结构相连接。

管座有固定式和活动式两类。根据管道工艺要求，在管道与其他构件不产生相对位移之处设置固定管座，其余支点设置活动管座。固定管座有固接和铰接两种形式。当多根管道平行敷设时，若各管的固定管座设在同一横梁上，称为集中固定，若分设在不同横梁上，称为分散固定。活动管座有滑动、滚动和摆动三种。在滑动和滚动管座中，当传递的力超过摩擦力时，管道与横梁间将产生相对位移。在摆动管座中，传递的力随摆动的角度而定。

基础多采用天然地基，仅在地质情况较差或较复杂而在工艺上又对管道沉降有特殊要求时才采用人工地基。常用的人工地基为钢筋混凝土或素混凝土的基础或联合基础。荷载较小时或在岩石地基中可用埋入式基础。在岩石地基中可用锚桩式地锚基础。

直管施工时可采用托架或吊环敷设于桥梁上或架设于桥台上，也可在桥梁人行道下预留管沟，将管道埋设于管沟内。向上弯管施工时，一般采用 90°、45°、60°弯头焊接连接。拱管的特点是钢管既作输水管道又作承重结构，施工简便，节省支撑材料。拱管一般由若干节短管焊接而成，各节短管准确长度应通过计算确定，一般每节短管长度为 1～1.5m。拱管施工时有先弯后接和先接后弯两种方式。先弯后接法是先将每根直管按照设计弧度分别弯曲，然后再焊接在一起形成拱管。先接后弯法是先将长度大于拱管的几根钢管焊接在一起，然后再弯曲形成所需弧度的拱管。弯曲时可采用冷弯法或热弯法。煨弯时要采取有效措施，防止管道变形。拱管形成后，用起重设备起吊、固定、安装。吊装时为避免拱管下垂变形或开裂，可在拱管中部加设临时钢索固定。

支撑结构和基础，根据材料的不同，可采用不同的施工方法。

5.4　附属构筑物施工及阀件安装

5.4.1　检查井施工

检查井一般分为现浇钢筋混凝土、砖砌、石砌、混凝土或钢筋混凝土预制拼装等结构形式，以砖（或石）砌检查井居多。

1. 施工工艺

（1）砌筑检查井施工

1) 检查井基础施工。在开槽时应计算好检查井的位置，挖出足够的肥槽。浇筑管道混凝土平基时，应将检查井基础宽度一次浇够，不能采用先浇筑管道平基，再加宽的办法做井基。

2) 排水管道检查井内的流槽及井壁应同时进行浇筑，当采用砌块砌筑时，表面应用水泥砂浆分层压实抹光，流槽与上、下游管道接顺。

3) 砌筑时管口应与井内壁平齐，必要时可伸入井内，但不宜超过 30mm。不准将截断管端放入井内；预留管的管口应封堵严密，并便于拆除。

4) 检查井的井壁厚度常为 240mm，用水泥砂浆砌筑。圆形砖砌检查井采用"全丁式"砌筑，收口时，如四面收口则每次收进不超过 30mm；如为三面收口则每次收进不超过 50mm。矩形砖砌检查井采用"一顺一丁式"砌筑。检查井内的踏步应随砌随安，安装前应刷防锈漆，砌筑时用水泥砂浆埋固，在砂浆未凝固前不得踩踏。

5) 检查井内壁应用原浆勾缝，有抹面要求时，内壁用水泥砂浆抹面并分层压实，外壁用水泥砂浆搓缝严实。抹面和搓缝高度应高出原地下水位 0.5m 以上。

6) 井盖安装前，井室最上一皮砖必须是丁砖，其上用 1：2 水泥砂浆坐浆，厚度为 25mm，然后安放盖座和井盖。

7) 检查井接入较大管径的混凝土管道时，应按规定砌砖券。管径大于 800mm 时砖券高度为 240mm；小于 800mm 时砖券高度为 120mm。砌砖券时应由两边向顶部合拢砌筑。

8) 有闭水试验要求的检查井，应在闭水试验合格后再回填土。

9) 砌筑井室应符合下列要求：

① 砌筑井壁应位置准确、砂浆饱满、灰缝平整、抹平压光，不得有通缝、裂缝等现象；

② 井底流槽应平顺、圆滑、无杂物；

③ 井圈、井盖、踏步应安装稳固，位置准确；

④ 砂浆强度等级和配合比应符合设计要求。

(2) 预制检查井安装

1) 应根据设计的井位桩号和井内底标高，确定垫层顶面标高、井口标高及管内底标高等参数，作为安装的依据。

2) 按设计文件核对检查井构件的类型、编号、数量及构件的重量。

3) 垫层施工不得扰动井室地基，垫层厚度和顶面标高应符合设计规定，长度和宽度要比预制混凝土底板的长、宽各大 100mm，夯实后用水平尺校平，必要时应预留沉降量。

4) 标示出预制底板、井筒等构件的吊装轴线，先用专用吊具将底板水平就位，并复核轴线及高程，底板轴线允许偏差±20mm，高程允许偏差±10mm。底板安装合格后再安装井筒，安装前应清除底板上的灰尘和杂物，并按标示的轴线进行安装。井筒安装合格后再安装盖板。

5) 当底板、井筒与盖板安装就位后，再连接预埋连接件，并做好防腐。然后将边缝润湿，用 1：2 水泥砂浆填充密实，做成 45°抹角。当检查井预制件全部就位后，用1：2水泥砂浆对所有接缝进行里、外勾平缝。

6）最后将底板与井筒、井筒与盖板的拼缝，用1：2水泥砂浆填满密实，抹角应光滑平整，水泥砂浆强度等级应符合设计要求。当检查井与刚性管道连接时，其环形间隙要均匀、砂浆应填满密实；与柔性管道连接时，胶圈应就位准确、压缩均匀。

（3）现浇检查井施工

1）按设计要求确定井位、井底标高、井顶标高、预留管的位置与尺寸。

2）按要求支设模板。

3）按要求拌制并浇筑混凝土。先浇底板混凝土，再浇井壁混凝土，最后浇顶板混凝土。混凝土应振捣密实，表面平整、光滑，不得有漏振、裂缝、蜂窝和麻面等缺陷；振捣完毕后进行养护，达到规定的强度后方可拆模。

4）井壁与管道连接处应预留孔洞，不得现场开凿。

5）井底基础应与管道基础同时浇筑。

2．质量要求

检查井施工允许误差应符合表5-7的规定。

检查井施工允许误差（mm） 表5-7

项目		允许偏差	检验频率		检验方法
			范围	点数	
井身尺寸	长、宽	±20	每座	2	用尺量，长、宽各计一点
	直径	±20	每座	2	用水准仪测量
井口高程	非路面	±20	每座	1	用水准仪测量
	路面	与道路规定一致	每座	1	用水准仪测量
井底高程	安管 $D \leqslant 1000$	±10	每座	1	用水准仪测量
	安管 $D > 1000$	±15	每座	1	用水准仪测量
	顶管 $D < 1500$	+10，−20	每座	1	用水准仪测量
	顶管 $D \geqslant 1500$	+10，−40	每座	1	用水准仪测量
踏步安装	水平及竖直间距外露长度	±10	每座	1	用尺量，计偏差较大者
脚窝	高、宽、深	±10	每座	1	用尺量，计偏差较大者
流槽宽度		+10	每座	1	用尺量

注：表中 D 为管道内径（mm）。

5.4.2 雨水口施工

1．施工工艺

雨水口一般采用砖、石砌筑施工，砌筑工艺与检查井相同，要点如下：

（1）按道路设计边线及支管位置，定出雨水口中心线桩，使雨水口的长边与道路边线重合（弯道部分除外）。

（2）根据雨水口的中心线桩挖槽，挖槽时应留出足够的肥槽，如雨水口位置有误差应以支管为准进行核对，平行于路边修正位置，并挖至设计深度。

（3）夯实槽底。有地下水时应排除并浇筑100mm的细石混凝土基础；为松软土时应夯筑 3∶7 灰土基础，然后砌筑井墙。

（4）砌筑井墙。

1）按井墙位置挂线，先干砌一层井墙，并校对方正。一般井墙内口为 680mm×380mm 时，对角线长 779mm；内口尺寸为 680mm×410mm 时，对角线长 794mm；内口尺寸为 680mm×415mm 时，对角线长 797mm。

2）砌筑井墙。雨水口井墙厚度一般为 240mm，用 MU10 砖和 M10 水泥砂浆按"一顺一丁"的形式组砌，随砌随刮平缝，每砌高 300mm 应将墙外肥槽及时填土夯实。

3）砌至雨水口连接管或支管处应满卧砂浆，砌砖已包满管道时应将管口周围用砂浆抹严抹平，不能有缝隙，管顶砌半圆砖券，管口应与井墙面平齐。当雨水连接管或支管与井墙必须斜交时，允许管口进入井墙 20mm，另一侧凸出 20mm，超过此限时必须调整雨水口位置。

4）井口应与路面施工配合同时升高，当砌至设计标高后再安装雨水箅。雨水箅安装好后，应用木板或铁板盖住，以免在道路面层施工时，被压路机压坏。

5）井底用 C15 细石混凝土抹出向雨水口连接管集水的泛水坡。

（5）安装井箅。井箅内侧应与道牙或路边成一条直线，满铺砂浆，找平坐稳，井箅顶与路面平齐或稍低，但不得凸出。现浇井箅时，模板支设应牢固、尺寸准确，浇筑后应立即养护。

2. 施工注意事项

（1）位置应符合设计要求，不得歪扭。

（2）井箅与井墙应吻合。

（3）井箅与道路边线相邻边的距离应相等。

（4）内壁抹面必须平整，不得起壳裂缝。

（5）井箅必须完整无损、安装平稳。

（6）井内严禁有垃圾等杂物，井周回填土必须密实。

（7）雨水口与检查井的连接应顺直、无错口；坡度应符合设计规定。

3. 质量要求

雨水口施工允许误差应符合表 5-8 的规定。

雨水口允许误差(mm)　　　　　　　表 5-8

顺序	项目	允许偏差	检验频率		检验方法
			范围	点数	
1	井圈与井壁吻合	10	每座	1	用尺量
2	井口高	0 −10	每座	1	与井周路面比
3	雨水口与路边线平行位置	20	每座	1	用尺量
4	井内尺寸	+20 0	每座	1	用尺量

5.4.3　阀门井施工

1. 施工工艺

阀门井一般采用砖、石砌筑施工，砌筑工艺与检查井相同，要点如下：

（1）井底施工要点

1）用 C20 混凝土浇筑底板，下铺 150mm 厚碎石（或砾石）垫层，无论有无地下水，井底均应设置集水坑。

2）管道穿过井壁或井底，需预留 50～100mm 的环缝，用油麻填塞并捣实或用灰土填实，再用水泥砂浆抹面。

（2）井室的砌筑要点

1）井室应在管道铺设完毕、阀门装好之后着手砌筑，阀门与井壁、井底的距离不得小于 0.25m；雨天砌筑井室，须在铺设管道时一并砌好，以防雨水汇入井室而堵塞管道。

2）井壁厚度为 240mm，通常采用 MU10 砖、M5.0 水泥砂浆砌筑，砌筑方法同检查井。

3）砌筑井壁内外均需用 1：2 水泥砂浆抹面，厚 20mm，抹面高度应高于地下水最高水位 0.5m。

4）爬梯通常采用 $\phi16$ 钢筋制作，并防腐，水泥砂浆未达到设计强度的 75% 以前，切勿脚踏爬梯。

5）井盖应轻便、牢固、型号统一、标志明显；井盖上配备提盖与撬棍槽；当室外温度小于等于 −21℃ 时，应设置为保温井口，增设木制保温井盖板。安装方法同检查井井盖。

6）盖板顶面标高应与路面标高一致，误差不超过 ±50mm，当在非铺装路面上时，井口须略高于路面，但不得超过 50mm，并有 0.02 坡度做护坡。

2. 施工注意事项

（1）井壁的勾缝抹面和防渗层应符合质量要求。

（2）井壁同管道连接处应严密，不得漏水。

（3）阀门的启闭杆应与井口对中。

3. 质量要求

阀门井施工允许误差应符合表 5-9 的规定。

阀门井施工允许误差　　　　　　　　　　表 5-9

项目		允许误差（mm）	检验频率		检验方法
			范围	点数	
井身尺寸	长、宽	±20	每座	2	用尺量，长、宽各计一点
	直径	±2	每座	2	用尺量
井盖高程	非路面	±20	每座	1	用水准仪测量
	路面	与道路规定一致	每座	1	用水准仪测量
井底高程	D≤1000mm	±10	每座	1	用水准仪测量
	D>1000mm	±15	每座	1	用水准仪测量

注：表中 D 为管道公称直径。

5.4.4　支墩施工

1．材料要求

支墩通常采用砖、石砌筑或用混凝土、钢筋混凝土现场浇筑，其材质要求如下：

(1) 砖的强度等级不应低于 MU7.5；

(2) 片石的强度等级不应低于 MU20；

(3) 混凝土或钢筋混凝土的强度等级不应低于 C15；

(4) 砌筑用水泥砂浆的强度等级不应低于 M5.0。

2．支墩的施工

(1) 平整夯实地基后，用 MU7.5 砖、M10 水泥砂浆进行砌筑。遇到地下水时，支墩底部应铺 100mm 厚的卵石或碎石垫层。

(2) 水平支墩后背土的最小厚度不应小于墩底到设计地面深度的 3 倍。

(3) 支墩与后背的原状土应紧密靠紧，若采用砖砌支墩，原状土与支墩间的缝隙，应用砂浆填实。

(4) 对水平支墩，为防止管件与支墩发生不均匀沉陷，应在支墩与管件间设置沉降缝，缝间垫一层油毡。

(5) 为保证弯管与支墩的整体性，向下弯管的支墩，可将管件上箍连接，钢箍用钢筋引出，与支墩浇筑在一起，钢箍的钢筋应指向弯管的弯曲中心，钢筋露在支墩外面部分，应有不小于 50mm 厚的 1：3 水泥砂浆作保护层；向上弯管应嵌入支墩内，嵌进部分中心角不宜小于 135°。

(6) 垂直向下弯管支墩内的直管段，应包玻璃布一层，缠草绳两层，再包玻璃布一层。

3．支墩施工注意事项

(1) 位置设置要准确，锚定要牢固。

(2) 支墩应修筑在密实的土基或坚固的基础上。

(3) 支墩应在管道接口做完、位置固定后再修筑。

(4) 支墩修筑后，应加强养护，保证支墩的质量。

(5) 在管径大于 700mm 的管线上选用弯管，水平设置时，应避免使用 90°弯管，垂直设置时，应避免使用 45°弯管。

(6) 支墩的尺寸一般随管道覆土厚度的增加而减小。

(7) 必须在支墩达到设计强度后，才能进行管道水压试验，试压前，管顶的覆土厚度应大于 0.5m。

(8) 经试压支墩符合要求后，方可分层回填土，并夯实。

5.4.5　阀件安装

1．安装要求

(1) 阀件安装前应检查填料是否完好，压盖螺栓是否有足够的调节余量。

(2) 法兰或螺纹连接的阀件应在关闭状态下进行安装。

(3) 焊接阀件与管道连接焊缝的封底宜采用氩弧焊施焊，以保证其内部平整光洁。焊接时阀件不宜关闭，以防止过热变形。

（4）阀件安装前，应按设计核对型号，并根据介质流向确定其安装方向。

（5）水平管道上的阀件，其阀杆一般应安装在上半圆范围内。

（6）阀件传动杆（伸长杆）轴线的夹角不应大于 30°，有热位移的阀件，传动杆应有补偿措施。

（7）阀件的操作机构和传动装置应做必要调整和固定，使其传动灵活，指示准确。

（8）安装铸铁、硅铁阀件时，须防止因强力连接或受力不均而引起损坏。

（9）安装高压阀件前，必须复核产品合格证。

2．阀件安装

（1）水表的安装

1）水表设置位置应尽量与主管道靠近，以减少进水管长度，并便于抄读、安拆，必要时应考虑防冻与卫生条件。

2）注意水表安装方向，使进水方向与表上标志方向一致。旋翼式水表应水平安装，切勿垂直安装；螺翼式水表可水平、倾斜、垂直安装，但倾斜、垂直安装时，须保证水流流向自上而下。

3）为使水流稳定地流经水表，使其计量准确，表前阀门与水表之间的稳流段长度应大于或等于 8～10 倍管径。

4）小口径水表在水表与阀门之间应装设活接头，以便于拆卸更换水表；大口径水表前后采用伸缩节相连，或者水表两侧法兰采用双层胶垫，以便于拆卸水表。

5）大口径水表安装时应加旁通管，以便于水表出现故障时，不影响通水。

（2）室外消火栓安装

1）安装位置通常选定在交叉路口或醒目地点，距建筑物距离不小于 5m，距路边不大于 2m，地下式消火栓应在地面上明显标示，并保证栓口处接管方便。

2）消火栓连接管管径应不小于 100mm。

3）消火栓安装时，凡埋入土中的法兰接口均涂沥青冷底子油一道，热沥青两道，并用沥青麻布或塑料薄膜包严，以防锈蚀。

4）寒冷地区应考虑防冻措施。

（3）安全阀安装

1）安装方向应使管内水由阀盘底向上流出。

2）安装弹簧式安全阀时，应调节螺母位置，使阀板在规定的工作压力下可以自动开启。

3）安装杠杆式安全阀时，须保持杠杆水平，根据工作压力将重锤的重量与力臂调整好，并用罩盖住，以免重锤移动。

4）安全阀应垂直安装，当发现倾斜时，应予纠正。

5）在管道试运行时，应及时调校安全阀。

6）安全阀的最终调整宜在系统上进行，开启压力和回座压力应符合设计规定，当设计无规定时，其开启压力为工作压力的 1.05～1.15 倍，回座压力应大于工作压力的 0.9 倍。调整时每个安全阀的启闭试验不得少于 3 次。安全阀经调整后，在工作压力下不得有泄漏。

（4）排气阀安装

1）排气阀应设在管线的最高点处，一般管线隆起处均应设排气阀。

2）在长距离输水管线上，每隔 50～100m 应设置一个排气阀。

3）排气阀应垂直安装，不得倾斜。

4）地下管道的排气阀应安装在排气阀门井内，安装处应环境清洁，寒冷地区应采取保温措施。

5）管道施工完毕试运行时，应对排气阀进行调校。

（5）排泥阀安装

1）安装位置应有排除管内污物的场所。

2）安装时应采用与排污水流呈切线方向的排泥三通。

3）安装完毕后应及时关闭排泥阀。

（6）泄水阀安装

1）泄水阀应安装在管线最低处，用来放空管道及排除管内污水，一般常与排泥管合用。

2）泄水阀放出的水，可直接排入附近水体；若条件不允许则设湿井，将水排入湿井内，再用水泵抽送到附近水体。

3）安装完毕后应及时关闭泄水阀。

5.5　市政管道维护管理

市政管道工程施工完毕，经过一段时间的使用后，由于设计上的缺陷、工作条件和外界环境的变化、施工中存留的质量隐患、设备和材料的腐蚀老化等原因，会使管道系统的性能减退，丧失管道设施的功能，影响正常使用。因此，在使用过程中要对管道系统进行必要的维护管理，以保证其正常运行。

5.5.1　室外给水管道的维护

1. 常用的检漏方法

室外给水管道的维护与检修的主要内容是管道漏水问题，明设给水管道比较容易查出漏水部位，而埋地给水管道则不易查出。市政埋地给水管道出现明漏时，可根据一些迹象进行判断，如地面有水渗出；管道上部土泥泞或湿润；杂草生长比周围茂盛，冬天雪地有反常的融雪；用户水压突然降低；管道上部地面突然发生沉陷；排水管道内出现清水等。通过对上述现象的详细观察，就能判断出漏水点。市政埋地给水管道出现暗漏时，检查的手段主要是听漏法。

听漏法是通过漏水时产生声响的振动来确定漏水点，一般在夜间进行听漏，以免受其他噪声的干扰。常用的听漏工具有听漏器和电子检漏仪。

（1）听漏器的工作原理

当漏水冲击土壤或漏水从漏孔中喷出使管道本身发生振动时，其振动的频率传至地面，将听漏器放在地面上，通过共振由空气传至操作者耳中，即可听到漏水声，判断漏水点。

（2）电子检漏仪的工作原理

漏水声波由漏口处产生并通过管道向远处传播，同时也通过土壤从不同的方向传播到地面。电子检漏仪是专门探测管道泄漏噪声的仪器，其构造是一个简单的高频放大器，利用拾音器接收传到地面的声波振动信号，再把该振动信号通过放大系统以声音信号传至耳机及仪表中，从而可判断漏水点。

2. 常用的堵漏方法

查到漏水点后，可根据漏水原因、管道材质、管道连接方法，确定堵漏方法。常用的堵漏方法可分为承插口漏水的堵漏和管壁小孔漏水的堵漏。

（1）承插口漏水的堵漏方法

先把管内水压降至无压状态，然后将承口内的填料剔除再重新打口。如管内有水，应用快硬、早强的水泥填料（如氯化钙水泥和银粉水泥等）。对于水泥接口的管道当承口局部漏水时，可不必把整个承口的水泥全部剔除，只需在漏水处局部修补即可。如青铅接口漏水，可重新打实接口或将部分青铅剔除，再用铅条填口打实。

（2）管壁小孔漏水的堵漏方法

管道由于腐蚀或砂眼造成的漏水，可采用管卡堵漏、丝堵堵漏、铅塞堵漏和焊接堵漏等方法进行处理。

管卡堵漏时，如水压较大应停水堵漏，如水压不大可带水堵漏。堵漏时将锥形硬木塞轻轻敲打进孔内堵塞漏水处，紧贴管外皮锯掉木塞外露部分，然后在漏水处垫上厚度为 3mm 的橡胶板，用管卡将橡胶板卡紧即可。

丝堵堵漏时，以漏水点为中心钻一孔径稍大于漏水孔径的小孔，攻丝后用丝堵拧紧即可。

铅塞堵漏时，先用尖凿把漏水孔凿深，塞进铅块并用手锤轻打，直到不漏水为止。

焊接堵漏时，把管道降至无压状态后，将小孔焊实即可。

5.5.2　排水管道的维护

排水管道的维护的主要内容为管道堵漏和清淤。

排水管道漏水时，可根据漏水量的大小和管道的材质，采用打卡子或混凝土加固等方法进行维修，必要时应更换新管。

排水管道为重力流，发生淤积和堵塞的可能性非常大，常用的清淤方法有：

1. 水力清通法

将上游检查井临时封堵，上游管道憋水，下游管道排空，当上游检查井中水位提高到一定程度后突然松堵，借助水头将管道内淤积物冲至下游检查井中。为提高水冲效果，可借助"冲牛"进行水冲，必要时可采用水力冲洗车进行冲洗。

2. 竹劈清通法

当水力清通不能奏效时，可采用竹劈清通法。即将竹劈从上游检查井插入，从下游检查井抽出，将管道内淤物带出，如一根竹劈长度不够，可连接多根竹劈。

3. 机械清通法

当竹劈清通不能奏效时，可采用机械清通法。即在需清淤管段两端的检查井处支设绞车，用钢丝绳将管道专用清通工具从上游检查井放入，用绞车反复抽拉，使清通工具从下游检查井被抽出，从而将管道内淤物带出。根据管道堵塞程度的不同，可选择不同的清通工具进行清通。常用的清通工具有骨骼形松土器、弹簧刀式清通器、锚式清通器、钢丝刷、铁牛等。

清通后的污泥可用吸泥车等工具吸走，以保证排水管道畅通。我国目前常用的吸泥车主要有罱泥车、真空吸泥车、射流泵式吸泥车等，因排水管道中污泥的含水率相当高，现在一些城市已采用了泥水分离吸泥车。

5.5.3 地下燃气管道的维护

由于燃气是易燃、易爆、易使人中毒的气体，为确保燃气管道及其附件处于安全运行状态，必须对地下燃气管道进行周密的检查和维护。检查和维护的内容如下：

（1）燃气管道检查符合下列规定：

1）管道安全保护距离内不应有土壤塌陷、滑坡、下沉、人工取土、堆积垃圾或重物、管道裸露、深根植物及建(构)筑物等；

2）管道沿线不应有燃气异味、水面冒泡、树草枯萎和积雪表面有黄斑等异常现象或燃气泄出声响等；

3）施工单位应向城镇燃气主管部门申请现场安全监护，不应因其他工程施工而造成燃气管道的损坏、悬空等事故；

4）不应有燃气管道附件损坏或丢失现象；

5）应定期向周围单位和住户询问有无异常情况。发现问题，应及时上报并采取有效的处理措施。

（2）燃气管道检查应符合下列规定：

1）泄漏检查可采用仪器检测或地面钻孔检查，可沿管道方向检测或从管道附近的阀门井、检查井或地沟等地下构筑物检测；

2）对设有电保护装置的管道，应定期做测试检查；

3）运行中的管道第一次出现腐蚀漏气点后，应对该管道选点检查其腐蚀情况，针对实际情况制定维护方案；管道使用20年后，应对其进行评估，确定继续使用年限，制定检测周期，并应加强巡视和泄漏检查。

（3）阀门的运行、维护应符合下列规定：

1）阀门应定期检查，应无泄漏、损坏等现象，阀门井应无积水、塌陷，无影响阀门操作的堆积物等；

2）阀门应定期进行启闭操作和维护保养（一般半年1次）；

3）无法启动或关闭不严的阀门，应及时维修或更换。

（4）凝水器的运行、维护应符合下列规定：

1）凝水器应定期排放积水，排放时不得空放燃气；在道路上作业时，应设作业标志；

2）应定期检查凝水器护盖和排水装置，应无泄漏、腐蚀和堵塞情况，无妨碍排水作业的堆积物；

3）凝水器排出的污水应收集处理，不得随意排放。

（5）补偿器接口应定期进行严密性检查及补偿量调整。

5.5.4　热力管道的维护

市政热力管道工程是城市建设的一项基础工程，保证热力管道良好运行，是涉及千家万户的供热采暖和工矿企业产品生产的大事情。因此，应采取有效的措施，做好热力管网的维护工作。

1. 热力管道的维护

（1）热力管道的维护

热力管道在运行期间通常不需要维护，只要保证管道的保温层和保护层完好即可，并要防止保温层受潮。

（2）热力管网中压力表的维护

热力管网中安装有压力表时，应经常进行维护并按时校验，保持压力表准确无误。热力管网的压力表一般只在需要测定管内压力时才与管内介质相通，测定完毕后应立即关闭压力表阀门，否则压力表长时间受到管内水、汽压力的作用，会引起弹簧或膜片松弛，使其失去准确性。

压力表也可测定管道内的堵塞情况。如果管段两端的压力表指示的压力相差过大，表明管内可能堵塞。压力表还可反映管网中是否存有空气，如果管网中有空气，压力表的指针会剧烈跳动。

（3）热力管网中阀门的维护

热力管网运行期间应做好阀门的维修工作，使阀门始终处于灵活状态。阀杆应定期进行润滑，填料的填装要松紧适度，密封面来回研磨，阀门外表面应经常清扫，保持清洁。

所有法兰连接部位都应保持严密，不得漏水、漏汽，螺栓、螺母要齐全。管网运行期间最好用加有石墨粉的油脂涂抹螺栓的螺纹，以防止螺纹的腐蚀。

套筒式伸缩器的填料盒漏水时要用扳手用力均匀地拧紧所有螺栓上的螺母，压紧填料。但填料也不宜压得过紧，以免影响内筒的正常移动。

2. 热力管网的检修

（1）管道的检修

热力管网中的管道经过长时间运行后，管道内表面会出现磨损、结垢、腐蚀等现象；管道外表面保护层脱落后会受到空气中氧的侵害；管道对口焊接的焊缝会出现裂纹；螺纹连接的填料会出现老化或变性以致破坏连接的严密性；法兰连接会出现拉紧螺栓的折断和螺栓、螺母的腐蚀；法兰连接中的垫片会出现陈旧变质或被热媒冲刷破坏而造成漏水、漏汽事故；有时，由于管内出现水击或冻结现象，某些管段会开裂破坏。根据损坏方式的不同，常用的检修方法有以下几种。

1）磨损或腐蚀的检修

因磨损或腐蚀而使管壁已经减薄或穿孔的管段、管壁某部位已经开裂的管段、截面已被水垢封死的管段，检修中都应切除掉更换新管。新换管道应刷油防腐,并重新做保温层。

管道外壁腐蚀不严重时,应清理干净管外壁的腐蚀物,重新刷油防腐。

2)结垢的检修

因结垢而使管内流通断面缩小但尚未堵死的管道,可用酸洗除垢的办法处理。酸洗时应用泵使酸溶液在管内循环,以缩短酸洗时间,取得更好的除垢效果。酸洗后再用碱溶液进行中和处理,然后用清水对管道进行彻底冲洗。酸洗时必须严格控制酸溶液的浓度,而且一定要加入缓蚀剂。

3)管道连接的检修

管道螺纹连接中已老化变性的填料,法兰连接中已陈旧变质或被热媒冲刷损坏的垫片,均应进行更换。

垫片安装前应先用热水浸透,安装时,两面均应涂抹石墨粉和机油的混合物,或抹干的银色石墨粉,以便拆卸。但不能只抹机油,否则垫片会粘在法兰密封面上很难拆掉。石棉橡胶垫片应用剪刀做成带柄状,以便安装时调整垫片位置。

法兰连接处损坏的螺栓、螺母要更新,丢失的应配齐。工作温度超过100℃管道上的法兰,其连接螺栓于安装前在螺纹上涂一层石墨粉和机油的混合物,以方便拆卸。

4)裂纹的检修

管道出现裂纹时,应在裂纹两端钻孔,切除该段焊缝至露出管子金属,然后重新进行补焊。如果裂纹缺陷超过维修范围,应将焊口全部切除,然后另加短管重新焊接。

(2)管道保温层的检修

管道保温层在长期使用中受自然损坏或人为破坏后,应重新做保温层。如果只换个别管段的保温层,其保温材料和保温方式应尽量与原保温层一致。当需要更换大多数管道的保温层或重新更换整个管网的保温层时,应尽量采用最先进的保温材料进行技术更新,禁止再用混凝土、草绳和石棉绳等保温材料。更新后的保温层最好用铝皮或镀锌铁皮作保护层,不得再用水泥抹面作保护层。重新保温时,应先消除管道外壁的锈蚀和其他污物,然后涂刷防锈漆两遍。

如果采用涂抹法保温,只能在加热后的管道表面上涂抹。其方法是先抹5mm厚较稀的保温材料,然后再抹较稠的,每层厚约10~15mm,等前一层干燥后再抹第二层。如管道公称直径超过150mm,应用铁丝骨架进行加固,并包直径为0.8~1mm、网孔尺寸为50mm×50mm的镀锌铁丝网。

采用预制瓦保温时,拼缝应错开,缝隙不大于5mm,并填满水泥砂浆,然后用直径为1.2mm的镀锌钢丝捆牢,每块瓦至少捆两道。

检修中要特别注意排除地表水和地下水,防止因水进入地沟和检查井内而破坏地下管道的保温层。

检修保温层时,除管道以外,凡表面温度超过50℃的阀门和法兰等都必须采取保温措施。

（3）管道支撑结构的检修

管道支撑结构包括支架、吊架、托钩和卡箍等。这些支撑结构在长期运行中的主要破坏形式是断裂、松动或脱落。

1）断裂的检修

管道支承结构因本身的机械强度不够，在管道重力和热伸长推力的作用下破坏，或受到人为破坏，都可能引起断裂。

已经断裂的支撑结构应拆除换新。拆除时应从建筑结构上连根拆下，不能拆下时应沿建筑结构表面切去。新支撑结构必须经过强度核算，为了增加支撑结构的强度，可采取添装支架、吊架、托钩或卡箍的办法，以缩小它们的间距。

2）松动或脱落的检修

支撑结构松动或脱落的原因主要是在建筑结构上固定的强度不够，或者受到重力、热伸长推力作用后开始松动，并最终同建筑结构脱离。有时支撑的悬臂太长或斜支撑的斜臂强度不够，在管道重力所产生的弯矩作用下也会出现松动或脱落现象。松动或脱落的支架、吊架、托钩或卡箍应重新栽好并加固，最好是缩小它们的间距。

3）重新安装管道支撑结构时的注意事项

① 支撑结构所用型钢应当牢固地固定在建筑结构上，埋设在墙内者至少应深入墙体 240mm，并应在型钢尾部加挡铁或将尾部向两边扳开，洞内填塞水泥砂浆。

② 支撑结构所用型钢在管道运行时不能产生影响正常运行的变形。

③ 活动支架不应妨碍管道热伸长时所产生的位移。

④ 固定支架上的管道要与支架型钢焊牢或用卡箍卡紧，不让管道与支架产生相对位移。

⑤ 没有热伸长的管道吊架拉杆应当铅垂安装，有热伸长的管道吊架拉杆应安装在倾斜于位移方向相反的一侧，倾斜的尺寸为该处管道位移的一半。

⑥ 支架安装好后应刷油防腐。

（4）伸缩器的检修

在设计尺寸正确，加工安装时不留隐患的情况下，方形或其他弯曲形伸缩器在运行中很少出现损坏现象，因而不用每年检修，一般每隔三四年仔细检修一次即可。但套筒式伸缩器则不同，它运行中时时都在移动，容易损坏，所以每年都应安排人员进行检修。

套筒式伸缩器的内筒只要温度稍一发生变化就会改变自己的位置。由于受温度变化的影响，内筒在伸缩器外筒中前后移动，使填料逐渐磨损，最后引起伸缩器漏水漏气。为了消除泄漏并使填料盒中的填料密实，每次都要拉紧填料压盖上的双头螺栓，而到停止运行时，压盖往往已被拉紧到了极点，导致螺栓、螺母损坏。套筒式伸缩器常规检修的主要任务是：

1）更换填料

更换已经磨损的填料时，先拧掉所有螺栓上的螺母，用专门工具逐一取出旧的填料。但旧填料在伸缩器运行期间早已被压得紧紧的，并且紧贴在外筒上，很不容易取出。为便于取出,最好在拆开填料盒(外筒和内筒的间隙)后往填料中喷洒少许煤油,这样就能比较方便地取出填料。除掉所有旧填料后,把伸缩器外筒上的填料残渣清理干净,然后把浸过油和石墨粉的新填料圈填装到填料盒中。填料圈要逐个填装,每个填料圈的切口应做成斜口,每层填料圈的切口位置要互相错开。每填好两层填料圈就用压盖把填料压一下,以保证填料盒的密封效果。填料装好一段时间后要拉紧压盖,然后取掉压盖再加填料,直到全部装满为止。

2)处理腐蚀

检修中如发现伸缩器内筒已经腐蚀,就应当进行处理。内筒最常见的腐蚀部位是压盖下面的内筒外壁,因为它经常处于潮湿环境中。制作内筒时如果选用的管壁太薄,或加工时去掉的金属太多而导致筒壁减薄,在运行中只要受到腐蚀,就会很快使筒壁穿孔。内筒壁如果已经腐蚀穿孔,就应重新加工制作。若虽已腐蚀但对强度尚无影响时,则应清除腐蚀物,把内筒外壁清理到露出金属光泽后再刷防锈漆。

3)安装矫正

检修中如发现套筒式伸缩器安装不正,则应检查管路状况。这种现象很可能是安装伸缩器的管段下垂的结果,检查时要注意伸缩器两侧的支架是否出现故障。若是支架故障,就应当修理支架,并对伸缩器的安装进行矫正。

如果由于伸缩器的吸收能力不足而引起破坏,检修中应当核算伸缩器的能力,必要时应添装伸缩器。

5.5.5　通信管线、电力电缆的维护

1. 通信光缆的维护

光缆线路是整个光纤通信网的重要组成部分,加强光缆线路的维护是保障通信联络不中断的重要措施。维护中要贯彻预防为主的原则。值勤维护人员要加强责任感,认真学习新知识,严格遵守各项规章制度,熟练掌握操作维护方法,熟悉线路及设备情况,及时发现和处理各种问题,努力提高值勤维护质量,确保线路通畅。

光缆线路维护工作的基本任务是保持设备的传输质量良好,预防并尽快排除障碍。

光缆线路的维护工作主要包括路面维修、充气维护、防雷、防蚀、防强电等。一般可分为日常维护与技术维护两大类。

日常维护工作由维护站担任,主要内容是定期巡回、特殊巡回、护线宣传、对外配合、清除光缆上易燃易爆等危险物品等。

技术维护由机务站光缆线路维护分队负责,主要内容是光缆线路的光电测试、金属护套对地绝缘测试及光缆障碍的判断测试;光缆线路的防雷、防蚀、防强电设施的维护和测试;防白蚁、鼠类危害的措施制定和实施等。

线路维护工作必须严格按操作程序进行,执行维护工作时,务必注意各项操作规定,防止发生人身伤害和仪表设备损坏事故。

(1)架空光缆的维护

1）杆路维护

架空光缆杆路的维护质量标准是杆身牢固、杆基稳固、杆身正直、杆号清晰、拉线及地锚强度可靠。一般每年逐杆检修一次。

2）吊线检修

吊线检修包括检修吊线终结、吊线保护装置及吊线锈蚀情况，发现锈蚀应予更换。一般每隔 4～5 年检查一下吊线长度，发现明显下垂时，应调整垂度，及时更换损坏的挂钩。

3）光缆的下垂检修

观察外保护层有无异常情况，光缆明显下垂或外保护层发生异常时，应及时处理；检查杆上保护套安装是否牢靠，接头盒和预留箱安装是否牢固，有无锈蚀、损伤等，发现问题应及时处理。光缆外保护套的修复方法一般采用热缩包封或胶粘剂粘补。下垂的修复方法是更换损坏的挂钩。

4）排除外力影响

应经常剪除影响光缆的树枝，清除光缆及吊线上的杂物。检查光缆吊线与电力线、广播线交越处的防护装置是否齐全、有效、符合规定要求；检查光缆与其他建筑物距离是否符合规定要求。

（2）直埋光缆的维护

1）埋深要求

光缆埋深不得小于标准埋深的 2/3，否则应采取必要的保护措施。当光缆路面上新填永久性土方的厚度超过原光缆标准埋深的 1m 以上时，应将光缆向上提升，并对光缆采取安全可靠的保护措施。

2）地面维护

地面维护应使光缆线路上无杂草丛生；无严重坑洼、挖掘、冲刷、光缆裸露等现象；规定间距内不得栽树、种竹等。

3）标石的设置与维护

光缆路面的标石应位置准确，埋设正直，齐全完整，油漆相同，编号正确，字迹清楚，并符合相关工程设计要求。

（3）管道光缆的维护

管道光缆维护的内容包括：长途干线光缆应有醒目标志；定期检查人孔内光缆托架是否完好；光缆外保护层是否腐蚀，损坏；定期清除人孔内光缆上的污垢；检查人孔内光缆走线是否合理；发现管道或人孔沉陷、损坏、井盖丢失等情况，应配合维护人员及时修复。

（4）水底光缆的维护

水底光缆维护的内容包括：标志牌和指示灯的规格是否符合航道要求；水线区内禁止抛锚、捕鱼、炸鱼、挖沙；岸滩光缆易受洪水冲刷，应经常巡视，发现问题及时处理；光缆与河渠交越时应做下落处理；光缆埋深，通航河不小于 1.5m，不通航河不小于 1.2m；水线端房应保持整洁、安全，禁止无关人员入内。

（5）充气光缆的维护

由于光缆中大多含金属材料，为提高其长期可靠性，应对其进行必要的充气维护。

充气维护应注意：充入光缆的气体可以是空气或氮气，但必须达到一定干燥度（含水量小于 $1.5g/m^3$），且不得含灰尘或其他杂质；充气端气压不超过 150kPa，平稳后气压值须保持在 $50\sim70$kPa 之间；闭气段气压每天下降超过 10kPa 时，属于大漏气，必须立即查找原因，并不断充气，直到修复为止。

2. 电力电缆的维护

为保证电力电缆的长期可靠性，应对其进行必要的维护。对于埋地敷设、敷设在隧道以及沿桥梁架设的电缆，至少每 3 个月应进行一次检查维护。

（1）检查维护的内容

1）直埋电缆线路

① 线路标桩是否完整无缺。

② 路径附近地面有无挖掘。

③ 沿路径地面上有无堆放重物、建筑材料及临时建筑，有无腐蚀性物质。

④ 露出地面的电缆保护设施有无移位、腐蚀，其固定是否可靠。

2）敷设在管沟、隧道及混凝土管中的电缆线路。

① 沟道的盖板是否完整无缺。

② 人孔井内集水坑有无积水、墙壁有无裂缝或渗漏水、井盖是否完好。

③ 沟内支架是否牢固，有无锈蚀。

④ 沟道、隧道中是否有积水或杂物。

⑤ 在管口和挂钩处的电缆铅包有无损坏，衬铅是否失落。

⑥ 电缆外皮及铠装有无锈蚀、腐蚀、鼠咬现象。

3）电缆终端头

① 绝缘套是否完整、清洁，有无放电痕迹，附近有无鸟巢。

② 连接点接触是否良好，有无发热现象。

③ 绝缘胶有无塌陷、软化和积水现象。

④ 终端头是否漏油、铅（铝）包有无龟裂。

（2）电力电缆的维修

电力电缆在维修中应注意如下问题：

1）为防止在电缆线路上面取土损伤电缆，挖掘时必须有电缆专业人员在现场监护，并告知施工人员有关注意事项。

2）电缆线路发生故障后，必须立即进行修理，以免水分大量侵入，扩大损坏的范围。处理的步骤主要包括故障测寻、故障检查及原因分析、故障修理和修理后的试验等。

3）防止电缆腐蚀。当电缆线路上的土壤中含有损害铅（铝）包的化学物质时，应将该段电缆装入管道内，并用中性土壤作电缆的垫层及覆土，在电缆上涂抹沥青等；当发现土壤中有腐蚀电缆铅（铝）包的溶液时，应调查附近工厂排出的废水情况，并采取适当的改善措施和防护方法。

4）当沿电缆走向检查时，应及时补充丢失损坏的标示，更换损坏的盖板，填平凹坑。

复 习 思 考 题

1. 简述渠道的基本类型及各类型的施工方法。

2. 倒虹管有几种施工方法？其施工要点各有哪些？

3. 简述检查井的施工要点。

4. 简述雨水口的施工要点。

5. 简述阀门井的施工要点。

6. 简述支墩的设置要求及施工要点。

7. 市政管道维护的内容有哪些？各如何维护？

8. 架空管道由哪些部分组成？

9. 拱管如何弯曲？

码5-3　教学单元5
复习思考题
参考答案

281

码6-1 教学
单元6导读

教学单元6　市政管道工程施工组织与管理

【教学目标】　通过本单元的学习，掌握市政管道工程施工组织设计编制的内容与方法、横道图与网络图的编制方法、施工现场平面图的设计方法；熟悉施工管理的任务、施工管理的方法。

6.1　市政管道工程施工组织设计的编制

在市政管道工程施工中，要在一定的客观条件下，有计划地、合理地对人力、物力和财力进行综合使用，科学地组织施工，建立正常的施工秩序，充分利用空间、时间，用最少的人力、物力和财力取得最大的经济效益，就必须在施工前编制一个指导施工的技术经济文件，该技术经济文件即为施工组织设计。它是对拟建市政管道工程的施工做出的计划和安排，是施工准备工作的重要内容之一，是指导现场施工的法规，是对施工进行科学管理的重要手段，也是加强施工企业管理的重要措施。实践证明，一项工程如果施工组织设计编制得好，能正确地反映客观实际，并得以认真贯彻执行，工程施工就可以有条不紊地进行，就能取得较好的经济效益，否则就会出现盲目施工的混乱局面，造成不必要的损失。

编制市政管道工程施工组织设计时，应根据工程的不同特点，重点解决施工中的主要矛盾。在编制过程中应严格遵守上级规定或合同签订的工期，在保证质量的前提下，尽量缩短工期；要全面平衡人力和物力，尽可能组织均衡施工和连续施工；要充分利用现有设施，尽量减少临时设施，以降低成本提高效益；要妥善安排施工现场，做到文明施工。

施工组织设计的内容一般包括：工程概况、施工方案、施工进度计划、施工准备工作计划和各项资源需要量计划、施工平面图、主要技术组织措施和技术经济指标六部分内容。

6.1.1　工程概况

工程概况是一个总的说明，是对工程项目所作的一个简单扼要、突出重点的文字介绍。有时为了弥补文字介绍的不足，还可附加一些图表。

在工程概况中，主要描述工程特点、施工现场特征和施工条件三方面的内容。

在工程特点方面应主要描述：建设地点、工程性质、规模、总投资、总工期；主要工程实物量及管道铺设的难易程度等内容。

在施工现场特征方面应主要反映：地形、地貌、工程地质与水文地质条件、气象条件、地方资源情况和交通运输条件、劳动力和生活设施等情况。

在施工条件方面应主要反映：施工企业的生产能力、技术装备、管理水平、市场竞争能力以及主要设备和材料的供应情况等内容。

6.1.2 施工方案的确定

施工方案是施工组织设计的核心内容，它的优劣在很大程度上决定了施工组织设计的质量和施工任务完成的好坏。因此，确定施工方案时，应依据工程情况，结合人力、物力和机械设备等条件，提出可能采用的几种方案，然后进行定性、定量的分析，通过技术经济比较，选择最优方案。选择施工方案的基本要求是：方案切实可行；施工工期满足建设单位的要求；确保工程质量和施工安全；经济合理，工料消耗和施工费用最低。

施工方案包括：确定施工方法、选择施工机具、安排施工顺序三方面的内容。

1. 确定施工方法

在市政管道工程施工中，每个工序均可采用多种不同的方法进行施工，而每种方法都有其自身的优缺点。因此就需要从若干可行的施工方法中，选择适合本工程的先进、合理、经济的施工方法，达到降低施工成本和提高效益的目的。

施工方法应主要针对本工程的主导工序进行确定。凡采用新技术、新工艺和对本工程的施工质量起关键作用的工序，或技术上较为复杂、工人操作不够熟练的工序，均应详细说明施工方法和技术措施，必要时应编制单独的分部(分项)工程作业设计。对于工人已熟知的常规做法，则可不必详述，但应提出需注意的一些特殊问题。

在拟定施工方法的同时，还应明确指出该工序的质量标准或施工允许偏差。

2. 选择施工机具

施工机具的选择应以满足施工方法的需要为前提。但在机械化施工的条件下，往往是依据施工机具来确定施工方法，所以施工机具的选择便成为主要问题。合理地选择施工机具，应注意以下问题：

1) 首先应选择主导工序的施工机具，并根据工程特点决定其最适宜的类型；

2) 为了充分发挥主导机具的效率，必须使与之配套的各种辅助机具在生产能力上相互协调一致，且能保证充分发挥主导机具的生产率；

3) 只能在现有的或可能获得的机械中进行选择；

4) 应力求减少同一施工现场机具的种类和型号，当工程量不大且较分散时，尽量采用能适应不同工序的多用途机具，但要尽可能避免大机小用。

3. 安排施工顺序

施工顺序是指市政管道工程中各工序施工的先后次序及其制约关系。安排时主要解决时间搭接的问题，一般应注意以下几点：

(1) 严格执行开工报告制度

市政管道工程施工，必须先做好施工准备工作，具备开工条件后写出开工报告，经上级审查批准后方可开工。

市政管道工程的开工条件是：施工图纸经过会审并有记录；施工组织设计已批准并进行交底；施工合同已签订且手续齐全；施工预算已编制并审定；现场障碍物已清除且"三通一平"已基本完成；永久性和半永久性坐标和水准点已设置；材料、构件、机具、劳动力安排等已落实并能按时进场；各项临时设施已搭建并能满足需要；现场安全牌已树立且安全防火设施已配备。

（2）遵守"先场外后场内，先地下后地上，先深后浅，先干管后支管"的原则

"先场外后场内"指的是先进行现场外的"三通一平"工作，然后再进行场内的"三通一平"工作。

"先地下后地上"指的是先把土方工程和基础工程完成，再进行管道施工及恢复地貌工作。

"先深后浅"指的是先进行埋深较大的管道施工，再进行埋深较浅的管道施工，以尽快发挥工程效益。

"先干管后支管"指的是先进行干管的施工，然后再进行支管的施工。

（3）合理确定各种管道之间的施工顺序

对于城市道路下的污水、雨水、给水、热力、燃气、电缆等管线，应根据其平面位置和竖向位置，按照"先深后浅"的原则有计划地确定其施工顺序。

（4）合理确定施工起点和流向

施工起点和流向是指工程在平面或空间上开始施工的部位及其流动方向。对重力流管道应按照"先下游后上游"的顺序安排施工流向，对压力流管道应按照"先上游后下游"的顺序安排施工流向，并应符合"先干管后支管，先深后浅"的原则。

（5）合理划分施工段

为满足流水施工的需要，应合理划分施工段。划分时要有利于结构的整体性，尽量利用各种井室作为施工段的分界线，并使各施工段的劳动量大致相等，且施工段数不少于工序数。

6.1.3 施工进度计划的编制

施工进度计划反映了工程从施工准备工作开始到竣工为止的全部工序；反映了各工序之间的衔接关系。因此，施工进度计划有助于领导抓住关键，统筹全局，合理布置人力和物力，正确指导施工顺利进行；有利于工人明确目标，更好地发挥主观能动作用和主人翁精神；有利于施工企业内部及时配合，协同施工。

施工进度计划的编制方法如下。

1. 划分工序，确定施工方法

划分工序时应注意：

1）划分的工序应与确定的施工方法相一致，使进度计划能够完全符合施工的实际进展情况，真正起到指导施工的作用。

2）工序划分的粗细程度要按定额的细目和子目进行，这样既简明清晰，又便于查定额进行计算。

3）划分工序时一定要认真仔细，切忌漏项，以保证进度计划的准确性。

划分工序要与确定施工方法紧密结合，不同的施工方法，工序的划分也不同。确定每一工序的施工方法时，首先要考虑工程的特点和机具的性能，其次要考虑施工单位所具有的机具条件和技术状况，最后还要考虑技术操作上的合理性。

2. 计算工程量与劳动量

（1）工程量计算

工序划分后即可根据施工图纸和有关工程量的计算规则，按照施工的顺序，分别计算各个工序的工程量。如有已批准的施工图预算，则可采用施工图预算中工程量的数据。若采用工程量清单计价，则以甲方提供的工程量清单中的数据为准，不再单独计算。

（2）劳动量计算

劳动量也称为作业量。当工序为人工操作时称为劳动量，是指施工过程的工程量与相应的时间定额的乘积；当工序为机械操作时称为作业量，是指工程量与机械台班时间定额的乘积。

劳动量或作业量一般可按式（6-1）或式（6-2）计算：

$$P = \frac{Q}{C} \tag{6-1}$$

或
$$P = QS \tag{6-2}$$

式中　P——某工序所需的劳动量（或作业量）（工日或台班）；

　　　Q——某工序的工程量；

　　　C——产量定额；

　　　S——时间定额。

计算劳动量时，应根据现行的定额进行计算。由于受施工条件或施工单位人力、设备数量的限制，在组织施工中，对工期起控制作用的劳动量称为主导劳动量，该施工过程称为主导施工过程。一般取作业时间较长的劳动量作为主导劳动量。当主导施工过程的作业时间过长时，可采用二班或三班制作业以缩短工期。

3. 作业持续时间计算

工序的作业持续时间一般采用定额法进行计算。

定额计算法是根据工序需要的劳动量或作业量，以及配备的劳动人数或机械台数，来确定其作业持续时间。当工序所需的劳动量或作业量确定后，完成施工任务的作业持续时间可按式（6-3）、式（6-4）计算：

$$t_i = \frac{P_i}{R_i b} \tag{6-3}$$

$$t_i' = \frac{P_i'}{R_i' b} \tag{6-4}$$

式中　t_i——某手工操作为主的工序作业持续时间（天）；

　　　P_i——某手工操作为主的工序所需的劳动量（工日）；

　　　R_i——该工序所配备的施工班组人数（人）；

　　　b——每天采用的工作班制数，一般为 1～3 班制；

　　　t_i'——某机械施工为主的工序作业持续时间（天）；

　　　P_i'——该工序所需机械台班作业量（台班）；

　　　R_i'——该工序所配备的机械台数（台）。

在应用上述公式时，必须先合理确定 R_i、R_i' 和 b 的数值。

合理确定施工班组人数 R_i 时，必须慎重考虑最小劳动组合人数、最小工作面和可能安排的施工人数三个因素。

最小劳动组合人数是某一工序进行正常施工所必需的最低限度的班组人数，它决定了最少应安排多少工人。

最小工作面是施工班组为保证安全生产和有效地操作所必需的工作面，它决定了最多可安排多少工人。不能为了缩短工期而无限制地增加人数，否则将造成工作面不足而窝工。

可能安排的施工人数是指施工单位所能配备的人数。一般只要在上述最少和最多人数范围内，根据实际情况确定就可以了。如果在最小工作面的情况下，安排最多的工人仍不能满足工期的要求时，可组织二班制或三班制施工。

合理确定施工所需的机械台数 R_i' 时，应考虑机械生产效率、施工工作面、可能安排的台数及维修保养时间等因素。

合理的工作班制数 b 应按下述方法确定。当工期允许、劳动力和机械周转使用不紧迫、施工工艺上无连续施工要求时，可采用一班制施工；当组织流水施工时，为了给第二天连续施工创造条件，某些施工准备工作或施工过程可考虑在夜班进行，即采用二班制施工；当工期较紧或为了提高施工机械的使用率及加快机械的使用周转率，或工艺上要求连续施工时，某些工序可考虑二班或三班制施工。由于采用多班制施工，就必须加强技术、组织和安全措施，增加管理难度，同时会增加材料的供应强度，增加夜间施工费用及有关设施，因此市政管道工程尽量采用一班制施工。若必须采用多班制工作时，应做好充分准备工作，组织好劳动力和物资供应，制定好切实可行的保证工程质量和施工安全的技术措施。

4. 施工进度图的绘制

施工进度图可用横道图或网络图表示，它们是建立在流水作业的基础之上的。流水作业法是将整个工程划分为若干个施工段，每个施工段再划分为若干个相同的工序，每个工序分别分配给不同的专业队依次去完成，每个专业队沿着一定的方向，在不同的时间相继对各施工段进行相同的施工，由此形成了专业队、机械及材料的转移路线，称为流水线。这种施工组织方法，不仅使得每个专业队都能连续进行其熟练的专业工作，而且由各施工段构成的工作面也尽可能得到充分利用。因而使工程施工具有鲜明的节奏性、均衡性和连续性。同时，也会大大地提高劳动生产率和经济效益。

在组织流水作业时，通常用流水作业参数表达施工的工艺流程及其在时间和空间方面的开展状态。它直接决定着流水作业的协调性和节奏性，也影响着人力、物力和材料供应的连续性和均衡性。流水作业参数如下：

（1）流水节拍 t

流水节拍是指专业队在每个施工段上完成各自施工过程的作业时间，它的大小，决定着施工速度和施工节奏性。流水节拍的确定需根据可能投入的劳动力、施工机械和材料数量以及劳动组织和工作面大小等综合考虑，其计算方法同作业持续时间的计算。

（2）流水步距 $K_{i,i+1}$

流水步距是指相邻两个工序的施工专业队相继进入现场开始施工的时间间隔，通常以 $K_{i,i+1}$ 表示。流水步距的大小，对工期有重要的影响，因为流水步距是决定各专业队投入施工迟早的参数。各专业队投入施工愈早，工期则愈短，否则，工期则愈长。

流水步距的个数取决于参加流水施工的专业队数，如专业队为 n 个，则流水步距的总数为 $n-1$ 个。

流水步距是根据流水节拍经计算确定的。最简单的计算方法是采用"相邻队组每段作业时间累加数列错位相减取大差"的办法计算，其基本要求是：

1）始终保持相邻两工序的先后工艺顺序；

2）保证各专业队连续、均衡、有节奏的工作，而工作面则允许有一定的空闲；

3）在保证各专业队连续操作的同时，又要使工程的工期最短，必须使前后两个工序在施工时间上保持最大限度地搭接，以此确定出最小流水步距；

4）要满足均衡施工和安全施工的要求。

（3）工序数 n

工序数是指施工过程数，一般等于需要建立的专业队数。

工序数的划分与工程项目的工作内容、施工专业队的分工、各工序所需作业时间及流水作业安排有关。工序数要划分得当，以使各工序的持续时间大致相等，便于安排流水作业；也使各专业队的分工比较合理并便于发挥组成人员的专业特长。工序没有必要划分得太多太细，这样会给安排施工和编制执行计划增添麻烦；当然也不能划分得太少太粗略，以免计划过于笼统和专业队分担的工作过于庞杂，这样既不利于安排施工，也不利于提高工效和保证工程质量。市政管道工程中，通常按如下原则划分工序：

1）工序的划分要考虑施工专业队的施工习惯，如管道下管与接口，则可合并也可分开，要根据施工队的习惯确定；

2）工序的划分要考虑劳动量的大小，劳动量小的施工过程，当组织流水作业有困难时，可与其他施工过程合并，这样既可以使各个施工过程的劳动量大致相等，又便于组织流水作业，如稳管则可与下管合并；

3）工序的划分与劳动内容和范围有关，如直接在施工现场或工程对象上进行的劳动过程，则可纳入流水施工过程，而场外的劳动内容则不纳入流水施工过程。

（4）流水强度 v

每一工序在单位时间内所完成的工程数量称为流水强度，或称流水能力、生产能力，一般用 v 表示。根据流水强度，可确定各施工段上相应工程量的流水节拍及所需施工机械设备。

（5）施工段数 m

施工段是组织流水作业的基础，市政管道工程施工段的划分原则如下：

1）应使主要工种在各施工段上所需劳动量大致相等，其相差幅度以不超过15％为宜，以免破坏流水的协调性；

287

2）应以检查井或阀门井作为施工段的分段界限；

3）每个施工段不宜划分的太小，应满足专业工种对工作面的要求；

4）施工段数的划分要适当，最好与工序数(专业队数)相等，这样最有利于安排流水作业；或者比专业队数稍多，可使各专业队在同一时间都进入工作面施工，而不致窝工。

（6）工作面 A

工作面也叫工作前线，它的大小表明施工对象上能够安置多少工人或布置多少施工机械，为流水节拍的确定提供依据。

工作面的大小可以采用不同的单位来计量，常用"m/人""m²/人""m³/人"等单位。一般工程施工中，前一工序的结束，就为后一工序提供了工作面。在确定一个工序必要的工作面时，不仅要考虑前一工序为本工序可能提供的工作面的大小，也要遵守安全技术措施和施工规范的规定。

在用流水作业安排施工进度计划时，通常采用全等节拍流水、成倍节拍流水和分别流水法三种组织方式，由于组织全等节拍流水和成倍节拍流水难度较大，实际工程中一般都采用分别流水法。因此，本教材只介绍分别流水法。

分别流水法属于非节奏流水施工，施工工序之间仅存在施工工艺的约束，各专业队之间的流水步距可以不相等，而且同一工序在不同施工段上的流水节拍及不同工序之间的流水节拍都可以不相等，这就在进度安排上具有较大的灵活性。在组织分别流水施工时，必须保证专业队连续工作，工作面可以出现空闲。这样，不同的工程项目，只要在工艺上彼此接近就可纳入分别流水的范围，组织统一的流水施工。

分别流水施工的组织方法是：

1）将市政管道工程施工中工艺上有相互联系的主要施工工序进行不同的工艺组合，确定出工序数和施工段数；

2）根据各施工段上每道工序的劳动量，确定出各工序在各施工段上的流水节拍及相邻专业队的流水步距；

3）拟定各专业队的施工起点和流向，根据确定的流水作业参数并按照一定的施工顺序和工艺要求依次搭接起来，使之构成流水作业。

下面通过一个例题说明分别流水的组织方法。

【例 6-1】 某市政管道开槽施工拟组织流水作业，根据实际情况划分为 4 个施工段，假定每个施工段都包括开槽、管道铺设、土方回填 3 道工序，各工序在各施工段上的流水节拍见表 6-1。试按分别流水法安排其施工进度。

各工序在各施工段上的流水节拍　　　　　　　　　表 6-1

施工段\工序	Ⅰ	Ⅱ	Ⅲ	Ⅳ
1. 开槽	1	3	1	2
2. 管道铺设	1	2	1	1
3. 土方回填	1	2	2	3

【解】

1）由题意知 $m=4$，$n=3$

2）求流水步距 $K_{i,i+1}$

$K_{1,2}$ 的计算：

$$
\begin{array}{rrrrr}
 & 1 & 4 & 5 & 7 \\
- & & 1 & 3 & 4 & 5 \\
\hline
 & 1 & 3 & 2 & 3 & -5
\end{array}
$$

所以 $K_{1,2}=3\mathrm{d}$

$K_{2,3}$ 的计算：

$$
\begin{array}{rrrrr}
 & 1 & 3 & 4 & 5 \\
- & & 1 & 3 & 5 & 8 \\
\hline
 & 1 & 2 & 1 & 0 & -8
\end{array}
$$

所以 $K_{2,3}=2\mathrm{d}$

3）安排施工进度如图 6-1 所示。

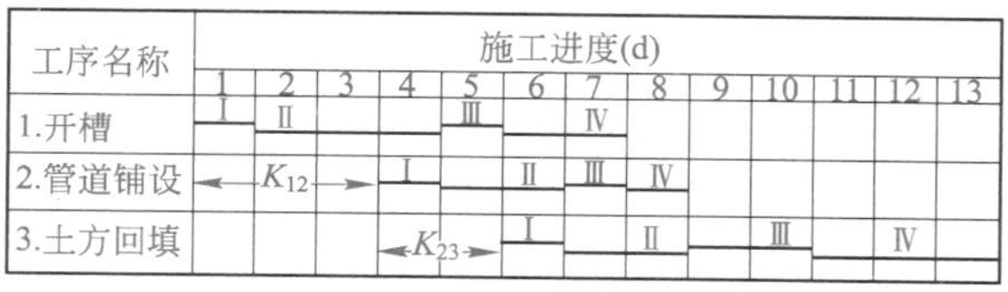

工序名称	施工进度(d)												
	1	2	3	4	5	6	7	8	9	10	11	12	13
1.开槽	I	II			III		IV						
2.管道铺设	K_{12}			I		II	III	IV					
3.土方回填			K_{23}			I		II		III		IV	

图 6-1　某市政管道施工进度安排

按分别流水法安排的施工进度的总工期可按式(6-5)计算：

$$T=\sum K_{i,i+1}+T_e \tag{6-5}$$

式中　$\sum K_{i,i+1}$——所有的流水步距之和；

　　　　T_e——最后一条流水线上延续时间之和。

该管道工程的计划工期为 $3+2+8=13\mathrm{d}$。

依此原理，即可绘制横道图。横道图绘制完成后，除要进行工期检查，保证计划工期满足合同工期的要求外，还需进行劳动力的均衡性检查。劳动力消耗的均衡性可用劳动力调配图定性反映，其纵坐标表示所需人数，横坐标表示施工进度天数，如图 6-2 所示。

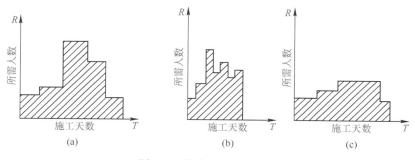

图 6-2　劳动力需要量示意

图 6-2(a)中出现短时期的高峰，即短时期内施工人数骤增，相应地需增加为工人服务的各项临时设施，说明劳动力消耗不均衡；图 6-2(b)中则起伏不定，说明在施工期间劳动力需要反复地骤增骤减，施工进度计划显然不合理；图 6-2(c)中在施工期间劳动力是从逐渐增加到逐渐减少的，施工主要阶段的人数也基本保持稳定，这样的进度计划安排是比较理想的。

劳动力消耗的均衡性，也可用劳动力不均衡系数 K 定量描述。劳动力不均衡系数按式(6-6)计算：

$$K = \frac{R_{\max}}{\overline{R}} \tag{6-6}$$

式中　K——劳动力不均衡系数；

　　　$R_{\max}$——施工期间的高峰人数；

　　　$\overline{R}$——施工期间加权平均人数。

K 应大于等于 1，一般不超过 1.5。当 K 大于 1.5 时，说明劳动力消耗不均衡。

横道计划具有编制容易、绘图简便、排列整齐有序、表达形象直观、便于统计资源需要量等优点。但它还存在着如下一些不可克服的缺点：

1）不能明确反映各工序之间的相互制约、相互联系、相互依赖的逻辑关系；

2）不能明确指出哪些是关键工序，哪些是非关键工序，也不能明确表明某个工序提前或推迟完成对完成整个工程任务的影响程度；

3）难以指出在总工期不变的情况下，某工序是否存在灵活机动的时间，各工序相互调整的潜力有多大；

4）不能用电子计算机进行计算，更不能对计划进行科学地调整与优化。

为克服横道图的缺点，可绘制网络图，以便对其进行优化。

网络图是描述施工计划中各工序的内在联系和相互依赖关系的图解模型，通常是由箭线和节点组成的、用来表示工作流程的有向、有序的网状图形。一般采用双代号网络图。

双代号网络图是指把一项工程分解为若干施工段，每个施工段均划分为若干道相同的工序，每道工序用一条箭线和箭线两端的节点表示，工序名称写在箭线上面，作业持续时间写在箭线下面，然后按照一定的规则将这些箭线和节点连接起来，所构成的网状图形。因为工序是由起始和结束节点上的两个数字表示，所以称为双代号网络图。可见，双代号网络图是由箭线、节点和线路组成的。

在双代号的网络图中，箭线用来表示工序，该工序通常占用时间、消耗资源（人力、材料、机械等）。有些工序消耗的资源很少（如混凝土的自然养护），此时可认为它只占用时间而不消耗资源。箭线的长短、粗细、形状与其所代表的工序所占用的时间和消耗的资源无关。箭线的方向用来表示工序进行的方向，箭尾表示工序的开始，箭头表示该工序的结束。在双代号网络图中有时需要设置虚箭线，它代表的工序称为虚工序，该工序既不占用时间，也不消耗资源，实际中并不存在，因此它没有名称。虚箭线是为正确表达各工序间的逻辑关系，避免出现逻辑错误而增设的。在网络图中，虚工序只起各工序间的逻辑连接或逻辑间断作用。

节点是双代号网络图中各工序之间的连接点。它表示前道工序的结束和后道工序的开始，本身不占用时间，也不消耗资源。节点要根据所连接工序的先后顺序按照一定的规则进行编号。每道工序均可用其箭线两端节点的编号来表示。网络图中第一个节点为起始节点，它表示一项工程的开始。最后一个节点称为结束节点，表示一项工程的完成。在起始节点和结束节点之间的节点称为中间节点。

从双代号网络图的起始节点沿箭线方向到结束节点形成的通路，称为线路。网络图中的线路用该线路所经过的节点代号来表示，每条线路都由若干个工序组成，各条线路上所有工序占用时间之和为该线路的工期。不同线路的工期往往互不相等，其中工期最长的线路为关键线路，位于关键线路上的工序都是关键工序。有时在一个网络图上可能出现几条关键线路。

位于非关键线路上的工序都是非关键工序，它们都有一些灵活机动的时间，称其为时差。它表明非关键工序在时差范围内放慢速度，对计划工期没有影响。

网络图的绘制是网络计划的关键。要正确地绘制网络图，就必须正确反映各工序的逻辑关系，并遵守绘图的基本规则。

逻辑关系是指网络计划中所表示的各工序之间的先后顺序关系。这种顺序关系可划分为工艺逻辑和组织逻辑两大类。工艺逻辑是由施工工艺所决定的各工序之间客观上存在的先后顺序关系。组织逻辑是施工组织设计中，考虑劳动力、机具、材料或工期等的影响，在各工序之间主观上安排的先后顺序关系。这种关系不受施工工艺的限制，不是工程性质本身决定的，而是在保证施工质量、安全和工期的前提下，人为安排的顺序关系。

绘制网络图时，首先要根据已确定的施工方法、施工工艺、施工组织等条件，确定各工序间的逻辑关系，并遵循一定的规则将这些逻辑关系正确地表达出来。一般在网络图中，各工序之间的逻辑关系可分为紧前关系、紧后关系和平行关系三种，其表示方法见表 6-2。

网络图中常见的逻辑关系表示方法　　　　　　　　　　　　表 6-2

序号	作业名称或代号	作业之间的逻辑关系	表示方法
1	A，B，C	A，B，C 三项作业依次连续完成 紧前 | 紧后 A | B B | C	
2	A，B，C	B，C 作业在 A 作业完成后开始 紧前 | 紧后 A | B，C	
3	A，B，C	A，B 作业完成后 C 作业开始 紧前 | 紧后 A，B | C	

续表

序号	作业名称或代号	作业之间的逻辑关系	表示方法
4	A，B，C，D	A，B作业完成后，C，D作业开始 紧前 ｜ 紧后 A，B ｜ C，D	
5	A，B，C，D	A作业完成后，C作业开始， A，B作业完成后，D作业开始 紧前 ｜ 紧后 A ｜ C，D B ｜ D	
6	A，B，C，D	A作业完成，B作业开始，B作业完成， C作业开始，D作业完成，C作业开始 紧前 ｜ 紧后 A ｜ B B，D ｜ C	
7	A，B，C，D，E	A作业完成后，C，D作业开始， B作业完成后，D，E作业开始 紧前 ｜ 紧后 A ｜ C，D B ｜ D，E	
8	A，B，C，D，E	A，B，C作业完成后，D作业开始， B，C作业完成后，E作业开始 紧前 ｜ 紧后 A，B，C ｜ D B，C ｜ E	
9	A，B C，D E，F	A，B作业完成后，D，E作业开始， C作业完成后，E作业开始， D，E作业完成后，F作业开始 紧前 ｜ 紧后 A，B ｜ D A，B ｜ D D，E ｜ F	
10	A＝a₁＋a₂＋a₃ B＝b₁＋b₂＋b₃	A作业分解为 a_1，a_2，a_3 B作业分解为：b_1，b_2，b_3 A作业与B作业分段平行交叉进行 紧前 ｜ 紧后 — ｜ a_1 a_1 ｜ b_1，a_2 b_1，a_2 ｜ b_2 a_2 ｜ a_3 b_2，a_2 ｜ b_3	

绘制网络图时，除了要正确地表达各工序间的逻辑关系外，还要遵循如下基本规则：

1）在一个网络图中，只能有一个起始节点和一个结束节点。当工序的逻辑关系允许有多个起点或多个终点时，在绘制网络图时也要全部用虚箭线连接，使其成为只有一个起点和一个终点的网络图，如图6-3所示。

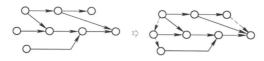

图 6-3　网络图起点、终点的绘制方法

2）网络图中任何两节点之间只允许有一条箭线，若两道工序是在同一节点开始，同一节点结束，则需要在两节点之间再引入一个新节点，然后用虚箭线连接，如图 6-4 所示。

图 6-4　两道工序开始和结束节点相同时箭线画法

3）任何一条箭线都必须从一个节点开始，到另一个节点结束，不允许从一条箭线中间的某一位置不加节点而引出另一箭线，如图 6-5 所示。

图 6-5　从一条箭线中引出另一条箭线的画法

4）在网络图中不允许出现循环回路。因为它表达的意义是工程进行若干工序后又回到原起点的工序，实际工程中是不存在此种情况的，如图 6-6 所示。

5）在网络图中，不允许出现反向箭线，如图 6-7 所示。

图 6-6　不允许出现循环回路　　　　图 6-7　不允许出现反向箭线

绘制网络图时，首先绘出一张符合逻辑关系的草图。绘草图时先画出从起始节点开始的所有箭线接着从左至右依次绘出紧接其后的箭线，直至结束节点，最后检查网络图中工序的逻辑关系是否正确。其次，对所绘草图进行整理，使其条理清楚、层次分明、布局合理。

网络图绘制完成后，需进行节点编号，其目的是赋予每道工序一个代号，以便于对网络图进行计算。节点编号应遵循以下两条规则：

1）箭线的箭头节点编号应大于同箭线的箭尾节点编号。编号时号码应从小到大，箭头节点编号必须在其前面的所有箭尾节点都已编号之后进行。

2）在一个网络图中，不能出现重复编号。

在满足节点编号规则的前提下，可采用水平（或垂直）编号法进行编号。即从起始节点开始由上到下逐行编号，每行则自左到右按先后顺序编排；或者从左到右逐列编号，每列则自上到下按先后顺序编排。图 6-8 就是采用水平编号法进行节点编号。

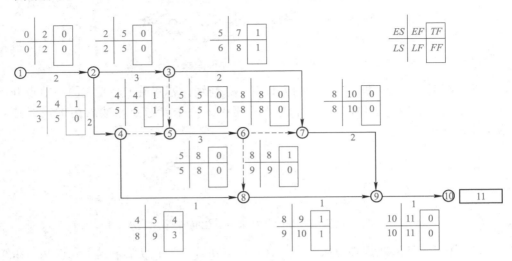

图 6-8　双代号网络图时间参数计算

双代号网络图绘制完成并进行节点编号后，应进行时间参数的计算。其目的在于确定各工序的时间参数，进而确定关键线路和关键工序，为网络计划的执行、调整和优化提供依据。在双代号网络图中，根据各工序的作业持续时间，可以计算出相应工序的最早开始时间、最早完成时间、最迟开始时间、最迟完成时间、总时差、自由时差和计划总工期 7 个时间参数。这 7 个时间参数的计算方法，对简单网络图而言，可采用在网络图上进行计算的图算法和利用表格计算的表算法；对大型复杂的网络图而言，可采用电算法。本教材只介绍图算法。

（1）计算工序的最早开始时间、最早完成时间和计划总工期

工序的最早开始时间，是指一个工序在具备了一定的工作面及资源条件后，可以开始工作的最早时间，一般用 ES 表示。在工作程序上，它要等所有的紧前工序完成以后方能开始。

计算工序的最早开始时间应从起始节点开始，顺箭线方向对各工序逐项进行计算，直到结束节点为止。必须先计算紧前工序，然后才能计算本工序，整个计算过程是一个加法过程。

现以图 6-8 为例，说明各个时间参数的计算过程。

凡与起点节点相联系的工序，都是首先开始进行的工序，所以它的最早开始时间都是零。如本例中工序①→②的最早开始时间就是零，写在图中相应位置。

所有其他工序的最早开始时间的计算方法是：将其所有紧前工序的最早开始时间分别与该工序的作业持续时间相加，然后再从这些相加的和数中选取一个最大的数，这就是本工序的最早开始时间。虚工序也要像实工序一样进行计算，否则容易发生错误。计算结果如图 6-8 所示。

工序的最早完成时间，是指工序的最早开始时间与其持续时间之和，一般用 EF 表示。如图 6-8 所示，将计算结果写在图中相应位置。

网络计划的总工期等于所有与结束节点相连工序的最早完成时间中的最大值。本例与结束节点相连的工序只有⑨→⑩一项，而该工序的最早完成时间是 11 天，故本计划的总工期为 11 天，写在结束节点右边的□中。

（2）计算工序的最迟开始时间和最迟完成时间

当总工期确定之后，每个工序都有一个最迟开始时间和最迟完成时间。

工序的最迟完成时间，是指一个工序在不影响工程按总工期完成的条件下，最迟必须完成的时间，一般用 LF 表示。它必须要在紧后工序开始之前完成。

工序的最迟开始时间，等于工序的最迟完成时间减去该工序的作业持续时间，一般用 LS 表示。

计算工序的最迟开始时间和最迟完成时间，应从结束节点逆箭线方向向起始节点逐工序进行计算。必须先计算紧后工序，然后才能计算本工序，整个计算是一个减法过程。

总工期是与结束节点相连的各最后工序的最迟完成时间。如果有合同规定的总工期，就按规定的工期计算，否则就按所求出的计划总工期计算。本例没有规定的总工期，计划总工期 11 天就是最后工序⑨→⑩的最迟完成时间，标于图中相应位置。最后工序的最迟开始时间等于其最迟完成时间 11 天减去其作业持续时间 1 天，即其最迟开始时间为 11－1＝10 天，标在图中相应位置。

其他工序的最迟完成时间，等于其各紧后工序的最迟开始时间的最小值。用其减去工序的作业持续时间后，就得到了该工序的最迟开始时间，本例的计算如图 6-8 所示。

（3）计算工序的时差

网络图中的非关键工序都有若干灵活机动时间，这种机动时间称为时差。

工序的时差分为总时差和自由时差两种，总时差是指在不影响工期的前提下，各工序所具有的灵活机动时间，一般用 TF 表示。

对某一工序而言，其工作从最早开始时间或最迟开始时间开始，均不会影响工程的工期，该工序可以利用的时间范围是从最早开始时间到最迟完成时间。如果最迟完成时间与最早开始时间的差大于该工序的作业持续时间，就说明该工序有可以灵活使用的机动时间，这个机动时间就称作工序的总时差。

可以看出，工序的最迟完成时间减去作业持续时间即为工序的最迟开始时间，所以工序的总时差等于工序的最迟开始时间减去工序的最早开始时间，将计算结果填入图中相应位置。本例的计算结果如图 6-8 所示。

总时差主要用于控制工期和判别关键工序。凡是总时差为零的工序就是关键工序，该工序在计划执行中不具备灵活机动时间，由这些关键工序就组成了关键线路。如果工序的总时差不为零，说明工序具有灵活使用的机动时间，这样的工序就是非关键工序。

工序的自由时差是总时差的一部分，指一个工序在不影响其紧后工序最早开始的条件下，所具有的机动时间，一般用 FF 表示。

自由时差的时间范围被限制在本工序的最早开始时间与其紧后工序的最早开

始时间之间，从这段时间中扣除本身的作业持续时间之后，剩余的时间就是自由时差，即等于紧后工序的最早开始时间减去本工序的最早完成时间，将其值写在图中相应位置。

因为自由时差是总时差的一部分，所以总时差为零的工序，其自由时差一定为零，可不再计算。

应当指出，总时差是属于某条非关键线路所共有的机动时间，若其中某一工序要动用总时差，就会引起该线路上各工序总时差的重新分配，因此，应慎重使用。自由时差是某工序独立使用的时间，利用自由时差，不会影响其紧后工序的开始时间。因此，自由时差应及时使用，不能贮存。

网络计划经绘图和计算后，可得到最初方案。该方案只是一种可行方案，不一定是符合规定要求的方案或最优方案。为此，还必须对网络计划进行优化。

网络计划的优化，是在满足既定的约束条件下，按某一目标，通过不断改进网络计划寻求满意方案。网络计划的优化目标应按计划任务的需要和条件选定，一般有工期目标、费用目标和资源目标等。网络计划的优化有：工期优化、费用优化和资源优化三个方面。其具体优化方法本教材不涉及，需要时参阅有关资料。

双代号网络计划属于非时标网络计划，不形象直观，不易看懂，不易计算出资源需要量，也难以判断资源的均衡性。为克服双代号网络计划的缺点，可将双代号网络计划改为时标网络计划。

时标网络计划是在双代号网络计划时间参数已确定的基础上，以时间坐标为尺度绘制的网络计划。其应按最早开始时间和最迟开始时间分别绘制。

按最早开始时间绘制时，其步骤如下：

1) 根据双代号网络图计算的工期，绘制有时间刻度的横向表格。

2) 在表格上确定各工序的最早开始时间的节点位置，顺向绘制。

3) 按各工序作业时间的长短绘制相应工作的实线部分，箭线一般沿着水平方向画，箭线在时间刻度上的水平投影长度，就是该工序的作业时间。

4) 如箭线不能与其紧后工序最早开始时间的节点相连，则用水平波形线补齐连接，两线相接处加一圆点标明，波形线的水平投影长度即为该工序的自由时差。

5) 两工序间的虚工序用垂直虚箭线表示。

6) 把时差为零的工序由起点到终点连接起来，形成的线路为关键线路，位于关键线路上的工序即为关键工序。

7) 结束节点所在的时间为工程的竣工时间，即工期值。

绘制时应注意：在确定各节点位置时，一定要在所有内向箭线全部画出来之后，才能确定该节点的位置。一般情况下，根据时间参数的计算结果，先确定关键线路上的节点位置。此外，尽量与原网络图相近，以便于检查。

按最迟开始时间绘制时，其步骤如下：

1) 根据双代号网络图计算工期，绘制有时间刻度的横向表格。

2) 在表格上确定各工序的最迟开始时间的节点位置，逆向绘制。

如果节点处只有一条外向箭线，该工序的最迟开始时间就是节点的位置；如果节点处有若干条外向箭线，各工序的最迟开始时间的最小值就是节点的位置。

3）按各工序持续时间的长短沿水平方向绘制相应工序的实线部分，其箭头必须与该工序的结束节点相连。

4）用波形线把实线部分（即箭尾）与该工序的起始节点连接起来，两线间用圆点标明。

5）两工序间的虚工序用垂直虚箭线表示。

绘制时应注意：按最迟开始时间绘制的时标网络计划中，波形线的水平投影长度不表示工序的自由时差。对照按最早开始时间和最迟开始时间绘制的时标网络图，两图中同一工序波形线水平投影长度的最大值即为该工序的总时差。

根据如图 6-8 所示的双代号网络图绘制的时标网络计划如图 6-9 所示。

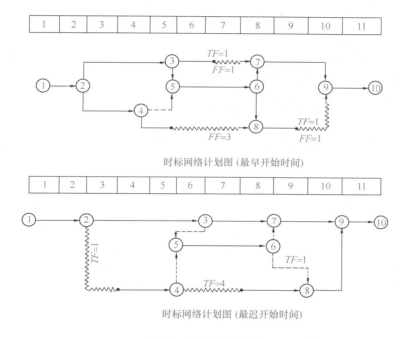

时标网络计划图（最早开始时间）

时标网络计划图（最迟开始时间）

图 6-9　时标网络计划

时标网络计划将横道图与网络图结合在一起，可直接显示工序的开始与结束时间、关键线路及时差，对指导工程施工意义重大。但其仅适用于工序少、施工工艺较简单的工程，对施工工序多、大型复杂的工程，可绘制单代号网络计划。

单代号网络计划是用单代号网络图表示的施工进度计划。单代号网络图是以节点及其编号表示工序，以箭线表示工序之间逻辑关系的网络图。节点宜用圆圈或矩形表示。节点所表示的工序名称、持续时间和工序代号等应标注在节点内，如图 6-10 所示。单代号网络图中的节点必须编号，其号码可间断，但严禁重复。箭线的箭尾节点编号应小于箭头节点的编号。一项工作必须有唯一的一个节点及相应的编号。

为了正确表示工序间的逻辑关系，有时也可增加虚节点，它表示虚工序，其表示方法与实节点相同，只是作业时间为零。

在一个单代号网络图中，也只能有一个起始节点和结束节点，否则应增加虚节点。

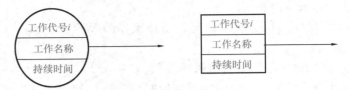

图 6-10　单代号网络图中工序的表示方法

单代号网络图中的箭线表示紧邻两工序之间的逻辑关系，既不占用时间，也不消耗资源。箭线应画成水平直线、垂直线、折线或斜线。箭线水平投影的方向应自左向右，表示工序的行进方向。工序之间的逻辑关系包括工艺关系和组织关系，在网络图中均表现为工作之间的先后顺序。

在单代号网络图中，由起始节点到结束节点通过箭线连成的通路称为线路，每条线路用该线路上的节点编号从小到大依次表述。

单代号网络图的绘制规则与双代号网络图相同，不再重述。如某工程划分为 3 个施工段，每个施工段均划分为 A、B、C 3 个相同的工序，绘制的单代号网络图如图 6-11 所示。可见，单代号网络图与双代号网络图相比，具有以下特点：

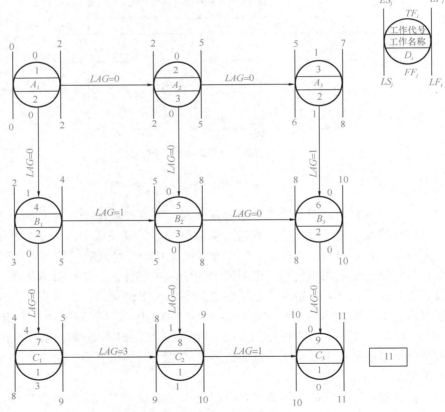

图 6-11　单代号网络图及时间参数计算

1）工序之间的逻辑关系容易表达，且不用虚箭线，故绘图较简单；

2）网络图便于检查和修改；

3）由于工序的持续时间表示在节点中，没有长度，故不够形象直观；

4）表示工序之间逻辑关系的箭线可能产生较多的纵横交叉现象。

单代号网络图时间参数的标注如图 6-12 所示，与双代号网络图相比，增加了一个时间参数 LAG_{ij}，它表示相邻两工序 i 和 j 之间的时间间隔。

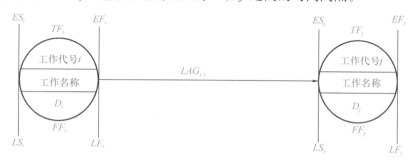

图 6-12　单代号网络图时间参数的标注

单代号网络图时间参数的计算顺序和计算方法如下：

1）最早开始时间、最早完成时间和计算工期的计算

工序的最早开始时间、最早完成时间和计算工期的计算方法，与双代号网络图相同，也是由起始节点顺箭线方向向结束节点依次进行。先计算紧前工序，再计算本工序。起点节点工序的最早开始时间规定为零，其他节点工序的最早开始时间等于该工序的各个紧前工序的最早完成时间的最大值，工序的最早完成时间等于该工序的最早开始时间与其作业持续时间之和。计算过程参见图 6-11。

2）相邻两工序时间间隔的计算

相邻两项工序 i 和 j 之间的时间间隔，等于紧后工序 j 的最早开始时间 ES_j 和本工序的最早完成时间 EF_i 之差。

3）工序总时差与自由时差的计算

工序的总时差 TF_i 应从网络计划的结束节点开始，逆着箭线方向向起始节点依次计算，先计算结束节点的总时差，再计算其他节点的总时差。如计划工期等于计算工期，则结束节点的总时差为零；如计划工期大于计算工期，则结束节点的总时差为计划工期与计算工期的差。其他工序的总时差 TF_i 等于该工序的各个紧后工序 j 的总时差 TF_j 加该工序与其紧后工序之间的时间间隔 LAG_{ij} 之和，如该工序有 2 个以上的紧后工序，则取最小值。

工序的自由时差也应从网络计划的结束节点开始，逆着箭线方向向起始节点依次计算。如工序无紧后工作，其自由时差等于计划工期与该工序的最早完成时间的差；如工序有紧后工作，其自由时差等于该工序与其紧后工序之间的时间间隔 LAG_{ij} 的最小值。

如图 6-11 所示的计算示例中，取计划工期与计算工期相等。

4）工序最迟开始时间和最迟完成时间的计算

299

工序最迟开始时间和最迟完成时间的计算，可以从起始节点开始计算，也可以从结束节点开始计算，结果一样。工序的最迟开始时间等于该工序的最早开始时间与其总时差之和，工序的最迟完成时间等于该工序的最早完成时间与其总时差之和。

5）关键工序和关键线路的确定

总时差最小的工序是关键工作，从起始节点开始到结束节点均为关键工作，且所有工作的时间间隔为零的线路为关键线路。

如图 6-11 所示为某单代号网络图时间参数的计算示例，其关键线路为①→②→⑤→⑥→⑨。

在单代号和双代号网络计划中，工序之间的逻辑关系只能表示成依次衔接的关系，即任何一项工作都必须在它的紧前工作全部结束后才能开始，也就是必须按照施工工艺顺序和施工组织的先后顺序进行施工。但是在实际施工过程中，有时为了缩短工期，许多工作需要采取平行搭接的方式进行施工。对于这种情况，如果用双代号网络图来表示这种搭接关系，使用起来将非常不方便，需要增加很多虚工序，不但增加了绘图和计算的工作量，而且还会使图面复杂，不易看懂和控制。为了克服这些缺点，适应实际工作的需求，可采用单代号搭接网络计划。

单代号搭接网络计划是在单代号网络图的基础上，通过相邻两项工作之间的不同时距来表示工序之间的搭接关系。即以节点表示工序，以节点之间的箭线表示工序之间的逻辑顺序和搭接关系，其特点是当前一项工序没有结束的时候，后一项工序即提前开始进行施工，将前后工序搭接起来，在适应实际工程需求的前提下可大大简化网络计划，便于实际管理和控制。

单代号搭接网络计划的搭接关系主要通过两项工作之间的时距来表示。所谓时距，就是在单代号搭接网络计划中相邻两项工作之间的时间差值，它表示时间的重叠和间歇，时距的产生和大小取决于施工工艺要求和施工组织上的需要。用以表示搭接关系的时距有五种，分别是 STS（开始到开始）、STF（开始到结束）、FTS（结束到开始）、FTF（结束到结束）和混合搭接关系。

1）FTS（结束到开始）关系

结束到开始关系是通过前项工序结束到后项工序开始之间的时距（FTS）来表达的，表示 i 工序结束并经过一定的时距后，j 工序才能开始，如图 6-13 所示。

(a)   (b)

图 6-13　结束到开始的时距关系

（a）横道图；（b）单代号搭接网络图

此时，紧后工序 j 的最早开始时间和最迟开始时间分别为：

$$ES_j = ES_i + D_i + FTS_{i,j} = EF_i + FTS_{ij}$$

$$LS_j = LF_i + FTS_{ij}$$

当 $FTS=0$ 时，则表示相邻两项工序之间没有时距，即为单代号网络图和双代号网络图中的逻辑关系。

2）STS（开始到开始）关系

开始到开始关系是通过紧前工序开始到紧后工序开始之间的时距（STS）来表达的，表示在 i 工序开始并经过一个规定的时距（STS）后，j 工序才能开始，如图 6-14 所示。

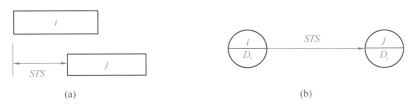

图 6-14　开始到开始的时距关系
（a）横道图；（b）单代号搭接网络图

此时，紧后工序 j 的最早开始时间和最迟开始时间分别为：
$$ES_j = ES_i + STS_{i,j}$$
$$LS_j = LS_i + STS_{i,j}$$

3）FTF（结束到结束）关系

结束到结束关系是通过前项工序结束到后项工序结束之间的时距（FTF）来表达的，表示在 i 工序结束并经过 FTF 时距后，j 工作才能结束，如图 6-15 所示。

图 6-15　结束到结束的时距关系
（a）横道图；（b）单代号搭接网络图

此时，紧后工序 j 的最早开始时间和最迟开始时间分别为：
$$ES_j = ES_i + D_i + FTF_{i,j} - D_j$$
$$LS_j = LS_i + D_i + FTF_{i,j} - D_j$$

4）STF（开始到结束）关系

开始到结束关系是通过前项工作开始到后项工作结束之间的时距（STF）来表达的，它表示 i 工作开始一段时间（STF）后，j 工作才可结束，如图 6-16 所示。

此时，紧后工序 j 的最早开始时间和最迟开始时间分别为：
$$ES_j = ES_i + STF_{i,j} - D_j$$
$$LS_j = LS_i + STF_{i,j} - D_j$$

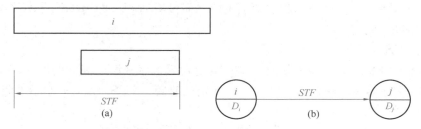

图 6-16　开始到结束的时距关系

(a) 横道图；(b) 单代号搭接网络图

5）混合搭接关系

混合搭接关系是指相邻两工序之间的相互关系是通过紧前工序的开始到紧后工序的开始（STS）和紧前工序结束到紧后工序结束（FTF）双重时距来控制的。即相邻两工序的开始时间必须保持一定的时距要求，而且两者结束时间也必须保持一定的时距要求，如图 6-17 所示。

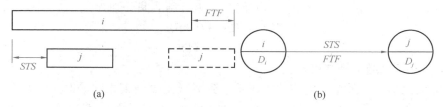

图 6-17　混合搭接的时距关系

(a) 横道图；(b) 单代号搭接网络图

混合搭接关系中，紧后工序的最早开始时间 ES_j 和最早完成时间 EF_j 应按两种时距关系分别计算，然后选取其中最大者。

按 STS 关系有：

$$ES_j = ES_i + STS_{ij}$$
$$LS_j = LS_i + STS_{ij}$$

按 FTF 关系有：

$$EF_j = EF_i + FTF_{ij}$$
$$LF_j = LF_i + FTF_{ij}$$

【例 6-2】某市政工程，工作 A 是开挖沟槽，工作 B 是浇筑管道基础，在组织这两项工作时，要求开挖沟槽工作至少开始一定时距 $STS=4d$ 以后，才能开始浇筑管道基础，而且浇筑管道基础工作不允许在开挖沟槽工作完成之前结束，必须延后于开挖沟槽完成 1 个时距 $FTF=2d$ 才能结束，沟槽开挖的作业时间为 16d，浇筑管道基础的作业时间为 8d。求浇筑管道基础工作的最早开始时间 ES_j 和最早完成时间 EF_j。

【解】根据题意绘制的单代号搭接网络计划如图 6-18 所示。

按 STS 关系有：

$$ES_j = ES_i + STS_{ij} = 0 + 4 = 4d$$

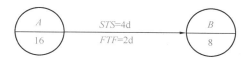

图 6-18   某管道单代号搭接网络计划

$$EF_j = ES_j + D_j = 4 + 8 = 12d$$

按 FTF 关系有：

$$EF_j = EF_i + FTF_{ij} = 16 + 2 = 18d$$
$$ES_j = EF_j - D_j = 18 - 8 = 10d$$

在以上两种搭接关系中，B 工序的最早开始时间和最早完成时间均选择其中的最大值，故 B 工序的 $ES_j = 10d$ 和 $EF_j = 18d$。

单代号搭接网络计划的时间参数的计算原理与单代号网络图相同，但仍有一些特殊规定，现以例 6-3 说明。

【例 6-3】某工程的单代号搭接网络计划及各工序间的时距关系如图 6-19 所示，试进行该单代号搭接网络计划时间参数的计算。

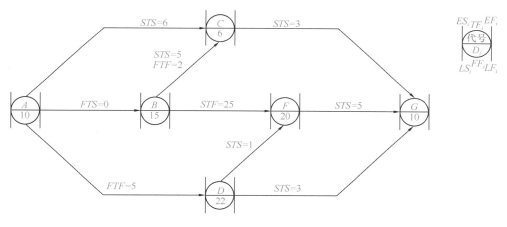

图 6-19   某工程单代号搭接网络计划（单位：d）

【解】①工序最早开始时间和最早完成时间的计算

工序的最早开始时间和最早完成时间的计算，应从起点节点开始，顺箭线方向自左向右，根据已知的时距关系进行计算，起始节点工序的最早开始时间规定为零，最早开始时间与其作业时间的和即为最早完成时间。其他节点的最早开始时间为其紧前工序最早完成时间的最大值。

在计算工作最早开始时间时，如果出现某工序的最早开始时间为负值（说明不合理）的情况，应在起始节点前构建虚拟起始节点，将虚拟起始节点与该节点用虚箭线相连接，并规定其时距 $STS = 0d$，虚拟节点的作业时间也为零。同时，将虚拟起始节点与原起始节点用实剪线相连，两工序间没有时距。

在计算工序最早完成时间时，如果出现某工序的最早完成时间为最大值的中间节点，则应构建虚拟结束节点，将该节点的最早完成时间作为网络计划的结束时间，并将该节点与虚拟结束节点用虚箭线相连接，并确定其时距 $FTF=0$d。

a. 工序 A

$$ES_A = 0d$$
$$EF_A = 0 + 10 = 10d$$

b. 工序 B

$$ES_B = EF_A + FTS_{AB} = 10 + 0 = 10d$$
$$EF_B = 10 + 15 = 25d$$

c. 工序 D

$$EF_D = EF_A + FTF_{AD} = 10 + 5 = 15d$$
$$ES_D = 15 - 22 = -7d$$

工序 D 的最早开始时间为负值，应构建虚拟起始节点，将虚拟起始节点与原起点节点用实箭线相连接，虚拟起始节点与该节点用虚箭线相连，虚拟起始节点表示的工序与工序 D 的 $STS=0$d，如图 6-20 所示。

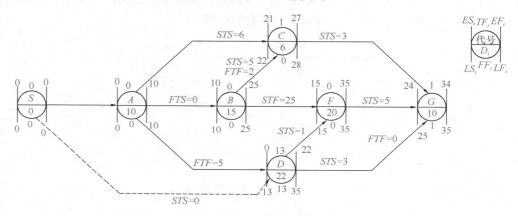

图 6-20　构建虚拟起始节点后的网络计划（单位：d）

d. 工序 C

$$ES_C = ES_A + STS_{AC} = 0 + 6 = 6d$$
$$ES_C = ES_B + STS_{BC} = 10 + 5 = 15d$$
$$ES_C = EF_B + FTF_{BC} - D_C = 25 + 2 - 6 = 21d$$

取上述 3 个计算结果的最大值，则：

$$ES_C = 21d$$
$$EF_C = 21 + 6 = 27d$$

e. 工序 F

$$ES_F = ES_D + STS_{DF} = 0 + 1 = 1d$$
$$ES_F = ES_B + STF_{BF} - D_F = 10 + 25 - 20 = 15d$$

取上述 2 个计算结果的最大值，则：

$$ES_F = 15d$$
$$EF_F = 15 + 20 = 35d$$

f. 工序 G

$$ES_G = ES_C + STS_{CG} = 21 + 3 = 24d$$
$$ES_G = ES_F + STS_{FC} = 15 + 5 = 20d$$
$$ES_G = ES_D + STS_{DG} = 0 + 3 = 3d$$

取上述三个计算结果的最大值，则：

$$ES_G = 24d$$
$$EF_G = 24 + 10 = 34d$$

在已计算得出的最早完成时间中，最早完成时间的最大值为 35d，出现在节点 F 上，且是中间节点，故构建虚拟结束节点 E，将节点 F 与虚拟结束节点 E 用虚箭线相连，并规定 $FTF = 0d$，如图 6-21 所示。

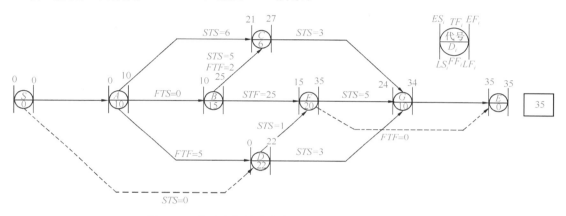

图 6-21　构建虚拟结束节点后的网络计划（单位：d）

② 计算总工期的确定

应取各工序的最早完成时间的最大值作为计算总工期，从上面计算结果可以看出，与虚拟终点节点 E 相连的工作 G 的 $EF_G = 34d$，而不与 E 相连的工作 F 的 $EF_F = 35d$，所以虚拟结束节点的最早开始时间为 35d，最早完成时间也为 35d，计算总工期为 35d，如图 6-21 所示。

③ 最迟完成时间和最迟开始时间的计算

总工期为工程的最迟完成时间，以总工期为最后时间限制，自结束节点（本例为虚拟结束节点）开始，逆箭线方向由右向左，参照已知的时距关系进行计算。工序的最迟完成时间减去作业时间即为工序的最迟开始时间。先计算紧后工序，再计算本工序。

a. 工序 E

工序 E 为虚工序，其作业时间为 0d 且为结束节点，故最迟完成时间和最迟开始时间均为 35d。

b. 工序 F 和 G

工序 F 和 G 均为与虚拟终节点相连的工序，其最迟完成时间为工序 E 的最迟开始时间，即：

$$LF_G = 35d, LS_G = 35 - 10 = 25d$$

$$LF_F = 35，LS_F = 35 - 20 = 15d$$

c. 工序 D

工序 D 有两个紧后工序 F 和 G，按时距关系分别计算，即：

$$LS_D = LS_F - STS_{DF} = 15 - 1 = 14d$$

$$LS_D = LS_G - STS_{DG} = 25 - 3 = 22d$$

取以上两个结果的最小值，则：

$$LS_D = 14d$$

$$LF_D = LS_D + D_D = 14 + 22 = 36d$$

由于工作 D 的最迟完成时间大于总工期，显然是不合理的。因此，将节点 D 与虚拟结束节点 E 用虚箭线相连，并规定 $FTF = 0d$，如图 6-22 所示。LF_D 应取总工期的值，即：

$$LF_D = 35d$$

$$LS_D = LF_D - D_D = 35 - 22 = 13d$$

d. 工序 C

$$LS_C = LS_G - STS_{CG} = 25 - 3 = 22d$$

$$LF_C = LS_C + D_C = 22 + 6 = 28d$$

e. 工序 B

工序 B 有 F 和 C 两个紧后工序，且 B 和 C 之间是混合搭接关系，应分别计算，即：

$$LS_B = LF_F - STF_{BF} = 35 - 25 = 10d$$

$$LS_B = LS_C - STS_{BC} = 22 - 5 = 17d$$

$$LS_B = LF_C - FTF_{BC} - D_B = 28 - 2 - 15 = 11d$$

取以上各式的最小值，则：

$$LS_B = 10d$$

$$LF_B = LS_B + D_B = 10 + 15 = 25d$$

f. 工序 A

工序 A 有 B、C、D 三个紧后工序，按时距关系分别计算，即：

$$LS_A = LS_B - FTS_{AB} - D_A = 10 - 0 - 10 = 0d$$

$$LS_A = LS_C - STS_{AC} = 22 - 6 = 16d$$

$$LS_A = LF_D - FTF_{AD} - D_A = 35 - 5 - 10 = 20d$$

取以上各式的最小值，则：

$$LS_A = 0d$$

$$LF_A = LS_A + D_A = 0 + 10 = 10d$$

计算结果如图 6-22 所示。

④ 间隔时间 LAG 的计算

在单代号搭接网络计划中，相邻两项工序之间的搭接关系，在满足时距要求的条件下，如还有多余的空闲时间，则这部分空闲时间称为间隔时间，通常用 LAG_{ij} 表示。

由于各个工序之间的搭接关系不同，LAG_{ij} 需根据相应的搭接关系和不同的时距来计算。

当相邻两工序 ij 的时距为 FTS（结束到开始）关系时，工序 ij 的时间间隔为：

$$LAG_{ij} = ES_j - (EF_i + FTS_{ij})$$

当相邻两工序 ij 的时距为 STS（开始到开始）关系时，工序 ij 的时间间隔为：

$$LAG_{ij} = ES_j - (ES_i + STS_{ij})$$

当相邻两工序 ij 的时距为 FTF（结束到结束）关系时，工序 ij 的时间间隔为：

$$LAG_{ij} = EF_j - (EF_i + FTF_{ij})$$

当相邻两工序 ij 的时距为 STF（开始到结束）关系时，工序 ij 的时间间隔为：

$$LAG_{ij} = EF_j - (ES_i + STF_{ij})$$

当相邻两工序 ij 之间是混合搭接关系时，工序 ij 的时间间隔 LAG_{ij} 应按时距关系分别计算，然后取其中的最小值，即：

$$LAG_{ij} = \min \begin{cases} ES_j - EF_i - FTS_{ij} \\ ES_j - ES_i - STS_{ij} \\ EF_j - ES_i - STF_{ij} \\ EF_j - EF_i - FTF_{ij} \end{cases}$$

本例时间间隔的计算如图 6-22 所示。

⑤ 计算工作时差和自由时差

工序的总时差即为该工序的最迟开始时间与最早开始时间之差，或该工序的最迟结束时间与最早结束时间之差。

工序的自由时差计算时，如果某一工序只有一项紧后工序，则该工序与其紧后工序之间的时间间隔 LAG_{i-j} 即为该工序的自由时差；如果某一工序有多项紧后工序，则该工序的自由时差为其与紧后工序之间的时间间隔 LAG_{i-j} 的最小值。

本例中，工序 D 有三个紧后工序，即有 3 个 LAG_{i-j}，分别为 14d、21d、13d，取其最小值 13d 作为工序 D 的自由时差 FF_D，即：

$$FF_D = \min \begin{cases} LAG_{DG} = 21 \\ LAG_{DF} = 14 \\ LAG_{DE} = 13 \end{cases} = 13d$$

本例的总时差和自由时差的计算结果，如图 6-22 所示。

⑥ 关键线路及关键工序的判别

单代号搭接网络计划的关键线路为自起始节点（或虚拟起始节点）到结束节点（或虚拟结束节点），由总时差为 0d 且 LAG_{i-j} 也为 0d 的节点连成的通路，位于关键线路上的工序即为关键工序。本例的关键线路为 $S \rightarrow A \rightarrow B \rightarrow F \rightarrow E$，如图 6-22 所示。

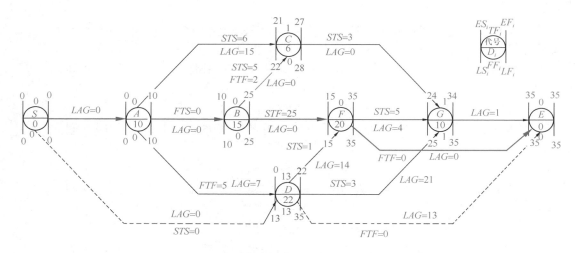

图 6-22　单代号搭接网络计划时间参数计算（单位：d）

6.1.4　施工准备工作和各项资源需要量计划

施工进度计划编制完成后，即可编制施工准备工作计划和各项资源需要量计划。这些计划是施工单位安排施工准备工作及资源供应的主要依据。

1. 施工准备工作计划

施工准备工作计划主要反映开工前必须做的有关准备工作，内容一般包括技术组织准备、施工现场准备、物资准备、施工力量和后勤准备 5 个方面。编制时应根据施工的具体需要和进度计划的要求进行，常以表 6-3 的形式表示。

某管道工程施工准备工作计划　　　　　　　　　　　　　表 6-3

序号	准备工作名称	准备工作内容	主办单位	协办单位	完成时间	负责人

2. 各种资源需要量计划

资源需要量计划应根据施工进度计划编制，它是做好各种资源供应、调度的依据，一般包括劳动力、施工机具、主要材料、预制构件等需要量计划。

（1）劳动力需要量计划

根据施工进度计划，可计算出各个工序每天所需的人数，将同一时间内所有工序的人数进行累加，即得到某一时间的总人数。以总人数为纵坐标，以时间为横坐标即可绘制出如图 6-2 所示的劳动力调配图，据此便可编制劳动力需要量计划，为劳动部门确定劳动力进退场时间提供依据。劳动力需要量计划见表 6-4。

某管道工程劳动力需要量计划　　　　表 6-4

序号	工种名称	需用总工日数	需要人数及时间												备注
			×月			×月			×月			×月			
			上	中	下	上	中	下	上	中	下	上	中	下	

（2）施工机具需要量计划

根据施工进度计划，将每个工序采用的施工机械的种类、规格、型号和数量及使用日期等综合起来，即可编制施工机具、设备需要量计划。施工机具、设备需要量计划见表 6-5。

某管道工程施工机具、设备需要量计划　　　　表 6-5

序号	机具名称	规格	单位	需要数量	使用起止日期	备注

（3）主要材料需要量计划

主要材料是指工程中大量使用的水泥、砂、石、管材等，它们的需要量都应根据工程量和定额进行计算，然后根据施工进度计划中每期（如每月）计划完成的各项工程量，将其所需各主要材料的名称、规格、数量等编制成表，为物资供应部门进行采购供应提供依据。主要材料需要量计划见表 6-6。

某管道工程主要材料需要量计划　　　　表 6-6

序号	材料名称	规格	需要量		需要计划											备注
			单位	数量	×月			×月			×月			×月			
					上	中	下	上	中	下	上	中	下	上	中	下	

对于工程中用量不多的零星材料，或需专门订货加工的特殊材料和制品，最好在计划使用期前全部供应到位，不必按使用期分期供应。否则，会增加采购、运输和管理费用；如果计划不周，会导致停工待料，因小失大。

（4）预制构件和加工半成品需要量计划

该计划主要反映施工中各种预制构件和半成品的需用量及供应日期，作为加工预制单位组织构件加工的依据。一般按钢构件、木构件、钢筋混凝土构件等不同种类分别编制，其需要量计划见表 6-7。

某管道工程预制构件和加工半成品需要量计划　　　　表 6-7

序号	构件、加工半成品名称	图号及型号	规格尺寸	单位	数量	要求供应起止日期	备注

（5）运输计划

市政管道工程施工中需用的各种材料的运输量较大，妥善地组织好运输工作，对加快施工速度和降低工程成本起着重要作用。

材料运输计划以施工进度计划及上述各种资源需用量计划为依据进行编制，目的是合理组织运输力量，保证资源按时进场，其内容见表6-8。

某管道工程运输计划 表6-8

序号	需运项目	单位	数量	货源	运距(km)	运量(t·km)	所需运输工具			需用起止时间
							名称	吨位	台班	

6.1.5 施工平面图设计

施工平面图设计是结合工程特点和现场条件，按照一定的设计原则，对现场所需的各种临时设施进行平面上的规划和布置，将布置方案绘制成图，即施工平面图。它是施工组织设计的重要内容，是现场文明施工的基本保证。

在施工平面图上，除需根据测量方格网标明一切地上、地下的已有和拟建的构筑物、建筑物、管线及其他设施的位置和尺寸外，主要是用醒目的线条和标记绘出用于施工的一切临时设施的平面位置，包括施工用地范围、临时道路、有关机械停放区、各类加工场、各种仓库和料场、取土和弃土区、行政管理用房和文化生活设施、临时给水排水系统、供电系统及一切安全设施等的位置和尺寸。

施工平面图设计的依据是：施工图纸、现场地形图、水源、电源、可利用的房屋及设施情况，施工方案、施工进度计划及各种资源需用量计划等。

施工平面图设计的原则是：在保证施工安全和现场施工顺利进行的条件下，要尽量布置紧凑，减少施工用地，尽量不占或少占农田；合理规划场地内的交通路线，缩短运输距离，尽量避免二次搬运；尽量利用已有的建筑物、构筑物和各种管线、道路，以降低临时设施费用；尽量采用装配式施工设施，减少搬迁损失，提高施工设施安装速度；各项设施的布置须符合技术要求和劳动保护、安全、防火的要求。

1. 设计方法

(1) 确定起重机械的位置和数量

在市政管道工程施工中，起重机械主要用于下管及设备的吊运。一般采用汽车式起重机，有时在顶管施工中，也采用固定式起重机。固定式起重机械主要有井架、门架等，它的布置主要是根据机械性能、构筑物的平面大小、施工段的划分、材料进场方向和道路情况而定。固定式起重机械中卷扬机的位置不应距起重机过近，以保证操作人员的视线能够看到起重机的整个升降过程。

起重机的数量应根据工程的施工能力和起重机的起吊能力确定，以满足施工需要为基本原则。

(2) 现场仓库的布置

现场仓库是为某一在建工程服务的仓库，一般就近布置。根据其储存材料的性质和重要程度，现场仓库可采用露天堆场、半封闭式和封闭式三种形式。露天堆场用于堆放不受自然气候影响的材料，如砖、石、混凝土构件、管材等；半封闭式用于储存需防止雨、雪、阳光直接侵蚀的材料，如油毡、沥青等；封闭式用于储存在大气中易发生变质的建筑制品、贵重材料以及容易损坏或散失的材料，如水泥、石膏、五金零件及贵重设备、器具等。

1）现场仓库的布置原则

布置现场仓库的原则是：尽量利用现有仓库为现场施工服务；尽量靠近使用地点，位于平坦、宽敞、交通方便的地方，并有一定的装卸前线；其设置应符合技术、安全方面的规定。通常，钢筋、木材仓库布置在其加工场附近；水泥库和砂石堆场布置在搅拌站附近；油料、氧气、电石库布置在工地边缘、人少的地点；易燃的材料库设在拟建工程的下风向；车库和机械站布置在现场入口处。

2）仓库材料储备量的确定

对水泥、钢筋等连续使用的材料可根据储备期按式(6-7)计算；

$$P = \frac{K_1 T_i Q}{T} \tag{6-7}$$

式中　P——材料的储备量(t、m 等)；

　　　K_1——材料使用不均匀系数，其取值见表 6-9；

　　　T_i——某种材料的储备期(d)，其取值见表 6-9；

　　　Q——某施工项目的材料需用量(t、m 等)；

　　　T——某施工项目的施工持续时间(d)。

材料使用的不均匀系数及储备期　　　　表 6-9

序号	材料名称	材料使用不均匀系数 K_1		储备期 T_i (d)	备注
		季	月		
1	砂子	1.2~1.4	1.5~1.8	25~35	
2	碎、卵石	1.2~1.4	1.6~1.9	25~35	
3	石灰	1.2~1.4	1.7~2.0	30~35	
4	砖	1.4~1.8	1.6~1.9	25~30	
5	瓦	1.6~1.8	2.2~2.5	25~30	
6	块石	1.5~1.7	2.5~2.6	25~30	
7	炉渣	1.4~1.6	1.7~2.0	20	
8	水泥	1.2~1.4	1.3~1.6	40~50	
9	型钢及钢板	1.3~1.5	1.7~2.0	60~70	
10	钢筋	1.2~1.4	1.6~1.9	60~70	
11	木材	1.2~1.4	1.6~1.9	70~80	
12	沥青	1.3~1.5	1.8~2.1	55~60	
13	卷材	1.5~1.7	2.4~2.7	60~65	
14	玻璃	1.2~1.4	2.7~3.0	50~55	

对于当地供应的大宗材料(如砖、石等)，为减少料场面积，应尽量保障运

输，减少储备量。对于用量少及不常用的材料(如电缆、耐火砖等)，可按需用量进行计算，以年度需用量的百分比储备。

3) 仓库面积的计算

① 按材料储备量计算

$$F = \frac{P}{qK_2} \quad (6-8)$$

式中　F——仓库总面积(m²)；

　　　P——材料储备量(t、m 等)；

　　　q——仓库每平方米面积内能存放的材料数量，其取值见表 6-10；

　　　K_2——仓库面积利用系数，其取值见表 6-10。

每平方米仓库有效面积材料存放定额及面积有效利用系数　　　表 6-10

序号	材料名称	单位	每平方米的数量	堆放高度（m）	面积利用系数	保管形式
1	砂、石	m³	1.2	1.2~1.5	0.7	露天
2	石灰	t	1.5	1.2	0.7	库棚
3	砖	千块	0.8	1.5	0.6	露天
4	瓦	千块	0.4	1.0	0.6	露天
5	块石	m³	0.8	1.0	0.6	露天
6	水泥	t	2.0	1.5~2.0	0.65	密闭
7	型钢、钢板	t	2.0~2.4	0.8~2.0	0.4	露天
8	钢筋	t	1.2~2.0	0.6~0.7	0.4	露天
9	原木	m³	0.9~1.0	2.0~3.0	0.4	露天
10	成材	m³	1.4	2.5	0.45	露天
11	卷材	卷	3.0	1.8	0.8	库棚
12	耐火砖	t	2.2	1.5	0.6	露天
13	水泥管	t	0.6	1.0~1.2	0.6	露天
14	钢门窗	t	1.2	2.0	0.6	露天
15	木门窗	m³	4.5	2.0~2.5	0.6	库棚
16	钢结构	t	0.4	2.0	0.6	露天
17	混凝土板	m³	0.4	2.0~2.5	0.4	露天
18	混凝土梁	m³	0.3	1.0~1.2	0.4	露天

② 按系数计算

$$F = \varphi f \quad (6-9)$$

式中　F——仓库总面积(m²)；

　　　φ——系数，见表 6-11；

　　　f——计算基数，见表 6-11，表中以工作量为基数的，应考虑物价上涨因素，取较小值。

按系数计算仓库面积参考资料　表 6-11

序号	名称	计算基数 f	单位	系数 φ
1	综合仓库	按工地全员人数	m²/人	0.7～0.8
2	水泥库	按水泥当年用量的 40%～50%	m²/t	0.7
3	其他仓库	按当年工作量	m²/万元	2～3
4	五金杂品库	按年建筑安装工作量 按在建建筑面积	m²/万元 m²/100m²	0.5～1 0.5～1
5	土建工具库	按高峰平均人数	m²/人	0.1～0.2
6	水暖器材库	按在建建筑面积	m²/100m²	0.2～0.4
7	电器器材库	按在建建筑面积	m²/100m²	0.3～0.5
8	化工油漆危险品仓库	按年建筑安装工作量	m²/万元	0.1～0.15
9	脚手板、跳板、模板堆场	按在建建筑面积 按年建筑安装工作量	m²/100m² m²/万元	1～2 0.5～1

（3）加工场的布置

施工工地所需的加工场一般有混凝土、木材、钢筋加工场等。布置这些加工场时，应使材料或构件的总运输费用最小，并使加工场有良好的生产条件，做到加工场生产和工程施工互不干扰。

工地混凝土搅拌站的布置有集中、分散、集中与分散相结合三种方式。当工地运输条件较好时，以采用集中布置较好，当运输条件较差时，则以分散布置在使用地点附近为宜。若采用商品混凝土，只要考虑其供应能力能否满足需要即可，工地则不考虑布置搅拌站。除此之外，还可采用集中和分散相结合的方式。

工地混凝土预制构件加工场一般宜布置在工地边缘或场外邻近处。钢筋加工场宜布置在混凝土预制构件加工场附近。木材加工场的原木、锯材堆场应靠近运输路线，锯木、成材、粗细木加工间和成品堆场应按工艺流程布置。产生有害气体和污染环境的加工场，应位于工地下风向。

各类加工场、作业棚、机修间所需面积可参考表 6-12～表 6-14 确定。

临时加工场所需面积参考指标　表 6-12

序号	加工场名称	年产量（单位）	年产量（数量）	单位产量所需建筑面积	总占地面积（m²）	备注
1	混凝土搅拌站	m³	3200 4800 6400	0.022m²/m³ 0.021m²/m³ 0.020m²/m³	按砂石堆场考虑	400L 搅拌机 2 台 400L 搅拌机 3 台 400L 搅拌机 4 台
2	临时混凝土构件场	m³	1000 2000 3000 5000	0.25m²/m³ 0.20m²/m³ 0.15m²/m³ 0.125m²/m³	2000 3000 4000 小于 6000	生产屋面板和中小型梁柱板，配有蒸养设施
3	半永久性混凝土构件场	m³	3000 5000 10000	0.6m²/m³ 0.4m²/m³ 0.3m²/m³	9000～12000 12000～15000 15000～20000	

序号	加工场名称	年产量		单位产量所需建筑面积	总占地面积 (m²)	备注
		单位	数量			
4	木材加工场	m³	15000	0.0244m²/m³	1800～3600	进行原木、大方加工
			24000	0.0199m²/m³	2200～4800	
			30000	0.0181m²/m³	3000～5500	
5	综合木工场	m³	200	0.30m²/m³	100	加工门窗、模板、地板、屋架等
			500	0.25m²/m³	200	
			1000	0.20m²/m³	300	
			2000	0.15m²/m³	420	
6	粗木加工场	m³	5000	0.12m²/m³	1350	加工模板、屋架
			10000	0.10m²/m³	2500	
			15000	0.09m²/m³	3750	
			20000	0.08m²/m³	4800	
7	细木加工场	万m²	5	0.0140m²/m³	7000	加工门窗、地板
			10	0.0114m²/m³	10000	
			15	0.0106m²/m³	14300	
8	钢筋加工场	t	200	0.35m²/t	280～560	加工、成形、焊接
			500	0.25m²/t	380～750	
			1000	0.20m²/t	400～800	
			2000	0.15m²/t	450～900	
9	现场钢筋调直或冷拉 拉直场 卷扬机棚 冷拉场 时效场			所需场地[长(m)×宽(m)] (70～80)×(3～4) 15～20m² (40～60)×(3～4) (30～40)×(6～8)		包括材料及成品堆放 3～5t 电动卷扬机 1 台 包括材料及成品堆放 包括材料及成品堆放
10	钢筋对焊 对焊场地 对焊棚			所需场地[长(m)×宽(m)] (30～40)×(4～5) 15～24m²		包括材料及成品堆放 寒冷地区适当增加
11	钢筋冷加工 冷拔、冷拉机 剪断机 弯曲机 φ12 以下 弯曲机 φ40 以下			所需场地[长(m)×宽(m)] 40×50 30～50m² 50×60 60×70		
12	金属结构加工 (包括一般铁件)	t	500	所需场地(m²/t) 10		按一批加工量计算
			1000	8		
			2000	6		
			3000	5		
13	石灰消化 贮灰池 淋灰池 淋灰槽				5×3=15 4×3=12 3×2=6	每 2 个贮灰池配 1 套 淋灰池和淋灰槽, 每 600kg 石灰 可消化 1m³ 石灰膏
14	沥青锅场地				20～24	台班产量 1～1.5t/台

现场作业棚所需面积参考指标　　　　　　表 6-13

序号	名称	单位	面积（m²）	备注
1	木工作业棚	m²/人	2	占地为建筑面积的 2～3 倍
2	电锯房 电锯房	m²	80 40	34～36in 圆锯 1 台 小圆锯 1 台
3	钢筋作业棚	m²/人	3	占地为建筑面积的 3～4 倍
4	搅拌棚	m²/台	10～18	
5	卷扬机棚	m²/台	6～12	
6	烘炉房	m²	30～40	
7	焊工房	m²	20～40	
8	电工房	m²	15	
9	白铁工房	m²	20	
10	油漆工房	m²	20	
11	机、钳工修理房	m²	20	
12	立式锅炉房	m²/台	5～10	
13	发电机房	m²/kW	0.2～0.3	
14	水泵房	m²/台	3～8	
15	空压机房（移动式） 空压机房（固定式）	m²/台	18～30 9～15	

现场机动站、机修间、停放场所需面积参考指标　　　　表 6-14

序号	施工机械名称	所需场地（m²/台）	存放方式	机修间所需建筑面积	
				内容	数量（m²）
1 2 3 4 5	起重、土方机械类： 塔式起重机 履带式起重机 履带式正向铲、反向铲，拖式铲运机，轮胎式起重机 推土机、拖拉机、压路机 汽车式起重机	200～300 100～125 75～100 25～35 20～30	露天 露天 露天 露天 露天或室内	10～20 台设 1 个检修台位（每增加 20 台增加 1 个检修台位）	200 （增 15）
6 7	运输机械类： 汽车（室内） 　　（室外） 平板拖车	20～30 40～60 100～15	一般情况下室内不小于 10%	每 20 台设 1 个检修台位（增加 1 个检修台位）	170 （增 160）
8	其他机械类： 搅拌机、卷扬机、电焊机、电动机、水泵、空压机、油泵、少先吊等	4～6	一般情况下室内占 30%，露天占 70%	每 50 台设 1 个检修台位（增加 1 个检修台位）	50 （增 50）

（4）场内运输道路的布置

首先根据各仓库、加工场、施工对象的相对位置及货物运输量的大小，确定主要道路和次要道路，然后进行道路的规划。在规划中，应考虑车辆行驶安全、运输方便和道路修建费用等问题。一般应尽量利用拟建的永久性道路，或提前修路，或先修建永久性路基，工程完工后再铺设路面。主要道路一般应按双行环形路线布置；次要道路按单行支线布置，但在路端应设回车场地。

(5) 临时生活设施的布置

临时生活设施，应尽量利用现有的或拟建的永久性房屋，数量不足时再临时修建。工地行政管理用房宜设在工地入口处或中心地区；现场办公室应靠近施工地点；工人的生活设施应设在工人较集中的地方和工人出入必经之处；工地食堂可布置在工地内部或外部；工人住房一般在场外集中设置。

各种临时生活设施所需面积可根据表 6-15 确定。

临时设施面积参考指标 　　　　　　　　　　　　　　　表 6-15

临时设施名称	指标使用方法	参考指标(m²/人)	备注
办公室	按干部人数	3～4	
宿舍： 单层通铺 双层床 单层床	按高峰年(季)平均职工人数 (扣除不在工地住宿人数)	2.5～3 2.0～2.5 3.5～4	
家属宿舍		16～25m²/户	1. 本表根据收集到的全国有代表性的企业、地区资料进行综合； 2. 工区以上设的会议室已包括在办公室指标内； 3. 家属应以施工期的长短和离基地情况而定，一般按高峰年职工平均人数的 10%～30%考虑； 4. 食堂包括厨房、库房，应考虑在工地就餐的人数和进餐次数
食堂	按高峰年平均职工人数	0.5～0.8	
食堂兼礼堂	按高峰年平均职工人数	0.6～0.9	
其他合计： 医务室 浴室 理发室 浴室兼理发室 俱乐部 小卖店 招待所 托儿所 子弟小学 其他公用	按高峰年平均职工人数	0.5～0.6 0.05～0.07 0.07～1.00 0.01～0.03 0.08～0.1 0.1 0.03 0.06 0.03～0.06 0.06～0.08 0.05～0.10	
现场小型设施： 开水房 厕所 工人休息室	按高峰年平均职工人数	10～40 0.02～0.07 0.15	

(6) 临时水电管网的布置

1) 工地临时供水

施工现场用水包括施工、生活、消防 3 个方面，其用水量分别按下述方法计算。

① 施工用水量 q_1：主要包括现场用水、机械用水和附属生产企业用水，其用水量一般按最大日施工用水量用式(6-10)计算，即：

$$q_1 = K_1 \sum Q_1 N_1 \frac{K_2}{8 \times 3600} \tag{6-10}$$

式中　q_1——施工用水量(L/s)；

K_1——未预见的施工用水系数，一般取 1.05～1.15；

K_2——施工用水不均衡系数，现场用水取 1.50，附属生产企业取 1.25，施工机械及运输机具取 2.00，动力设备取 1.10；

Q_1——最大用水日完成的施工工程量、附属企业产量或机械台数；

N_1——施工（生产）用水定额或机械用水定额（L），见表 6-16、表 6-17。

现场施工或附属企业生产用水参考定额　　　　表 6-16

序号	用水对象	单位	用水量(L)	备注
1	浇筑混凝土全部用水	m²	1700～2400	
2	搅拌混凝土	m³	250	
3	混凝土养护（自然养护）	m³	200～400	
4	混凝土养护（蒸汽养护）	m³	500～700	
5	冲洗模板	m²	5	
6	冲洗石子	m³	600～1000	
7	清洗搅拌机	台班	600	含泥量大于 2% 小于 3%
8	洗砂	m³	1000	
9	浇砖	千块	200～250	
10	抹面	m²	4～6	
11	楼地面	m²	190	不包括调制用水
12	搅拌砂浆	m³	300	主要是找平层
13	消化石灰	t	3000	

施工机械用水参考定额　　　　表 6-17

序号	用途	单位	用水量(L)	备注
1	内燃挖土机	m³·台班	200～300	以斗容量"m³"计
2	内燃起重机	t·台班	15～18	以起重量吨数计
3	内燃压路机	t·台班	12～15	以压路机吨数计
4	拖拉机	台·d	200～300	
5	汽车	台·d	400～700	
6	空压机	(m³/min)·台班	40～80	以压缩空气 m³/min 计
7	内燃机动力装置（直流水）	马力·台班	120～300	
8	内燃机动力装置（循环水）	马力·台班	25～40	以小时蒸发量计
9	锅炉	t·h	1000	

② 生活用水量 q_2：主要包括现场生活用水和居住区生活用水，其用水量可按式（6-11）计算：

$$q_2 = Q_2 N_2 \frac{K_3}{8 \times 3600} + Q_3 N_3 \frac{K_4}{24 \times 3600} \tag{6-11}$$

式中　q_2——生活用水量（L/s）；

Q_2——现场最高峰施工人数；

N_2——现场生活用水定额,视当地气候情况而定,一般取 $20\sim60$ L/(人·班);

K_3——现场生活用水不均衡系数,取 $1.30\sim1.50$;

Q_3——居住区最高峰职工及家属人数;

N_3——居住区生活用水定额,视工程所在地区和室内卫生设备情况而定,一般取 $100\sim120$ L/(人·天);

K_4——居住区生活用水不均衡系数,取 $2.00\sim2.50$。

③ 消防用水量 q_3:主要供工地消火栓用水,其用水量按表 6-18 确定。

消防用水量

表 6-18

序号	用水名称	规模	火灾同时发生次数	用水量(L/s)
1	居民区消防用水	5000 人以内 10000 人以内 25000 人以内	1 次 2 次 2 次	10 10~15 15~20
2	施工现场消防用水	施工现场在 25km² 以内 每增加 25km²	1 次 1 次	10~15 5

求出上述各项用水量后,即可计算出施工现场总用水量 Q。

当 $(q_1+q_2)\leqslant q_3$ 时,则:

$$Q=\frac{1}{2}(q_1+q_2)+q_3 \tag{6-12}$$

当 $(q_1+q_2)>q_3$ 时,则:

$$Q=q_1+q_2+q_3 \tag{6-13}$$

当 $(q_1+q_2)<q_3$,且工地面积小于 $5\times10^4\,\mathrm{m}^2$ 时,则:

$$Q=q_3 \tag{6-14}$$

当计算出总用水量后,还应增加 10% 的管网漏损量,即:

$$Q_总=1.1Q \tag{6-15}$$

总用水量确定后,即求出供水管网中各管段的管径。

实际工程中,管网中水流速度一般取 $1.5\sim2.0$m/s,也可查水力计算表选择适当的管径 D。

供水管网一般有环状网、枝状网两种布置形式。环状网能够保证供水的可靠性,但管线长、造价高、管材用量大,它适用于供水可靠性要求高的建设项目;枝状网管线短、造价低,但供水可靠性差,适用于一般中小型工程。

供水管网布置时应在保证安全供水的情况下,尽量缩短管道铺设长度,尽量利用永久性管网。

管网铺设有明铺和暗铺两种方式。为不影响交通以暗铺为好,但需增加铺设费用。明铺简便,但要避免施工荷载的破坏,冬季要采取防冻措施。

消火栓应靠近十字路口、路边或工地出入口附近布置,其间距不大于 120m,距路边不大于 2m。消防水管直径不小于 100mm。

2)工地临时排水

工地主要考虑雨水的排除,一般是利用工地现有的排水设施排水,对于大型的施工工地可根据当地设计暴雨强度和设计重现期设计排水管道,具体方法本教材不进行阐述。

　3）工地临时供电

施工现场用电包括各种机械、动力设备用电和室内外照明用电，其布置方法由专业人员进行，本教材不进行阐述。

　2. 施工平面图的绘制

施工平面图是施工组织设计的重要内容，要精心设计，认真绘制。其绘制步骤如下：

　（1）确定图幅大小和绘图比例

图幅大小和绘图比例应根据工地大小及布置内容多少而定。图幅一般可选用1号或2号图纸，比例一般采用1∶1000或1∶2000。

　（2）合理设计图面

施工平面图，除了要反映现场的布置内容外，还要反映周围环境和面貌。故绘图时，应合理设计图面，并应留出一定的空余图面绘制指北针、图例及书写文字说明等。

　（3）绘制工程平面图的有关内容

将现场测量的方格网，现场内外已建的建筑物、构筑物、道路和拟建工程等，按正确的比例绘制在图上。

　（4）绘制工地需要的临时设施

根据布置方案及计算的面积，将所确定的道路、仓库、加工场和水电管网等临时设施绘制到图上。

　（5）形成施工平面图

在进行各项布置后，经分析比较、调整修改后形成施工平面图，并做必要的文字说明，标注图例、比例、指北针。施工平面图的绘制图例见表6-19。

施工平面图要比例正确、图例规范，线条粗细分明、字迹端正、图面整洁美观。

施工平面图图例　　　　　　　　　　　　　　　表 6-19

序号	名称	图例	序号	名称	图例
1	水准点	⊗ 点号/高程	7	拟建的各种材料围墙	
			8	临时围墙	—×—×—
2	原有房屋		9	建筑工地界线	
3	拟建正式房屋		10	烟囱	
4	施工期间利用的拟建正式房屋				
5	将来拟建正式房屋		11	水塔	
6	临时房屋：密闭式 敞篷式		12	房角坐标	$x=1530$ $y=2156$

序号	名称	图例	序号	名称	图例
13	室内地面水平标高	105.10	34	临时给水管线	—— s —— s ——
14	现有永久公路		35	给水阀门(水嘴)	
15	施工用临时道路		36	支管接管位置	—— s ——
16	临时露天堆场		37	消防栓(原有)	
17	施工期间利用的永久堆场		38	消防栓(临时)	
18	土堆		39	原有化粪池	
19	砂堆		40	拟建化粪池	
20	砾石、碎石堆		41	水源	水
21	块石堆		42	电源	
22	砖堆		43	总降压变电站	
23	钢筋堆场		44	发电站	
24	型钢堆场	LIC	45	变电站	
25	铁管堆场		46	变压器	
26	钢筋成品场		47	投光灯	
27	钢结构场		48	电杆	
28	屋面板存放场		49	现有高压 6kV 线路	—WW6—WW6—
29	一般构件存放场		50	施工期间利用的永久高压 6kV 线路	—LWW6—LWW6—
30	矿渣、灰渣堆		51	塔轨	
31	废料堆场		52	塔式起重机	
32	脚手板、模板堆场		53	井架	
33	原有的上水管线		54	门架	

续表

序号	名称	图例	序号	名称	图例
55	卷扬机		63	混凝土搅拌机	
56	履带式起重机		64	灰浆搅拌机	
57	汽车式起重机		65	洗石机	
58	缆式起重机		66	打桩机	
59	铁路式起重机		67	脚手架	
60	多斗挖土机		68	淋灰池	灰
61	推土机		69	沥青锅	
62	铲运机		70	避雷针	

6.1.6　主要技术组织措施和技术经济指标

为确保施工质量和施工工作顺利进行，在严格执行施工验收规范、检验标准、操作规程的前提下，还应针对工程的不同特点，制定相应的技术安全措施。

1. 技术措施

技术措施的内容包括：

1）提供需要的平面、剖面示意图及工程量一览表；

2）明确施工方法的特殊要求和工艺流程；

3）确定水下及冬期、雨期施工措施；

4）确定技术、质量要求和安全注意事项；

5）说明材料、构件和机具的特点、使用方法及需用量。

2. 质量措施

保证质量的措施包括以下几方面：

1）确保定位放线、标高测量等准确无误的措施；

2）确保地基承载力及管道基础施工质量的措施；

3）确保主体结构中关键部位施工质量的措施；

4）保证质量的组织措施（如人员培训、质检制度等）。

3. 安全措施

保证安全的措施包括以下几方面：

1）保证土石方边坡稳定的措施；

2）起吊工具的拉结要求和防倒塌措施；

3）安全用电措施；

4）易燃易爆有毒作业场所的防火、防爆、防毒措施；

5）季节性施工的安全措施；

6）现场周围通行道路及居民保护隔离措施；

7）保证安全施工的组织措施，如安全宣传教育及检查制度等。

4. 降低成本措施

降低工程成本措施的内容包括以下几方面：

1）合理进行土石方平衡，以节约土方运输及人工费；

2）综合利用吊装机械，减少吊次，以节约台班费；

3）混凝土中掺加外加剂，以节约水泥；

4）构件和半成品采用预制拼装、整体安装的方法，以节约人工费和机械费。

5. 现场文明施工的措施

现场文明施工措施的内容包括以下几方面：

1）施工现场应设置围栏与标牌，出入口应确保交通安全、道路畅通，场地平整，安全与消防设施齐全；

2）临时设施的安排与环境卫生；

3）各种材料的堆放与管理；

4）散碎材料、施工垃圾的运输及各种防止污染的措施；

5）成品保护与施工机械保养。

6. 主要技术经济指标

主要技术经济指标包括：

1）施工工期；

2）劳动生产率；

3）劳动力不均衡系数；

4）降低成本指标；

5）工程质量与安全指标。

6.2 市政管道工程施工组织设计举例

某市勤学路雨水管道工程施工组织设计如下：

6.2.1 工程概况

勤学路为某市快速路，其雨水管道工程桩号为 K0＋015～K1＋650，铺设于人行道下。雨水管道为 $D400$、$D600$、$D800$、$D1000$、$D1200$ 的钢筋混凝土平口管。管道基础采用120°管座混凝土带形基础，混凝土强度等级为 C15。雨水口连接管采用 $D400$ 的钢筋混凝土平口管，其基础为150mm厚中粗砂垫层。管道接口均采用1∶2.5的水泥砂浆抹带接口。雨水检查井共计75座，其中圆形砖砌检查井55座，矩形砖砌直线检查井20座。圆形砖砌检查井规格分别为4座$\Phi700$、21座$\Phi1000$、14座$\Phi1250$、16座$\Phi1500$；矩形砖砌直线检查井规格分别为14座1000mm×1600mm、4座1200mm×1600mm以及2座1900mm×1600mm。雨水算采用铸铁单算。

施工现场地下水位较高，土质均为二类土，没有可以利用的建筑物，需要考虑必要的临时设施。施工用水源和电源由甲方提供，本施工组织设计不考虑。

施工单位拟派具有一级建造师资质的工程师担任项目经理，总工程师由公司高级工程师担任。组建的项目部下设质检部、工程部、物资设备部、安全部、资料部、工地办公室、工地实验室，各部室专业管理人员都具有相应的资质证书，持证上岗，在项目经理统一指挥下负责工程的全面管理工作。

6.2.2 施工方案

本工程采用流水作业的方式组织施工。拟分为Ⅰ～Ⅴ五个施工段，即Ⅰ施工段（K0＋015～K0＋260）、Ⅱ施工段（K0＋260～K0＋500）、Ⅲ施工段（K0＋500～K0＋980）、Ⅳ施工段（K0＋980～K1＋340）、Ⅴ施工段（K1＋340～K1＋650）。每一施工段均包含土方开挖、管道敷设、附属构筑物砌筑及土方回填四道工序。

1. 土方开挖

（1）测量放线

根据施工图纸定出管道中线、沟槽边线、检查井的位置及水准点作为土方开挖的控制点。施工测量一般要注意以下几点：

1）测量前先复核水准点，符合规范要求。

2）在测量过程中，应沿管道线路设临时水准点，水准点间距不大于100m并与原水准点相闭合。施工水准点应按顺序编号，并标出相应高程。

3）若管道线路与地下原有构筑物交叉，必须在地面上用标志标明位置。

4）定线测量过程应作好准确记录，并标明全部水准点和连接线。

5）根据图纸和现场交底的控制点，进行管道和井位的复测，做好中心桩、边线桩、井位桩的固定工作，测量高程闭合差要满足规范要求。

6）施工过程中对丢失的桩要及时补桩。

（2）施工降水

根据现场具体情况拟采用单排轻型井点降水法降低地下水位，共埋设720根井点，埋设深度为5m，井点间距为2m，井点距沟槽上口边缘为1.0m，井点管采用直径为38mm的镀锌钢管，总管采用直径为100mm的法兰式无缝钢管，用QJD－90型射流式抽水设备进行抽水并将其排入到附近的排水管道中，整个降水工作持续到土方回填结束。

（3）土方开挖

本工程土方开挖采用机械为主，人工为辅的开挖方式。机械采用履带式单斗挖掘机（液压），斗容量为1.0m³。挖出的土方堆放在沟槽一侧距槽上口边缘1.5m外，堆土高度不大于1.5m，以免产生塌方。

沟槽开挖按从下游向上游的顺序进行。距槽底20～30cm的土方由人工清理至设计标高，边坡配以人工修整。沟槽边坡必须满足规范要求并根据现场土质情况进行调整。施工时不得扰动原状土，严禁超挖，如发生超挖或扰动，必须按规定进行地基处理后，方可进行下道工序。当沟槽开挖深度超过3m时应加设支撑。土方开挖的允许偏差见表6-20。

土方开挖的允许偏差(mm) 表 6-20

序号	检查项目	允许偏差	检查数量		检查方法
			范围	点数	
1	槽底高程	±20	两井之间	3	用水准仪测量
2	槽底中线每侧宽度	不小于规定	两井之间	6	挂中线用钢尺量测,每侧 3 点
3	沟槽边坡	不陡于规定	两井之间	6	用坡度尺量测,每侧 3 点

2. 管道铺设

(1) 管道基础

管道基础施工包括支模、浇筑混凝土和养护三道工序。施工前复核沟槽中线和槽底标高,无误后开始支模进行混凝土基础的施工。混凝土基础分两次浇筑,即先浇筑平基然后再浇筑管座。模板采用木模,人工支设。支模前先根据管道中心线定出基础边线,然后再支模。支模完成后浇筑平基混凝土,人工浇筑,混凝土振捣棒振捣,自然养护。当基础混凝土达到设计强度的 75％后再铺设管道,稳管后再浇筑管座混凝土。管道基础允许偏差见表 6-21。

管道基础允许偏差 表 6-21

序号	检查项目		允许偏差(mm)	检查数量		检查方法
				范围	点数	
1	平基	中线每侧宽度	+10, 0	每个验收批	每 10m 测 1 点,且不少于 3 点	挂中心线钢尺量测,每侧 1 点
		高程	0, -15			水准仪测量
		厚度	不小于设计要求			钢尺量测
2	管座	肩宽	+10, -5			钢尺量测
		肩高	±20			挂高程线钢尺量测,每侧 1 点

(2) 管道铺设

1) 准备工作

施工前,准备好施工机具、工具、吊运设备、水泥砂浆等材料;复核基础中心线和标高;清除管口外表面的油污、杂物。

2) 下管与稳管

采用 12t 的汽车式起重机进行下管,人工辅助就位和纠偏。下管前先排管,然后从下游向上游下管。具体方法是用起重机起吊第一节管,慢慢将其放到基础上,将管端放在已弹好线的检查井井墙内壁处,按照中心桩和高程桩找好中心线及两端高程后,在管道两侧用石子将管道卡牢后再松吊回臂。以此类推,边下管边稳管,直到最后一根管。稳管作业应达到平、直、稳、实的要求,其管内底标高允许偏差为 ±10mm,管中心线允许偏差为 10mm,管径小于 600mm 时管道接口间隙为 1～5mm,管径大于 600mm 时管道接口间隙为 7～15mm。

3) 管道接口

本工程管道接口采用水泥砂浆抹带接口。抹带前将接口处的管外皮洗刷干净，并将抹带范围的管外壁凿毛，然后刷水泥浆一遍；抹带时，管径小于 400mm 的管道可一次完成；管径大于 400mm 的管道应分两次完成，抹第一层水泥砂浆时，应注意调整管口缝隙使其均匀，厚度约为 $\frac{1}{3}$ 带厚，压实表面后划线槽，以利于与第二层结合；待第一层水泥砂浆初凝后再用弧形抹子抹第二层，由下往上推抹形成一个弧形接口，初凝后赶光压实，并将管带与基础相接的三角区用混凝土填捣密实。

抹带完成后，用湿纸覆盖管带，3~4h 后洒水养护。

管径大于 700mm 的管道，在管带水泥砂浆终凝后进入管内勾缝。勾缝时，人在管内用水泥砂浆将内缝填实抹平，灰浆不得高出管内壁；管径小于 700mm 的管道，接口后用装有黏土球的麻袋或其他工具在管内来回拖动，将流入管内的砂浆拉平。

3. 附属构筑物砌筑

（1）砌筑雨水检查井

本工程的 75 座雨水检查井均为砖砌，其中 55 座圆形砖砌检查井采用"全丁式"砌筑，20 座矩形砖砌矩形检查井采用"一顺一丁式"砌筑。

砌筑前，先按设计要求开挖井室土方，达到设计井底标高后浇筑 C15 基础混凝土，当混凝土达到设计强度的 75% 以后再砌筑井墙。

砌筑井墙时，所用水泥砂浆和砖不得低于设计要求的强度等级，砖在使用前必须用水充分湿润。砖砌体必须保证砂浆饱满、灰缝平直，不得有通缝，壁面处理前必须清除表面污物、浮灰等。流槽与井壁同时砌筑并平顺，流槽用 1:2.5 水泥砂浆抹面厚 20mm。井内壁用 1:2.5 的水泥砂浆勾缝抹面，抹面厚 20mm，遇地下水时，还应在井外壁用 1:2.5 防水水泥砂浆抹面至原地下水位 500mm 以上，抹面厚 20mm。铸铁井盖及盖座安装时用 1:2 水泥砂浆坐浆，并抹三角灰，井盖顶面与路面平齐。铸铁井盖及座圈必须完整无损，安装平稳，位置正确。

检查井砌筑要注意以下几个要点：

1) 井室内的踏步应随砌随安，其尺寸应符合设计规定。踏步在砌筑砂浆未达到规定强度前不得踩踏；

2) 预留支管应随砌随安，管口与井内壁平齐，预留管的管径、标高应符合设计要求，管与井壁衔接处用 1:2.5 水泥砂浆封堵保证不漏水，如必须用截断的短管做预留管时，其断管破茬不得朝向井内；

3) 砖砌圆形检查井时，应随时检测尺寸。如为四面收口，则每次收进应不超过 3cm；如为三面收口，则每次收进最大不超过 5cm；

4) 井室最上一皮砖必须为丁砖，以便于安装井盖；

5) 内外壁抹面时应分层压实；

6) 检查井井盖的规格型号应符合设计要求，其高程应与路面一致。

检查井施工允许偏差见表 6-22。

检查井施工允许偏差（mm）   表 6-22

序号	检查项目		允许偏差	检查数量		检查方法
				范围	点数	
1	平面轴线位置		15	每座	2	钢尺量测、经纬仪测量
2	结构断面尺寸		+10，0			钢尺量测
3	井室尺寸	长、宽	±20			
		直径				
4	井口高程	路面	与道路一致		1	水准仪测量
5	井底高程	D≤1000	±10		2	
		D>1000	±15			
6	踏步安装	水平、垂直间距、外漏长度	±10		1	钢尺量测偏差较大值
7	流槽宽度		±10			

（2）砌筑雨水口

本工程的 103 座雨水口均采用砖砌雨水口，其长边与道路边线平行。施工时，先按道路设计边线及雨水口连接管定出雨水口中心线桩，按雨水口中线桩挖槽，每边各留出 300～500mm 的肥槽，挖至设计槽底后夯实槽底，并浇筑 C15 混凝土基础。待基础混凝土强度达到设计强度的 75％以后，开始砌筑雨水口。砌筑雨水口所用的砖和水泥砂浆不得低于设计要求的强度等级，并将砖充分湿润。砌筑时，先干砌一层井墙，核对尺寸后开始砌筑，砌筑方式为"一顺一丁式"，随砌随刮平缝，每砌高 300mm 应及时回填夯实墙外的肥槽，砌至设计标高后应保证最上一皮砖为丁砖，然后用水泥砂浆坐稳雨水箅。

雨水口砌筑时应注意：

1）雨水口连接管处应满卧水泥砂浆，并将管口周围封堵抹平，确保不漏水；

2）雨水口连接管与雨水口正交时，其管口应与雨水口内壁平齐；

3）雨水口连接管与雨水口斜交时，其一侧管口可进入墙内 20mm，另一侧凸出 20mm，超出此要求时应调整雨水口位置；

4）井底应抹出向雨水口连接管方向集水的泛水坡；

5）雨水口施工完毕后用铁板盖住雨水箅，保证路面施工时不受破坏。

雨水口施工允许偏差见表 6-23。

雨水口施工允许偏差（mm）   表 6-23

序号	检查项目		允许偏差	检查数量		检查方法
				范围	点数	
1	井框、井箅吻合		≤10	每座	1	钢尺量测偏差较大值，高度、深度可用水准仪测量
2	井口与路面高差		+5，0			
3	雨水口位置与道路边线平行		≤10			
4	井内尺寸	长、宽	+20，0			
		深	0，−20			
5	连接管管口底高度		0，−20			

（3）闭水试验

附属构筑物砌筑完毕后进行闭水试验。试验前，先随机选定两检查井之间的管段作为试验管段，在试验管段上游检查井的上端管口和下游检查井的下端管口用 1∶3 水泥砂浆砌 24cm 厚的砖堵头，并用 1∶2.5 砂浆抹面，将管段封堵严密。当堵头砌好，养护 3～4d 达到一定强度后，方可进行闭水试验。试验时，从下游检查井灌水，当上游检查井内水位达到管顶以上 2m 时停止灌水（如上游管顶至检查井口高度不足 2m，试验水位可至井口为止），在此试验水头下泡管，泡管时间不少于 24h。泡管后再加水至试验水头，然后观察 30min 的渗水量，观察期间不断向试验管段内补水以保持试验水位恒定，该补水量即为渗水量。然后将该渗水量转化为每千米管道 24h 的渗水量，并与规定的允许渗水量对比，如实测渗水量小于允许渗水量，则闭水试验合格。管道允许渗水量见表 6-24。

管道闭水试验允许渗水量[m³/(24h·km)]　　　　　表 6-24

管道内径(mm)	允许渗水量	管道内径(mm)	允许渗水量	管道内径(mm)	允许渗水量
400	25.00	800	35.35	1200	43.30
600	30.60	1000	39.52		

4. 土方回填

闭水试验合格后，方可进行土方回填。回填时应注意：

（1）土方回填工作应在管座混凝土和接口砂浆强度达到 5MPa 以后进行；

（2）回填前应进行试回填，以确定回填夯实制度，确保达到要求的密实度；

（3）应保证回填土的土质及含水量，其含水量应在最佳含水量的 ±2% 范围内，如含水量不满足要求，应采取晾晒或洒水等措施；

（4）回填顺序应按沟槽排水方向由低向高分层进行，管道两侧同时回填，以防管道移位；

（5）管顶 500mm 以下均采用人工回填夯实，夯实机具为木夯，每层虚铺厚度不超过 200mm，并保证不漏夯；

（6）管顶 500mm 以上采用机械回填夯实，回填机具为推土机，夯实机具为压路机，每层虚铺厚度为 200～300mm，压路机的行驶速度不得超过 2km/h，碾压重叠宽度不小于 200mm；

（7）分层分段回填时，上下层的分段位置应错开至少 200mm；在薄土层与厚土层之间应不少于 500mm 的过渡段，以保证管顶受力均匀；

（8）回填土方不得直接砸在接口抹带上，以保证接口质量；

（9）管道两侧压实面的高差不得大于 300mm。

回填土密实度采用环刀法检查，检查范围为两检查井之间，每层每侧检查 1 组，每组取 3 点，密实度轻型击实标准为：

胸腔管道两侧不小于 90%，管顶以上 500mm 内不小于 85%，其余部分不小于 95%。

6.2.3　施工进度计划

本工程拟于 2021 年 3 月 1 日开工，2021 年 5 月 19 日竣工，计划工期为 80 日

327

历天，合同工期为 100 天。

根据各施工段的工程量和时间定额及人员机械配备情况，计算出的各工序在各施工段上的流水节拍见表 6-25。

各工序在各施工段上的流水节拍　表 6-25

工序 ＼ 节拍	施工段				
	Ⅰ	Ⅱ	Ⅲ	Ⅳ	Ⅴ
土方开挖	5	2	7	7	15
管道铺设	8	8	11	11	11
附属构筑物砌筑	9	9	12	13	11
土方回填	5	3	7	9	12

根据各工序的流水节拍绘制的施工进度计划如图 6-23 或图 6-24 所示。

6.2.4　施工准备工作计划和各项资源需要量计划

1. 施工准备工作计划

施工准备工作计划见表 6-26。

勤学路雨水管道工程施工准备工作计划　表 6-26

序号	准备工作名称	准备工作内容	主办单位	协办单位	完成时间	负责人
1	图纸会审	审核图纸、设计变更	技术科	工程科	2021—01—31	张科长
2	技术交底	施工技术交底	技术科	项目部	2021—02—15	张科长
3	组建项目部	人员安排	工程科	技术科	2021—02—10	李科长
4	现场准备	三通一平	项目部	工程科	2021—02—20	王副经理
5	开工准备	人、机械、材料	项目部	工程科	2021—02—25	林副经理

2. 劳动力需要量计划

劳动力需要量计划见表 6-27。

勤学路雨水管道工程劳动力需要量计划　表 6-27

序号	工种名称	需用总数量	需要时间及人数			备注
1	普通工	20	3 月	上半月	10	
				下半月	20	
			4 月	整月	20	
			5 月	整月	15	
2	机械操作工	4	3 月	整月	2	
			4 月	整月	4	
			5 月	至 19 日	2	
3	混凝土工	8	3 月、4 月	整月	8	
4	瓦工	14	3 月	下半月	8	
			4 月	整月	14	
5	管工	12	3 月	上半月	6	
				下半月	6	
			4 月	整月	12	

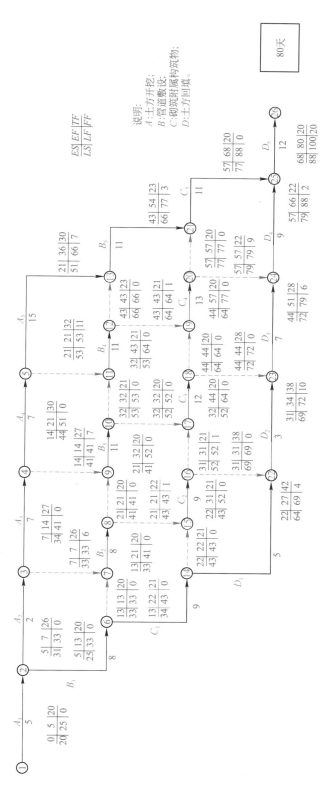

图 6-23　施工进度计划网络图

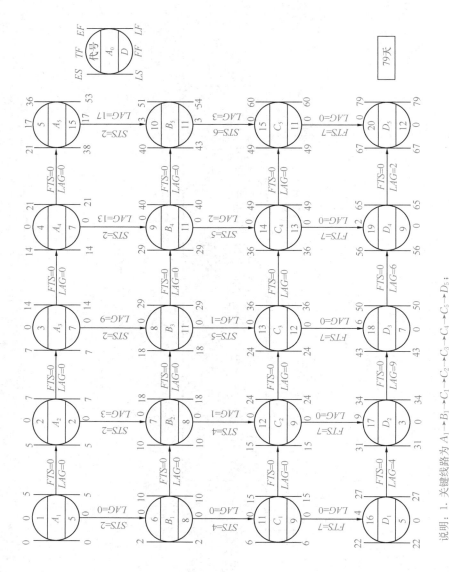

说明: 1. 关键线路为 $A_1 \rightarrow B_1 \rightarrow C_1 \rightarrow C_2 \rightarrow C_3 \rightarrow C_4 \rightarrow C_5 \rightarrow D_5$;

2. 工序间的时距为限定;

3. A: 土方开挖; B: 管道铺设; C: 砌筑附属构筑物; D: 土方回填。

图 6-24 单代号搭接网络图

3. 主要施工机具、设备需要量计划

主要施工机具、设备需要量计划见表 6-28。

勤学路雨水管道工程施工机具、设备需要量计划　　　表 6-28

序号	机具名称	规格	单位	需要数量	使用起止日期	备注
1	履带式单斗挖掘机	液压 1m³	台	1	3 月 1 日 ～ 4 月 5 日	
2	履带式推土机	75kW	台	1	3 月 1 日 ～ 5 月 19 日	
3	滚筒式混凝土搅拌机	电动 400L	台	1	3 月 6 日 ～ 4 月 23 日	
4	汽车式起重机	12t	辆	1	3 月 15 日 ～ 4 月 15 日	
5	机动翻斗车	1t	辆	4	3 月 6 日 ～ 4 月 23 日	
6	轮胎压路机	9t	台	1	3 月 22 日 ～ 5 月 19 日	
7	电动夯实机	62N·m	台	2	3 月 22 日 ～ 5 月 19 日	
8	灰浆搅拌机	400L	台	1	3 月 13 日 ～ 5 月 7 日	

4. 主要材料需要量计划

主要材料需要量计划见表 6-29。

勤学路雨水管道工程主要材料需要量计划　　　表 6-29

序号	材料名称	规格	单位	总需要量	需要量计划		备注
					时间	数量	
1	水泥	42.5 级	t	470	3 月	120	可分 3 次购进
					4 月	270	
					5 月	80	
2	碎石	5～20mm	t	1845.2	3 月	500	可分 3 次购进
					4 月	975.2	
					5 月	370	
3	粗砂	—	t	1734.06	4 月	1000	可分 2 次购进
					5 月	734.06	
4	机砖	—	千块	227	3 月	80	可分 3 次购进
					4 月	100	
					5 月	47	
5	铸铁井盖、盖座	Φ700	套	75	3 月	10	1 次购进
					4 月	50	
					5 月	15	
6	雨水箅	450mm×750mm×40mm	套	103	3 月	13	1 次购进
					4 月	70	
					5 月	20	
7	钢筋混凝土管	D1200	根	560	4 月	300	1 次购进
					5 月	260	
		D1000		484	4 月	484	
		D800		370	5 月	370	
		D600		60	4 月	60	
		D400		304	4 月	304	

6.2.5 施工现场平面布置

根据施工现场情况，将临时设施布置在 K0＋740.00～K0＋815.00 之间，占地面积为 5400m²，施工现场平面布置如图 6-25 所示。

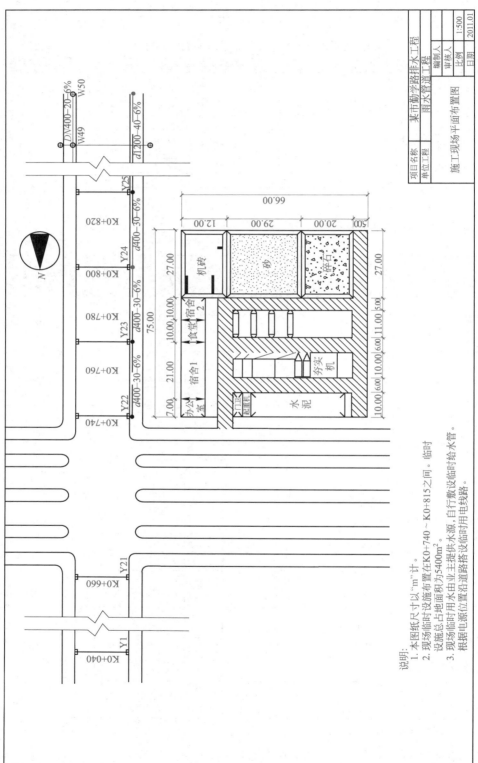

图 6-25　施工平面图

说明:
1. 本图纸尺寸以"m"计。
2. 现场临时设施布置在K0+740～K0+815之间。临时设施总占地面积为5400m²。
3. 现场临时用水由业主提供水源,自行敷设临时给水管。根据电源位置沿道路搭设临时用电线路。

6.2.6　主要技术组织措施和技术经济指标

1. 质量保证措施

（1）建立完善的组织管理机构

本工程的管理机构如图 6-26 所示，其中项目部设项目经理 1 人、副经理 2 人、工地试验员 4 人、资料员 1 人、质检员 2 人、安全员 1 人、物资采购员 2 人、工地办公室 2 人，工程部下设土方开挖、管道铺设、附属构筑物砌筑、土方回填 4 个施工队。各施工队根据完成任务情况，配备相应的施工机具和设备。

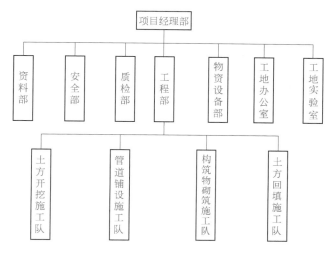

图 6-26　施工组织机构框图

（2）明确各部门的职能及岗位职责

项目经理全面负责本工程的施工管理，贯彻落实工期、质量、安全、环保等目标；负责项目部内部的人员调配、资源调配和内部承包合同签订，保证项目经理部各项工作有效进行；遇有重大问题应及时向公司汇报，并采取有效控制措施。

1）工程部

工程部全面负责施工技术指导及技术管理工作，包括工程调度、施工技术、工程测量以及项目的成本核算。根据工程进展情况，做好施工进度计划的检查与调整、工程计量与结算、变更、索赔等工作，并做好月报表。

工程部部长全面负责工程施工的技术指导与技术交底工作，努力挖掘施工潜力，降低成本，提高效益。

2）安全部

安全部在总公司安全科的领导下，制定工程安全防范措施和安全事故紧急处理预案，监督检查各施工队的安全措施，及时处理安全隐患。

3）质检部

质检部在总公司质检科的领导下，负责工程质量管理、试验检测等工作。质检部部长负责全面质量检查工作。

4）物资设备部

物资设备部配合工程部按照工程进度的需要和材料、设备计划，及时供应各种材料和设备,确保施工不出现停工待料的情况。

物资设备部部长负责材料的签收和发放登记及设备管理工作。

5)资料部

资料部负责编制工程施工资料,整理各种文件和会议纪要,保证正确履行合同及为工程索赔提供资料,正确绘制工程竣工图,整理竣工资料,为工程验收做好各种资料准备工作。

6)工地办公室

工地办公室负责项目经理部的日常行政管理和接洽工作,做好现场环境保护、卫生治理和防疫工作,为工程正常施工提供日常保障工作。

7)工地试验室

工地试验室认真贯彻国家有关质量检测标准,严格控制施工现场质量,严格按照国家标准和试验规程做好各项试验、检验工作,确保材料质量符合要求。

(3)做好施工阶段的质量管理工作

1)将《质量管理体系 基础和术语》GB/T 19000—2016的质量体系用于施工生产管理,确保工程质量。

2)建立健全各级技术质量责任制,加强全面质量管理。

3)坚持技术交底制度,使有关人员在施工时心中有数。

4)严格把好原材料进场验收关,杜绝不合格材料进场。

5)认真做好施工测量工作,严格遵守测量规范。

6)严把各工序质量关,坚持落实自检、互检、交接检制度,对不合格的工序不予验收。

7)加强工程技术档案管理工作,做到标准、规范、系列化。

8)建立现场质量管理QC小组,开展QC小组活动,使全体员工加入质量管理行列。

(4)关键部位的质量保证措施

1)稳管

稳管要借助于坡度板进行,坡度板埋设的间距不超过10m,在管道标高变化、管径变化、转弯、检查井等处应增设坡度板。坡度板距槽底的垂直距离一般不超过3m。坡度板应在人工清底前埋设牢固,不应高出地面,中心钉和高程钉要稳固。

2)接口

在抹带范围内凿毛后要冲洗干净,抹带砂浆要分层压实赶光,并保证宽度与厚度,自然养护时每天至少洒水3次,确保接口砂浆表面不出现裂纹。

2.工期保证措施

(1)定期召开现场协调会议,及时解决施工中出现的各种问题,确保工程进度。

(2)配备性能良好的施工机械,充分利用机械的生产能力。

(3)密切注意气候变化,采取有效的防雨、排水措施。

(4)维护好现场道路,保证交通畅通,满足施工要求。

(5)做好劳动力、机械设备的合理调配,必要时实行二班或三班制作业。

(6)加强试验检查工作,及时提交试验报告,确保施工顺利进行。

（7）严把施工质量关，杜绝返工现象。

3. 安全保证措施

（1）在施工中，始终贯彻"安全第一，预防为主"的安全生产工作方针，认真执行安全生产管理的各项规定，保证施工人员在生产过程中的安全与健康，严防各类事故发生，力争达到市级安全生产文明工地的要求。

（2）强化安全生产管理，安全责任落实到人，定期检查、认真整改，杜绝死亡事故，确保无重大工伤。现场管理严格按照《建筑施工安全检查标准》JGJ 59—2011执行。

（3）建立安全责任制，项目经理与各施工负责人签订安全生产责任状，使安全生产责任落实到人。

（4）设立安全警示标志。

（5）机械操作人员应持证上岗（含其他特殊工种），非机械操作人员不得开动机械设备，机械不得带病运转。

（6）在机械的运行路线内或工作半径内严禁闲人停留。

（7）夜间施工必须设置足够的照明，并有专职人员指挥。

（8）沟槽施工时，在沟槽两边设立安全护挡，支护必须牢固可靠，拆除支撑时，应按回填顺序依次进行。

（9）在抓好安全施工的同时，抓好饮水、饮食、防病等卫生工作。

4. 其他技术组织管理措施

（1）防雨措施

1）土方开挖施工应尽量安排在雨期到来之前完工，如遇雨期应分段进行并及时回填，不能全线铺开，避免泡槽现象。

2）在沟槽两侧设置土围堰，避免地表水流入槽内。

（2）降低成本保证措施

1）对工人进行成本教育，杜绝材料浪费现象，以降低材料费。

2）合理进行工料调度，减少窝工现象，尽量降低人工费。

3）正确使用机械，减少机械的故障率，提高机械利用率，尽量降低机械费。

4）尽量采用机械化施工，以缩短工期、降低人工费。

（3）文明施工措施

1）在工地门口明显处设置标牌，写明工程名称、工程规模、建设单位、设计单位、施工单位、工地负责人及开、竣工日期等内容，字迹书写规范、美观，并经常保持整洁完好。施工现场悬挂"一图四牌"（施工平面图、施工公告牌、安全纪律牌、施工进度牌、工程概况牌），在沿线主要地段的明显位置，悬挂、张贴进度、质量、安全宣传标语牌。

2）现场临时设施要严格按照平面图搭设，做到室内外整洁，周围环境干净，有一个良好的生产、生活环境。

3）施工材料按施工平面图定点整齐堆放，砂石成堆见方，道路畅通无阻。

4）每道工序做到工完场清，垃圾及时清运。

5）危险施工区域派人佩章值班，并悬挂警示牌或警示灯。

6）施工现场所用开关电箱按规定制作完整，安全保护装置齐全可靠，并按规定设置。

7）材料、土方、垃圾运输应有遮盖和防护措施，严防泥砂随车轮带出场外，不得将垃圾和土方洒漏在道路上，影响市容环境卫生。

8）严格遵守社会公德、职业道德，做到施工不扰民。

9）现场每天安排 2 人进行现场保洁、洒水，防止灰尘污染。

5. 主要技术经济指标

(1) 工期目标：　　开工日期为 2021 年 3 月 1 日

　　　　　　　　　竣工日期为 2021 年 5 月 19 日

　　　　　　　　　工期为 80 日历天

(2) 安全目标：　　伤亡率为 0

(3) 质量目标：　　合格

(4) 劳动力不均匀系数：　$K_{不均匀}=1.49$（满足要求）

(5) 单位造价：　　967.69 元/m

6.3　市政管道工程施工管理

施工管理是施工过程中各项组织管理工作的总称，是施工单位管理工作的重要组成部分。施工单位为完成施工任务，从签订工程承包合同开始，到竣工验收为止的全部过程中，都要围绕着施工任务和现场条件进行各种施工组织管理工作，其目的是为了充分利用现有施工条件，保证工程按设计要求的质量、合同签订的工期和低于合同价的成本，安全、顺利地完成施工任务。

市政管道工程施工管理的基本任务是：遵循市政管道工程施工的普遍规律和施工管理的特点，把施工过程有机地组织起来，建立统一的生产指挥系统，调动一切积极因素，充分发挥人力、物力和财力的作用，以最快的速度、最好的质量、最少的消耗取得最大的经济效益，在保证完成施工任务的前提下，全面完成施工单位的各项技术经济指标。

施工管理工作一般分为计划管理、技术管理、全面质量管理、成本管理等方面，它们主要是贯穿于整个施工过程，对施工全过程实施管理。

6.3.1　计划管理

计划管理是施工管理工作的中心内容，其他一切管理工作都要围绕计划管理来进行。

计划管理通过编制计划、检查和调整计划等环节，反复循环进行。

计划管理工作是先制订切实可行的计划，然后付诸实施。即使经过充分调查研究后制订出来的计划，在执行过程中也不可能完全实现。特别是受自然条件影响较大的市政管道工程，其客观情况的变化更加难以预测，所以执行过程中，提前或滞后完成计划任务是不可避免的。为保证顺利地完成计划，在执行过程中就要随时检查计划的完成情况，发现问题要及时解决，必要时应调整计划，使其符合新的客观实际情况。

1. 编制计划

施工单位编制的计划有两类，一类是按计划期编制；另一类是按施工对象编制。施工工作中主要是按计划期来编制计划，一般有年度计划、月度计划、短期作业计划、施工任务书四种。

（1）年度计划

年度计划是确定施工单位所承担工程项目的年度施工任务，是指导该项目全年经济活动的文件，也是检查和考核该项目全年施工进度的主要依据。

年度计划的内容包括：生产计划、技术组织措施计划、劳动工资计划、质量计划、物资供应计划、成本计划、财务计划 7 个方面。

1）生产计划

年度生产计划，主要是规定在计划年度内应完成的生产任务。确定生产任务，要根据需要和可能，充分考虑物资来源和材料供应的可能性。制订计划时，要考虑到生产能力和生产任务的平衡。计划部门负责编制生产计划。

2）技术组织措施计划

技术组织措施计划，主要是规定为完成施工任务所采取的各项技术措施与组织措施，它由生产技术部门编制完成。

3）劳动工资计划

劳动工资计划，主要是规定在计划期内，劳动生产率应达到的水平，为完成生产任务所需各类人员的数量，以及各类人员的工资总额和平均工资水平等。它由劳动工资部门编制完成。

4）质量计划

质量计划，主要是规定在计划期内，各项质量指标应达到的水平，同时规定年度工程质量提高的百分率。它由生产技术部门编制完成。

5）物资供应计划

物资供应计划，主要是规定为完成生产任务所需供应的各种物资数量，以及为保证生产的正常进行，如何降低物资耗用量和提高设备利用率的措施。它由物资供应部门编制完成。

6）成本计划

成本计划，主要是规定为完成生产任务所需支付的费用。它一般由财务部门编制完成。

7）财务计划

财务计划，主要是以货币形式反映计划期内全部生产经营活动和成果的计划，包括固定资产折旧、流动资金及利润等。它由财务部门编制完成。

编制年度计划的依据是：

① 上级下达的指令性或指导性的计划指标和施工任务；

② 已确定施工任务的设计图纸、施工组织设计和有关技术文件以及所需设备、材料等的平衡落实情况；

③ 上年度的计划完成情况和自行承包的施工任务等。

年度计划的编制程序是：首先由主管部门下达指标，其中少数是指令性指标，多数是指导性指标；然后由企业根据经营的需要、自身的能力和具备的条件编制计划，并上报备案。

年度计划的编制，一般应在报告年度的第四季度计划编好以后进行，在12月份计划确定以后定稿，以便及时安排计划年度的第一季度计划。

（2）月度计划

年度计划是一种比较概括的控制性计划，它的贯彻实施必须通过一种较短时间(一般以月为单位)的计划，将施工任务具体分配到下属施工单位及有关业务部门，使各单位明确每个月各自的工作内容和奋斗目标，并便于他们把任务落实到下属班组或有关人员。这种按月编制的计划称为月度计划。

月度计划的内容包括施工进度计划、劳动力、材料和机具需用量计划及技术组织措施计划等。

月度计划一般以表6-30～表6-35的形式体现。月度计划中计划完成的工程量及所需劳动力、材料、机械等应按施工预算进行计算。

月度施工进度计划   表6-30

_____施工队   ____年___月

序号	单位工程	分部分项工程	单位	工程量	时间定额	合计工日	进度日程					
							1	2	3	……	30	31

月度施工材料需要量计划   表6-31

____月____日

单位工程	材料名称	型号规格	单位	数量	计划需要日期	平衡供应日期	备注

月度施工机械需要量计划   表6-32

____月____日

机械名称	能力规格	使用单位工程名称	分部分项工程名称	数量	计划台班产量	计划台班数	需要机械数量	计划起止日期	平衡供应		备注
									数量	起止日期	

月度施工劳动力需要量计划

表 6-33

____月____日

工　种	计划工日数	计划工作日	出勤率	计划人数	现有人数	余差人数(+)(-)	备注

月度施工预制构件需要量计划

表 6-34

____月____日

单位工程	构件名称	型号规格	单位	数量	计划需要日期	平衡供应日期	备注

提高生产率及降低成本措施计划

表 6-35

____月____日

措施项目名称	措施涉及的工程项目及工程量	措施执行单位及负责人	措施的经济效果							降低其他直接费	降低管理费	降低成本合计	备注
			降低材料费					降低人工费					
			钢材	水泥	木材	其他材料	小计	减少工日	金额				

（3）短期作业计划

短期作业计划是基层施工单位为了更具体地贯彻月度计划所做的短期工作安排，一般以十天或半月为计划期，也有的叫旬施工进度计划。由于作业时间短，对客观情况掌握得较准确，因而制订的计划比较切合实际。

短期作业计划应根据月度计划及企业定额编制。计划中只列工程量，进度按日历日程计算，其格式见表 6-36。

旬施工进度计划

表 6-36

_____班组

____年____月____日

单位工程	分部分项工程名称	单位	工程量			时间定额	合计工日	旬前两天	本旬分日进度								旬后两天
			月计划量	至上旬完成量	本旬计划												

（4）施工任务书

工程队将短期作业计划中安排由每个班组完成的任务，以任务书的形式签发给有关班组，它是将施工任务具体贯彻到工人班组中去的最有效方式。

签发任务书的同时，还应签发限额领料单。单中填写完成任务所必需的材料限额，作为工人班组领料的凭证，也是考核工人班组用料节约或超耗的依据。

班组在完成施工任务的过程中，还要填写记工单，作为班组考勤和计算报酬的依据。

施工任务书、限额领料单和记工单，都应在施工任务完成并经验收合格后，交还工程队，以作为结算工资或支付内部承包价款的依据。

施工计划的实施应由年度计划到短期计划，最后以任务书的形式签发到施工班组。施工任务书是计划由远及近、由粗到细的最后一关。只要每份任务书的施工任务都能按质、按量、按期完成，就能保证整个计划任务圆满完成。所以，做好任务书的签发、执行、检查、督促工作，是计划管理工作中最重要的一个环节。

施工任务书的形式见表 6-37。

施工任务书　　　　　　　　　　　　　　　　　表 6-37

编号＿＿＿＿＿　班组＿＿＿＿＿＿　　　　　　　　　　　　＿＿＿月＿＿＿日至＿＿＿月＿＿＿日

序号	工程地点或部位	工程项目及细目	定额编号	计量单位	计划			实际				用工统计(按工作日统计)			
					工程量	时间定额	合计工日	验收工程量	共用工日	完成工程量(%)	完成定额(%)				
施工方法、技术措施、质量标准及安全注意事项								签发人		工长		质量员		安全员	
								施工队长		记工员		材料员		财会员	

限额领料单的形式见表 6-38。

限额领料单　　　　　　　　　　　　　　　　　表 6-38

材料名称	规格	单位	数量	领料记录						退料数量	执行情况		
				第一次		第二次		第三次			实际耗用量	节约或浪费量	其中返工损失
				日/月	数量	日/月	数量	日/月	数量				

2. 执行计划

制订计划是计划管理工作的第一步，执行计划才是计划管理中最重要、最复杂、最艰巨的一步。只有做好了执行计划这项工作，才能使计划付诸实施。

（1）执行计划的要求

执行计划时，首先要保证全面地完成计划，即完成的工程数量、进度、质量、降低成本指标、利润指标等都要符合计划要求；其次是要均衡地完成计划，尽量避免施工过程中出现时松时紧和窝工抢工现象。

（2）执行计划的方法

执行计划要充分发动群众，依靠群众，把计划向职工进行交底，使计划被广大职工熟知和掌握，成为全体职工的行动纲领和奋斗目标。为调动职工的生产积极性，要实行按劳分配和各种奖惩制度，使职工的工资福利与计划的完成情况紧密联系在一起。同时，要提高群众的主人翁意识，充分发挥其主观能动作用，使其自觉地为完成计划而竭尽全力。

此外，还可采取开展劳动竞赛、实行生产责任制等措施，为完成和超额完成计划任务创造条件。

3. 检查和监督计划的执行情况

为了保证完成和超额完成计划任务，在计划的执行过程中，还要加强检查和监督工作。检查和监督的目的，在于随时发现问题和解决问题，以保证计划的顺利完成。计划的检查和监督一般通过下述方法完成。

（1）调度工作

调度工作的任务是监督计划执行，及时发现并解决执行过程中出现的问题，保证计划顺利实施。

在计划的编制过程中，虽然反复考虑了需要与可能之间的关系，并达到了平衡。但在执行过程中经常会出现新的不平衡，此时就要通过调度工作进行调整，使其重新获得平衡，并顺利地进行下去。可见，调度工作的重要性是不言而喻的。

调度工作是由调度机构完成的。调度机构是施工第一线的指挥中心，执行施工总指挥的指示并发布调度命令，所有与施工有关的组织和个人都要严格执行调度命令，这样才能保证施工工作按计划进行。

调度工作一般以贯彻短期作业计划为中心，围绕完成计划目标进行，其具体工作内容主要有以下五个方面：

1）督促检查计划施工项目的施工准备工作；

2）检查和调节施工中劳动力、机具和物资供应的不平衡情况；

3）检查和协调各施工队、班组之间的配合协作关系；

4）检查和推动生产中薄弱环节的改进和加强工作；

5）果断处理施工现场突发的紧急事故。

要做好调度工作，必须遵守以下原则：

1）贯彻预防为主的方针，加强预见性，掌握主动性；

2）建立调度机构与有关单位的信息联系制度；

3）正确行使调度职权，维护调度命令的严肃性，做到调度及时而有效；

4）调度命令尽量书面通知，紧急情况可通过电话、广播等形式，但授受双方应有记录，以便检查核对。

调度工作是为保证短期作业计划顺利完成而进行的调节平衡工作，调度部门无权改变作业计划的内容，遇特殊情况无法执行原计划时，应由工程项目负责人召开调度会议，各有关单位负责人在调度会上共同调整和修改计划，最后由调度部门监督执行。

（2）统计工作

统计报表是反映计划完成情况的基础资料。领导和业务部门可以通过统计报表了解和检查计划的执行情况，并从中发现问题，总结经验，据此指导工作。

统计报表是根据基层的施工原始记录，经过整理、计算、综合得出的。因此，做好基层施工的原始记录，是做好统计工作的前提。

统计报表必须准确和及时。统计数据不准确，它所反映的情况就不真实；统计报表不及时，它所反映的事实就失去现实意义，因而都不能起到应有的作用。

（3）用工程曲线检查计划的完成情况

工程进度通常采用横道图表示。但横道图不能反映工程量的完成情况，也不能反映实际进度提前完成或滞后完成对整个工期的影响情况。因而无法检查整个工程是否按计划进行和能否按计划完成。为了较准确地检查工程进度，可采用工程曲线进行工程进度的管理。

1）工程曲线的绘制

工程曲线是以横坐标表示工期（或以计划工期为100%，各阶段工期按百分率计），纵坐标表示累计完成工作量（以百分率计）所绘制的曲线。把计划的工程进度曲线与实际完成的工程曲线绘在同一张图上，并进行对比分析，就可以检查计划完成情况。如发现问题，应进行分析研究，采取必要的措施，使整个工程能按计划工期完成。

2）工程曲线的性质和形状

图 6-27 是某市政管道工程的工程曲线。图中粗实线 $0a_1a_2A$ 表示该工程的计划工程曲线，其累计完成工作量 y 与工期 x 的关系，可用函数 $y=f(x)$ 表示，则曲线的斜率就是施工速度。

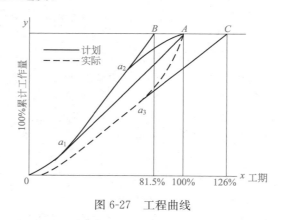

图 6-27　工程曲线

如果施工是以均匀的同一速度进行，则 $\dfrac{dy}{dx}$ 为常数，工程曲线为一条与 x 轴成一定倾斜角的直线。但实际工程中，这种情况很难实现。

一般情况下，工程施工初期，需要进行准备工作，劳动力和机具是逐步增加的，故每天完成的工作量也是逐步增多的，因而工程曲线的斜率是逐步增大的，曲线呈凹形。当施工工作面全部展开，劳动力和机具增加到全部需要量时，如无意外的时间损失且施工效率正常，则每日完成的工作量将大致相等，这时的工程曲线将为斜率不变的直线或接近直线。施工后期，主要工程大部分完成，剩下收尾清理工作，劳动力和机具将逐步退离施工现场，每天完成的工程量也相应减小，此时工程曲线将变成斜率逐步减小的凸形曲线。图 6-27 中曲线 $0a_1a_2A$ 清楚地显示了此种情况，说明此计划的工程曲线符合施工的一般规律，计划比较合理。

从计划工程曲线的反弯点 a_2 作切线，与过 A 点平行于 x 轴的横线相交于 B，B 点落在计划竣工期 A 点左边，如图 6-27 所示。说明如果以施工中期的施工速度（最大施工速度）一直施工下去，则工程的实际工期为计划工期的 81.5％。但这样做很不经济，因而是不可取的。

通过 A 点作直线与曲线 $0a_1a_2A$ 相切于 a_1，表示按 a_1 处的施工速度一直进行下去，正好能按计划工期完工，如图 6-27 所示。直线 a_1A 是保证按计划工期完成施工任务的施工速度的下限，如果累计完成工作量低于此线，就要采取措施加快施工速度，才能按计划工期完成或提前完成施工任务。

假设实际施工的工程曲线如图 6-27 中的虚线所示，说明自开工之后实际完成情况一直低于计划要求。从 a_3 点绘切线与过 A 点平行于 x 轴的横线相交于 C，C 点落在 A 点右侧，表示如果按 a_3 处的施工速度一直进行下去，工程将比计划工期滞后 26％完成。如果要争取在计划工期完工，则过 a_3 点后应突击赶工，才能如曲线 a_3A 的情况，在计划工期内完成施工任务。

通过上面的分析可以看出，用计划与实际的工程曲线进行对比检查，可以较全面地了解计划的完成情况和存在的问题，从而采取措施，保证工程按计划完成。

6.3.2　技术管理

技术管理是施工单位对施工技术工作进行一系列的组织、指挥、调节和控制等活动的总称。

施工单位的生产活动都是在一定的技术要求和技术标准控制下进行的，其生产成果的好坏，主要取决于技术管理水平，特别是现代化的施工单位，施工技术水平越高，技术装备越先进则对技术管理的要求就越严格。

技术管理的任务是：正确贯彻党和国家的各项方针政策；科学地组织各项技术工作；建立正常的施工秩序；充分发挥技术力量和设备的作用，不断采用新技术和进行技术革新；提高机械化水平；保证工程质量，提高劳动生产率、降低工程成本，按质、按量、按期完成施工任务。

技术管理的内容包括：施工工艺管理、工程质量管理、施工技术措施计划、技术革新和技术改造、安全生产技术措施、技术文件管理等。

实现上述各项技术管理工作，关键是建立并严格执行各种技术管理制度，否则，就会流于形式，使技术工作难于改进和提高。

技术管理制度是把整个施工单位的技术工作科学地组织起来，有条不紊地、有目的地开展技术工作，以保证顺利完成技术管理的任务。在市政管道工程的施工活动中，一般有以下一些技术管理制度：

1．技术责任制

技术责任制就是在一个施工单位的技术工作系统，对各级技术人员规定明确的职责范围，使其各负其责，各司其职，把整个施工技术活动和谐地、有节奏地组织起来。

技术责任制是技术管理的基础，它对调动各级技术人员的积极性和创造性，认真贯彻国家的技术政策，促进施工技术的发展和保证工程质量，都有极其重要的作用。

技术责任制应根据施工单位的组织机构分级制定。上级技术负责人，应向下级技术负责人进行技术交底和技术指导，监督下级的施工，处理下级请示的技术问题。下级技术负责人，应接受上级技术负责人的技术指导和监督，完成自己岗位上的技术任务。各级技术负责人的具体责任，都要明确规定在技术责任制中。

2．图纸会审制度

图纸会审是一项极其严肃和重要的技术工作，做好图纸会审工作，是为了减少图纸中的差错，并使施工单位的技术人员及有关职能部门充分了解和掌握施工图纸的内容和要求，以便正确地组织施工，确保施工的顺利进行和保证工程质量。

图纸会审一般由建设单位组织设计、施工及其他有关单位的技术人员参加，共同对施工图纸进行会审。

会审前，参加人员应认真学习和研究图纸及有关的技术标准、技术规程和质量检验标准。

会审时，应着重研究施工方法、施工程序、质量标准和安全措施，提出进一步改进设计、加快施工速度和其他一些合理化的建议。

图纸会审后，应由组织会审的单位（建设单位），将会审中提出的问题和解决办法，详细记录写成正式文件（必要时由设计部门另出参考图纸）列入工程档案并责成有关单位执行。

施工过程中，有时需要设计单位对原图纸中的某些内容进行变更，设计变更必须经建设单位、设计单位、施工单位三方同意后方能进行施工。如设计变更的内容较多，对投资的影响较大，必须报请原批准单位同意。所有的变更资料均应有文字记录，纳入工程档案，并作为施工及竣工结算的依据。

3．技术交底制度

工程开工前，为使参与施工的技术人员和工人了解所承担工程任务的技术特点、施工方法、施工工艺、质量标准、安全措施等，做到心中有数，以利于有组织、有计划地完成施工任务，必须实行技术交底制度，认真做好技术交底工作。

技术交底的目的是把技术交给所有从事施工的广大群众，提高他们自觉研究技术问题的主动性和积极性，为更好地完成施工任务和提高技术水平创造条件。

技术交底应按技术责任制分工、分级进行。施工单位的技术总负责人应向施工队的技术负责人及有关职能部门进行技术交底；施工队的技术负责人向各个施工员(或工长)进行技术交底；施工员对施工班组进行技术交底。每次交底时都应做好记录，作为检查施工技术执行情况和技术责任制的一项依据。

4. 材料检验制度

工程中所用材料的质量，直接影响到工程的质量。因此，必须做好材料的检验工作，设立适当的材料检验机构，制定完善的材料检验制度。

凡用于施工的原材料、成品、半成品、预制构件等，都应由供应部门提交合格证明和检验单；凡是现场配制的各种材料，都应按规范要求进行必要的试验，经试验合格后才能正式配制。

对于施工中采用的新材料、新产品，要在对其做出技术鉴定，制定出质量标准和操作规程后，才能在工程上使用。

为了做好材料检验工作，施工单位应建立健全检验机构，配备必要的人员和设备。检验机构应在技术部门的领导下，严格遵守国家的技术标准、规范和设计要求，并按照试验操作规程，以严肃认真的态度进行操作，确保检验工作的质量。

5. 工程质量检查和验收制度

工程质量的检查和验收工作，建设单位和施工单位都要认真进行。建设单位为了得到质量符合要求的合格产品，应对工程进行检查和验收；施工单位一方面应履行合同规定，接受建设单位对工程质量的监督、检查和验收，另一方面为确保工程质量要在本施工单位内部建立健全自己的检查验收制度。

施工单位内部的检查验收制度，应贯彻专业检查和群众检查相结合的原则。专业检查应在技术责任制中明确各级技术负责人应负的质量检查责任，同时要设专职的质量检查员进行具体的检查工作，工作内容包括对质量的监督、量测、试验并做原始记录，检查的结果应交有关技术负责人审查签字。群众检查一般是班组检查、班组互检及交接检查制度。

质量检查中，最重要的是施工操作过程中的检查，不论是专业检查还是群众检查，都要紧紧抓住这个环节，把质量事故消灭在萌芽时期。

市政管道工程为隐蔽工程，应在下道工序开始之前进行检查，并应会同建设单位共同检查验收，检查后立即办理验收签证手续。

市政管道工程施工完成后，应进行一次综合性的检查验收，并借以评定工程的质量等级。

6. 施工技术档案管理制度

施工中的一切技术文件、原始记录、试验检测记录、各种技术总结及其他有关技术资料，是了解工程施工情况、质量情况和施工中遇到的问题及解决情况的重要资料；是以后改进施工方法，提高施工技术水平，制定施工方案的参考资料；是今后养护、整修和改造的依据。因此，对这些资料必须分类整理，作为技术档案妥善保存。

施工单位保留的技术档案资料，主要有施工图、竣工图、施工组织设计、施工经验总结、材料试验研究资料、各种原始记录和统计资料、重大质量事故和安全事故的原因分析及补救措施等。

技术档案资料的收集和整理工作，应从准备工作开始，直至竣工结束。整个过程中要有专人负责，千万不可马虎从事。

6.3.3 全面质量管理

工程质量是指工程竣工以后本身的使用价值。为了保证市政管道工程的施工质量，前已述及的"工程质量检查和验收制度"，是在施工过程中对正在施工的工程和已完工程进行质量检查，做到质量不合格的工程不予验收，或令其修补重做，达到为质量把关的目的。显然，对一个工程项目来说，单靠这种事后把关的检查制度是不够的，要保证工程质量，就必须研究影响质量的所有因素，弄清产生质量事故的根源，针对存在的问题采取措施，消除和防止质量事故发生，做到防患于未然，从各个方面都关注和保证质量。于是就产生了"全面质量管理"这一科学的管理方法。

全面质量管理简称 TQC(total quality control)，就是对生产企业、全体人员及生产的全过程进行质量管理。对工程施工的全面质量管理，主要是把对工程质量的管理归结为对施工单位所有部门及全体人员在施工过程中工作质量的管理，也就是要通过管理好工作质量来保证工程质量。

实行全面质量管理，是把工程质量的管理任务交给施工单位的全体人员，使管理好质量成为全体人员的共同责任。这样，经过全体人员和各个部门的共同努力，就一定能保证工程质量。

全面质量管理的基本任务，是组织全体职工认真执行国家的有关规定，组织协调各部门贯彻"预防为主"的方针，加强调查研究，及时总结经验，使工程质量不断提高，达到多、快、好、省地完成施工任务。为此，必须做好以下几方面的工作：

1) 对全体职工进行"百年大计，质量第一"的思想教育，开展技术培训，以不断提高全体职工的思想觉悟、操作技术和管理水平；

2) 组织各部门，对影响工程质量的各种因素和各个环节，事先进行分析研究，采取有效的防范措施，并实施有效的控制；

3) 贯彻执行国家的技术规范、质量检验评定标准和其他有关规定，对每项工程都严把质量关；

4) 积累有关质量方面的资料，及时研究、分析和处理施工过程中所产生的影响质量的因素；

5) 对已交工使用的工程，要定期组织回访，了解在使用过程中所产生的质量问题，作为以后改进施工质量的参考；

6) 经常开展调查研究，搜索和积累质量管理的资料，不断改进施工单位的质量管理工作。

全面质量管理是一种科学的管理方法，必须采用科学的方法才能做好。它的基本方法是 PDCA 循环法。

PDCA(plan，do，check，action)循环法就是计划、实施、检查、处理四个阶段的循环，它把对一项工程的质量管理归结为先制订控制质量的计划，然后加以实施，实施过程中随时检查控制计划的执行情况和存在的问题，再对问题进行研究处理，这样形成一个质量管理循环。随着工程的进展，再重复进行 PDCA 循环，反复进行下去。每次循环检查出来的问题都要加以处理，就会使质量不断提高，对不能解决的问题，转入下一循环去解决。

各级各部门的质量管理，都有 PDCA 四个管理阶段，它们彼此之间只有形成大环套小环、环环相扣、没有缺口和空白点的状况，才能真正实现全面质量管理。

全面质量管理，是利用数理统计方法提供数据标准。质量的科学管理，就是以这些数据为依据，把大量的实测数据通过搜集、整理、分析，以发现问题，解决问题，使管理工作建立在科学的基础之上。

利用数理统计方法管理产品质量，主要是通过数据整理分析，研究产品质量误差的现状和内在的发展规律，据此来推断产品质量存在的问题和将要发生的问题，为管理工作提供质量情报。所以，统计方法本身是一种工具，只能通过它准确、及时地反映质量问题，而不能直接处理和解决质量问题。

使用数理统计方法有两个先决条件：一是有相当稳定的、严格按操作规程办事的施工过程；二是要有连续且大批量的生产对象。只有具备这两个条件才能找出一定的规律，对于数量少或工艺多变的工程则不宜采用。

全面质量管理中，常用的统计方法有排列图法、因果分析法、直方图法和控制图法，请参阅有关文献。

6.3.4 成本管理

工程成本管理是施工单位为降低工程成本而进行的各项管理工作的总称。它主要包括成本的计划、控制和分析。

工程成本管理与其他管理工作有着密切的联系，施工企业的技术水平和经营管理水平的高低，均能直接或间接反映在工程成本这个综合指标上。工程成本的降低，表明施工单位在施工过程中活劳动和物化劳动的节约。活劳动的节约说明劳动生产率的提高，物化劳动的节约说明机械设备利用率的提高和建筑材料消耗率的降低。因此加强对工程成本的管理，不断降低工程造价，具有重要的意义。

工程成本管理的基本任务是：保证降低工程成本，增加利润，为国家提供更多的积累，使企业及其职工获得更大的利益。

1. 工程成本

工程成本是工程价值的一部分。市政管道工程的价值是由已消耗生产资料的价值、劳动者必要劳动所创造的价值和劳动者剩余劳动所创造的价值三部分组成，其中前两部分构成工程成本。

2. 工程成本的分类

（1）按成本控制的不同标准划分

工程成本按控制的不同标准一般可分为预算成本、实际成本和计划成本。

预算成本是根据现行的市政工程预算定额和费用定额计算的成本，它是衡量实际成本是否节约的尺度。

实际成本是根据工程实际施工过程中发生的实际生产费用所计算的成本，它是按一定的成本核算对象和成本项目汇集的实际耗费。实际成本反映了施工单位在一定时期内实际达到的成本管理水平。

计划成本是根据现行的企业定额编制的施工预算，并考虑降低成本的技术组织措施后确定的成本。计划成本反映了施工单位在计划期内应达到的成本水平，是计划期企业在成本方面的奋斗目标。

（2）按计入成本核算对象的方法划分

按计入成本核算对象的方法可将成本分为直接成本和间接成本。直接成本对施工单位来说就是工程的直接费，间接成本就是工程的间接费。

（3）按成本与产量的关系划分

工程成本按成本与产量的关系可分为变动成本和固定成本。

变动成本是指成本总额中随产量的变化而变化的部分，固定成本是指其成本总额中不随产量变化的部分。

成本还可有其他不同的分类方法，详见有关文献。

3. 成本计划

为了有计划、有步骤地降低工程成本，必须做好成本计划工作。编制成本计划是成本管理的前提，没有成本计划，就不可能有效地控制成本和分析成本。

要编制好成本计划，首先应以定额为基础，以施工进度计划、材料供应计划和其他技术组织措施计划等为依据，使成本计划达到先进合理，并能综合反映按计划预期产生的经济效果。

编制成本计划，要从降低工程成本的角度，对各方面提出增产节约的要求。同时，要严格遵守成本开支范围，注意成本计划与成本核算的一致性，从而正确考核和分析成本计划的完成情况。

施工企业成本计划的内容包括降低成本计划和管理费用计划。降低成本计划是综合反映施工企业在计划期内工程预算成本、计划成本、成本计划降低额和成本计划降低率的文件，其格式见表 6-39。

降低成本计划表　　　　　　　　　　　　表 6-39

成本项目	预算成本	计划成本	成本计划降低额	成本计划降低率（%）
	（1）	（2）	（3）=（1）-（2）	（4）=（3）/（1）

管理费用计划则是根据费用控制指标、施工任务和组织状况，由各归口管理部门按施工管理费的明细项目，结合采取的节约措施，分别计算各个项目的计划支出数，然后汇总而成。它反映了企业在计划期内管理费的支出水平。

4. 成本控制

工程成本控制是施工企业在施工过程中按照一定的控制标准，对实际成本支出进行管理和监督，并及时采取有效措施消除不正常损耗，纠正脱离标准的偏差，使各种费用的实际支出控制在预定的标准范围之内，从而保证企业成本计划的完成和目标成本的实现。

（1）成本控制的三个阶段

成本控制按工程成本发生的时间顺序，可分为事前控制、过程控制和事后控制三个阶段。

1）成本的事前控制

成本的事前控制是指施工前对影响成本的有关因素进行事前的规划。具体做法是：制定成本控制标准，实行目标成本管理；建立健全成本控制责任制，在保证完成企业降低成本总目标的前提下，制定各责任者的具体目标，分清经济责任。

2）成本的过程控制

成本的过程控制是指在施工过程中，对成本的形成和偏离成本目标的差异进行日常控制。具体做法是：严格按照成本计划和各项费用消耗定额进行开支，随时随地进行审核，消灭各种浪费和损失的苗头；建立健全信息反馈体系，随时把成本形成过程中出现的偏差反馈给责任部门，责任部门及时采取措施进行纠正。

3）成本的事后控制

成本的事后控制，是指在施工全部或部分结束以后，对成本计划的执行情况加以总结，对成本控制情况进行综合分析与考核，以便采取措施改进成本管理工作。

（2）成本控制的管理体系

成本控制要根据"统一领导、分级管理"和"业务归口，责权结合"的原则，按成本指标所属范围和指标性质，分别下达给各个职能部门。同时，建立各部门的成本责任制，使各部门明确自己的成本责任，便于从不同角度进行成本控制，保证整个成本计划的实现。此外，还要建立健全成本管理信息系统，通过反馈的信息预测和分析成本变化趋势以及成本降低计划的完成程度。

5. 成本分析

工程成本分析是成本管理工作的一项重要内容，它的任务是通过成本核算、报表及其他有关资料，全面了解和掌握成本的变动情况及其变化规律，系统地研究影响成本升降的各种因素及其形成的原因，借以发现经营中的主要矛盾，挖掘企业的潜力，并提出降低成本的具体措施。

通过成本分析，可以对成本计划的执行情况进行有效地控制，对执行结果进行评价，从而为下一阶段的成本计划提供重要依据，以保证成本的不断降低，促进生产不断发展。

工程成本分析一般有综合分析和单项分析两种方法。

工程成本的综合分析是对企业降低成本计划执行情况的概括性分析和总的评价，同时也为成本的单项分析指出方向。

综合分析一般采用如下方法进行：

1）将实际成本与计划成本进行对比，以检查计划成本指标的完成情况；

2）将实际成本与预算成本进行对比，以检查企业是否完成降低成本目标以及各个成本项目的节约或超支情况，从而分析工程成本升降的主要原因；

3）在企业下属的各施工单位之间进行分析，比较和检查其各自完成降低成本任务的情况，以便查找成本提高的原因和总结成本降低的经验；

4）将本期实际指标与上期或历史先进水平的指标进行比较，以便掌握企业经营管理的发展变化情况。

工程成本的单项分析是在综合分析的基础上，为进一步了解成本升降的详细情况及影响成本的具体因素，而进行的每个成本项目的深入分析。

单项分析一般要对人工费、材料费、机械费和管理费进行深入细致的分析。

人工费分析的目的是寻找实际用工数与预算用工数的差别，从而进一步分析人工费节约或超支的原因，据此寻找节约人工费的途径。

材料费分析的目的是寻找实际用料与预算用料两者之间的量差和价差，进而找出造成量差与价差的原因，从而进一步挖掘节约材料的潜力，降低材料费。材料费在市政管道工程中占的比例最大，节约材料费是降低工程成本的重要途径，因此应重点进行材料费的分析。

机械费分析的目的是找出实际机械台班数与预算机械台班数的差，进而分析原因，找出节约机械费的措施。其中，还要考虑租赁机械的台班数与实际是否相符合，尽量节约机械租赁费。

管理费分析的目的是寻找降低工程成本的另一重要途径。分析时应把管理费的实际发生数与计划支出数进行比较，进而详细了解管理费节约或超支的原因，以降低工程成本。管理费中的管理人员工资和办公费用占的比例较大，而且它们和工期成正比，所以降低管理费最大的潜力就是缩短工期，但必须进行工期—费用优化。有关工期—费用优化的方法，可参阅有关书籍，本教材不再涉及。

复习思考题

1. 什么是施工组织设计？它有什么作用？
2. 施工组织设计编制的内容有哪些？
3. 施工方案的内容有哪些？各如何确定？
4. 施工进度计划的表现形式有哪些？
5. 施工准备工作计划的内容有哪些？
6. 施工平面图设计的内容、原则、方法各是什么？
7. 施工平面图的绘制要求有哪些？
8. 什么是流水作业？它有哪些特点？
9. 流水作业的参数有哪些？各如何确定？
10. 怎样组织分别流水作业？
11. 什么是网络计划？它有哪些分类？
12. 什么是网络图？它如何进行分类？
13. 双代号网络图的组成要素有哪些？各有什么意义？
14. 怎样绘制双代号网络图？其节点编号方法有哪些？
15. 双代号网络图有哪些时间参数？各如何进行计算？
16. 施工管理的基本任务有哪些？
17. 施工企业实行施工任务书和限额领料单有哪些意义？
18. 技术管理的制度有哪些？
19. 全面质量管理的意义和方法各是什么？
20. 成本管理的意义是什么？

码6-2 教学单元6
复习思考题
参考答案

教学单元 7　市政管道工程施工资料管理

码7-1 教学
单元7导读

【教学目标】　通过本单元的学习，掌握市政管道施工过程中应记录的资料种类、内容和要求；了解资料归档整理的一般要求。

工程资料是工程建设从项目的提出、筹备、勘测、设计、施工到竣工投产全过程中形成的文件材料，是工程建设全过程的记录文件，是纸质、实物、视听、图片、影像等各种形式的资料信息总和。

工程资料，是建设工程合法身份与合格质量的证明文件，是工程竣工交付使用的必备文件，也是对工程进行检查、验收、维修、改建和扩建的原始依据。我国《中华人民共和国建筑法》《建设工程质量管理条例》《建设工程文件归档规范》GB/T 50328—2014（2019年版）等法规、规范均把工程资料放在重要的位置，并对工程资料提出了明确的要求。正如工程实体建设是参与建设各方的共同责任一样，工程资料的形成也同样是参与建设各方的共同责任，工程资料不仅由施工单位提供，参与工程建设的建设、勘测、设计、监理等单位，都负有收集、整理、签署、核查工程资料的责任。为了保证工程的安全和使用功能，必须保证工程资料的真实性和可靠性。

工程资料包括工程准备阶段资料、监理资料、施工资料和竣工验收资料。

工程准备阶段的资料包括建设项目批准文件、建设项目申请报告、建设项目选址意见书、建设用地使用证、建设用地规划许可证、工程地质勘测报告、施工图审查意见、施工承包合同、监理委托合同、中标通知书、建设工程规划许可证、建设工程施工许可证、工程项目管理机构及负责人名单等。

监理资料包括监理规划、监理细则、旁站方案、监理月报、往来文件等。

本教材主要介绍市政管道施工阶段资料的内容与管理方面的有关知识。

7.1　施工阶段资料

施工阶段的资料是施工单位在工程施工过程中形成的资料，应真实地反映施工现场的技术、质量情况，包括开工报审资料、施工过程中的资料。

7.1.1　工程开工报审资料

1. 开工申请报告

开工申请报告简称开工报告，是项目部已组建，施工管理人员和工人已到位，施工机械及其他设备已进场，具备了开工条件，施工单位申请开工的文件，一般以表格的形式体现，其格式和内容应按当地住房和城乡建设管理部门的要求填写。开工报告必须经建设、监理和施工单位签名及盖章后才有效。

单位工程开工必须具备的条件是：施工组织设计或施工方案已审批、施工图纸已会审、现场"三通一平"及临时设施满足施工要求、主要材料和施工机械设备已落实、已经办理施工许可证、工程基线和标高等已经复核。

某省住房城乡建设厅规定的开工报告的形式和内容见表1-53。

开工申请报告应提交给项目监理工程师，经总监理工程师审定通过后即可开工。

2. 进场通知

施工单位将开工报告提交给住房和城乡建设主管部门，经审核通过后签发进场通知。某工程的进场通知见表7-1。

工程进场通知 表7-1

×××公司（或项目部）

你单位提交的材料已齐全，经研究，符合进场施工要求，予以备案管理。

签发人：×××

×××（盖章）

年 月 日

3. 开工令

开工令是由总监理工程师下达的允许开工的书面文件，开工令签发的日期即为工程的实际开工日期。

开工日期是计算工期的起点，在工程建设过程中非常重要。首先，承包商需要有一个明确的开工日期，以便从分包商、供应商及其他有关方面预先得到所需要的承诺（如订货、租用机械、提供劳力等事项），并获得业主支付的预付款。其次，业主要在监理工程师发出开工通知的同时，按合同约定的施工顺序的要求，把预付款拨付给承包商及提前完成场地的"三通一平"工作，以便工程按期开工。

工程发开工令的前提条件是：施工图已审查完毕、施工组织设计或施工方案已审批、施工图纸已会审、现场"三通一平"及临时设施等已能满足施工需要、主要材料和施工机械设备已落实（或有所计划）、已办理施工许可证、工程基线和标高已复核、其他地方性的规定等。

工程开工令的格式见表7-2。

工程开工令　　　　　　　　　　　　　　表 7-2

工程名称：　　　　　　　　　　标段：　　　　　　　　　编号：

致：××××单位（施工承包单位）

　　你方＿＿＿年＿＿＿月＿＿＿日报送的＿＿＿＿＿＿＿＿＿＿＿＿工程＿＿＿标段的工程开工申请已经通过审核。你方可从即日起，按施工设计安排开工。

　　本开工令确定此合同项目的实际开工日期为＿＿＿年＿＿＿月＿＿＿日。

项目监理机构（章）＿＿＿＿＿＿
总监理工程师　　　　＿＿＿＿＿＿
日　　　　期　　　　＿＿＿＿＿＿

今已收到合同工程开工令。

承包单位（章）＿＿＿＿＿＿
项 目 经 理　　＿＿＿＿＿＿
日　　　　期　　＿＿＿＿＿＿

　　注：本表一式三份，建设、施工、监理单位各一份。

4. 项目部成立文件及现场组织机构、主要人员报审表

项目部成立文件由承包单位下发，应包括项目经理、主要技术和质量负责人的任命等内容。现场组织机构及主要人员见教学单元 1。

5. 合同协议书

合同协议书包括通用合同条款、专项合同条款、中标通知书和工程量清单等。

6. 施工组织设计审批表

施工组织设计必须经过审批后才能实施，其内容见教学单元 1，审批表的格式见表 1-52。

7. 施工进度计划报审表

施工进度计划报审的目的是审核施工单位的进度安排是否符合工程项目建设总进度计划中总目标和分目标的要求，是否符合施工合同中开工、竣工日期的规定；施工进度计划中的项目是否有遗漏，分期施工是否满足分批动用的需要和配套动用的要求；施工顺序的安排是否符合施工工艺要求；劳动力、材料、构配件、施工机具及设备、施工水、电等生产要素的供应计划是否能保证进度计划的实现、供应是否均衡、需求高峰期是否有足够能力实现计划供应；由建设单位提

供的施工条件（资金、施工图纸、施工场地、采购、供应的物资设备等），承包单位在施工进度计划中所提出的供应时间和数量是否明确、合理，是否有造成建设单位违约而导致工程延期和费用索赔的可能；工期是否进行了优化，进度安排是否合理；总、分包单位分别编制的各单项工程施工进度计划之间是否协调，专业分工与计划衔接是否明确合理。

通常要求承包单位的总进度计划、专项作业计划、月计划及其与之相应的调整计划需进行报审并存档；对周计划要求报审，可不存档。

施工进度计划报审表的格式见表 7-3。

施工进度计划报审表　　　　　　　　　　　　　表 7-3

致：×××项目监理部

我方已完成_____工程施工进度计划编制，并经我单位技术负责人审查批准，请予以审查。

附件：□施工总进度计划

　　　□阶段性进度计划

施工单位（盖章）_____

项 目 经 理 _____

___年___月___日

审查意见：

计划编制合理，符合总进度计划的要求。

专业监理工程师_____

___年___月___日

审核意见：

同意按此计划组织施工。

监理机构（盖章）_____

总监理工程师_____

___年___月___日

7.1.2　施工过程中的资料

1. 主要设备、原材料、构配件进场质量证明文件

主要设备、原材料、构配件进场质量证明文件的格式见表 7-4。

主要设备、原材料、构配件进场质量证明文件汇总表　　　表 7-4

工程名称：

施工单位：

序号	材料、设备名称	规格型号	生产厂家	单位	数量	使用部位	出厂证明或试验、检测单编号	出厂或试验日期	备注

技术负责人：＿＿＿＿＿　　　　　　　　　　　　填表人：＿＿＿＿＿

2. 施工材料、构配件、设备进场报验单

凡涉及工程施工所用的材料、构配件、设备等进场后要报监理单位进行验收，验收合格后方可以投入使用。材料、构配件、设备进场必须有加盖供应单位红章的合格证，在此前提下才能报验，检验材料是否真正合格的唯一依据就是进场后，在监理见证下的取样复验或试验。进场报验单的格式见表 7-5，并将材料、构配件、设备的出厂合格证、材料证明文件、材料清单附后。

进场材料、构配件、设备报验单　　　　　　表 7-5

工程名称	

致：＿＿＿＿＿＿＿＿＿＿＿（监理单位）

清单所列工程材料、构配件、设备经检验，符合设计及有关规范要求，请批准使用。

名称	规格	单位	数量	生产厂家	复试单/检验单　记录编号

附件：1. □ 出场合格证　　份　2. □ 商检证　份　3. □ 准用证　　份

　　　4. □ 复试/检验报告　份　5. □　　　份　6. □　　　份

技术负责人（签字）＿＿＿＿＿＿　　　　　　　　承包单位（盖章）

　　　　　　　　　　　　　　　　　　　　　　　　年　月　日

审查意见：

审查结论：□ 同意　　　□ 补报资料　　□ 重新编制

监理工程师（签字）＿＿＿＿＿＿＿＿　　　　　　监理单位（盖章）

　　　　　　　　　　　　　　　　　　　　　　　　年　月　日

注：本表由承包单位填报，一式三份，建设单位、监理单位、施工单位各一份。

3. 施工放样报验单

施工放样报告单包括测量交接桩记录、导线点复测记录、水准点复测记录、测量复核记录和工程定位测量、放线验收记录。

4. 施工日志

施工日志也称为施工日记,是对工程整个施工阶段的施工组织管理、施工技术等有关施工活动及施工现场变化情况的真实性综合记录,也是处理施工问题的备忘录和总结施工管理经验的基本资料,是工程竣工验收资料的重要组成部分。施工日志可按单位工程、分部分项工程或施工区段(或施工班组)建立,由专人负责收集、填写记录和保管。

施工日志的主要内容为:日期、天气、气温、工程名称、施工部位、施工内容、采用的主要施工工艺;人员、材料、机械到场及运行情况;材料消耗记录、施工进展情况记录;施工是否正常;外界环境、地质变化情况;有无意外停工;有无质量问题存在;施工安全情况;监理到场及对工程认证和签字情况;有无上级或监理指令及整改情况等。记录人员要签字,主管领导定期也要阅签。

施工日志本包括硬质封面、封底和施工日志表格三部分。表格的形式和内容见表7-6。日志表格的内容均应当日完成记录,逐日填写。如果当天没有进行任何施工工作,也必须要填写施工日志,以保持其连续性和完整性,不可后补,也不可修正。日志的页码应连续编号,中间不得缺页。对于没有任何施工作业的日志,应当在当日日志页面中标记"无作业"字样,但要真实记录天气状况,以便日后在清偿损失额的诉讼中用来解释为什么会发生"无作业"的情况。

施工日志   表7-6

日期		星期			平均气温	气象	
施工部位			出勤人数	操作负责人		上午	下午
施 工 内 容							
工长				记录员			

(写明当日施工的部位、施工内容、施工进度、作业动态、隐蔽工程验收、材料进出场情况、取样情况、设计变更、技术经济签证情况、交底情况、质量、安全施工情况、材料检验、试验情况、上级或政府有无来现场检查施工生产情况、劳动力安排情况等内容)

5. 质量检查验收记录

质量检查验收记录包括沟槽开挖工程检验批质量验收记录、沟槽支撑工程检验批质量验收记录、钢或混凝土支撑系统分项工程检验批质量验收记录、钢板桩支护工程检验批质量验收记录、管道基础工程检验批质量验收记录、管道铺设工程检验批质量验收记录、管道接口工程检验批质量验收记录、支墩工程检验批质量验收记录、井室工程检验批质量验收记录、管道功能性试验检验批质量验收记录、土方回填工程检验批质量验收记录、顶管工程检验批质量验收记录、夯管工程检验批质量验收记录等。

7.2　施工资料编制要求

7.2.1　施工资料管理规定

（1）施工资料的形成必须符合国家相关法律、法规、工程质量验收标准和规范、工程合同规定及设计文件的要求；

（2）施工资料应为原件，应随工程进度同步收集、整理并按规定移交；

（3）施工资料应由施工项目部资料主管人员进行管理；

（4）施工资料应真实、准确、齐全，符合工程实际。对工程资料进行涂改、伪造、随意抽撤或损毁、丢失等，应按有关规定进行处理；情节严重者，应依法追究责任。

7.2.2　施工资料管理

施工资料应由项目部资料员编制，并按规定将有关资料移交本施工单位管理部门、建设单位和城建档案管理部门分别保存。工程竣工验收前，建设单位应请当地城建档案管理部门对施工技术资料进行预验收，预验收合格后方可进行竣工验收。

项目部提交本施工单位保管的施工资料包括施工管理资料、施工技术文件、物资资料、测量监测资料、施工记录、验收资料和质量评定资料等全部内容，主要用于企业内部参考，以便总结工程实践经验，不断提升企业经营管理水平。

项目部移交建设单位保管的施工资料有：

（1）施工技术准备资料：包括施工组织设计、技术交底、图纸会审记录、设计单位的设计交底记录、项目部在施工前进行的施工技术交底记录。

（2）施工现场准备资料：包括导线点和水准点测量复核记录，工程定位测量资料，工程定位测量复核记录，工程轴线、定位桩、高程测量复核记录，竣工测量资料以及工程周边重要管线权属单位的交底记录。

（3）设计变更、洽商记录：包括设计变更通知单、设计核定单、洽商记录以及汇总表。

（4）材料、构件的质量合格证明：包括原材料、成品、半成品、构配件、设备出厂质量合格证、开箱报告；出厂检（试）验报告及进场复试报告。

（5）主体结构和重要部位的试件、试块、材料试验、检查记录：包括砂浆、混凝土试块强度实验报告，钢筋（材）焊、连接试验报告，道路压实度、强度试验记录等及其汇总表，钢管、钢结构安装及焊（接）缝处理外观质量检查记录，桩基础试（检）验报告，工程物资进场报告记录。

（6）施工记录：包括隐蔽工程检查（验收）记录、施工日志等。

（7）工程质量检测评定资料，质量事故处理记录，工程测量复检及预验记录，功能性试验记录等。

（8）竣工图。

（9）声像、缩微、电子档案。

项目部向城建档案管理部门移交工程资料应按现行《建设工程文件归档规范》GB/T 50328—2014（2019 年版）、《市政基础设施工程施工技术文件管理规定》及当地有关规定的要求进行，建设单位必须在工程竣工验收后 3 个月内，向城建档案管理部门报送一套符合规定的建设工程档案。一般包括：工程准备阶段文件、监理文件、施工技术文件、竣工验收文件、竣工图、声像和电子文件材料等。

7.2.3　工程资料编制与管理

（1）编制要求

1）工程资料应采用耐久性强的材料书写。

2）工程资料应字迹清楚，图样清晰，图表整洁，签字盖章手续完备。

3）工程资料中文字材料幅面宜采用国家标准图幅。

4）工程资料的纸张应采用能够长期保存的韧力大、耐久性强的纸张。图纸一般采用蓝晒图，竣工图应是新蓝图。计算机出图必须清晰，不得使用计算机出图的复印件。

5）所有竣工图均应加盖竣工图章。

6）利用施工图改绘竣工图，必须标明变更修改依据；凡施工图结构、工艺、平面布置等有重大改变，或变更部分超过图 1/3 的，应当重新绘制竣工图。

7）不同幅面的工程图纸应按《技术制图　复制图的折叠方法》GB 10609.3—2009 的规定，统一折叠成 A4 幅面，图标栏露在外面。

（2）资料整理要求

1）资料排列顺序一般为：封面、目录、文件资料和备考表。

2）封面应含工程名称、开竣工日期、编制单位、卷册编号、单位技术负责人和法人代表或法人委托人签字并加盖公章。

3）目录应准确、清晰。

4）文件资料应按相关规范的规定顺序编排。

5）备考表应按顺序排列，便于查找。

（3）项目部的施工资料管理

1）项目部应设专人负责施工资料管理工作。实行主管负责人责任制，建立施工资料员岗位责任制。

2）在对施工资料全面收集的基础上，进行系统管理、科学地分类和有秩序地排列。分类应符合技术档案本身的自然形成规律。

3）工程施工资料一般按工程项目分类，使同一项工程的资料都集中在一起，这样能够反映该项目工程的全貌。而每一类下，又可按专业分类为若干类。施工资料的目录编制，应通过一定形式，按照一定要求，总结整理成果，揭示资料的内容和它们之间的联系，便于检索。

复 习 思 考 题

1. 工程资料包括哪些内容？
2. 工程签发开工令的前提条件有哪些？开工令有什么作用？
3. 施工日志的作用有哪些？
4. 竣工图如何绘制？
5. 市政管道施工中，不同工序质量检查验收的主控项目有哪些？各有何要求？

码7-2　教学单元7
复习思考题
参考答案

主 要 参 考 文 献

[1] 白建国. 给水排水管道工程[M]. 3 版. 北京：中国建筑工业出版社，2021.

[2] 边喜龙. 给水排水工程施工技术[M]. 4 版. 北京：中国建筑工业出版社，2020.

[3] 段常贵. 燃气输配[M]. 5 版. 北京：中国建筑工业出版社，2015.

[4] 李德英. 供热工程[M]. 2 版. 北京：中国建筑工业出版社，2018.

[5] 王炳坤. 城市规划中的工程规划[M]. 3 版. 天津：天津大学出版社，2014.

[6] 詹淑慧. 燃气供应[M]. 2 版. 北京：中国建筑工业出版社，2011.

[7] 孙慧修. 排水工程（上册）[M]. 4 版. 北京：中国建筑工业出版社，2013.

[8] 严煦世，范瑾初. 给水工程[M]. 4 版. 北京：中国建筑工业出版社，2008.

[9] 熊大远. 实用管道工程技术[M]. 北京：化学工业出版社，2012.

[10] 姜湘山，张晓明. 市政工程管道工实用技术[M]. 北京：机械工业出版社，2005.

[11] 刘特洪，等. 岩土工程顶管技术[M]. 北京：中国建筑工业出版社，2011.

[12] 叶建良，蒋国盛，窦斌. 非开挖铺设地下管线施工技术与实践[M]. 武汉：中国地质大
     学出版社，2020.

[13] 宁长慧. 给水排水工程施工便携手册[M]. 北京：中国电力出版社，2006.

[14] 邢丽贞. 地下管道工程技术[M]. 徐州：中国矿业大学出版社，2013.

[15] 张金和，韩吉祥. 水暖管道施工[M]. 上海：上海科学技术出版社，2012.

[16] 孔进，于军亭. 市政管道施工技术[M]. 北京：化学工业出版社，2010.

[17] 史官云，颜安平. 给水排水管道工程施工及验收规范实施手册[M]. 杭州：浙江大学出
     版社，2010.

[18] 夏明耀. 地下工程设计施工手册[M]. 2 版. 北京：中国建筑工业出版社，2014.

[19] 李小青. 隧道工程现场施工技术[M]. 北京：中国建筑工业出版社，2011.

[20] 张凤祥，朱合华，傅德明. 盾构隧道[M]. 北京：人民交通出版社，2004.

[21] 刘钊，余才高，周振强. 地铁工程设计与施工[M]. 北京：人民交通出版社，2004.

[22] 束昱，路姗，阮叶菁. 城市地下空间规划与设计[M]. 上海：同济大学出版社，2015.

[23] 李国轩. 水利水电勘察设计施工新技术实用手册[M]. 长春：吉林摄影出版社，2004.

[24] 张智涌，双学珍. 水利水电工程施工组织与管理[M]. 北京：中国水利水电出版
     社，2017.

[25] 刘灿生. 给水排水工程施工手册[M]. 2 版. 北京：中国建筑工业出版社，2002.

[26] 李昂. 管道工程施工及验收标准规范实务全书[M]. 北京：金盾电子出版公司，2009.

[27] 孙连溪. 实用给水排水工程施工手册[M]. 2 版. 北京：中国建筑工业出版社，2006.

[28] 董明荣. 市政工程施工手册[M]. 北京：希望电子出版社，2021.

[29] 张志贤. 管道施工技术[M]. 北京：中国建筑工业出版社，2009.

[30] 北京市政工程局. 市政工程施工手册. 第二卷，专业施工技术（一）[M]. 北京：中国建
     筑工业出版社，1995.

[31] 李继业，董洁，张立山. 城市道路工程施工[M]. 北京：化学工业出版社，2017.

[32] 《市政工程设计施工系列图集》编绘组. 市政工程设计施工系列图集 给水 排水工程[M].
     北京：中国建材工业出版社，2004.

[33] 冯璞. 通讯光缆线路施工与维护[M]. 北京：人民邮电出版社，2008.

［34］ 人力资源和社会保障部教材办公室. 电工技术手册［M］. 北京：中国劳动社会保障出版社，2016.

［35］ 北京建工集团有限责任公司. 建筑设备安装分项工程施工工艺标准［M］. 3 版. 北京：中国建筑工业出版社，2008.

［36］ 中华人民共和国住房和城乡建设部. 给水排水管道工程施工及验收规范 GB 50268—2008［S］. 北京：中国建筑工业出版社，2008.

［37］ 中华人民共和国住房和城乡建设部. 室外给水设计标准 GB 50013—2018［S］. 北京：中国计划出版社，2018.

［38］ 中华人民共和国住房和城乡建设部. 室外排水设计标准 GB 50014—2021［S］. 北京：中国计划出版社，2021.

［39］ 中华人民共和国建设部. 城镇燃气输配工程施工及验收规范 CJJ 33‐2005［S］. 北京：中国建筑工业出版社，2005.

［40］ 中华人民共和国住房和城乡建设部. 城镇供热管网工程施工及验收规范 CJJ 28‐2014［S］. 北京：中国建筑工业出版社，2014.

［41］ 中华人民共和国住房和城乡建设部. 电气装置安装工程 电缆线路施工及验收规范 GB 50168—2018［S］. 北京：中国计划出版社，2018.

［42］ 王新哲. 城市市政基础设施规划手册［M］. 北京：中国建筑工业出版社，2011.

［43］ 通信建设监理培训教材编写组. 通信工程监理实务［M］. 北京：人民邮电出版社，2006.

［44］ 黄成光. 隧道工程关键技术［M］. 北京：人民交通出版社，2010.

［45］ 吴慧芳. 市政公用工程施工技术与管理［M］. 2 版. 南京：河海大学出版社，2014.